菌根真菌提高杨树耐旱耐盐性

唐 明 著

西北农林科技大学出版社

图书在版编目（CIP）数据

菌根真菌提高杨树耐旱耐盐性 / 唐明著. —杨凌：
西北农林科技大学出版社，2021.5
ISBN 978-7-5683-0954-7

Ⅰ. ①菌… Ⅱ. ①唐… Ⅲ. ①杨树－耐旱性－研究
②杨树－耐盐性－研究 Ⅳ. ①S792.11

中国版本图书馆CIP数据核字(2021)第099911号

菌根真菌提高杨树耐旱耐盐性

唐明 著

出版发行	西北农林科技大学出版社
地　　址	陕西杨凌杨武路3号　　　　　　　邮　编：712100
电　　话	总编室：029-87093195　　　　发行部：029-87093302
电子邮箱	press0809@163.com
印　　刷	陕西天地印刷有限公司
版　　次	2021年5月第1版
印　　次	2021年5月第1次印刷
开　　本	787 mm×960 mm　1/16
印　　张	24.75
字　　数	480千字

ISBN 978-7-5683-0954-7

定价：60.00元

本书如有印装质量问题，请与本社联系

■ 前 言

干旱和盐碱逐渐成为全球性的重大环境问题，其对植物的危害在非生物胁迫中占据首位（范苏鲁等，2011）。在全球的陆地生态系统中干旱区面积约占 35%（Housman et al., 2006），盐渍化土壤大约占据地球陆地面积的 8%（Ruiz–Lozano et al., 2012））。我国是世界上荒漠化面积最大、受风沙危害严重的国家，荒漠化土地占国土面积的 27.2%，约 261.16 万平方公里；沙化土地占国土面积的 17.9%，约 172.12 万平方公里（https://m.sohu.com/a/406922120_305913）。干旱是一类严重影响植物生长和产量的环境因子，干旱缺水导致土壤盐渍化日趋严重，到 21 世纪中期土壤盐渍化将会导致可利用土地面积丧失 50%（Porcel et al., 2012），并且盐渍化在全球的影响正不断扩大，对植物生长、农业减产和生态环境的破坏会进一步加剧（Bless et al., 2018）。

杨树广泛分布于亚洲、欧洲和北美洲，适应能力强，在逆境造林、植被恢复等生态环境的治理，以及增加木材产量中占据非常重要的地位（Regier et al., 2009; Ai and Tschirner，2010），具有很高的经济价值和生态价值（Xiao et al., 2009）。青杨是我国特有树种，为典型的雌雄异株植物，人工林遍布我国西北各地（Zhang et al., 2011），具有一定的耐旱耐盐能力，在盐渍化程度较轻的土壤中青杨仍能正常生长，但雌株和雄株表现不同（Wu et al., 2015）。随着全球环境恶化的加剧，性别间响应机制的差异会引起植物种群在自然环境中性别比例和分布的变化。雌雄异株植物的性别比例变化对种群的更新意义重大（Pucholt et al., 2017）。

菌根真菌通过促进植物对矿质营养元素的吸收，改善植物体内离子平衡，增加植物对水分的吸收和利用，诱导植物生理代谢发生变化，增强植物耐旱耐盐性。为此，作者在国家自然科学基金、国家十三五重点研发等项目资助下，依托亚热带农业生物资源保护与利用国家重点实验室，研究了菌根真菌对欧美杨 107 生长和能源性状的影响，探讨了菌根真菌作为生物肥料在杨树生产中的应用价值；利用人工模拟干旱的方法，研究了菌根真菌对杨树生长、光合、叶绿素荧光参数、叶片气孔特征，木质部微观结构、渗透调节、抗氧化酶活性、以及水孔蛋白基因表达的影响，从生理、形态和分子水平阐述了菌根真菌提高杨树抗旱性的机制。首次对青海茶卡盐湖不同树龄、不同干旱地区、不同盐渍化程度青杨雌株和雄株根际菌根状况和土壤理化性质的差异开展研究，探讨了青杨性别对根系和根际微环境的影响；研究了干旱、盐胁迫条件下，接种菌根真菌对青杨雌株和雄株根际微生物群落、生理生化特性和基因相对表达量等方面的影响；探讨了盐超敏感基因 *PcSOS* 通过调控青杨根系对 K^+ 和 Ca^{2+} 的选择性吸收和运输，降低 Na^+ 选择性吸收和运输，从而改善青杨内 K^+/Na^+ 和 Ca^{2+}/Na^+ 比率的失衡状况，保持细胞膜完整性，提高青杨耐盐性的机制。

植物耐旱耐盐是由多个基因共同调控的复杂过程，随着植物耐旱性研究的不断深入，AM 真菌在植物耐旱过程中的作用不可忽视。本研究在菌根真菌提高杨树耐旱性机制上虽然取得了一些阶段性成果，但是还有许多问题需要进一步深入研究。利用转录组分析、蛋白质互作和表达谱信息等技术，筛选菌根真菌介导的植物耐旱耐盐基因，已成为基因功能深层研究的重中之重。雌雄异株植物与菌根真菌间的共生信号交流机制尚不清楚，需鉴定干旱、盐胁迫过程中菌根化雌雄异株植物的相关基因和信号转导组分。同时，进一步加强干旱、盐渍化生态系统植物对菌根真菌响应分子机制的研究，为干旱、盐渍化生境下菌根真菌维持生态系统平衡，为杨树等其他树种生产中的应用提供理论基础。

研究生刘婷、李朕、吴娜参加了研究工作。由于作者知识水平有限，难免有错误和不妥之处，敬请读者指正。

目 录 ⟋

CONTENTS

1

第一章 概 述

第一节 干旱现状及影响

一、干旱现状及影响

1. 全球干旱现状及干旱类别

干旱是分布最广泛的环境胁迫，对于人类和自然界均能产生巨大的影响（Haines et al., 2006）。在 20 世纪，干旱对于全球的影响在不断扩大（Schwalm et al., 2015）。尽管关于未来干旱发展趋势依旧未知，但是在 21 世纪世界范围绝大部分地区，干旱现象的发生越来越频繁，越来越严重（Alexander et al., 2009）。Schwalm et al.（2015）发现生态系统恢复至干旱前的功能状况所需要的时间，是评价干旱影响的一个重要指标，但是关于影响干旱环境的生态恢复和全球范围时空分布的因子依旧缺乏研究。Schwalm et al.（2015）发现，在多种不同生态系统中，干旱环境的生态系统恢复时间主要受到气候条件和碳循环动力学的影响，其次，受到生物多样性和二氧化碳（CO_2）供给的影响，在热带地区和北纬高纬度地区，干旱环境的生态系统恢复所需时间最长。

降水量、水汽流动和土壤含水量对于量化气象学、水文学和农业干旱程度十分重要（Dai, 2011）。根据各自的特征，干旱被分为 3 种类型：

（1）气象干旱，即数月至数年的降水量低于正常值。气象干旱是由于大范围的气候持续异常引起的，而这种异常往往是由热带海面温度变化或者其他较远的环境变化所致（Schubert et al., 2004; Giannini et al., 2003），如蒸腾作用降低、土壤含水量降低和气温升高等往往会加剧这些气候的异常（Trenberth et al., 1988）。

（2）农业干旱，是指在农作物生长期内，由于降水持续减少或蒸发量较大而导致水分盈亏量亏缺，水分盈亏量持续低于农作物正常生长所需的临界水量，进而对农作物生长发育造成威胁的现象（裴巍，2017）。这种干旱往往是由于一段时间内低于平均水平的降水、剧烈却稀少的降水，或者高于正常水平的蒸发量等引起的土壤缺水，进而导致作物生长缓慢和生产力的显著降低（Dai，2011）。

（3）水文干旱，是指含水层、湖泊或者水库的水量低于长时间的平均水平。水文干旱发展时间一般较长。降水量降低通常会引起农业和水文干旱，但其他因素，包括剧烈但稀少的降水、水资源利用不善和土壤侵蚀等也会引起或加剧这些干旱效应（Dai，2011）。例如，19世纪30年代在北美大平原，过度放牧引起了土壤侵蚀和沙尘暴加剧，进而导致风沙侵蚀区的干旱（Cook et al.，2009）。

干旱每年影响着数以百万计的人类生活，很少有极端现象造成的经济和生态破坏能够和干旱相提并论（Wilhite，2000），例如，19世纪80年代干旱引起的环境问题在非洲造成了超过50万人死亡（Kallis，2008），对农业生产、水资源分布、旅游业发展、生态系统稳定等产生深度影响（Wilhite，2000）。

2. 干旱对植物的危害作用

通过长久以来对降水量、水汽流动、旱情的历史记录进行研究，人们发现干旱的影响正在逐年增强（Dai，2013；2011）。同时，土壤中可利用水的不断减少使得土地更加干旱。除此之外，通过使用气候变化模型，生态学家预测在世界的绝大部分地区，由于缺少水分导致的植物生长缓慢、繁殖降低和生态破坏会进一步加剧（Anjum et al.，2011; Praba et al.，2009）。当植物根系水分供给不足或蒸腾作用异常强烈时，植物往往表现出缺水的状况（Anjum et al.，2011）。干旱会影响植株生长、发育、膜组织完整性、细胞色素含量、渗透调节物质平衡、水分吸收，以及光合作用等一系列代谢活动（Praba et al.，2009; Benjamin and Nielsen，2006）。同时，植物对于干旱的响应取决于胁迫程度、植物种类和生长阶段（Demirevska et al.，2009）。植物对于干旱环境的适应导致了植物生理生化过程的一系列改变，如形态特征、生长速率、组织渗透势和抗氧化反应等（Duan et al.，2007）。

（1）机械损伤

当植物细胞水分大量失去，首先是植物细胞的膨胀能力受损（Levitt，

1980）。由于细胞中水分大量流失，细胞收缩，导致质壁分离。细胞质膜或液泡膜的收缩，可能会引起膜撕裂（McKersi, 1994）。而膜撕裂进一步引起水解酶释放，水解细胞自身导致细胞死亡（Salisbury and Ross, 1992），这些机械损伤往往会永久性的破坏细胞代谢。

（2）代谢损伤

水分的流失影响细胞的调控作用和细胞代谢。细胞水分流失会伤害细胞、破坏质膜和引起蛋白质变性。由于亲水性和疏水性的氨基酸无法与水分产生联系，导致蛋白质变性和酶失活（Bray, 1997）。水分流失对代谢损伤的另一个方面是核氨酸的降解。在干旱状况下，植物叶片的核糖核酸酶（Ribonuclease, RNase）活性提高，这是因为干旱相关蛋白的表达增加。除此之外，自由基的产生也会引起核氨酸的降解（Kessler, 1961）。

（3）氧化损伤

氧化损伤主要来源于活性氧物质的产生。自由基既包括活性分子，也包括一些不成对电子。在干旱环境中，植物组织内的自由基主要产生于叶绿体中的光—叶绿素相互作用（Farrant, 2000）。在水分亏缺环境中，植物往往会通过气孔闭合来减少水分的进一步流失，但这也导致了光合作用所需的二氧化碳供给不足（Stuhlfauth et al., 1990）。对于绝大多数植物，超氧阴离子自由基（O^{2-}）含量的增加会引起脂质过氧化、脂肪酸饱和，最终导致质膜完全被破坏（Sgherry, 1996）。超氧化物自身并不具有较高的破坏性，其主要伤害来自随后产生的过氧化氢或自由基（Halliwell and Gutteridge, 1989）。

二、土壤盐渍化现状及毒性

1. 土壤盐渍化现状

近年来，土壤盐渍化也逐渐成为全球性的重大环境问题，其导致的农业减产和生态环境破坏在世界各地的干旱和半干旱地区日趋严重。Ruiz-Lozano et al.（2012）研究发现盐渍化土壤大约占据地球陆地面积的8%，并且盐渍化面积正以每年 $1 \times 10^6 \sim 1.5 \times 10^6 \ hm^2$ 的平均速率逐年增长。据 Porcel et al.（2012）研究报道，到21世纪中期土壤盐渍化将会导致可利用土地面积丧失50%，盐渍化对全球的影响正在不断扩大。Bless et al.（2018）通过气候变化模型预测，在世界绝大部分地区，盐渍化对植物生长和生态环境的破坏会进一步加剧。

土壤盐渍化往往是由高温环境中的热力学作用引起。在土壤毛细管吸引力的作用下，保存于土壤孔隙中的水分因受热力学作用而蒸发，使深层盐分伴随毛细管中的水分上升至土壤表层，这些盐分不断累积造成土壤盐渍化（Li，2010）。同时，土壤盐渍化的形成受多种因素的影响，其中，降水量和土壤含水量是诱发土壤盐渍化的关键因素，如干旱和半干旱环境中较低的降水量和土壤含水量，较强的热力学作用，会加剧土壤盐渍化的发生。此外，盐渍化的形成因素还有地下水位降低、地势升高、土壤母质变化，以及人类对自然环境不合理的开发与利用等（Guo and Gong，2014）。目前，盐渍化已成为非常普遍的环境胁迫，与其他类型的生态系统相比，盐渍化生态系统的恢复需要的时间更长，盐渍化生态系统的恢复时间主要受气候条件和生物多样性的影响（Bless et al.，2008），恢复时间是评价盐渍化影响的重要指标，但目前缺乏关于盐胁迫环境生态恢复相关因子的研究（Pitman and Läuchli，2004）。

2. 土壤盐渍化对植物的毒害作用

（1）影响土壤结构

土壤中过量的盐分，尤其是钠离子会造成土壤基本结构的改变（Mahajan and Tuteja，2005）。钠离子的存在改变了原有阳离子的交换过程，使土壤质地变紧实，进而降低了土壤的孔隙度和透气性（Manchanda and Garg，2008）。土壤盐渍化导致的较低透气性与植物的多数生理过程紧密相关，例如生长速率减缓、光合作用降低、渗透物质损伤、营养元素失衡和离子累积毒害等（Evelin et al.，2012）。同时，高浓度盐离子附着于土壤黏土颗粒，造成盐渍化土壤 pH 偏高（pH>8.5）（Iiangumaran and Smith，2017）。土壤中的过量盐离子使土壤溶液渗透势降低，诱发水分胁迫（Sheng et al.，2008），植株内部渗透势增加引起渗透胁迫（Sheng et al.，2011）和离子积累，进而产生毒害效应（Wu et al.，2016），甚至导致植物枯萎死亡。

土壤盐渍化可引起植物渗透势失衡，抑制植物生长，这主要是由于：①渗透势或水分亏缺导致植物水分吸收和营养吸收的能力降低（Evelin et al.，2009）；②过量的盐分会破坏植物的细胞结构，抑制植物生长部位的细胞分裂和伸长（Manchanda and Garg，2008）；③为克服盐分积累，植物内部能量消耗造成自身生长受到抑制（Evelin et al.，2009）。

（2）影响植物生长代谢

土壤中的过量盐离子会改变植物根际微生物群落多样性（Wang et al.，

2017a），引起植物水分状况紊乱（Li et al., 2017），降低植物光合效应（Rozentsvet et al., 2017），增加植物渗透物质积累（Mendez-Alonzo et al., 2016），激活植物抗氧化防御系统（Sheikh-Mohamadi et al., 2017; Ashraf et al., 2017），造成植物营养失衡（Farooq et al., 2017），诱发植物内部离子紊乱（Cavusoglu et al., 2016），影响植物耐盐基因的相对表达量（Song et al., 2017），最终导致植物生长变缓和生产力降低。

通过微生物修复，改善盐渍化生境中植物生长方面的研究，吸引了诸多植物学家和土壤学家的关注。很多研究表明，丛枝菌根（Arbuscular mycorrhiza, AM）能够通过维持宿主植物水分状况（Amiri et al., 2017），提高宿主植物光合效率（Sheng et al., 2008），改善宿主植物渗透调节能力（Hannachi et al., 2018），增强宿主植物抗氧化特性（Vicente and Boscaiu, 2018），促进宿主植物营养吸收（Igiehon and Babalola, 2017）和影响宿主植物耐盐基因的相对表达量（Fileccia et al., 2017）等提高其对盐渍化生境的耐受性。

（3）植物耐盐应答

在长期的进化过程中，植物自身产生了一系列生理生化机制以适应盐渍化环境，且其响应状态取决于植物种类、植物生长阶段和环境中的盐胁迫程度（Porcel et al., 2016），主要表现在生理、细胞和分子层面上。在生理层面上，植物对盐胁迫的响应机制主要包括改变光合作用途径、提高渗透调节能力、激活抗氧化防御系统、调节激素水平及离子区隔化等方面（Ruiz-Lozano et al., 2012）。在细胞层面上，过量盐离子可引起植物细胞大量失水，刺激产生活性氧物质，促进脂肪酸饱和，加快脂质过氧化，损伤细胞膨胀能力，诱发质壁分离和胞膜破裂，释放胞内水解酶，最终导致细胞器、细胞膜结构破坏和细胞代谢紊乱（Mohan et al., 2014）。在分子层面上，过量盐离子会诱导植物渗透调节、自由基清除及离子区隔化等相关物质的核苷酸降解、蛋白质变性和酶类失活的相关信号传递，影响基因转录调控过程（Zhao et al., 2017）。有研究表明盐胁迫条件下，耐盐性相关蛋白表达量的增加可导致植物叶片 RNA 酶活性提高（Chen et al., 2017a）。

三、菌根真菌提高杨树耐旱耐盐性

1. 杨树的重要作用

杨树（*Populus* spp.）隶属杨柳科（Salicacae）杨属（*Populus*）。广泛分

布于亚洲、欧洲和北美洲，具有分布广、实用性强、适应能力强、无性繁殖能力强、速生丰产和遗传背景清楚等众多优点，作为速生丰产林（Short rotation woody crops, SRWC）树种（Fang et al., 2013），在逆境造林、植被恢复等生态环境的治理，以及增加木材产量中占据非常重要的地位，已成为造纸、胶合板、纤维板和一些包装业的原材料，具有很高的经济价值和生态价值。

青杨（*Populus cathayana*）是我国特有树种，生存范围广，人工林遍布我国西北各地（Zhang et al., 2011）。青杨根系发达，垂直分布在地表至土壤 0.7 m 处，水平分布范围 3 ~ 4 m，具有一定的抗旱耐盐能力。有研究发现，在盐渍化程度较轻的土壤中青杨仍能正常生长（Wu et al., 2015）。青杨为典型的雌雄异株植物，雌雄异株植物的雌株个体对逆境环境因子如干旱（Zhang et al., 2012）、盐渍化（Chen et al., 2010）、重金属（Chen et al., 2013）、温度和二氧化碳（Zhao et al., 2012）等逆境生境的敏感性显著高于雄株。随着全球环境恶化的加剧，性别间响应机制的差异，会引起植物种群在自然环境中性别比例和分布的变化。Kersten et al.（2014）发现美洲颤杨（*P. tremuloides*）的性别比例（雄 / 雌）随海拔升高而增加。雌雄异株植物的性别比例变化对种群的更新意义重大（Pucholt et al., 2017）。

根据本研究对青海茶卡盐湖不同程度盐渍化地区，青杨种群性别比例和分布的调查发现，该地区青杨存在严重的性别比例失调状况（图 1-1），雄株所占比例高达 83.59%，而雌株比例仅占 16.41%。这可能是因为青杨雌株和雄株在逆境生境下的耐胁迫机制存在差异（Xu et al., 2008b），和雌株相比，雄株的适应能力更强（Correia and Barradas, 2000）。由此可见，环境胁迫会加剧青杨的性别比例失调，影响植物种群的生存和进化（Tognetti et al., 2012）。探究造成这种现象的原因以及如何缓解性别比例失调的问题刻不容缓。

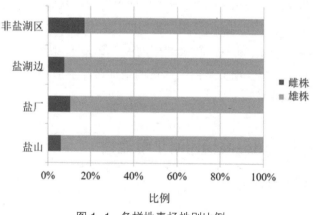

图 1-1　各样地青杨性别比例

在陆地生态系统中，水分是限制生态系统生产力、影响树木成活及生长的重要因素。数据显示，目前全球干旱面积占总陆地面积的35%（Housman et al., 2006）。据统计，我国干旱及半干旱地区面积占国土面积的45%，而在非干旱地区，林业生产也经常受到干旱的侵袭，严重影响了林木的产量（井大炜等，2013）。研究发现杨树是一种对水分需求量较大的植物，对干旱极其敏感（Cao et al., 2012），低产林的形成制约着杨树林的生产经营和林业的可持续发展（付士磊等，2006）。因此，干旱不仅严重影响了杨树的生长及产量，而且限制了其生态效益和经济效益的充分发挥。

2. 菌根真菌提高杨树抗逆作用

（1）杨树菌根研究

杨树是能够形成丛枝菌根和外生菌根两种菌根类型的植物（陈辉和唐明，1997），唐明等（1994a）对陕西省35种杨树外生菌根的调查，分离鉴定出褐疣柄牛肝菌（*Leccinum scabrum*（Bull. ex Fr.）Gray）、变绿红菇（*Russula virescens*（Sehaeff.）Fr.）、大孢硬皮马勃（*Scleroderma bovista* Fr.）、卷边桩菇（*Paxillus involutus*（Batseh ex Fr.）Fr.）、漆蜡蘑（*Laccaria laccata*（Scop. ex Fr.）Berk.et Br.）、灰托柄菇（*Amanita vaginata*（Bull. ex Fr.）Vitt.）、蘑菇（*Agaricus* sp.）、丝膜菌（*Cortinarius* sp.）和乳菇（*Lactarius* sp.）等9种外生菌根真菌，并研究了杨树外生菌根的形态特征、解剖特征及分类特征（唐明等，1994b）。Khasa et al.（2002）研究发现，丛枝菌根真菌能够与多种杨树形成共生关系。唐明等（1996）调查了23种杨树及无性系的根际，从根际土壤中分离得到5种原球囊霉属真菌，分别为地表球囊霉（*Glomus versiforme* = *Endogone versiformis*（Karst）Berch & Fortin）、摩西斗管囊霉（*Funneliformis mosseae* = 摩西球囊霉 *G. mosseae*（Nicol. & Gerd.）Gerd. & Trappe）、缩球囊霉（*G. constrictum* Trappe）、近明球囊霉（*Claroideoglomus claroideum* = *G. claroideum* Schenck & Smith）和明根孢囊霉（*Rhizophagus clarus* = 明球囊霉 *G. clarum* Nicolson & Schenck）。菌根真菌的共生能够促进杨树生长和营养吸收（Cicatelli et al., 2010; 陈辉和唐明，1997），通过提高杨树抗溃疡病菌小穴壳菌（*Dothiorella grearia* Sacc）生理生化物质和抗病相关蛋白含量（湛蔚等，2010），以及抗病相关酶活性（陈辉等，1996; 张钰和唐明，2021），增强杨树抗病性（唐明和陈辉，1994），尤其在杨树的苗期发挥重要作用（Quoreshi and Khasa, 2008），为后期杨树的健康生长奠定基础。刘婷和唐明（2014）进一步的研究表明，丛枝菌根真菌在干旱胁迫条件

下不仅对杨树生长具有促进作用，而且改善杨树的气孔和木质部微观结构，使其有利于耐旱。

（2）杨树菌根研究的重要性

自然条件下，植物根际存在着大量的土壤微生物，这些微生物与菌根真菌相互作用，影响着菌根真菌在植物中的生态效应（Grigulis et al., 2013; Grayston et al., 1998）。土壤微生物的存在会影响菌根真菌的作用，同样菌根真菌必然会影响植物根际土壤微生物的群落结构，这一作用反过来也会影响植物的生长。菌根真菌的接种，还会影响植物根际土壤的结构和养分状况等，也会影响植物生长（Lavorel, 2013; Miethling et al., 2000; Dalmastri et al., 1999）。为了更全面地反映菌根真菌在杨树生长过程中的作用，研究菌根真菌对土壤微生物群落结构及土壤营养状况的影响成为本领域研究的热点之一。

干旱是由于长期降雨量不足导致的土壤水分缺失和盐渍化加剧。干旱会破坏植物的水分平衡，造成林木减产及低产林的形成，对农业和林业生产造成巨大的损失。随着全球气候的变暖，大气温度的升高，干旱区面积在不断扩大，干旱程度也在日趋加重（付士磊等，2006）。在我国西北地区，干旱已成为当地最大的自然特点，严重影响着当地的生活和生产；在我国华南和西南地区发生的季节性干旱，影响植物生长和产量。杨树是一种水分敏感树种，其生长对水分的需求量非常大（Cao et al., 2012），干旱是限制杨树生长和杨树低产林形成的主要因子。丛枝菌根真菌与植物的共生，能够提高植物抗旱性的研究在许多宿主植物中已经得到证实（Gong et al., 2013），然而有关丛枝菌根真菌对杨树耐旱和耐盐性影响的研究还比较少。因此，揭示丛枝菌根真菌增强杨树耐旱、耐盐机制的研究，分析丛枝菌根真菌在杨树耐旱、耐盐过程中发挥的作用，在丛枝菌根真菌生物技术应用于杨树生产中具有重要意义。

第二节　丛枝菌根真菌概述

一、丛枝菌根真菌和根际微生物

1. 丛枝菌根真菌与根际微生物的关系

（1）根际微生物

根际是植物根系与土壤的交界面，是大量微生物的栖息地，他们的相互作用影响着植物的生长及其对生物和非生物胁迫的耐受性。根际是复杂的、动态的，理解它的生态学和进化学意义，对提高植物生产力和生态功能至关重要（Philippot et al., 2013）。在自然生态系统中，根际微生物能够直接或间接的影响植物群落的组成和生物量（Schnitzer et al., 2011），在农业生态系统中，根际微生物对植物生长、营养和健康也有着深远的影响（Berendsen et al., 2012）。根际存在着大量的细菌、真菌等微生物，它们通常以植物根系分泌物为食或被这些物质吸引，与植物形成寄生或共生等许多相互作用（Philippot et al., 2013），影响植物的生长发育和生理特性。

一些生物或非生物因子也会影响植物根际微生物的群落特征。土壤的理化性质，植物的种类或者同一种植物不同的栽培品种，都会影响根际细菌和根际真菌的组成以及功能的发挥（Santos-González et al., 2011）。Kowalchuk et al.（2002）调查发现地上部分植物群落组成和结构直接影响到土壤中微生物的群落结构。Bulgarelli et al.（2012）利用焦磷酸测序技术，分析了不同生态型拟南芥（*Arabidopsis thaliana*）在不同地点生长时，其根际细菌群落结构的差异，发现不同土壤类型对微生物组成有很大的影响。土壤复杂的理化特性会影响植物生理特性及根系分泌物产生，不同植物间根系形态的不同、分泌物数量和种类的不同，会对植物根际微生物产生不同的选择性，从而改变微生物群落结构组成（Philippot et al., 2013）。

（2）丛枝菌根真菌

① 菌根的类型：菌根真菌是一大类土壤真菌，能够与植物根部形成共生体。德国植物生理学家和森林学家 Frank 在 1885 年首次提出"mycorrhiza"一词来描述这类专性真菌。由于菌根在森林生态系统中的重要作用，使其在世界上引起了特别的关注。菌根的类型通常可以分为丛枝菌根（Arbuscular mycorrhiza，AM）、外生菌根（Ecto mycorrhiza，ECM）、内外生菌根（Ectoendo mycorrhiza）、兰科菌根（Orchid mycorrhiza）、水晶兰类菌根（Monotropoid mycorrhiza）、浆果鹃类菌根（Arbutoid mycorrhiza）和欧石楠类菌根（Ericoid mycorrhiza）7 种类型（刘润进和陈应龙，2007）。

② 菌根真菌：菌根真菌能够与 90% 以上的陆生植物形成共生体系，尤其是乔木树种（Bonfante and Genre, 2010）。外生菌根真菌（ECMF）主要分布在温带森林，绝大部分属于担子菌门（Basidiomycota）和子囊菌门（Ascomycota）。已知的能够形成外生菌根的植物占植物种类的 10% 左右（Wu, 2017）。与正常根系相比，外生菌根真菌侵染能够使得宿主植物根系膨胀和分枝增加，形成菌套

（Mantle）并在根系皮层组织形成哈氏网（Hartig net）。丛枝菌根真菌（AM 真菌）主要来自球囊菌门（Glomeromycota）的球囊菌属（*Glomus*）、巨孢囊霉属（*Gigaspora*）、管柄囊霉属（*Funneliformi*）、内养囊霉属（*Entrophospora*）、无梗囊霉属（*Acaulospora*）、原囊霉属（*Archaeospora*）、盾巨孢囊霉属（*Scutellospora*）和硬囊霉属（*Sclerocystis*）等属，某些担子菌也能够形成内生菌根结构。

③ 丛枝菌根真菌：丛枝菌根是内生菌根的主要类型，在植物根际微生物占据着重要地位（图 1-2）。研究表明，AM 真菌与宿主植物形成共生体系已经存在了超过 4.6 亿年（Bonfante and Genre, 2010; Kistner and Parniske, 2002）。AM 真菌通过内生菌丝在宿主植物根系皮层细胞内形成丛枝，但成熟的丛枝结构生活周期很短，仅能存在 4 ~ 5 d。同样，丛枝结构也被认为是 AM 真菌与宿主植物之间营养交流的主要结构（Balestrini et al., 2015）。

AM 真菌隶属于一个独立的真菌门类—球囊菌门（Glomeromycota）（Schüßler et al., 2001）。绝大多数被子植物、裸子植物及蕨类植物的孢子体和一些苔藓类和蕨类的配子体都能形成丛枝菌根（Read et al., 2000）。丛枝菌根共生体的起源非常早，由于它们具有促进植物营养吸收的功能，使其在植物从海洋向陆地进化的过程中发挥着重要作用（Heckman et al., 2001; Redecker et al., 2000）。大量研究表明，AM 真菌与植物的相互作用过程中，形成的菌根共生体能够促进宿主植物对水分及养分的吸收，提高宿主生物量产量（Rooney et al., 2009），增强植物的抗逆性（Rapparini and Peñuelas, 2014），在维持良好的生态系统中也占据着重要地位。

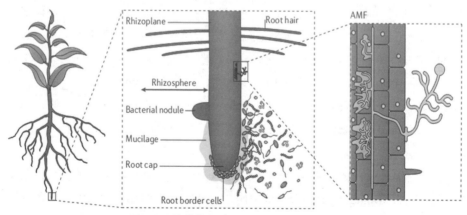

图 1-2　植物根际（Philippot, et al., 2013）

（3）AM 真菌与其他土壤微生物的关系

菌根际是指土壤中围绕着根系和菌根菌丝有一个区域（Johansson et al.,

2004）。在这个区域中，菌根真菌和其他土壤微生物间的互作无时无刻不在发生着。它们之间既有协同作用，又有拮抗作用。Larson et al.（2009）研究发现，某些菌根际细菌在 AM 真菌与宿主植物形成共生关系、促进宿主植物生长的过程中起着重要的作用。

① 促进菌根形成：von der Weid（2005）观察到细菌类芽孢杆菌属的 *Paenibacillus brasiliensis* 在摩西斗管囊霉（*Funneliformis mosseae = G. mosseae*）与三叶草（*Trifolium alexandrinum*）共生关系形成过程中，作为菌根促生菌促进了菌根的形成。Jäerlund et al.（2008）发现某些细菌会增强 AM 真菌的侵染能力，AM 真菌与细菌产生联系能够促进自身菌丝的生长，并提高菌丝穿透植物根系的能力。细菌分泌物能够促进 AM 真菌分泌物的分泌，AM 真菌分泌物的增加促进了菌丝的生长、提高了菌丝的穿透能力（Barea et al., 2005），促进菌根形成。

② 促进植物生长：Gamalero et al.（2004）研究表明，*G. mossea* EG12 与 *P. fluorescens* 协同作用，促进了番茄（*Solanum lycopersicum*）的生长。当单独使用 AM 真菌，或 AM 真菌与荧光假单胞菌（*Pseudomonas fluorescens*）共同接种时，宿主植物的生物量显著提高（Jäerlund et al., 2008）。李守萍等（2009）研究了菌根促生细菌荧光假单胞菌（*P. fluorescens*）与外生菌根真菌的互作关系，从油松（*Pinus tabulaeformis*）菌根中分离到 4 株荧光假单胞菌，其中 *P. fluorescens* HDY220 对粘盖牛肝菌（*Suillus bovinus*）、褐环粘盖牛肝菌（*S. luteus*）和褐黄牛肝菌（*Boletus luridus*）3 种外生菌根真菌有不同程度的促生作用。已经有关于 AM 真菌与细菌双接种的研究，认为这种协同作用能够显著提高宿主植物的生长发育（Calvo–Polanco et al., 2016; Wang et al., 2016）。赵晓锋和唐明（2010）从油松菌根根际土中分离出对外生菌根真菌灰托柄菇（*A. vatinata*）和血红铆钉菇（*Gomphidius viscidus*）具有促生作用的苯胺紫链霉菌（*Streptomyces mauvecolor*）。

③ 增强抗性相关酶活性：AM 真菌与其他土壤微生物的协同作用，不只是表现在改善了植物的生长状况，还表现在各自群落规模的扩大（Yusran et al., 2009）。双接种对于植物生长的促进作用不只是发生在适宜环境中，还包括在各种各样的胁迫环境中。李莎等（2011）研究发现，同时接种乳黄粘盖牛肝菌（*S. lactifluus*）和荧光假单胞杆菌（*P. fluorescens*）能够促进油松苗生长，增强油松对猝倒病的抗性。陈桂梅等（2009）研究了分离于油松（*Pinus tabulaeformis*）菌根表面的菌根伴生真菌哈茨木霉（*Trichoderma harzianum* HDTP–1、*T. harzianum* HDTP–3）、冻土毛霉（*Mucor hiemalis* SA10–6 HDTP–4、*M. hiemalis*

XSD–98 HDT P–5）对外生菌根真菌生长及其中性蛋白酶活性的影响，发现 *M. hiemalis* SA10–6 HDTP–4 对褐环粘盖牛肝菌（*Suillus luteus*）的促进效果极显著，哈茨木霉和冻土毛霉均可诱导褐黄牛肝菌（*Boletus luridus*）中性蛋白酶活性，*M. hiemalis* XSD–98 HDTP–5 是褐黄牛肝菌产中性蛋白酶的最佳诱导底物。

④ 改善土壤状况：除此之外，某些细菌分泌的胞外多糖能够改善土壤团聚结构和提高根际土壤保水能力（Caravaca et al., 2006）。在细菌与 AM 真菌的关系中，细菌提高真菌的生物活性，真菌反过来帮助细菌固氮并分解一些不可利用的元素形态。Matias et al.（2009）采用菌根菌、根瘤菌和根际促生细菌的多种接种方法对豆科植物 *Centrosema coriaceum* 和野牡丹科植物野蔷薇（*Tibouchina multiflora*）生长的影响进行了研究，结果表明，AM 真菌参与的多种接种方法均显著促进了植物的生长、成活率、土壤的理化性质、叶片氮和磷含量和土壤磷含量。同样的，丛枝菌根真菌 *G.mossea* 和木霉属某种真菌能够协同促进大豆（*Glycine max*）的产量和品质（Egberongbe et al., 2010）。

2. 丛枝菌根真菌对根际微生物群落的影响

（1）菌根际效应

根际微生物群落是各种生态系统的重要驱动者，诸多研究表明 AM 真菌与根际其他微生物协同作用可扩大二者的群落规模，改善宿主植物的生长状况（Grümberg et al., 2015）。AM 真菌是根际微环境和微生态系统中的重要组成成员，它能够很好地将地上部分和地下系统衔接起来，在维持生态系统功能中扮演着重要角色（Yang et al., 2017）。AM 真菌通过多种方式参与宿主植物的生理生化过程，影响宿主植物根系分泌物的组成和分泌量，调节自身菌丝分泌物的分泌过程，间接改变宿主植物的根际微生物群落结构，Vezzani et al.（2018）将其称之为菌根际效应。Nottingham et al.（2013）研究发现，接种 *R. irregularis* 可增加宿主植物番木棉属的 *Pseudobombax septenatum* 根际微生物群落多样性，这可能由 AM 真菌为其他微生物的生长提供了碳源，间接促进土壤有机质的矿化过程引起。Nuccio et al.（2013）发现何氏球囊霉（*G. hoi*）可通过改变土壤氮素形态，加快宿主植物根际微生物群落的分解速率。

（2）干旱生态环境

干旱胁迫下，AM 真菌缩球囊霉（*Glomus constrictum*）通过改变根际微生物的群落结构，改善西瓜（*Citrullus lanatu*）的水分利用、养分吸收及生长状况（Omirou et al., 2013）。Caravaca and Ruess（2014）发现沙漠球囊霉（*G.*

deserticola）通过与白符跳（*Folsomia candida* willem）根际微生物的相互作用，间接改变了宿主植物根际微生物的生物量和群落结构。Solis–Dominguez et al.（2011）研究发现，接种 *R. irregularis* 可显著改变牧豆树（*Prosopis juliflora*）根际微生物群落的多样性，这可能是由 AM 真菌的直接效应、AM 真菌影响宿主植物的间接效应，或是两种作用机制的结合所致。封晔等（2012）对黄土高原六道沟流域 8 种植物根际细菌与 AM 真菌群落多样性研究，发现不同植物根际细菌和 AM 真菌的群落结构有较大差异，对根际微生物群落多样性影响最大的环境因子为有机质含量、植物种类和根际环境。刘婷（2014）发现接种异形根孢囊霉（*Rhizophagus irregularis* = 根内球囊霉（*Glomus irregulare*）和地表球囊霉（*G. versiforme*）可降低杨树（*P. canadensis*）根际真菌群落的丰富度指数，提高根际细菌群落的丰富度指数。

（3）盐渍化生态环境

目前大量研究集中于菌根真菌与宿主植物间的相互作用（Mohan et al., 2014），而有关盐渍化环境中，土壤微生物和菌根真菌相互作用对所处生态系统影响的研究较少。盐渍化生境下，摩西斗管囊霉（*Funneliformis mosseae*）可通过调控高粱（*Sorghum bicolor* L.）根际微生物群落结构来改善宿主植物的生理生化过程，使其能更好地适应盐渍化环境（Gopal et al., 2018）。Lavorel（2013）和 Gianinazzi et al.（2010）对宿主植物与菌根真菌的多种组合进行研究，提出以下观点：要更好地维持盐渍化生境中植物的生产力和生产质量，需细化和量化菌根真菌对生态系统的贡献，优化菌根真菌、宿主植物及其根际微生物间的相互作用，并筛选最佳组合。在系统生物学领域，研究人员借助功能基因组、转录组、蛋白组和代谢组等现代生物技术，从生态层面对植物和群落间关系进行研究（Shukla et al., 2017），由此产生"生态代谢组学"（Ecometabolomic）概念，旨在解析植物种群根际微生物结构和多样性在适应环境变化过程中的作用（Peñuelas et al., 2013a）。

3. AM 真菌对土壤微生物群落结构影响

植物根际存在着大量的土壤微生物，共同影响着植物的生长和生理功能（Wu et al., 2005）。植物根系同样也影响着土壤微生物的群落结构和组成（Napoli et al., 2008）。土壤中的 AM 真菌能够侵染植物根系，改变宿主植物根系形态结构，影响其根系分泌物，进而调控根际微生物群落多样性（Smith and Read, 2008）。菌根真菌能够选择性的促进或抑制某些微生物的生长，使得菌根根际和非菌根根际的微生物群落组成有明显的差异（Mar Vázquez et al., 2000）。Andrade et al.（1997）发现接种幼套球囊霉（*G. etunicatum*）、异形根孢囊霉（*R. irregularis*）和摩西斗管囊霉（*F. mosseae*）的高粱（*Sorghum bicolor*）根际微生物群落组成与未接种 AM 真菌对照相比有明显差异。

二、丛枝菌根真菌特性和作用机制

1. 丛枝菌根真菌特性

丛枝菌根真菌（Arbuscular mycorrhiza fungi）能与超过三分之二的维管植物形成共生关系（Smith and Read, 2008）。AM 真菌是众多的土壤有益微生物中非常重要的一个类群，能够与地球上大多数植物形成共生关系，这种互惠共

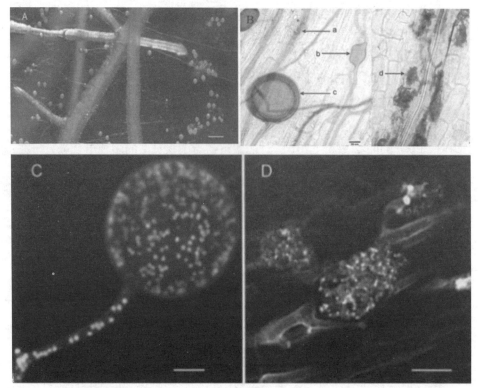

图 1-3　异形根孢囊霉（*R. irregularis*）的典型结构（Wu et al., 2015；Tisserant et al., 2013）

A. 扫描电子显微镜下胡萝卜转化根中异形根孢囊霉的外延菌丝和孢子（比例尺：750 μm）；

B. 光学显微镜下异形根孢囊霉的菌丝（a），泡囊（b），孢子（c）及丛枝（d）（比例尺：20 μm）；

C. 激光共聚焦显微镜下异形根孢囊霉的多核菌丝及多核无性孢子（比例尺：100 μm）；

D. 异形根孢囊霉的典型丛枝结构（比例尺：10 μm）。

生关系推动了中古期陆地植物根系的演变（Redecker et al., 2000）。AM 真菌属于专性共生真菌，只有与宿主植物建立共生关系，才能完成自身生活史（Zhao et al., 2017）。AM 真菌的孢子和连孢菌丝含有共同的细胞质和多个细胞核，这在自然界是很独特的现象（Wu et al., 2015; Tisserant et al., 2013）（图 1-3）。

　　Tisserant et al.（2013）研究发现，由于不存在繁殖周期，AM 真菌自身的保守减数分裂机制会使个体遗传物质稳定遗传，并且首次对模式菌株异形根孢囊霉（*R. irregularis*）进行全基因组测序，测到大小约 153 Mb 的单倍体基因组，编码 28232 个基因，发现，*R. irregularis* 基因组中存在低水平基因组的多态性（单核苷酸多态性为 0.43 kb^{-1}）和相关基因扩增的差异性。同时，该研究还发现基因组中缺乏编码植物细胞壁降解酶的基因，却含有毒素和硫胺素合成的基因，这很难解释 AM 真菌的独特生物学特性（Tisserant et al., 2013）。

　　此外，研究者在全基因组图谱中（图 1-4）得到了 AM 真菌诱导产生的分泌蛋白相关基因序列（Tisserant et al., 2013）。Kloppholz et al.（2011）发现该类分泌蛋白可使植物细胞防御机制失效，如 *R. irregularis* 分泌的小分泌蛋白 SP7 可与宿主植物的转录致病因子 ERF19 相互作用，成功侵染宿主植物，并建立共生关系。

图 1-4　异形根孢囊霉（*R. irregularis*）全基因组可视化的配置图（Tisserant et al., 2013）

（a）基因组装置支架；（b）基因模型位置（蓝色），重复元素（红色）和序列间隙（灰色）；（c）基因组 SNP 密度；（d）基因组可读取覆盖率；（e）表达基因 SNP 密度；（f）孢子转录覆盖率；（g）共生根系转录覆盖率；（h）以 GC 含量为基础的可读取窗口。

2. AM 真菌作用机制

菌根真菌能够通过一系列的机制来促进植物生长、改善植物发育。这些机制随着植物和真菌的种类甚至是土壤状况改变而改变。其中包括通过改变植物激素状况，维生素和氨基酸等代谢水平，矿物质的溶解状况，根系侵染水平，水分吸收状况和渗透调节物质的产生等来改善植物的生长状况。

（1）AM 真菌识别宿主植物

AM 真菌在与植物形成共生关系之前，将会发生一系列识别过程，直至形成形态和生理上完整的联系系统。首先，AM 真菌菌丝会在植物表皮细胞表面形成附着胞，这是植物与 AM 真菌之间互相识别的第一步（Singh, 2007），在这之后，植物表皮细胞和真菌菌丝表面的识别分子开始互相作用，不同识别分子调节着宿主与 AM 真菌之间的识别步骤（Koske and Gemma, 1992）。通常认为，主要是类黄酮和酚类物质在该识别过程中起着主要作用（Balaji et al., 1995; Nair et al., 1991）。

（2）提高植物吸收营养和水分

AM 真菌在提高植物营养吸收、水分吸收和对胁迫的抗性上有着极显著的效果（Barea et al., 2002）。正是由于 AM 真菌提高宿主植物营养吸收的能力，AM 真菌共生体系对于植物在贫瘠的环境中存活下来必不可少。其中，关于 AM 真菌提高宿主植物对磷（P）元素吸收的报道最为广泛，AM 真菌拥有磷转运蛋白，能够将土壤中的无机态磷转移到宿主植物中（Harrison and Van Buuren, 1995）。Sharif and Claassen（2011）研究发现，接种 AM 真菌的根系吸收的 P 元素能够达到未接种 AM 真菌根系的 5 倍。同时研究发现，环境中的盐水平与植物中的 P 含量存在负相关的关系，在盐渍化环境中，菌根化的阿拉伯金合欢（*Acacia nilotica*）和埃及三叶草（*Trifolium alexandrinum*）比未菌根化的植株能够积累更多的 P 在植物体内（Shokri and Maadi, 2009; Giri et al., 2007）。

（3）诱导植物体内特定的磷转运和铵转运蛋白基因的表达

AM 真菌能够诱导植物体内特定的磷转运蛋白基因的表达（Walder et al., 2015; Xie et al., 2013）。番茄（*Solanum lycopersicum*）磷转运蛋白基因家族中的 *LePT3*、*LePT4* 和 *LePT5* 的表达量，在接种 AM 真菌后显著上调（Nagy et al., 2005）。蒺藜苜蓿（*Medicago truncatula*）根系细胞的磷转运基因 *MtPT4* 能够通过菌根大量转运磷（P）元素，并且是由 AM 真菌专一诱导表达的（Javot et al., 2007）。一些关于磷转运蛋白的研究表明，这些转运蛋白并不仅仅起到将营养元素传递到根系细胞的作用（Hu et al., 2017c），同时还起到了识别信号以维持丛枝稳定性的作用（Breuillin-Sessoms et al., 2015; Javot et al., 2007）。

除了诱导磷转运蛋白基因表达，铵转运蛋白（Ammonium transporter，AMT）同样受到 AM 真菌的诱导。恶劣的土壤环境，如干旱、盐渍化等会抑制氮（N）的吸收和代谢过程（Frechilla et al., 2001）。AM 真菌能够缓解环境对植物造成的这种限制，并促进宿主植物随 N 元素的同化过程。研究者发现，在大花田菁（*Sesbania grandiflora*）和印度田菁（*S. aegyptiaca*）中，接种 AM 真菌的植株在 N 元素积累水平上远高于未接种 AM 真菌植株（Giri and Mukerji, 2004）。这些转运蛋白往往位于围丛枝膜上。

（4）促进大量和微量元素的转运

除了 P 和 N 元素，其他的大量和微量元素也受到 AM 真菌共生体系的转运。Giovannetti et al.（2014）通过激光显微解剖技术研究发现，AM 真菌对硫转运蛋白在硫（S）元素转运过程中的作用被识别并确认。钾（K）元素在自然环境中大量存在，但大部分为不可利用状态，或由于与其他矿物质的吸附而导致利用率很低。同样，K 元素也存在于 AM 真菌的孢子、菌丝和丛枝结构中（Olsson et al., 2011; 2008; Pallon et al., 2007）。有关日本百脉根（*Lotus japonicus*）的研究表明，接种 AM 真菌能够上调日本百脉根根系细胞中的 K^+ 转运蛋白基因的表达（Guether et al., 2009）。K 元素作为细胞结构必需的大量元素之一，但是关于 AM 真菌对其吸收的研究寥寥无几（Garcia and Zimmermann, 2014）。

通常，人们通过转基因的方法，或者农艺生物强化的方法来提高植物和农产品中微量元素的积累。近些年，AM 真菌的使用提供了一种新的选择。有研究者在异形根孢囊霉（*Rhizophagus irregularis*）中鉴定出锌转运蛋白基因（*GintZnT1*），该转运蛋白通过菌丝或胞质空间介导了真菌和植物质膜之间的锌（Zn）元素的转运（Cavagnaro, 2008）。Lehmann et al.（2014）通过元分析（Meta-analysis）估计了 AM 真菌在不同植物组织和土壤类型中对 Zn 积累的潜在作用，结果表明 AM 真菌能够在多种恶劣环境中，改变 Zn 在植物组织中的积累。同样，他们还研究了 AM 真菌对铜（Cu）、铁（Fe）和锰（Mn）在作物中积累的影响，表明接种 AM 真菌显著提高了植物中 Cu 元素的积累（29%），对 Fe 元素的作用不明显，同时提高了 Mn 元素的积累（Lehmann and Rillig, 2015）。

三、从枝菌根真菌的生态学功能

1. AM 真菌对植物生态系统的影响

（1）对植物群落多样性的影响

目前，人类的生存正在以空前的速度改变着地球的环境，这些改变严重冲击着全球的气候和生物类群（Houghton et al., 2001）。而 AM 真菌的存在能够影响生态系统中植物群落多样性（Miransari, 2014），在植物进化过程中也有重要作用（Klironomos, 2002）。AM 真菌在生态修复和生态演替中同样起着举足轻重的作用，能够帮助植物在新的环境中定植。例如，在向澳大利亚引种松树的尝试中，正是由于菌根真菌的缺失导致了引种的失败（Allen, 1991）。又如，在引种亚洲原生植物莎草（*Cyperus rotundus* L.）到美洲的过程中，由于莎草与美洲本土菌种 *Balansia cyperi* 较好的形成了共生体系，从而帮助其在美洲成功定植（Kowalski et al., 2015）。Giasson et al.（2008）发现 AM 真菌的菌丝可从根表面延伸 8 cm 长。Tisdall and Oades（1979）在 1 cm^3 的黑麦草（*Lolium perenne* L.）根际土中发现了总长 55 m 的菌丝。因此，AM 真菌的生态功能与植物的群落多样性息息相关。

植物在生态系统中发挥着重要的功能，为人类提供大量的资源。植物与土壤微生物群落之间的联系，驱动着生态系统中的大部分过程（Grigulis et al., 2013；Lavorel 2013）。AM 真菌是众多的土壤有益微生物中非常重要的一个类群，它与植物形成共生关系后，两者互相交换营养和能量（Brundrett, 2009）。AM 真菌在生态系统中发挥着基础性的作用，AM 真菌与植物的共生对植物的生长发育、健康状态、抗逆性能、营养循环和土壤质量的改善都非常有利（Rapparini and Peñuelas, 2014），进而影响植物群落多样性。

（2）对土壤养分和结构的影响

AM 真菌能够在绝大多数的土壤环境中存在。AM 真菌侵染植物根系后，其发达的外延菌丝延伸至根系周围的土壤中，形成菌丝网，帮助植物吸收水分和矿质营养（Barea et al., 2005）。尽管恶劣的环境因素，如大量的盐碱胁迫、重金属毒害等会抑制 AM 真菌的生长，甚至危及其生存，但是仍有一部分 AM 真菌能够通过与植物根系形成共生维持其生存（Sinclair et al., 2014; Talaat and Shawky, 2012）。

同样，菌根真菌与植物的共生并不单单改善了植物本身的生长，同时还可以通过根系和菌丝分泌物等来改善土壤团聚结构，进而提高对大风和水土流失的抗性（Rillig et al., 2015; Leifheit et al., 2015, 2014）。在干旱环境中，土壤团聚体稳定性是植物生长、发育最关键的环境因子之一。AM 真菌能够通过根外菌丝和分泌物等改善土壤团聚结构稳定性（Caravaca et al., 2006）。其中，AM 真菌分泌的糖蛋白—球囊霉素起到了关键作用（Kohler et al., 2009; Gadkar and Rillig, 2006），球囊霉素可以促进土壤形成水稳定型团聚体，稳定土壤结构（Azcón and Barea, 2010）。AM 真菌能够作为生物肥料促进植物生长，降低传统肥料的需求（Gianinazzi et al., 2010），减轻化肥过多对土壤的不良影响。

（3）对植物营养和水分吸收的影响

菌根真菌增加了宿主植物的吸收范围，扩大了水分、营养元素的吸收面积（Smith and Read, 2008; Sylvia et al., 2005），并且，菌根真菌的菌丝极细，能够轻松到达土壤微粒的孔隙中接触到植物根毛吸收不到的水分和营养元素。目前，AM 真菌改善植物水分吸收的机制尚不清楚，但研究表明接种 AM 真菌的植株能够更好地调节气孔开闭（Augé et al., 2015）。通过提高水分吸收，水溶性的大量和微量元素的吸收量也得到了促进，进而提高宿主植物在干旱环境中的成活率（Smith and Read, 2008; Javaid, 2009）。由于 AM 真菌能够促进植物吸收水分，提高植物营养元素利用率、宿主光合效率和土壤酶活性，因此增强宿主植物对生物胁迫和非生物胁迫抗性（Yang et al., 2014; Zhang et al., 2010）。AM 真菌主要分布在栽培作物中，同样在林木中也大量分布。因此，AM 真菌被认为是可循环生态农业和林业可持续发展的重要组成（Kohler et al., 2009; 弓明钦等，1997）。

（4）对植物抗逆性的影响

在自然环境中，植物根系会被多种生物定植，而以有益细菌和真菌为主的一些微生物，能够通过与植物根系形成共生关系来提高植物抗性。其中，AM 真菌穿过宿主植物根系表皮细胞，形成丛枝和泡囊结构，通过这个联系，为宿主提供大量必需元素，主要是磷和氮元素，来换取宿主植物的光合产物。大量的研究表明，这种共生关系提高了植物营养元素吸收（Ruiz–Lozano, 2003）、光合效率（Ashraf and Foolad, 2007），并帮助植物在干旱（Augé et al., 2015; Gong et al., 2013; Porcel et al., 2011）、盐碱（Sheng et al., 2011; 唐明，2010）和重金属（Garg and Aggarwal, 2012）等非生物胁迫以及病原菌（Dehariya et al., 2014; 张茹琴等，2011; 湛蔚等，2010）等生物胁迫下更好的生存（Liu et al., 2015; Al–Karaki, 2000）。

AM 真菌对植物抵抗重金属毒害也有重要意义（唐明，2015; Meier et al.,

2015）。通常情况下，菌根真菌能够与几乎所有种类的植物形成共生，这种共生关系广泛存在于普通环境和胁迫环境中。宿主植物能够通过这种共生关系获得一系列的好处，例如增加了必需的营养元素、改善了水分状况和生长等（Birhane et al., 2012）。在自然界中，AM 真菌也扮演了一个过滤器的角色，将土壤中的重金属聚集在根系中，并阻止其运输到地上部分（Tamayo et al., 2014; Cornejo et al., 2013; Gaur and Adholeya, 2004）。关于 AM 真菌与超积累植物芦苇堇菜（*Viola calaminaria*）和菊科 *Berkheya coddii* 的报道同样支持了上述结论（Turnau and Mesjasz–Przybylowicz, 2003; Tonin et al., 2001; Turnau et al., 2001）。研究表明，AM 真菌 *Glomus geosporum*（Sambandan et al., 1992）、*G.mosseae*（Weissenhorn et al., 1993; Turnau et al., 2001）、*Scutellospora dipurpurascens*（Griffioen et al., 1994）和 *G.claroideum*（Del Val et al., 1999; Leyval et al., 1995）被认为具有较高的抗重金属能力。

2. AM 真菌对植物生长和固碳作用的影响

（1）AM 真菌对植物生长的影响

众多研究表明，AM 真菌侵染植物根系后，能够扩大植物根系的吸收面积，对植物吸收水分和养分至关重要（Smith et al., 2011）。并且许多研究证实，AM 真菌的接种能够提高宿主植物的光合能力，增加植物的固碳能力，对宿主植物生物量的积累非常重要（Gong et al., 2013）。因此，AM 真菌被人们熟知的最重要的生态功能是促进植物的生长，提高农产品和林产品的产量。

Subramanian et al.（2006）研究了接种异形根孢囊霉（*Rhizophagus irregularis*）对番茄（*Lycopersicon esculentum* L.）生长的影响，结果发现 AM 真菌的接种显著提高了番茄的生物量，对地下部分生物量的促进作用尤为明显。AM 真菌提高宿主生物量积累，促进宿主植物生长的研究在刺槐（*Robinia pseudoacacia* Linn.）（田帅等，2013）、狼牙刺 *Sophora davidii*（Franch.）Skeels（龚明贵，2012）、玉米（*Zea mays* Linn.）（Liang et al., 2009）、黄花蒿（*Artemisia annua* Linn.）（黄京华等，2011）、白术（*Atractylodes macrocephala* Koidz.）（卢彦琦等，2011）中也有报道。

（2）AM 真菌对植物和土壤碳固定的影响

AM 真菌能够提高宿主植物的光合能力（Gong et al., 2013），增加其固碳能力（Zhu et al., 2017）。朱晓琴等（2013）在研究接种异形根孢囊霉（*R. irregularis*）和地表球囊霉（*G. versiforme*）对刺槐（*R. pseudoacacia*）含碳率

和热值的影响中发现，两种 AM 真菌均能显著促进刺槐生物量、含碳率、热值和能量积累，说明 AM 真菌在植物固碳中发挥着重要作用。然而，AM 真菌必须依赖植物提供的碳源来维持自身的生长（石伟琦等，2008）。Domanski et al.（2001）研究发现黑麦草（*L. perenne*）能够将其固定的碳 11% 左右分配给与其共生的 AM 真菌。

AM 真菌的菌丝网络是重要的地下碳汇（郭良栋和田春杰，2013），AM 真菌还有一个重要的生态功能就是促进碳从宿主植物根系进入到土壤中（石伟琦等，2008）。Lerat et al.（2003）研究发现，菌根真菌的菌丝从植物运输到土壤中的碳水化合物的量，明显高于从根系直接运输到土壤中的碳水化合物。Miller and Kling（2000）调查发现，在草原生态系统中，土壤有机碳库约 15% 都来自 AM 真菌。Rillig et al.（2001）发现在热带雨林中，AM 真菌对土壤有机碳的贡献率也达到 15% 左右。AM 真菌分泌的球囊霉素也会随着真菌的孢子和菌丝降解进入土壤，成为土壤中的有机碳源（Driver et al.，2005）。可以看出，AM 真菌在植物固碳和土壤碳固持中也有着不可忽视的作用。

第三节　AM 真菌提高植物耐旱机制

一、AM 真菌促进植物养分和水分吸收

植物在生长过程中，经常会遭受一些生物和非生物的环境胁迫，影响植物的生长发育及农林业产量。在世界范围内，干旱是一个限制植物生长和产量的重要因素，随着气候的变化，全球的干旱程度也在不断加剧。自然界中，广泛存在着 AM 真菌与高等植物的共生关系（刘润进和陈应龙，2007），许多生理学研究发现，AM 真菌的共生是植物适应水分胁迫，增强耐旱性的重要方式（Ruiz-Lozano and Aroca，2010a）。AM 真菌主要是通过促进植物水分和养分的吸收转运（陈婕等，2014），特别是对土壤有效磷和一些矿质营养的吸收和转运，促进植物生长，进而提高植物的耐旱性（付淑清等，2011; Augé，2001）。AM 真菌还能够通过一系列生理和分子机制来提高植物耐旱性（Liu et al.，2016c; He et al.，2016; 田帅等，2013）。

丛枝菌根共生体在宿主植物防御反应中发挥的作用，根据植物种类的不同和真菌种类的不同会有差异（Bezemer and van Dam，2005）。植物自身的生

长和营养吸收，会影响 AM 真菌在一些植物水分利用和生理生化反应中的调控作用（Hu et al., 2017b; Smith and Read, 2008），而这种作用对研究 AM 真菌提高植物耐旱性的机理增加了难度。AM 真菌调控植物耐旱性是一个非常复杂的过程，涉及到许多代谢产物和代谢途径（Tang and Chen, 1999）。研究表明 AM 真菌的共生通过上调和下调许多生理生化过程来改善植物干旱适应能力，包括 AM 真菌直接促进植物营养和水分的吸收和转运（Wu and Xia, 2006）、增加植物渗透调节能力（Wu and Zou, 2009）、提高植物的气体交换能力和水分利用效率（Gong et al., 2013）、提高植物抗氧化能力（Wu and Zou, 2009）等。因此，虽然有大量的研究发现了 AM 真菌在植物的耐旱过程中有重要的贡献(Li et al., 2020; He et al., 2017)，但目前其潜在的作用机制尚不清楚。

1. 促进植物生长和营养吸收

Bray（1997）的研究指出，植物对干旱的响应存在两种形式：躲避干旱和耐受干旱。植物根据叶片水势的绝对值可以分为避旱型和耐旱型。避旱型植物通过提高自身水分吸收或减少水分散失，来维持高的水分状况以抵御缺水环境。而耐旱型植物则是当叶片水势较低时，诱导植物提高其忍耐脱水能力，来维持正常的生存和生理反应（Turner, 1997）。一些研究发现 AM 真菌是通过避旱机制来保护宿主植物免受干旱胁迫的危害（Ruíz–Sánchez et al., 2010），主要是通过维持宿主植物处于充足的水化状态（Augé and Moore, 2005）。AM 真菌提高植物的避旱能力与其提高宿主植物营养吸收，促进植物生长也是有密切联系的。

（1）扩大根系吸收面积

干旱胁迫会严重影响植物的营养状况。土壤的水分缺失会导致土壤养分的有效性降低、土壤结构退化。许多假设认为，植物潜在的营养机制与 AM 真菌诱导的植物耐旱性密切相关，AM 真菌促进植物营养吸收是其缓解水分缺失在植物生长上造成不良影响的基础（Rapparini and Peñuelas, 2014）。AM 真菌能够通过大量的外延菌丝，延伸至根系周围的土壤中，扩大了根系的吸收面积，进而提高了植物在低水势土壤中对养分的吸收（Ruiz–Lozano, 2003）。Smith et al.（2010）研究发现，菌丝的直径比根系的直径小一到两倍，可以伸入到很小的土壤孔径中来吸收营养元素，这样就可以绕过根周围的养分枯竭区域，扩大吸收区域，而营养吸收的增加反过来也可以促进宿主根系的生长（Miransari et al., 2007），Miransari et al.（2007）研究发现摩西斗管囊霉（*F. mosseae*）和幼套球囊霉（*G. etunicatum*）增加了玉米（*Z. mays* L.）根系鲜重和干重，更有利于植物营养的吸收（Subramanian et al., 2006）。

（2）促进植物氮、磷营养吸收

AM 真菌最重要的一个功能，就是提高土壤磷的有效性和植物对磷的吸收能力（Smith et al., 2011）。Kivlin et al.（2013）研究发现，AM 真菌能够将其吸收的 80% 的氮和磷提供给宿主植物，以交换植物光合作用获得的碳水化合物来维持自身的生长。王如岩等（2012）在研究摩西斗管囊霉（*F. mosseae*）对滇柏（*Cupressus duclouxiana* Hickel）和楸树（*Catalpa bungei* CA Mey.）接种效应中发现，在正常水分和中度干旱胁迫条件下，接种 AM 真菌能在一定程度上提高滇柏和楸树根系的氮、磷含量。Subramanian et al.（2006）发现接种异形根孢囊霉（*R. irregularis*）能够促进番茄（*L. esculentum* L.）氮、磷的吸收。Smith et al.（2010）在一篇综述中指出菌根植物吸收磷的途径可以分为两种：一种是直接通过根表皮和根毛来吸收，另一种是间接通过菌根真菌的菌丝吸收到皮层细胞。当菌根植物受到干旱胁迫时，其菌丝吸收磷的途径就会发挥主要的作用（Tang and Chen, 1999; Fan et al., 2020）。

Ruiz–Lozano and Azcón（1996）在干旱胁迫条件下，接种 3 种 AM 真菌沙漠球囊霉（*Glomus deserticola*）、集球囊霉（*G. fasciculatum*）和摩西球囊霉（*G. mosseae*）于莴苣（*Lactuca sativa* L.），发现 AM 真菌促进了植物氮的吸收，并且提高了主要氮同化酶活性。Smith and Smith（2011）指出，水分缺乏条件下，菌根植物通过菌丝吸收转运氮的途径效率更高。Lee et al.（2012）通过氮同位素示踪技术，研究 AM 真菌异形根孢囊霉（*R. irregularis*）在促进黑麦草（*L. perenne*）生长过程中氮吸收和同化的作用，发现 AM 真菌共生不仅提高了植物氮吸收和氮同化酶活性，而且使植物积累更多的蛋白质和氨基酸，进而提高植物适应干旱的能力。干旱环境中，限制植物对氮的利用主要有两个原因：吸收氮量少和氮同化效率低。植物对氮的同化过程首先是由氮还原酶将硝酸根（NO_3^-）还原为亚硝酸根（NO_2^-），这一步通常被认为是氮同化过程中的限速步骤，而且会受到水分的限制（Ruiz–Lozano, 2003）。干旱条件下，接种 AM 真菌不仅提高植物的氮吸收，还促进了氮同化速率（Boomsma and Vyn, 2008）。AM 真菌可以通过菌丝直接吸收 NO_3^- 和铵根（NH_4^+），促进了宿主植物的蛋白质合成能力（Cardoso and Kuyper, 2006）。

（3）促进植物其他营养元素吸收

AM 真菌共生结构不仅能够促进宿主植物大量元素氮和磷的吸收，对钾和一些微量元素锌（Zn）、铜（Cu）等的吸收也有促进作用（Latef and He,

2011; Cavagnaro et al., 2010; Tian et al., 2010）。由于水分状况会限制营养元素流动，因此，与在水分适宜的环境中相比，AM 真菌接种在干旱条件下对营养吸收的改善效果更明显（Fang et al., 2020; Hu et al., 2017c）。同时，在干旱环境中，营养元素的移动性较差，由 AM 真菌帮助植物吸收更多的营养元素，能够提高宿主吸收水分的能力（Augé et al., 2004）。除此之外，AM 真菌能够提高土壤中某些酶的活性，从而促进营养元素的水解，有利于植物吸收。例如，土壤中的磷通常与钙（Ca）和镁（Mg）形成不利于植物直接吸收的复合物，而 AM 真菌周围的高酸性磷酸酶活性，会促进这些复合物释放磷让植物吸收（Chethan Kumar et al., 2008; Sardans et al., 2008）。Bagheri et al.（2012）在研究干旱条件下 AM 真菌摩西斗管囊霉（*F. mosseae*）和异形根孢囊霉（*R. irregularis*）对开心果（*Pistacia vera* L.）植株营养吸收和分配的影响中发现，虽然干旱胁迫降低了菌根侵染率和植物对营养的吸收，但是与非菌根植株相比，菌根植株仍具有较高的 P、K、Zn 和 Mn 的积累。

2. 促进植物水分吸收和利用

AM 真菌引起植物最显著的变化是植株形态的变化，接种 AM 真菌能够促进宿主植物的光合作用水平，以及对营养元素（尤其是 P）的吸收，影响植株大小，从而改善宿主植物的水分平衡和耐旱性（Augé et al., 2004）。AM 真菌共生结构能够促进宿主植物生物量积累、改变根冠比（Al-Karaki et al., 2004）。较大的植株能够改善其水分状况，更大的根系能够吸收到更远处的土壤水分。接种 AM 真菌对植株生长最主要的影响包括：① AM 真菌菌丝能够接触到土壤中更多的水分，进而提供给宿主植株更多的水分；同时能够促进宿主植株毛根的生长，使得宿主植物自身能够吸收到更多的水分（Ruiz-Lozano, 2003; Augé, 2001）。② AM 真菌能够提高宿主植物对土壤病原菌的抗性（St-Arnaud and Vujanovic, 2007），改善土壤结构、增强团聚体稳定性（Wright, 2005; Rillig, 2004）。③相对于未接种 AM 真菌植株，接种 AM 真菌的植株水分吸收得到改善，因此促进植物对土壤中水溶性的营养元素吸收和利用（Ruiz-Lozano, 2003）。

（1）提高水分吸收效率

在自然条件下，AM 真菌与植物是以共生状态来抵御干旱胁迫的，要区分植物的耐旱性是植物自身的作用还是 AM 真菌单独作用还比较困难（Ruth et al., 2011）。因此，要清楚的研究 AM 真菌在干旱条件下，单独发挥的生理和生化功能还很难实现。这也导致了一些研究发现菌根真菌的菌丝对植物吸收水分的作用很小、甚至有负面效应（Koide, 1993）。为此，研究者设计出一种专门分离根系系统和菌丝结构的盆栽装置（Ruiz-Lozano and Azcón, 1995），分开研究植物根系和菌丝的功能。Ruth et al.（2011）利用高分辨率在线水分传感器，定量研究了接种 AM 真菌异形根孢囊霉（*R. irregularis*）对大麦（*Hordeum vulgaris* L.）水分吸收的影响，该试验用分室隔网系统将植物根系和菌丝分开，两室都连接一个测定土壤含水量的特殊装置，分别精确的测量两室中的含水量，结果发现植物中大约 20% 的水分是通过菌丝吸收的，此研究明确了菌丝在植物吸收水分过程中的重要作用。

AM 真菌具有改善在正常水分和干旱条件下宿主植物水分状况的能力。在多种植物中，研究者均发现 AM 真菌能够改善其在干旱环境下的水分状况（Augé, 2001）。早期关于 AM 真菌改善宿主植物水分状况的研究，把这种现象归结于其促进了磷元素的吸收。进一步的研究发现，这种水分状况的改善并非仅仅是通过调节某些元素的吸收，或者促进植株的生长，而是一系列复杂机制的综合。其中一个机制主要关注 AM 真菌帮助宿主提高水分吸收效率，进而影响气体交换效率，最终影响叶片中的水分状况（Boomsma and Vyn, 2008; Davies et al., 1993）。

另一个被接受的机制包括了植物导水率（导水组织规模增加等）、土壤水分关系（土壤团聚体改善、更多的土壤可利用水等）、土壤—根系水势梯度（土壤更加干旱）、植物水势组成（气孔导度、叶片水势改善）、非水力根系信号（细胞分裂素和生长激素浓度改变）等一系列生理生化特性的改变（Boomsma and Vyn, 2008）。AM 真菌对于宿主植物水分状况的改善的基础是气孔导度、蒸腾速率的改变（Sánchez-Diaz and Honrubia, 1994）。通常情况下，AM 真菌会减缓干旱胁迫下叶片水势降低的速率，并能够提高在复水时水分吸收的速率（Augé, 2001）。

（2）提高水分利用效率

叶片水势是衡量整个植株的水分状况的一个重要指标，水分利用效率能综合反映植物水分利用情况。AM 真菌能够提高植物的水分利用效率，这一观点也得到了国内外许多研究者的证实。Asrar et al.（2012）研究了 AM 真菌沙漠球囊霉（*G. deserticola*）在干旱条件下，对金鱼草（*Antirrhinum majus* L.）生长和水分利用的影响，结果发现虽然干旱胁迫降低了金鱼草植株的水分利用效率，但菌根化金鱼草的水分利用效率明显高于非菌根植株。Birhane et al.（2012）利用自然状态下采集的纸乳香树（*Boswellia papyrifera*（Del.）Hochst）根际混合 AM 真菌扩繁后作为菌剂，研究干旱条件下 AM 真菌对纸乳香树耐旱性的影响，结果发现干旱条件下，接种 AM 真菌与未接种 AM 真菌植株的水分利用效率都有所升高，而菌根化纸乳香树的水分利用效率仍高于未接种 AM 真菌植株。AM 真菌提高宿主植物的水分利用效率在狼牙刺（*S. davidii*）（Gong et al.，2013）、构树（*Broussonetia papyrifera*（Linn.）L'Hér. ex Vent.）（何跃军等，2008）、枳（*Poncirus trifoliat* L.）（吴强盛和夏仁学，2004）、光皮梾木（*Cornus wilsoniana* Wangerin）（杜照奎和何跃军，2011）和黄连木（*Pistacia lentiscus* L.）（Querejeta et al.，2007）等宿主植物中都有报道。

然而，有关 AM 真菌对植物水分利用效率影响的研究结论并不一致。Doubková et al.（2013）在研究 AM 真菌对欧洲山萝卜（*Knautia arvensis*）耐旱性的影响中发现，AM 真菌对欧洲山萝卜水分利用效率的影响取决于土壤水分状况，土壤田间持水量为 55% 和 45% 时，AM 真菌的接种降低了植株的水分利用效率，而土壤田间持水量为 35% 和 25% 时，AM 真菌对植物水分利用效率无明显作用。Porcel and Ruiz-Lozano（2004）研究发现，接种 AM 真菌异形根孢囊霉（*R. irregularis*）能够提高豆科植物大豆（*Glycine max* L.）的水势。Augé et al.（1986）研究发现接种异形根孢囊霉（*R. irregularis*）和沙漠球囊霉（*G. deserticola*）降低了玫瑰（*Rosa rugosa* Thunb.）的叶片水势。还有研究发现干旱条件下菌根植物和非菌根植物叶片水势的变化并不明显（Augé，2001）。

AM 真菌通过调节叶片水势来缓解干旱对植物生长造成的不良影响是 AM 真菌提高植物耐旱性的一个重要机理（Asrar et al.，2012；Porcel and Ruiz-Lozano，2004）。AM 真菌促进植物水分吸收、养分吸收，以及促进植物生长这些机制都影响着植物根系水分传导和利用（Koide，1993）。Aroca et al.（2008）研究发现，接种 AM 真菌异形根孢囊霉（*R. irregularis*）能够促进莴苣（*Lactuca sativa* L. cv. Romana）根系水分传导，进而提高其对水分的利用率。Sanchez-Blanc et al.（2004）在研究 AM 真菌沙漠球囊霉（*G. deserticola*）对迷迭香（*Rosmarinus officinalis*）根系水分传导的影响中也得到了相同的结论。

3. 改善土壤结构和养分状态

AM 真菌能够改变土壤的理化性质（Jastrow et al.，1998），进而影响植物对于干旱的响应（Augé，2001）。因此，除了直接与植物共生来改善植物生长发育，AM 真菌也通过改善土壤状况来影响植物的耐旱性。而且，干旱环境中，

AM真菌通过对土壤的改善产生的影响很可能强于通过根系共生定植产生的影响。

（1）提高土壤结构稳定性，增强土壤保水能力

AM真菌还可以通过一种间接的方式来提高植物的耐旱性，就是提高土壤结构的稳定性，进而提高土壤的保水能力（Ruiz-Lozano，2003）。AM真菌在与宿主植物共生的过程中，参与宿主的一些生理代谢过程，进而影响根系的形态变化和分泌物的组成，导致根系土壤理化性质发生改变。Singh et al.（2011）和 Rilling and Mummey（2006）在 AM 真菌与土壤结构关系的综述中指出，AM真菌的菌丝能够促进土壤颗粒形成团聚体，也可以通过产生球囊霉素来改善土壤结构。Barea and Jeffries（1995）和 Tisdall（1991）报道指出，AM 真菌的外延菌丝能够维持土壤大团聚体组成，从而保持土壤的稳定性。AM真菌的丝状结构形成的菌丝网，能够影响根际及大部分土壤的结构（Miransari et al.，2007）。Augé et al.（2001）报道指出，菌根植物生长的土壤具有更高的水稳定型团聚体和外延菌丝密度，这与菌根际土壤具有更好的保水能力有关。

（2）促进根系吸收水分，增强植物的耐旱性

AM真菌庞大的菌丝网络能够减少植物—土壤之间的液流阻力，促进根系对水分的吸收，改善宿主植物的水分状况。植物根系吸收的水分和叶片蒸腾散失的水分保持着动态平衡，确保植物的生理生化反应过程有序进行（陈婕等，2014；刘润进和陈应龙，2007）。菌根真菌的菌丝还能够维持液体的连续性，减少空气间隙对水力传导速率造成的影响（Augé et al.，2001）。Augé（2001）研究发现，AM真菌摩西斗管囊霉（F. mosseae）的接种改变了土壤水分特征曲线，说明 AM 真菌的菌丝和菌丝分泌物影响了土壤原有的保水能力。AM真菌在侵染植物根系的同时，还会影响其周围的其它土壤微生物（真菌、细菌、线虫等）的数量和种类，从而间接影响了植物根际土壤的特征。Omirou et al.（2013）研究发现，接种 AM 真菌异形根孢囊霉（R. irregularis）和摩西斗管囊霉（F. mosseae）处理和干旱胁迫能够改变菌根真菌群落结构，而这种改变对宿主植物西瓜（Citrullus lanatu）的生长、养分吸收及水分利用效率都有帮助。因此，可以说 AM真菌可通过改善土壤性状来调控植物对水分的吸收，从而提高植物的耐旱性。

二、提高植物的光合作用和渗透调节能力

许多研究者发现 AM 真菌的接种能够提高植物的光合作用、渗透调节能

力和抗氧化能力来提高植物的耐旱性（Chen et al., 2017a; He et al., 2017; Gong et al., 2013; Karti et al., 2012; Birhane et al., 2012）。同时发现，AM 真菌对一些植物干旱相关基因的表达也有调控作用（Li et al., 2013），影响着植物的干旱适应能力。AM 真菌自身的水孔蛋白基因的表达也会影响宿主植物的耐旱性（李涛和陈保冬，2012）。

1. AM 真菌提高植物光合作用

光合作用是植物在可见光的照射下，利用光合色素，通过光反应和暗反应阶段，将二氧化碳和水转化为有机物化合物，并释放氧的过程。光合作用是植物最基本的生理反应，是其赖以生存的基础，也是植物同化碳的主要途径（沈允钢，2006; 高俊凤，2006）。光合作用由一些复杂的代谢反应组成，在地球碳氧循环中发挥着重要作用（沈允钢，2006）。植物耐旱的一个重要机制就是缓解干旱诱发光合过程的一些不良反应，比如光合抑制造成的过度辐射（Chaves et al., 2003），二氧化碳减少导致的入射光利用效率降低，以及光损伤敏感性的增加（Powles, 1984）。植物的光保护机制对植物抵御干旱胁迫也有一定的作用，光保护机制是植物通过热耗散调节光合系统反应中心的激发能（Demmig–Adams and Demmig, 2006），这一机制还可以清除氧化物分子，修复氧化损伤（Fernández–Marín et al., 2009）。

（1）提高植物叶绿素含量，优化叶绿素荧光参数

Mathur 和 Vyas（1995）研究发现，毛氏无梗囊霉（*Acaulospora morrowae*）、球状巨孢囊霉（*Gigaspora margarita*）、*G. deserticola*、*G. fasciculatum* 和美丽盾巨孢囊霉（*Scutellospora calospora*）5 种 AM 真菌接种枣树（*Ziziphus mauritiana*），均能够提高叶片内叶绿素含量，进而提高其净光合速率。Davies et al.（1992）研究发现，接种 AM 真菌植株的叶片中叶绿素含量显著高于未接种 AM 真菌植株，更高的叶绿素含量导致了更高的光合效率。近年来研究表明，干旱条件下接种 AM 真菌能够提高宿主植物的叶绿素荧光参数 Fv/Fm，进而提高宿主植物光合系统 II 的光催化效率（Ruiz–Sánchez et al., 2011）。Yooyongwech et al.（2013）研究发现，混合接种 AM 真菌（*Glomus* sp., *Acaulospora* sp., *Gigaspora* sp. 和 *Scutellospora* sp.）能够提高澳洲坚果树（*Macadamia tetraphylla* L.）叶片的 Fv/Fm。Gong et al.（2013）和田帅等（2013）分别在宿主植物狼牙刺（*S. davidii*）和刺槐（*R. pseudoacacia*）中也得到了同样的结果，这些结果说明干旱条件下，AM 真菌能够提高植物光合系统机能，

减少光抑制。

（2）提高植物光合效率

许多研究认为，接种 AM 真菌提高了植物叶片单位光合效率（Ruiz-Sánchez et al., 2010），进而增加了光合产物积累和输出（Augé, 2001）。AM 真菌提高宿主植物净光合速率这一结论在纸乳香树（*B. papyrifera*）（Birhane et al., 2012）、狼牙刺（*S. davidii*）（Gong et al., 2013）、栓皮栎（*Quercus variabilis*）（付瑞等，2011）、构树（*B. papyrifera*）（何跃军等，2008）等宿主植物中均得到了证实。Lee et al.（2012）研究发现，干旱胁迫条件下，AM 真菌能够提高植物的气孔导度、蒸腾速率和净光合速率等气体交换参数。Huang et al.（2011）研究摩西斗管囊霉（*F. mosseae*）在干旱条件下对甜瓜（*Cucumis melo* L.）幼苗生理和光合作用的影响时发现，接种 AM 真菌提高了甜瓜叶片的净光合速率、气孔导度、蒸腾速率和羧化效率，进而促进了甜瓜的生长，提高了其对干旱的耐受性。黄世臣和李熙英（2007）研究干旱胁迫条件下，3 种 AM 真菌摩西斗管囊霉（*F. mosseae*）、异形根孢囊霉（*R. irregularis*）和地表球囊霉（*G. versiforme*）对山杏（*Prunus armeniaca*）生长的影响，结果发现 3 种 AM 真菌均提高了山杏净光合速率和干重，同时叶片相对含水量也有所提高，且菌根植株受干旱胁迫后的恢复速度比较非菌根植株快。

总的来说，菌根植物能够通过高效的光合效率提高自身的碳储备量，改善其在干旱环境下的生长状况，进而提高了自身的耐旱性。也有研究表明，菌根真菌改善植物的光合作用与菌根真菌增加植物养分的吸收有关，充足的氮和磷营养可以提高光合机构的效率（Huang et al., 2011）。Ludwig-Müller（2010）指出脱落酸（Abscisic acid, ABA）可能是 AM 真菌在干旱条件下影响气孔导度和其他生物特征的非营养机制之一。干旱诱导的 ABA 水平在非菌根植物中的提高程度高于菌根植物，说明菌根植物受到的干旱威胁较小（Doubková et al., 2013）。AM 真菌接种植株较未接种 AM 真菌植株往往表现出更好的光合效率，这与接种 AM 真菌对气孔调节的影响结果一致（Lee et al., 2012; Porcel and Ruiz-Lozano, 2004）。此外，干旱条件下，AM 真菌对植物气孔导度和光合速率等生理过程的影响会因树种和真菌种类的不同而不同（He et al., 2019）。

2. 影响植物渗透调节能力

水分的缺乏会导致植物气孔关闭，气孔导度降低，CO_2 的扩散阻力增加，致使植物水势升高（Rapparini and Peñuelas, 2014）。植物为了维持从水势较低的土壤中吸收更多的水分，必须依赖渗透调节机制来降低由可溶性物质积累产生的渗透势（Serraj and Sinclair, 2002）。植物细胞中渗透调节物质的积累能够降低细胞的渗透势，从而维持植物水分的吸收和膨胀。渗透调节物质的积累还可以保护细胞膜、蛋白免受破坏，维持植物的正常生理活性（Serraj and Sinclair, 2002）。渗透调节物质的另一个作用是可以作为活性氧的清除剂（Hoekstra et al., 2001），缓解植物遭受的氧化损伤。因此，渗透调节物质的积累是植物抵御干旱的又一机制。菌根植物是一类耐旱型植物，因为菌根的共生能够提高植物的渗透调节能力，使叶片在水势较低时仍能维持水合作用和膨胀。AM 真菌可以通过调控渗透调节物质等一些保护性代谢产物的积累来调控的植物耐旱反应（吴强盛和夏仁学，2004）。

（1）调节植物脯氨酸含量

脯氨酸含量的升高可以作为渗透保护剂，提高植物的耐旱性。另外，脯氨酸还有一项重要的作用就是作为活性氧（Reactive oxygen species, ROS）的有效清除者，缓解氧化损伤、抵御蛋白变性，稳定细胞膜和亚细胞结构（Kishor et al., 2005）。相反的，Asrar（2012）指出虽然干旱诱发了脯氨酸含量的增加，但是菌根植物中脯氨酸的积累量明显低于非菌根植物。Doubková（2013）在研究 AM 真菌对欧洲山萝卜（*K. arvensis*）耐旱性影响的研究中也发现，接种 AM 真菌降低了欧洲山萝卜根系脯氨酸的含量。吴强盛和夏仁学（2004）研究发现在干旱条件下，接种 AM 真菌摩西斗管囊霉（*F. mosseae*）降低了枳（*P. trifoliate*）实生苗叶片脯氨酸含量。这些研究者认为脯氨酸可以作为水分缺乏引发植物损伤的一个标志。事实上，在干旱环境中，接种 AM 真菌的植株地上部分中积累的脯氨酸等其他的渗透调节物质也低于未接种 AM 真菌植株，同样表明了接种 AM 真菌能够更好地帮助植物在干旱环境中生存。菌根植物与非菌根植物相比脯氨酸积累量较低，恰好证明菌根植物所受干旱胁迫的影响较小，说明菌根植物具有更强的耐旱性。

在不同的干旱研究中，接种 AM 真菌的植株对于干旱胁迫下氨基酸的调节是不定的，有增加的（Ogawa and Yamauchi, 2006b），也有降低的（Augé, 2001）。Goioche et al.（1998）在研究 AM 真菌和根瘤菌对苜蓿（*Medicago sativa* L. cv. Aragón）耐旱性影响中发现，干旱条件下，接种 AM 真菌增加了苜蓿叶片和根系的脯氨酸含量。这一结论在接种 AM 真菌的莴苣（*L. sativa*）（Azcón et al., 1996; Ruiz–Lozano et al., 1995）中也得到了证实。Yooyongwech et al.（2013）在研究 AM 真菌（*Glomus* sp., *Acaulospora* sp., *Gigaspora* sp. 和

Scutellospora sp.）在干旱条件下对澳洲坚果树（*M. tetraphylla* L.）的影响中发现，AM真菌侵染澳洲坚果树根系时会诱发脯氨酸含量和可溶性糖含量的升高。Abbaspour et al.（2012）研究接种幼套球囊霉（*G. etunicatum*）对开心果（*P. vera* L.）耐旱性影响的结果中发现，接种AM真菌提高了开心果植株可溶性糖、可溶性蛋白和脯氨酸含量。AM真菌接种植株地上和地下部分中氨基酸含量的急剧增加，揭示了氨基酸对于渗透调节的重要性。脯氨酸被认为是重要的渗透调节物质（Hassine et al., 2008; Molinari et al., 2007）。当植物遭受干旱危害时，脯氨酸往往是作为渗透保护剂存在的：脯氨酸保护蛋白质和酶，使其不致变性而失活；清除由干旱引起的自由基；降低细胞酸度；作为控制氧化还原电势的能量库（Chaves et al., 2003; Ruiz-Lozano, 2003）。脯氨酸的变化与其他物质变化随接种AM真菌时间、植物生长状况保持动态平衡，其中关系最为密切的是可溶性糖含量。

（2）调节植物碳水化合物含量

由于接种AM真菌引起植物更有效的光合作用，导致了植物体更多的可溶性糖等光合产物的积累，进而帮助植物进行渗透能力的调节（Porcel and Ruiz-Lozano, 2004）。通过糖类的渗透调节，植物能够在水分胁迫下更好的维持细胞膨胀压，尤其是在根系细胞。更高的根系膨胀压帮助根系生长、延伸和对营养及水分的吸收（Studer et al., 2007; Ogawa and Yamauchi, 2006a）。在非干旱环境中，植物根系中大量的糖类积累可能是由于菌根真菌的聚集效应引起的，将地上部分的糖类物质聚集至根系中。在干旱环境中，Porcel and Ruiz-Lozano（2004）发现根系中糖类含量在接种AM真菌和未接种AM真菌植株间没有显著区别，但在地上部分，接种AM真菌植株糖类物质的含量显著低于未接种AM真菌植株。研究者认为接种AM真菌植株地上部分已糖含量显著较低的原因是：光合产物较少存储在叶片；接种AM真菌植株叶片中受到的影响低于未接种AM真菌植株。这些结果表明，AM真菌接种植株在干旱条件下的渗透调节更加成功（Augé, 2001）。Khalvati et al.（2005）研究表明，AM真菌通过提高植物的光合作用，提高了植物非结构性碳水化合物的积累，这些物质也可以作为渗透保护剂来调节植物渗透势，进而提高植物的耐旱性。

干旱条件下，AM真菌影响植物碳水化合物积累在木本植物柑橘（*Citrus tangerine*）（Wu and Xia, 2006）、澳洲坚果树（*M. tetraphylla* L.）（Yooyongwech et al., 2013）和草本植物莴苣（*L. sativa*）（Baslam and Goicoechea, 2012）以及开心果（*P. vera* L.）（Abbaspour et al., 2012）中均有研究。然而这些研究中仅

揭示了干旱条件下，AM 真菌影响碳水化合物的积累对植物生长特性的影响，并没有涉及其对叶片渗透势的影响。有研究发现干旱条件下，AM 真菌的接种降低了刺桐（*Erythrina variegata*）（Monoharan et al., 2010）和木麻黄（*Casuarina equisetifolia*）（Zhang et al., 2010b）可溶性糖的含量，并指出这一现象与 AM 植物受到干旱胁迫的损伤较轻有关。因此，碳水化合物水平变化与菌根植物渗透调节能力的关系还有待进一步研究。

（3）调节植物渗透和调节物质的动态平衡

植物在受到干旱胁迫时，体内渗透物质积累显著增加来进行渗透调节，同时维持水分从土壤到根系正常的渗透梯度（Ruiz-Lozano, 2003）。植物对渗透物质的调节包括对各种离子、氨基酸和糖等的调节。这种调节对于维持植物在干旱环境下的细胞饱满、扩增和生长，气孔开闭，光合作用和水分传递等至关重要（Chaves et al., 2003; Ruiz-Lozano, 2003）。由于 AM 真菌对植物生长、碳水化合物转运和转化都有影响，植物净同化率的提高并不一定意味着碳水化合物积累量的增高，AM 真菌自身也会消耗植物的光合产物，因此，植物生长需求和渗透调节之间是动态平衡的（Hannachi et al., 2018; Benjamin and Nielsen, 2006; 吴强盛和夏仁学，2004）。一些单独的代谢产物的积累，并不能充分的反映干旱胁迫条件下的渗透调节反应（Wu and Zou, 2009; Praba et al., 2009）。干旱胁迫条件下，菌根植物中一些游离的多胺和可溶性含氮化合物含量会增加，这种增加预示着这些物质在干旱胁迫下也可作为渗透保护剂，提高菌根植物的耐旱性（Goicoechea et al., 1998）。

三、影响植物抗氧化能力

干旱胁迫会引发植物产生过量的超氧化物、过氧化氢及超氧自由基等活性氧（Reactive oxygen species, ROS），会造成细胞的损伤或坏死（Smirnoff, 1993）。植物自身会通过一系列复杂的应答过程，产生抗氧化剂或抗氧化酶类来抵御 ROS 带来的细胞损伤。这些抗氧化物质可以直接猝灭 ROS 活性，还可以间接通过激素调节的信号途径，来上调初级和活跃二级防御基因（Kwak et al., 2006）抵御 ROS 损伤。当氧化防御系统超负荷时，植物将不能维持细胞的氧化还原平衡，氧化损伤才会出现。植物的抗氧化剂系统主要包括：1）酶类，如超氧化物歧化酶（Superoxide Dismutase, SOD）、过氧化物酶（Peroxidase, POD）和过氧化氢酶（Catalase, CAT）等；2）非酶分子，如抗坏血酸盐、谷胱甘肽、黄酮类、类胡萝卜素和生育酚等（Mittler, 2002）。抗氧化剂不仅仅是 ROS 的直接清除者，也是细胞氧化还原反应的感应器，它们能够诱发一系列信号途径来控制细胞 ROS 水平。

1. AM 真菌调控植物抗氧化剂的含量和抗氧化酶活性

AM 真菌通过调控植物抗氧化剂的含量和抗氧化酶活性，来保护宿主免受干旱胁迫造成的氧化损伤，是 AM 真菌提高植物耐旱性的另一个重要机制（Ruiz-Lozano, 2003）。

（1）提高植物抗氧化剂的含量

大量研究发现 AM 真菌能够提高植物抗氧化剂水平和活力（Baslam and Goicoechea, 2012）。Wu and Zou（2009）在研究 AM 真菌对柑橘（*C. tangerine*）ROS 代谢系统的影响中发现，干旱胁迫条件下，AM 真菌的侵染能够显著提高柑橘的 ROS 代谢能力，减少氧化损伤。Ruiz-Sánchez et al.（2010）研究指出，AM 真菌异形根孢囊霉（*R. irregularis*）通过改善宿主植物大米（*Oryza sativa*）的光合特性，提高抗氧化物质谷胱甘肽含量，增强植物耐旱性，该研究还发现与非菌根植物相比，菌根植物的谷胱甘肽水平虽然提高了，而其抗坏血酸盐的含量却降低了，说明 AM 真菌通过不同的调节方式，优先激活更有效的抗氧化途径来保护植物免受氧化损伤。Marulanda et al.（2007）在研究 AM 真菌对薰衣草（*Lavandula spica*）耐旱性影响时指出，抗氧化物质可以作为干旱胁迫的标志，菌根植物的谷胱甘肽和抗坏血酸盐积累量更低，说明其受到的胁迫影响越小，耐旱性更强。

（2）增强植物抗氧化酶活性

唐明等（2003）在研究 AM 真菌摩西斗管囊霉（*F. mosseae*）提高沙棘（*Hippophae rhamnoides*）耐旱性中指出，干旱条件下，随着 AM 真菌侵染强度的增加，沙棘叶片超氧化物歧化酶活性增强，促使植物能够更好地清除由干旱诱发的超氧自由基的积累，增强了沙棘的耐旱性。Ruiz-Lozano et al.（2006）通过转录组技术分析了植物编码超氧化物歧化酶的基因，证明了接种 AM 真菌能够提高超氧化物歧化酶活性。Porcel et al.（2003）研究发现，AM 真菌增强大豆（*G. max*）的耐旱性，是通过提高谷胱甘肽还原酶活性、降低谷胱甘肽水平，进而降低生物分子的氧化损伤来实现的。AM 真菌还能够诱导许多植物抗氧化酶活性的提高，这与 AM 真菌提高植物光合能力，增加植物生物量和改善营养状况密切相关（Roldán et al., 2008）。在众多的 ROS 清除者中，黄酮类在 AM 真菌提高植物抗氧化能力中扮演着非常重要的角色。Abbaspour et al.（2012）研究表明，在干旱条件下，AM 真菌的侵染能够诱导植物黄酮类物质的大量积累。

2. AM 真菌维持活性氧水平

（1）维持活性氧平衡，缓解氧化胁迫

在水分胁迫下，由于植物体内活性氧（ROS）的急剧增加，会破坏细胞结构，造成氧化性损伤。AM 真菌共生能够给宿主提供更有效的 ROS 清除系统，降低细胞水平的破坏。超氧化物歧化酶（SOD）和过氧化物酶（POX）是细胞中清除超氧阴离子和过氧化氢的主要酶类。许多研究者发现，AM 真菌接种植物中 SOD 和 POX 活性高于未接种 AM 真菌植株，表明 AM 真菌接种诱导了宿主抗氧化酶活性的提高（Latef and He, 2011; Wu and Xia, 2006），增强了植物清除超氧阴离子和过氧化氢的能力。干旱环境中，AM 真菌接种植株表现出显著降低的脂质过氧化（Porcel and Ruiz–Lozano, 2004）。Porcel et al.（2003）和 Ruiz–Lozano et al.（1996）的研究均认为，AM 真菌能够通过缓解氧化性损伤来保护宿主植物。除此之外，Fan and Liu（2011）观察到，在 mRNA 水平，AM 真菌接种植株的维持 ROS 平衡和氧化胁迫反应基因 *MIOX1*、*GLX1*、*CSD1* 和 *TT5* 表达量显著高于未接种 AM 真菌植株。这些基因编码的是负责 ROS 清除、缓解氧化胁迫和降解细胞毒素作用的酶。所有这些研究都表明，接种 AM 真菌能够帮助宿主形成更好的干旱防御体系，并且缓解氧化胁迫是其耐旱机制重要的一部分。

（2）影响类异戊二烯合成

大量研究发现，植物叶片释放的非挥发性物质和挥发性有机物，对植物抵抗非生物胁迫也有非常重要的作用（Peñuelas and Munné–Bosch, 2005）。越来越多的研究证实，挥发性类异戊二烯可以通过直接清除 ROS，或间接改变 ROS 的信号途径，来维持植物细胞膜稳定性，进而帮助植物抵御包括干旱在内的非生物胁迫造成的氧化损伤（Vickers et al., 2009）。Asensio et al.（2012）研究发现，菌根植物也可以通过释放类异戊二烯来保护自身免受胁迫伤害。然而有关干旱条件下，AM 真菌对类异戊二烯的产生和影响的研究还比较少。有研究发现菌根植物的根系可以产生大量的脱辅基类胡萝卜素（Walter and Strack, 2011）和独脚金内酯（Lopez–Ráez et al., 2008），而这两种物质是类异戊二烯的衍生物。Asensio et al.（2012）研究发现，AM 真菌异形根孢囊霉

（*R. irregularis*）和摩西斗管囊霉（*F. mosseae*）共同接种茄属植物（*Solanum lycopersicum* L.），会影响植物的碳源在不同的类异戊二烯类物质中分配，说明 AM 真菌能够通过一系列复杂的反馈途径，影响类异戊二烯合成的不同途径，进而影响植物的耐旱性。

四、AM 真菌提高植物耐旱性的分子机制

AM 真菌对植物在干旱环境中生理水平的调节已经有过大量研究，包括调控蒸腾速率、增加根系水分吸收等（Augé et al., 2004）。AM 真菌对植物耐旱生理研究仅能反映其影响宿主耐旱性的一些表观现象。此后也有很多研究发现，AM 真菌接种和未接种 AM 真菌植株在干旱胁迫下，根系中一些胁迫调节基因的表达存在显著差别（Ruiz–Lozano et al., 2006）。本质上，AM 真菌调控植物耐旱性，是通过对某些耐旱相关的功能基因的表达调控来实现的（李涛和陈保冬，2012）。

1. AM 真菌调控植物水孔蛋白基因表达

在耐旱相关功能基因中，一类在植物根系和叶片细胞膜上发挥水通道、分子交换功能的膜蛋白（比如水孔蛋白），越来越受到研究者的重视（Conner et al., 2013），关于水孔蛋白的研究也是最广泛的（Aroca et al., 2008; Porcel et al., 2006; Ruiz–Lozano et al., 2006）。这类蛋白能够提高根系的导水能力和叶片水势，影响植物的蒸腾速率，增强植物耐旱性（Ruiz–Lozano et al., 2009）。

（1）水孔蛋白和水分的传输

水孔蛋白是一类质膜固有的蛋白质，这类蛋白能够调控水分的跨膜转运，促进水分子、小型中性溶质通过，进而维持质膜内外渗透势（李涛和陈保冬，2012），在植物与 AM 真菌之间的水分和营养交换中发挥着重要作用，它决定着植物与 AM 真菌之间的水分传输能力，而干旱胁迫会影响水孔蛋白的丰度和功能（Maurel and Plassard, 2011）。干旱条件下，AM 真菌能够通过调控植物水孔蛋白基因表达，来提高植物的水分状况和耐旱性在许多研究中已得到证实（He et al., 2016; Liu et al., 2016c; Li et al., 2013）。Uehlein et al.（2007）研究了苜蓿（*M. truncatula*）水孔蛋白基因在 AM 共生体中的表达、定位和功能，发现这些基因在植物与其共生真菌界面，水分和溶质的传输中非常重要。一些非生物胁迫包括干旱，会影响植物和真菌的水孔蛋白基因表达（Li et al.,

2013）。Bárzana et al.（2012）利用一种水孔蛋白抑制剂和非原质体示踪染料，分别测定菌根植物通过原质体途径和根系水孔蛋白的细胞途径传输水分状况，发现与非菌根植物相比，AM 真菌提高了植物非原质体传输水分的途径，作者还发现 AM 真菌可以调控这两种途径的关闭。

（2）调控植物和真菌水孔蛋白活性和基因表达

有研究发现在干旱胁迫条件下，菌根植物与非菌根植物相比，其水孔蛋白基因的表达有所下降（Aroca et al., 2007）。然而干旱条件下，这些膜蛋白的其他功能在菌根植物的水分利用中也发挥着相关作用。Aroca et al.（2007）研究干旱条件下，接种异形根孢囊霉（*R. irregularis*）对菜豆（*Phaseolus vulgaris*）根系水力状况和水孔蛋白的影响中发现，正常水分条件下，AM 植物的根系水分传导低于非菌根植物，干旱条件下，非菌根植物的根系水分传导迅速降低，而 AM 植物的根系水分传导并没有明显的改变，水孔蛋白 PIP2 的丰度和磷酸化状态与根系水分传导表现出同样的规律，结果还发现 AM 真菌对不同的基因作用效果不同。Ruiz-Lozano 等（2006）研究了接种 AM 真菌对大豆（*G. max*）根部水孔蛋白基因 *gmPIP* 表达的影响，发现接种菌根真菌下调了 *gmPIP2* 基因的表达。Li et al.（2012）研究发现干旱条件下，两种编码功能水孔蛋白的基因，在 AM 真菌异形根孢囊霉（*R. irregularis*）和其宿主玉米（*Z. mays*）中表达均上升，使得水孔蛋白的积累量增加，进而增加了植物根系含水量，说明 AM 真菌能够通过调控植物和真菌水孔蛋白活性和基因的表达，进而提高植物的水分状况。这些研究为水分从 AM 真菌到宿主植物传输提供了分子机制，说明 AM 真菌对宿主植物和真菌自身水孔蛋白活性和基因表达的调控，是 AM 真菌提高植物耐旱性的一个机制。

2. AM 真菌调控植物耐旱相关基因表达

（1）腔结合蛋白编码基因

除了水孔蛋白基因，对内质网重要成分—腔结合蛋白（BiP）编码基因的调控是植物适应水分胁迫的另一个重要机制。BiP 的主要作用是链接在未展开蛋白，避免分子内或分子间的错误链接造成的蛋白质折叠错误（Gething and Sambrook, 1992）。Porcel et al.（2007）研究了 in-vitro 培养的根内根孢囊霉（*Rhizophagus intraradices = Glomus intraradices*）的一个 BiP 编码基因在干旱环境中的作用，结果表明干旱胁迫上调了该基因在 in vitro 和 ex vitro 培养中的表达。

（2）其他植物耐旱相关基因

Ruiz-Lozano et al.（2006）还对大豆（*G. max*）根部脱水素基因 *gmlea8* 和 *gmlea10*、△ 1- 吡咯啉 -5- 羧酸合成酶基因 *P5CS* 进行了研究，结果发现，虽然在接种异形根孢囊霉（*R. irregularis*）和不接种 AM 真菌处理中，这两个基因的表达均受干旱胁迫诱导，而在接种 AM 真菌处理下，这两个基因的表达量低于不接种 AM 真菌对照，干旱条件下，非菌根植物的 *P5CS* 基因表达上调，菌根植物中其表达量较非菌根植物低。同样，还有研究表明，AM 真菌通过调控根部 ABA 合成途径中的重要酶基因 NCED 表达，促进脱落酸（Abscisic acid, ABA）生成，进而诱导形成磷脂酸来发挥作用，从而调控植物的耐旱性（Aroca et al., 2008）。

目前为止，AM 真菌对植物耐旱基因表达调控的研究还不深入，许多研究结果也不一致。耐旱基因的选择是基于植物自身耐旱基因的基础上研究菌根的作用，没有研究菌根真菌的特有功能。因此，在以后的研究中可以通过转录组测序等技术全面的分析 AM 真菌在植物耐旱过程中发挥的作用。基因是通过编码功能蛋白来发挥作用的，mRNA 的丰度并不能代表蛋白的丰度，因为细胞翻译蛋白是一个非常复杂的过程。要清楚的反应菌根真菌提高植物耐旱性的机制，蛋白质组学的研究也是必不可少的。

第四节　AM 真菌提高植物耐盐机制

AM 真菌主要通过促进营养元素吸收（特别是磷）提高宿主植物的耐盐性，但这并不是 AM 真菌提高宿主植物耐盐性的唯一机制（Gabriella et al., 2018）。AM 真菌的侵染率随土壤盐渍化程度的增加而降低，但宿主植物的菌根依赖度逐渐增加（Miranda et al., 2011），这说明宿主植物在生长过程中，尤其是在盐渍化环境中需 AM 真菌协助进行生物量积累和营养吸收（Giri and Mukerji, 2004）。一旦 AM 真菌和宿主植物建立共生体系，其联系会逐渐加强，这说明盐渍化环境中，AM 真菌具有协助植物生存和改善生态环境的重要潜力，包括促进植物营养吸收、增加生物量，改善土壤和水分状况，缓解氧化胁迫，促进渗透调节等等（图 1-5）。

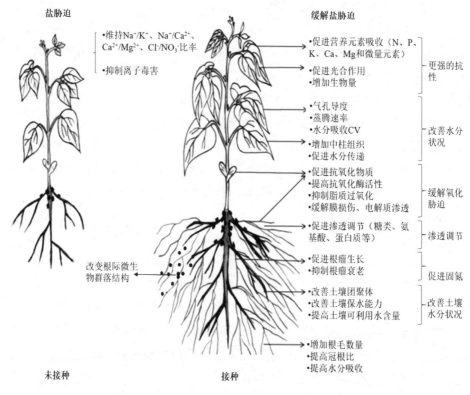

图 1-5　接种 AM 真菌缓解植物盐胁迫机制（Kapoor et al., 2013）

一、AM 真菌提高植物耐盐性、促进植物生长

1. 菌根真菌提高植物耐盐性

（1）提高植物耐盐渍化能力

盐渍化生境中植物的竞争力主要取决于植物对逆境的适应能力，植物可从形态、生理、细胞及分子水平上，产生系列响应机制以适应盐渍化环境（Swapnil et al., 2018）。除植物自身耐盐机制以外，植物还可产生与微生物共同抵御盐渍化的机制。AM 真菌与宿主植物间的相互识别，包括附着胞的形成和分子间的相互作用，其可穿过宿主植物根系皮层细胞形成菌丝、泡囊、丛枝和孢子等共生体系中的典型结构，利用这些典型结构为宿主植物提供营养元素以换取光合产物，提高宿主植物对盐胁迫的耐受性，增加宿主植物的竞争力（Wang, 2017）。Liu et al.（2017b）研究宁夏枸杞（*Lycium barbarum*）和沙枣（*Elaeagnus angustifolia*）两种盐生植物丛枝菌根真菌多样性，发现菌根真菌的存在与两种

植物在盐渍环境的正常生长密切相关。

（2）维持盐渍化生态系统的稳定性

AM 真菌能够在不同生境下与多种林木形成互惠共生关系，以维持森林生态系统的稳定性（Rho et al., 2018）。Symanczik, et al.（2015）发现沙漠土著异形根孢囊霉（*R. irregularis*）能够协助高粱（*Sorghum bicolor*）在逆境生境中定殖，增加高粱对营养元素的吸收，改善高粱的水分吸收和生长状况，维持生态系统的稳定性。AM 真菌对植物耐盐性的提高，既能维持生态系统的稳定性，又有利于盐渍化生态系统的修复（Barea et al., 2011）。AM 真菌 *R. irregularis* 可改善宿主植物 *Cenostigma pyramidale* 的磷循环体系，增强其在盐渍化生境下的适应能力（Gabriella et al., 2018），促进盐渍化生态系统的自我修复。

2. 促进盐渍化环境中植物生长

AM 真菌的侵染状况受宿主植物种类、宿主植物根际微生物群落和环境因素的影响（Okubo et al., 2016）。盐渍化生境中，AM 真菌可广泛存在于不同植物根系，虽然盐渍化环境会对 AM 真菌的形成和功能产生影响（Wu et al., 2017c），但 AM 真菌仍能增强宿主植物的抗逆性（Yadav et al., 2017）。AM 真菌的孢子萌发率、菌丝产量、球囊霉素含量和次级菌丝的生长状况，随环境中盐渍化程度的改变而改变（Hammer and Rillig, 2011），且不同种类 AM 真菌的响应机制不同。Pearson and Schweiger（1993）研究发现，生长于地三叶草（*Trifolium subterraneum* L.）根际的美丽盾巨孢囊霉（*Scutellospora calospora*）孢子萌发率较高，而光壁无梗囊霉（*Acaulospora laevis*）孢子萌发率为零。盐胁迫条件下不同 AM 真菌孢子萌发能力不同（Zai et al., 2016），球囊霉属（*Glomus*）的孢子最为常见，同时也是植物根系的主要侵染者（Melo et al., 2018; Chen et al., 2017b）。由于长期处于盐渍化环境中，该类 AM 真菌进化出较强的耐盐能力（Borde et al., 2011）。此外，盐渍化生境中，土壤团聚体的稳定性是植物生长的关键性因子，AM 真菌可通过影响根系和菌丝分泌物（球囊霉素）改善土壤团聚体结构，促进盐渍化环境中植物生长。因此，AM 真菌可作为盐渍化环境中有效的微生物与植物联合修复手段之一（El-Nashar, 2017）。

二、促进植物营养吸收、维持植物水分状况

1. 促进宿主植物营养吸收

（1）促进植物吸收磷元素

AM真菌细小而丰富的菌丝可扩大植物根系吸收面积，协助宿主植物从土壤溶液中吸收低浓度营养，加强植物、土壤和AM真菌间的物质交换（Igiehon and Babalola, 2017）。此外，AM真菌还能增强植株根系的分泌能力，改变根际pH环境，产生磷酸酶，提高植物营养利用的有效性（Marschner, 2012）。诸多研究表明，接种AM真菌会造成宁夏枸杞（*Lycium barbarum*）（Liu et al., 2017a, 2016a）、蒺藜苜蓿（*Medicago truncatula*）（Gil-Cardeza et al., 2017）和珍珠粟（*Pennisetum glaucum*）（Borde et al., 2011）自身对磷元素直接吸收功能的丧失，而AM真菌菌丝则可提供给植物高达80%的磷，甚至能够完全替代宿主植物自身对磷元素的吸收。逆境生境中AM真菌对宿主植物磷元素吸收的促进作用，可以增加植物细胞膜的完整性，利于其他营养离子的选择性吸收和运输、盐离子的外排和区隔化，进一步阻止盐离子对新陈代谢的干扰，降低盐离子对植株的毒害效应（Penella et al., 2017）。

（2）促进植物吸收其他元素

此外，与AM真菌共生，不仅能促进宿主植物对磷的吸收，还能促进对其他大量元素的吸收（Latef and He, 2011）。过量的盐离子与各种营养离子相互竞争，抑制植物对其他营养的吸收，因此相对于盐分适宜的环境而言，盐分胁迫下接种AM真菌对植物营养的改善效果较佳。Giri and Mukerji,（2004）通过对两种田菁属植物（*Sesbania aegyptiaca* 和 *S. grandiflora*）进行盐胁迫和接种大果球囊霉（*G. macrocarpum*）发现，菌根化幼苗中氮含量显著高于未菌根化植株。Zou et al.（2016）发现，在氮和磷含量基本一致的前提下，接种 *R. irregularis* 能够增强三叶草（*Trifolium repens*）的光合作用以弥补其对碳的需求。Giri et al.（2007）发现在盐胁迫条件下，聚生球囊霉（*G. fasciculatum*）能够降低阿拉伯金合欢（*Acacia nilotica*）对钠离子（Na^+）的吸收，增加宿主植物对 N、Mg、Zn 和 Cu 的吸收。Hajiboland 等（2010）发现盐胁迫条件下，接种 *R. irregularis* 显著增加了番茄的钙离子（Ca^{2+}）吸收和 Ca^{2+}/Na^+ 比率。其中，钙离子吸收的增加有助于维持细胞内的离子平衡，这是AM真菌协助宿主植物缓解盐胁迫损伤，菌根化植株适应盐渍化生境的机制之一（Chen et al., 2020; Chen et al., 2017a; Tang and Luan, 2017）。

2. 维持宿主植物水分状况

（1）改善土壤特性，扩大根系吸收范围

盐渍化生境会影响植物对土壤水分的吸收，引起植物生理性干旱，而 AM 真菌不仅可通过菌丝的生长和延伸，扩大宿主植物根系的吸收范围（Colla et al., 2008），而且能促进宿主植物根系生长，提高其对土壤水分的吸收效率，增加宿主植物水分含量，维持水分持有状况，缓解盐胁迫造成的伤害（Amiri et al., 2017）。AM 真菌改善宿主植物体内的水分状况还涉及其他的复杂机制，主要包括改善土壤团聚体（Kumar et al., 2017），提高土壤结构稳定性（Singh et al., 2011），增加土壤保水能力（Techen and Helming, 2017），扩大导水组织面积及维持根际微环境的水势梯度等作用（Kapoor et al., 2008），促进植物在盐渍环境中生长。Hajiboland et al.（2010）研究发现，菌根化番茄（*Lycopersicon esculentum*）的耗水量增加，但体内水分状况并未发生紊乱。在土壤水势较低的情况下，接种摩西斗管囊霉（*F. mosseae*）增加了柑橘（*C. reticulata*）地上部分水势、降低了木质部汁液脱落酸（Abscisic acid, ABA）浓度（Liu et al., 2016b），促进水分吸收。

（2）改善根系结构，促进植物水分吸收

盐胁迫条件下，AM 真菌还能够改善根系结构和生理功能，菌根化柑橘（*Citrus reticulata*）（Wu et al., 2010）、胡椒（*Piper nigrum*）（Schroeder and Janos, 2005）和玉米（*Zea mays*）（Sheng et al., 2008; Zai et al., 2007）等植株的根系长度、表面积和投影面积显著高于未菌根化植株。此外，接种异形根孢囊霉（*R. irregularis*）还可增加水稻（*Oryza sativa*）的侧根数（Chiu et al., 2018）；接种摩西斗管囊霉（*F. mosseae*）可降低葡萄（*Vitis vinifera*）根系顶端分生组织活力及诱导其不定根生长（Valat et al., 2018）；接种异形根孢囊霉（*R. irregularis*）可延长小麦（*Triticum aestivum*）细根并诱导其分枝，这些变化使植株根系具有更高生物量和更大吸收面积（Lazarevic et al., 2018）。进一步说明 AM 真菌可通过调整和改变根系形态和水势改善植株体内的水分状况（Wu et al., 2010），增强植物耐盐性。

三、提高植物光合作用、渗透调节和抗氧化能力

1. 提高植物光合作用

（1）增加叶绿素含量，调节光化学参数

盐胁迫影响植株的最初阶段表现在影响植物的光合作用。土壤中的过量盐离子会对植物光合色素合成过程中涉及的酶类产生毒害作用，同时抑制叶绿素合成必需因子—镁离子（Mg^{2+}）的吸收，降低植物叶片中的叶绿素含量（Sheng et al., 2008；Ashraf et al., 2017）。研究表明，盐胁迫条件下，接种 AM 真菌显著增加了番茄（*L. esculentum*）（Hajiboland et al., 2010）、玉米（*Z. mays*）（Garces–Ruiz et al., 2017）和刺槐（*Robinia pseudoacacia*）（Zhu et al., 2017）叶片的叶绿素含量。叶绿素荧光参数分析显示，盐胁迫会造成植物叶绿体结构损伤，干扰光系统Ⅱ（PSⅡ）功能的正常运转（Baker, 2008）。盐胁迫条件下，接种 *R. irregularis* 提高了菌根化番茄（*L. esculentum*）的光化学参数，而在无盐胁迫的条件下，菌根化番茄的光化学参数和非菌根化番茄的光化学参数无显著差异，这表明 AM 真菌对番茄叶片光化学能力的维持作用在盐胁迫条件下更加显著（Hajiboland et al., 2010）。

（2）提高光合效率，促进光合作用

AM 真菌与宿主植物的共生体系是建立在矿物质营养和光合产物相互交换的基础上（Khalilzadeh et al., 2018），为此，AM 真菌可通过调节气孔开闭，提高光合效率，增加光合产物的积累，增强宿主植物光合效应和渗透调节能力，提高宿主植物耐盐性。有研究表明，盐胁迫条件下，接种 *R. irregularis* 能够显著提高罗勒（*Ocimum basilicum*）的气孔导度和 CO_2 同化速率，加快单位光合效率，促进光合作用，增加光合产量，且菌根化植株在盐胁迫下的光合作用甚至强于无胁迫处理植株（Zuccarini and Okurowska, 2008）。此外，菌根化植株根部较强的水分吸收能力是 AM 真菌提高植株光合作用的另一因素（Augé, 2000）。盐胁迫降低了菌根化和未菌根化柑橘的净同化率、蒸腾速率和气孔导度（Wu et al., 2010）；与此同时，盐胁迫条件下菌根化番茄的净同化率、蒸腾速率和气孔导度显著高于未菌根化番茄（Hajiboland et al., 2010）。

2. 改善植物渗透调节能力

盐胁迫条件下，植物自身通过累积渗透物质（如氨基酸、甘氨酸甜菜碱、可溶性糖和蛋白等），维持根际微环境中水分从土壤到根系的渗透梯度，该渗

透调节能力对盐渍化环境中，植物维持细胞分裂、气孔开闭、水分子传递和光合作用等方面的功能有至关重要的作用（Hannachi et al., 2018）。

（1）促进氨基酸积累

游离氨基酸是植物渗透调节过程中非常重要的调节因子，植物会通过积累游离氨基酸提高自身对盐渍化环境的适应能力（Hajlaoui et al., 2010）。与此同时，和未菌根化植株相比，菌根化植株能够更好地积累氨基酸以维持渗透梯度（Sheng et al., 2011）。盐胁迫条件下，植物细胞在进行自由基清除、维持亚细胞结构稳定和缓冲细胞氧化还原电位的过程中，能够通过合成脯氨酸，缓解盐离子的毒害效应（Hannachi et al., 2018）。通常情况下，脯氨酸的积累量可以作为衡量植株耐盐性的表征（Borde et al., 2011；Porcel et al., 2012），AM 真菌通过增加宿主植物细胞中的脯氨酸积累量、提高渗透势，增强宿主植物对盐胁迫的耐受性（Zhang et al., 2018a）。然而，部分学者却持有不同观点，即接种 AM 真菌会降低某些植物体内脯氨酸的积累量（Wu et al., 2017b），这可能是因为菌根化植株对盐胁迫的耐受性较强所致。

（2）增加甘氨酸甜菜碱含量

除脯氨酸外，宿主植物还可通过调控甘氨酸甜菜碱的含量来抵御盐胁迫。甘氨酸甜菜碱（N，N，N– 三甲基甘氨酸甜菜碱）可稳定蛋白复合物的四级结构（抗氧化酶类），如通过增加超氧化物歧化酶（Superoxide Dismutase, SOD）、过氧化物酶（Peroxidase, POD）和过氧化氢酶（Catalase, CAT）等酶活性，以保护叶绿体 PSII 复合物，防止细胞内在和外周蛋白的脱落，从而更好地维持蛋白质结构的稳定性和细胞膜的完整性（Heinisch and Rodicio, 2018）。Evelin et al.（2013）发现盐胁迫条件下，接种 *R. irregularis* 可使宿主植物胡卢巴（*Trigonella foenum-graecum*）根部甘氨酸甜菜碱的含量增加，提高植物细胞渗透压，使细胞在面临生理性干旱时仍能保持一定水分，提高宿主植物对盐胁迫的耐受性。

（3）积累可溶性蛋白和糖

可溶性蛋白和可溶性糖是植物体内重要的渗透调节物质，二者的积累也是植物降低渗透势的一种方式（Wu et al., 2010）。盐胁迫环境中，植物内可溶性糖和蛋白在根系中的累积效应尤为明显，这可能是由植物为了更好地维持根系细胞膨压以帮助根系生长引起，也可能由 AM 真菌的聚集效应所致（Farhangi–Abriz and Ghassemi–Golezani, 2018）。Shi et al.（2016）发现随盐胁迫水平的增加，植物体内可溶性物质浓度增加，而和未菌根化植株相比，接

种 *R. irregularis* 可促进桑树（*Morus alba*）可溶性蛋白和糖的积累以增加细胞液浓度，防止原生质脱水，维持细胞膨压，提高宿主植物耐盐性。通常可溶性物质含量增加与植株菌根化程度正相关（Wu et al., 2010）。

3. 增强植物抗氧化能力

（1）激活抗氧化相关酶类活性

正常情况下，植物体内的过氧化氢（H_2O_2）和超氧阴离子自由基（O_2^-）等活性氧（ROS）处于动态平衡中，而盐胁迫会打破这种平衡，造成氧化损伤。盐胁迫条件下，AM 真菌和宿主植物共生体建立的早期阶段，菌根化过程会促进超氧阴离子自由基的产生，这是植物对外来微生物免疫反应的结果（Vicente and Boscaiu, 2018）；中后期阶段 AM 真菌可激活植株体内抗氧化防御系统相关酶类，以有效清除活性氧（ROS）（Sornkom et al., 2017）。多项研究表明，明根孢囊霉（*Rhizophagus clarus* = 明球囊霉 *G. clarum*）（Lambais et al., 2003）、地表球囊霉（*G. versiforme*）（Spanu and Bonfante-Fasolo, 1988）和幼套球囊霉（*G. etunicatum*）（Pacovsky et al., 1991）在与宿主植物建立共生关系的过程中，会激活宿主植物体内 SOD、POD 和 CAT 的活性（Hajiboland et al., 2010）。

（2）激活抗氧化防御系统

在逆境胁迫中，菌根真菌诱导宿主植物抗氧化反应非常常见，抗氧化防御系统的响应机制，具有宿主植物特异性和真菌特异性（Wu et al., 2016）。盐胁迫条件下，AM 真菌可通过降低宿主植物体内脂质过氧化水平（Hajiboland et al., 2010），增强宿主植物抗氧化酶活性（Abdel-Latef and He, 2011），维持宿主植物叶片光化学反应和细胞膜完整性，利于对盐离子的选择性吸收和液泡区域化（Li et al., 2012）等一系列生理生化作用，缓解盐胁迫对植株造成的损伤。综上所述，接种 AM 真菌可激活宿主植物的抗氧化防御系统，协助宿主植物形成更好的盐渍化防御体系，这是宿主植物自身对 AM 真菌的响应机制，也是 AM 真菌、宿主植物和盐渍化环境三者相互作用的结果。

四、影响宿主植物耐盐基因的表达

Fileccia et al.（2017）研究发现，菌根真菌通过影响某些功能基因的表达水平提高植物耐盐性，如调控水孔蛋白基因表达，以促进植株内水分运输；调控离子转运蛋白基因将钠离子外排或区隔化，以维持植株渗透平衡（Pottosin and Dobrovinskaya, 2018）。上述通道蛋白介导的小分子物质易位过程（Zhang et al., 2017），使 AM 真菌对植物耐盐性基因表达水平影响的研究，具有一定的多样性和复杂性（Guo and Gong, 2014）。目前 AM 真菌对宿主植物耐盐基因表达影响的研究，主要集中在 Na⁺/H⁺ 逆向转运蛋白（Ouziad et al., 2006）、水孔蛋白 PIP（Porcel et al., 2006）、脯氨酸合成酶 P5CS（Porcel et al., 2004）及胚胎晚期富集蛋白 LEA（Porcel et al., 2005）等方面。

1. 钠离子 / 氢离子（Na^+/H^+）逆向转运蛋白（NHX）

植物细胞中钠离子（Na^+）的外排和区隔化是植物应对盐胁迫的主要策略（Tang et al., 2010）。由图 1-6 可知，植物细胞中维持 Na^+ 平衡的离子转运蛋白主要有：质膜 Na^+/H^+ 逆向转运蛋白（SOS1）、液泡膜 Na^+/H^+ 逆向转运蛋白（NHX1）和质膜 Na^+ 单向转运蛋白（HKT1）（Zhu et al., 2003）。盐胁迫条件下，Na^+/H^+ 逆向转运蛋白在拟南芥（*A. thaliana*）（Sottosanto et al., 2004）、胡杨（*P. euphratica*）（Tang et al., 2010）和芸苔属（*Brassica* sp.）（Zhang et al., 2001）植物中的过量表达，可显著增强植物对盐胁迫的耐受性。Ouziad et al.（2006）发现 *R. irregularis* 对番茄（*L. esculentum*）Na^+/H^+ 逆向转运蛋白基因 *LeNHX1* 和 *LeNHX2* 表达量的变化无显著效应，说明 AM 真菌未激活 Na^+/H^+ 逆向转运蛋白基因的表达。然而，Porcel et al.（2016）发现盐胁迫条件下，幼套球囊霉（*G. etunicatum*）通过上调水稻（*O. sativa*）中 *OsNHX3* 基因的表达量，促进 Na^+ 的液泡区隔化，提高水稻耐盐性。

2. 盐超敏感（SOS）蛋白

（1）盐超敏感途径作用机理

Zhu et al.（2003）对拟南芥（*Arabidopsis thaliana*）盐超敏感途径（Salt overly sensitive, SOS pathway）作用机理的研究，开启了植物盐胁迫信号传导途径的新局面。SOS3 蛋白 EF- 臂可感知盐胁迫引发的钙信号（Ishitani et al., 2000），SOS2 蛋白的丝氨酸 / 苏氨酸激酶，可促进 SOS2 蛋白激酶与 SOS3 钙传感器的相互作用（Quintero et al., 2002; Liu et al., 2000），SOS2–SOS3 复合激酶的磷酸化，可进一步激活 Na^+/H^+ 逆向转运蛋白 SOS1（Shi et al., 2000）。综上所述，SOS1 蛋白的过量表达（Shi et al., 2003）、SOS2 蛋白结构的持续激活（Guo et al., 2004）及假定元件 SOS3 的上调（Yang et al., 2009），三者协

同赋予了转基因植物耐盐性（图 1-6）。

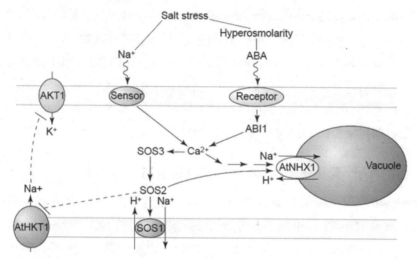

图 1-6　盐超敏感途径（SOS）作用机理（Zhu et al., 2003）

（2）木本植物 SOS 途径

SOS 途径在双子叶植物拟南芥（*A. thaliana*）（Sun et al., 2008）和单子叶植物水稻（*O. sativa*）（Martínez-Atienza et al., 2007）的耐盐机制中扮演着重要角色，但有关木本植物 SOS 途径的作用机理却知之甚少。随着毛果杨（*Populus trichocarpa*）转录组测序的完成（Tuskan et al., 2006），木本植物的系列盐胁迫响应基因得以发现（Tang et al., 2010）。Quintero et al.（2002）的研究表明，*PtSOS* 基因在特异调控 K^+/Na^+ 平衡和毛果杨（*P. trichocarpa*）耐盐过程中发挥着重要作用。Tang et al.（2010）分离得到了毛果杨盐超敏感途径中的 3 个 *PtSOS* 基因，通过对这 3 个 *PtSOS* 基因的序列分析和功能验证，阐明了盐胁迫诱导杨树盐超敏感保守途径的基本过程，这为深入理解木本植物耐盐性的分子机制提供了理论依据。

（3）维持细胞质 K^+/Na^+ 平衡

盐渍化程度较高的环境中，细胞质 Na^+ 的过量累积会阻碍植物细胞的 K^+ 吸收，减少细胞间隙 K^+ 含量，对植物细胞产生毒害效应。因此，诸多学者认为维持细胞质 K^+/Na^+ 平衡也是植物耐盐性的关键机制之一（Sayyad-Amin et al., 2018）。Elhindi et al.（2017）发现盐胁迫条件下，AM 真菌摩西斗管囊霉（*F. mosseae*）对调节罗勒（*Ocimum basilicum*）体内 K^+/Na^+ 和 Ca^{2+}/Na^+ 比率具有重要作用；幼套球囊霉（*G. etunicatum*）能够上调水稻（*O. sativa*）*OsSOS1* 等阳离子转运蛋白基因的相对表达量，促进 Na^+ 胞浆外排，改善细胞内部 K^+/Na^+

比率（Porcel et al., 2016），提高其耐盐性；Chen et al.（2017b）发现盐胁迫条件下，接种 *R. irregularis* 可通过增加刺槐（*R. pseudoacacia*）RpSOS1 基因的相对表达量和 K$^+$/Na$^+$ 比率，增强其耐盐性。有关 AM 真菌对木本植物盐超敏感基因表达的调控机制还需进一步研究。

3. 其他耐盐相关基因

（1）水孔蛋白与根系导水率

水孔蛋白（Plasma membrane intrinsic protein，PIP）调控的通道属于选择性膜通道，只允许水分子进出，以此在转录水平上调控整个植株体内的水分含量状况（Singh et al., 2018）。根据序列同源性，植物水孔蛋白有 7 个家族，其中主要的为 4 个家族：质膜内在蛋白（PIPs），液泡膜内在蛋白（TIPs），类结瘤素膜内在蛋白（NIPs）和小分子碱性膜内在蛋白（SIPs）（李红梅等，2010）。植物 PIP 基因的过表达或 RNA 干扰，都会对植物根系的水分吸收能力产生影响（Groszmann et al., 2017），这可能是由于根系对水分的吸收依赖于根系导水率，而根系导水率最终通过水孔蛋白调控所致（Veselov et al., 2018）。短期盐胁迫会通过磷酸化作用提高水孔蛋白活性；长期盐胁迫则会通过去磷酸化作用降低水孔蛋白活性（Singh et al., 2018）。

（2）水孔蛋白对 AM 真菌的响应

盐胁迫条件下，菌根化菜豆（*Phaseolus vulgaris*）（Aroca et al., 2007）和莴苣（*Lactuca sativa*）（Jahromi et al., 2008）根系中 *PIP2* 基因的表达量降低，而 *PIP1* 基因的表达量增加。Ouziad et al.（2006）发现盐胁迫条件下，接种地球囊霉（*G. geosporum*）和异形根孢囊霉（*R. irregularis*）降低了番茄（*L. esculentum*）根系液泡水孔蛋白基因（*LeTIP*）和质膜水孔蛋白基因（*LePIP2*）的表达量，增加了叶片水孔蛋白基因（*LePIP1*，*LePIP2* 和 *LeTIP*）的表达量。Jahromi et al.（2008）发现在没有盐胁迫的条件下，接种 *R. irregularis* 显著抑制莴苣（*L. sativa*）根部 *LsPIP1* 和 *LsPIP2* 基因的表达量；盐胁迫条件下，菌根化莴苣 *LsPIP2* 基因的表达量不受影响，而 *LsPIP1* 基因的表达量上调。由此可见，相同水孔蛋白对不同 AM 真菌的响应机制不同（Ruiz–Lozano and Aroca, 2010a）。

（3）二氢吡咯 –5– 羧酸合成酶基因

植物的渗透调节作用主要通过脯氨酸和甘氨酸甜菜碱等亲水性溶质的积累实现（Bhuiyan et al., 2016）。植物细胞利用二氢吡咯 –5– 羧酸合成酶（P5CS）

合成和脯氨酸脱氢酶（PDH）分解脯氨酸，这是植物控制胞内游离脯氨酸含量以响应盐胁迫的关键机制（Székely et al., 2008），其中，P5CS 基因受盐渍化诱导效应较为明显（Shan et al., 2016）。Wu et al.（2017b）发现 AM 真菌可以诱导枳树（*Poncirus trifoliata*）P5CS 基因的表达，以增强其对逆境生境的耐受性。

（4）胚胎发育晚期丰富蛋白

胚胎发育晚期丰富蛋白（Late embryogenesis abundant proteins，LEA）在脱水营养组织中高度表达（Sivamani et al., 2000），敲除 *AtLEA* 基因后，拟南芥突变株的种子出现早熟和脱水现象，说明 LEA 蛋白对维持种子发育非常必要（Huang et al., 2018）。*LEA* 基因的诱导与植物体内蛋白质的保护、抗氧化防御系统和膜系统的完整性等功能相关（Magwanga et al., 2018）。Mijiti and Wang（2017）研究发现，盐胁迫条件下，白桦（*Betula platyphylla*）内 *LEA* 基因受到高度诱导表达，并且成功克隆和分离出了 *BpLEA* 基因。

第二章　AM 真菌对杨树生长及能源生物性状的影响

目前，日益增长的化石能源的耗竭，全球气候的变化及空气质量的下降，迫使人们去寻找新的能源生产方式（Tullus et al., 2009）。为了减少化石能源的消耗、保护环境、减少温室气体的排放，寻找可以替代化石能源的可再生能源，成为能源工业的一个发展趋势（De Vries et al., 2007）。在众多的可再生能源中，生物能以其低成本、低污染，高效、绿色等优点，越来越受到人们的重视（Djomo et al., 2011; Sannigrahi et al., 2010）。木本植物和草本植物等非食用植物的木质纤维素是生产生物能的最佳原材料（Wang et al., 2012）。其中速生丰产林（Short rotation woody crops, SRWC）是用来生产可再生生物能的最佳选择（Henderson and Jose, 2010; Yemshanov and McKenney, 2008）。Wright（2006）报道指出，在过去的 25 年里，巴西、新西兰、澳大利亚共种植了 50 000 km^2 的 SRWC，而在中国这个数量已经达到 70 000 ～ 100 000 km^2。中国每年收获的燃料木材总量可达 300 Mt / y（邢熙等，2009）。

欧美杨 107 （*Populus × canadensis* 'Neva'），又称速生杨 107，现在用（*Populus × euyamericana* 'Neva'），是温带和亚热带主要的造林树种，具有生长速率快和生长周期短等许多优点（He et al., 2008）。杨树林场每年的生物量产量可达 20 ～ 35 t / h（Guo and Zhang, 2010），Aravanopoulos（2010）研究发现，杨树种植园可以生产 18 ～ 20 MJ/kg 的能量，相当于 4.30 m^3 每公顷的石油。因此，提高杨树生物量生产不仅在生态环境建设中具有重要意义，在土地利用中的经济价值也是非常重要的（Fang et al., 2013）。杨树作为生物能的原材料和植被恢复的树种得到广泛研究（Aravanopoulos, 2010）。

在植物生物能生产中，如何维持植物高的生物量产量是一个主要问题

（Rooney et al., 2011）。为了解决这一问题，农业和林业生产中通常会使用化学农药来减少病虫害，使用无机化肥来增加产量，而这些物质的使用会造成许多环境问题（Valavanidis and Vlachogianni, 2011）。因此，寻找无污染的生物学方法来防治病虫害，提高产量非常必要。植物根际存在着大量的土壤微生物，形成一个功能群体，与植物组成一个完整的体系（Wu et al., 2005）。一些土壤微生物比如菌根真菌及一些共生细菌，对植物的生长和生态可持续发展有重要贡献（Gianinazzi et al., 2010）。光合作用作为植物生长的基础，是植物同化碳的一个重要生理过程（Cao et al., 2012）。热值（Gross calorie value, GCV）是木材燃料的一个重要性质，它与木材燃料的碳含量呈正相关（Telmo et al., 2010）。因此，高效的光合作用是植物同化更多的碳，生产更多生物能的前提。

大量研究表明，AM 真菌能够促进植物生长及生物量积累（Rooney et al., 2009），提高植物的光合作用（Gong et al., 2013）。而有关 AM 真菌对植物 GCV、总有机碳（Total organic carbon, TOC）含量、木质素和纤维素等能源性状影响的研究还比较少。研究发现菌根真菌能够侵染杨树根系形成共生体（Rooney et al., 2011），促进其生物量积累（Quoreshi and Khasa, 2008）、营养吸收和对逆境的抵抗能力（Cicatelli et al., 2010）。尽管杨树为内外生菌根植物，有证据表明 AM 真菌的侵染在杨树幼苗期发挥更重要的作用（Quoreshi and Khasa, 2008）。因此，研究 AM 真菌对杨树能源性状的影响具有重要经济和生态意义。

在根际生态系统，土壤—植物—微生物的相互作用非常复杂。他们之间不同的相互作用，会影响植物水分和营养的吸收，进而影响植物的健康和产量（Jeffries et al., 2003）。土壤中一些生物环境也会直接影响 AM 真菌的功能（Tiunov and Scheu, 2005）。土壤微生物对 AM 真菌存在协同作用或者拮抗作用（Miransari et al., 2009），影响 AM 共生体的形成和功能（Glassman and Casper, 2012），对植物生长也会存在有益或者有害的作用（Wu et al., 2005）。在之前的研究中，AM 真菌对杨树的影响主要在灭菌土中进行，忽略了其他土壤微生物的影响。因此，为揭示土壤微生物对 AM 真菌的影响，本研究采用非灭菌土和灭菌土，比较存在土壤微生物和不存在土壤微生物的条件下，AM 真菌对杨树生长的生理生化特性和热值产生的影响，阐明在自然状态下 AM 真菌在杨树生产中发挥的作用。

第一节　杨树生长及能源性状指标测定

一、菌根侵染率和杨树生物量的测定

1. 试验材料和试验设计

（1）供试植物

选用一年生欧美杨107（*Populus × canadensis*'Neva'），剪成长15 cm的扦插条。扦插前用70%（v/v）乙醇表面消毒15 s，蒸馏水冲洗5次。

（2）供试菌种

选用异形根孢囊霉（*Rhizophagus irregularis*）（Błaszk, Wubet, Renker and Buscot）Walker and Schüβler（BGC BJ09）和地表球囊霉（*Glomus versiforme*）（Karsten）Berch（BGC GD01C），AM真菌由北京林业科学院植物营养与资源研究所提供。菌剂包含有孢子（50个/g）、菌丝、侵染根段和扩繁基质。

（3）供试土壤

采自陕西杨陵的土垫旱耕人为土，土壤pH为7.5（土：水=1.0：2.5），土壤中含有效氮35.78 mg/kg、有效磷11.32 mg/kg、有效钾158.56 mg/kg、有机质18.58 g/kg，过2 mm筛，一半直接使用，一半121℃灭菌2 h后使用。

（4）试验设计

试验为两因素试验：因素1为接种AM真菌处理包括：未接种AM真菌对照，接种*R. irregularis*处理，接种*G. versiforme*处理；因素2为土壤条件包括：灭菌土壤，未灭菌土壤。共6个处理，每个处理30盆。

将培养基质装入塑料盆（22.5 cm × 22.5 cm）中，每盆装入4 kg。在培养基质中心<10 cm处加入菌剂，扦插杨树，确保插条接触菌剂。处理每盆接种5 g AM真菌菌剂，不接种AM真菌处理接等量灭菌菌剂。

2. 菌根侵染率和接种效应

（1）菌根侵染率

随机选取6株幼苗，将根系用自来水冲洗干净，切成1 cm小段，放入试管中，加入10%的KOH溶液，90℃水浴30 min，用清水洗3次，加入1%的

HCl酸化10 min，去酸液后用曲利苯蓝染色，乳酸甘油脱色后，光学显微镜下观察（Phillips and Hayman，1970），选择200个根段统计侵染根段，计算侵染根段占总根段的百分比。

（2）接种效应

在每一个处理中随机选取6株幼苗，将根、茎、叶分开，置于105℃烘箱中20 min杀青，随后于80℃烘箱中烘干至恒重，记录各部分干重（yield）。按照下列公式计算接种效应（Ortas, 2012）：

$$接种效应（\%）= \frac{\text{yield}(+M) - \text{yield}(M)}{\text{yield}(+M)} \times 100$$

式中：+M：菌根植物；﹣M：非菌根植物。

3. 生物量和根系吸收面积

（1）生物量

对各处理随机选取6株杨树幼苗，分别用卷尺测量苗高（0.1 cm），用游标卡尺测量地径（0.01 mm）。

（2）根系吸收面积

采用亚甲基蓝比色法测定（高俊凤，2006）根系吸收面积。

① 随机选取6株幼苗，将根系清洗干净，擦干后，取已知体积的根系依次放入含有0.0002 mol/L亚甲基蓝的3个烧杯中（事先标记1、2、3）；

② 90 s之后，用移液器分别吸取3个烧杯中的液体于试管中，稀释10倍，用紫外分光光度计（UV mini 1240, Shimadzu, Kyoto, Japan）在660 nm处，测量吸光值。

③ 用已经建立好的标准曲线计算亚甲基蓝含量。

通过下列公式计算根系吸收面积：

总吸收面积（m^2）= [（$C-C_1$）× V_1 + （$C-C_2$）× V_2] × 1.1

活跃吸收面积（m^2）= [（$C-C_3$）× V_3] × 1.1

式中：C（mg/mL）：亚甲基蓝的初始浓度；

C_1, C_2, C_3（mg/mL）：根系浸泡后的亚甲基蓝浓度；

V_1, V_2, V_3（mL）：各个烧杯中亚甲基蓝的体积。

二、能源性状生物指标的测定

1. 相对叶绿素含量和气体交换参数

（1）叶绿素含量

随机选取6株幼苗，在每株幼苗选择第五片完全展开叶（从上往下数），用叶绿素含量测定仪（SPAD–502, Minolta, Tokyo, Japan）测定相对叶绿素含量（Soil and plant analyzer develotrnent, SPAD）。

（2）气体交换参数

① 随机选取6株幼苗，用便携式光合仪（Li–6400, LiCor, Lincoln, NE, USA）测定气体交换参数：净光合速率（Pn）、气孔导度（gs）、胞间CO_2浓度（Ci）和蒸腾速率（E）；

② 测量时间为上午08：30到11：30，测量光为1 000 μmol/m^{2}s，样室的二氧化碳浓度为400 μmol/mol，样室的流量设定为500 mL/s，叶片温度为25 ± 0.8℃。

2. 总有机碳含量和热值

（1）总有机碳含量

将测定完生物量的根、茎、叶，研成粉末，分别过100目和200目的筛，备用。总有机碳（Total organic carbon, TOC）含量使用Liqui TOCII测定仪（Elementar, Germany）测定。

（2）热值

热值（Gross calorie value, GCV）使用自动恒温热量计（OR2010, China）测定。称取5 mg过200目筛的上述根、茎、叶样品在固体模式下测定（Yang et al., 2009），标准样为苯甲酸（热值：26 470 ± 20 J/g）。

3. 木质素和纤维素含量

（1）木质素含量

木质素含量（主要是指酸不溶木质素）根据中国国家标准GB/T 2677.6测定。

① 称取1.0 g（mL）样品，经过苯–乙醇（2：1）抽提后，加入15 mL 2%的H_2SO_4（12 ~ 15℃）于20℃加热2 h，期间每隔10 min混匀一次；

② 混合液加入去离子水至终体积为560 mL，转移至1000 mL的锥形瓶中；

③ 再将混合液于100℃煮沸4 h，冷却后，用砂芯漏斗过滤，弃掉滤液，

剩余物质于105℃烘箱烘干至恒重后称重（m_1）。

用下列公式计算木质素含量：

$$木质素含量（\%）= \frac{m_1}{m_0} \times 100$$

（2）纤维素含量

纤维素含量利用硝酸–乙醇法测定（Liu, 2003）。

① 称取1 g（m_2）样品，加入25 mL硝酸乙醇混合液（20 %硝酸和80 %乙醇），沸水浴1 h后冷却。

② 混合物通过砂芯漏斗过滤，弃掉滤液。重复上述步骤3次。

③ 剩余物质于105℃烘箱烘干至恒重后称重（m_3）。

用下列公式计算纤维素的含量：

$$纤维素含量（\%）= \frac{m_1}{m_0} \times 100$$

4. 数据处理

试验数据用SPSS 17.0进行双因素方差（Two–way ANOVA）分析。

土壤条件和AM真菌处理作为两个独立因素。

用Sigmaplot 10.0软件绘图。

第二节 AM真菌对杨树幼苗生理指标的影响

一、AM真菌对杨树生物量的影响

1. AM真菌对杨树幼苗侵染率和接种效应的影响

接种AM真菌（*R. irregularis* 和 *G. versiforme*）对杨树侵染率和接种效应的影响，如表2–1。在未灭菌土壤条件下，杨树幼苗的菌根侵染率显著高于灭菌土壤条件下，而接种效应却明显低于灭菌土壤条件下。不同土壤条件下，不同菌种的作用也不相同（表2–1）。在灭菌土壤条件下，接种 *R. irregularis* 的菌根侵染率和接种效应显著高于接种 *G. versiforme*，而在未灭菌土壤条件下，接种 *R. irregularis* 的菌根侵染率虽然高于 *G. versiforme*，但其接种效应却低于 *G. versiforme*。

表 2-1　接种 AM 真菌对杨树侵染率和接种效应的影响

处理		侵染率（%）	接种效应（%）
灭菌土	不接种 AM 真菌	0	0
	接种 *R. irregularis*	85.6c	43.57a
	接种 *G. versiforme*	78.8d	37.55b
未灭菌土	不接种 AM 真菌	23.7e	0
	接种 *R. irregularis*	88.3a	29.13d
	接种 *G. versiforme*	87.4b	33.57c

注：每列中不同小写字母代表不同处理间差异显著（$p < 0.05$）。

　　AM 真菌具有促进杨树生长及生物能生产的能力，并且这种作用在灭菌土壤中明显高于未灭菌土壤。虽然 AM 真菌对生物能生产的促进能力比较小，然而其对生物量的促进能力非常显著，这样就放大了其在生物能生产上的促进作用。在灭菌土壤中 *R. irregularis* 的作用高于 *G. versiforme*，而在未灭菌的土壤中 *G. versiforme* 的作用高于 *R. irregularis*。因此在实际生产中，*G. versiforme* 更适合作为生物肥料应用于杨树生产中。

2. 对杨树幼苗生理生化指标的影响

　　表 2-2 可以看出土壤条件、AM 真菌及土壤条件和 AM 真菌交互作用，对杨树幼苗各项生理生化指标的影响。双因素方差分析结果显示：土壤条件显著影响了菌根侵染率、苗高、根系总吸收面积、净光合速率（Pn）、蒸腾速率（E）（$p < 0.001$），茎干重、根系活跃吸收面积、气孔导度（gs）、叶热值（$p < 0.01$），地径、胞间 CO_2 浓度（Ci）、茎总有机碳含量（TOC）、根热值以及茎部纤维素含量（$p < 0.05$）（表 2-2）。

　　接种 AM 真菌处理显著影响了菌根侵染率、根茎叶干重、地径、苗高、根系总吸收面积、根系活跃吸收面积、相对叶绿素含量、Pn、gs、Ci、E、根茎叶 TOC 含量、根茎叶热值及茎部木质素的含量。其中叶干重和茎部热值在 $p < 0.01$ 水平显著，茎部木质素含量在 $p < 0.05$ 水平显著，其余指标均在 $p < 0.001$ 水平显著。土壤条件与接种 AM 真菌处理在菌根侵染率、地径、根系总吸收面积、根叶 TOC 含量（$p < 0.001$），苗高、Pn、茎 TOC 含量（$p < 0.01$），根系活跃吸收面积和根系热值（$p < 0.05$）存在交互作用。

表 2-2 土壤条件、接菌处理及两者交互作用对杨树各项生理指标的影响

指标	土壤条件	AM 真菌	土壤条件 × AM 真菌
菌根侵染率	***	***	***
根干重	ns	***	ns
茎干重	**	***	ns
叶干重	ns	**	ns
地径	*	***	***
苗高	***	***	**
根系总吸收面积	***	***	***
根系活跃吸收面积	**	***	*
叶绿素含量	ns	***	ns
净光合速率（Pn）	***	***	**
气孔导度（gs）	**	***	ns
胞间 CO_2 浓度（Ci）	*	***	ns
蒸腾速率（E）	***	***	ns
根总有机碳含量	ns	***	***
茎总有机碳含量	*	***	**
叶总有机碳含量	ns	***	***
根热值	*	***	*
茎热值	ns	**	ns
叶热值	**	***	ns
纤维素含量	*	ns	ns

注：ns：不显著；$* p < 0.05$；$** p < 0.01$；$*** p < 0.001$。

二、AM 真菌和土壤条件对杨树生长和根系吸收的影响

1. 不同处理对杨树幼苗生长的影响

两种土壤条件下，两种 AM 真菌的接种均显著提高了杨树幼苗苗高、地径和总干重（表 2-3）。在灭菌土壤条件下，接种 *R. irregularis* 的幼苗苗高、地径和总干重，分别比未接种 AM 真菌对照高出 119.22%、21.83% 和 77.51%；接种 *G. versiforme* 的幼苗苗高、地径和总干重，分别比未接种 AM 真菌对照高出 118.62%、16.74% 和 60.42%。在未灭菌土壤条件下，接种 *R.*

irregularis 的幼苗苗高、地径和总干重与未接种 AM 真菌对照相比，分别提高了 55.12%、13.81% 和 33.23%；接种 *G. versiforme* 的幼苗苗高、地径和总干重与未接种 AM 真菌对照相比，分别提高了 72.01%、26.73% 和 41.32%。可以看出，接种 *R. irregularis* 在灭菌土壤中的作用高于地表球囊霉 *G. versiforme*，而在未灭菌土壤中的作用低于 *G. versiforme*。

表 2-3　两种土壤条件下接种 AM 真菌对杨树苗高、地径和干重的影响

处理		苗高（cm）	地径（mm）	干重（g/ 盆）		
				叶	茎	根
灭菌土	不接种 AM 真菌	27.06 ± 2.82d	6.69 ± 0.21c	3.01 ± 0.38b	0.89 ± 0.06c	1.07 ± 0.16c
	接种 *R. irregularis*	59.33 ± 3.57b	8.15 ± 0.39b	5.15 ± 0.37a	1.78 ± 0.11ab	1.89 ± 0.17a
	接种 *G. versiforme*	59.15 ± 4.58b	7.81 ± 0.29b	4.74 ± 0.38a	1.53 ± 0.17b	1.70 ± 0.30ab
未灭菌土	不接种 AM 真菌	39.02 ± 6.04c	6.86 ± 0.21c	4.06 ± 0.71ab	1.12 ± 0.19c	1.24 ± 0.24bc
	接种 *R. irregularis*	60.53 ± 4.39b	7.81 ± 0.47b	4.95 ± 0.93a	1.93 ± 0.18a	1.67 ± 0.66ab
	接种 *G. versiforme*	67.13 ± 3.69a	8.69 ± 0.45a	5.17 ± 1.08a	1.99 ± 0.22a	1.91 ± 0.29a

注：数值为（均值 ± 标准差）（*n*=6），每列中不同小写字母代表不同处理间差异显著（*p* < 0.05）。

2. AM 真菌对杨树幼苗根系吸收面积的影响

两种土壤条件下，接种两种 AM 真菌均显著提高了杨树幼苗根系总吸收面积和活跃吸收面积（图 2-1）。在灭菌土壤条件下，接种 *R. irregularis* 和 *G. versiforme* 植株的根系总吸收面积与未接种 AM 真菌对照相比，显著提高了 64.12% 和 61.53%，而根系活跃吸收面积与未接种 AM 真菌对照相比，提高了 84.42% 和 78.14%。在未灭菌土壤条件下，接种 *R. irregularis* 和 *G. versiforme* 对植株的根系总吸收面积分别提高了 23.02% 和 21.71%，而根系活跃吸收面积提高了 28.32% 和 31.52%。结果表明，接种 AM 真菌对杨树根系活跃吸收面积的作用非常明显。

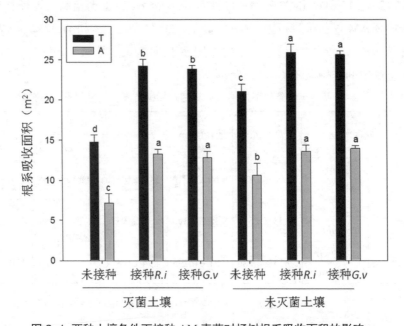

图 2-1 两种土壤条件下接种 AM 真菌对杨树根系吸收面积的影响

注：数值为（均值 ± 标准差）（*n*=6），误差线上不同字母代表不同处理间差异显著（*p*<0.05）。
R.i：*Rhizophagus irregularis*；*G.v*：*Glomus versiforme*；A：活跃吸收面积；T：总吸收面积。

三、AM 真菌对杨树幼苗叶绿素含量和气体交换参数的影响

1. AM 真菌对杨树幼苗叶绿素含量的影响

接种 AM 真菌在两种土壤条件下均显著提高了杨树幼苗叶片叶绿素含量
（SPAD）值，接种 *R. irregularis* 的幼苗与接种 *G. versiforme* 的幼苗叶片的
叶绿素含量无明显差异（图 2-2）。灭菌土壤条件下，接种 *R. irregularis* 和
G. versiforme 的幼苗叶绿素含量与未接种 AM 真菌对照相比高出了 9.61% 和
10.92%，未灭菌土壤条件下，接种 *R. irregularis* 和 *G. versiforme* 的幼苗叶绿素
含量比未接种 AM 真菌对照高出了 13.13% 和 10.81%。

2. AM 真菌对杨树幼苗气体交换参数的影响

两种土壤条件下，接种 AM 真菌处理均显著提高了杨树幼苗净光合速率
（*Pn*）、气孔导度（*gs*）、胞间 CO_2 浓度（*Ci*）和蒸腾速率（*E*），两种菌的
作用无明显差异（图 2-3）。灭菌土壤条件下，接种 *R. irregularis* 植株的 *Pn*、

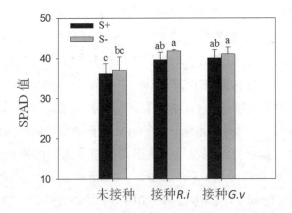

图 2-2 两种土壤条件下接种 AM 真菌对杨树 SPAD 值的影响

注: 数值为(均值 ± 标准差)($n=6$),误差线上不同字母代表不同处理间差异显著($p < 0.05$)。

R.i:*Rhizophagus irregularis*;*G.v*:*Glomus versiforme*;S+:灭菌土壤;S-:未灭菌土壤。

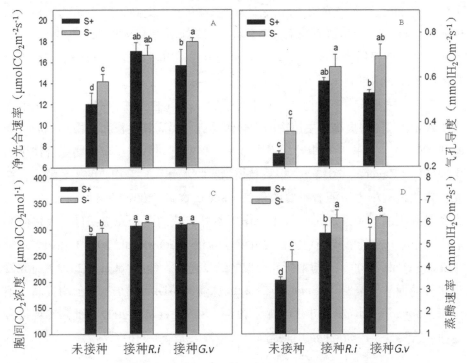

图 2-3 两种土壤条件下接种 AM 真菌对杨树气体交换参数的影响

注: 数值为(均值 ± 标准差)($n=6$),误差线上不同字母代表不同处理间差异显著($p < 0.05$)。

R.i:*Rhizophagus irregularis*;*G.v*:*Glomus versiforme*;S+:灭菌土壤;S-:未灭菌土壤。

gs、Ci 和 E 分别比对照高出 41.62%、126.83%、6.71% 和 61.62%，接种 $G.$ $versiforme$ 植株的 Pn、gs、Ci 和 E 分别比对照高出 30.53%、106.01%、7.52% 和 48.53%。未灭菌土壤条件下，接种 $R.$ $irregularis$ 植株的 Pn、gs、Ci 和 E 分别比对照高出 18.11%、80.41%、6.72% 和 46.01%，接种 $G.$ $versiforme$ 植株的 Pn、gs、Ci 和 E 分别比对照高出 27.01%、93.63%、6.04% 和 47.52%。

本研究发现两种土壤条件下，AM 真菌的接种均能提高杨树相对叶绿素含量和根系吸收面积。因此可以推断，接种 AM 真菌能够提高杨树的光合作用，进而提高生物量。本研究结果显示，菌根杨树与非菌根杨树相比具有较高的 Pn 和 gs，这与之前在狼牙刺（$S.$ $davidii$）（Gong et al., 2013）和柑橘（$Citrus$ $tangerine$ Hort. ex Tanaka）（Wu et al., 2010）中的研究结果一致。而有关 AM 真菌对 Ci 和 E 的影响，则有不同的结果。Gong et al.（2013）发现接种 AM 真菌摩西斗管囊霉（$F.$ $mosseae$）和缩球囊霉（$G.$ $constrictum$）降低了宿主植物的 Ci，而对 E 无影响。Wu et al.（2010）研究发现，AM 真菌摩西斗管囊霉（$F.$ $mosseae$）和类球囊霉（$Paraglomus$ $occultum$）提高了宿主植物柑橘（$C.$ $tangerine$）的 E。而本研究结果显示菌根杨树较非菌根杨树具有较高的 Ci 和 E。可能是因为菌根植物具有较高 gs，虽然光合作用有所提高，但是 Ci 和 E 仍能维持在较高的水平。

AM 真菌与其宿主植物形成共生关系后，对宿主植物非常有利。大量证据表明 AM 真菌能够提高宿主植物的光合作用进而提高其生长和生物量（Aasamaa et al., 2010）。植物叶片中叶绿素含量是一项能够很好地反应植物光合作用的生理指标（Zai et al., 2012）。根系是植物吸收水分和营养物质的主要器官，在光合作用过程中也扮演着重要的角色（Sheng et al., 2009）。因此，高的叶绿素含量和大的根系系统是高效光合作用不可或缺的两个先决条件。大量研究表明菌根的共生能够提高宿主植物叶绿素含量（Gong et al., 2013）和根系系统（Sheng et al., 2009）。与本研究类似的结果还有，Gong et al.（2013）研究发现接种摩西斗管囊霉（$F.$ $mosseae$）和缩球囊霉（$G.$ $constrictum$）均提高了狼牙刺（$Sophora$ $davidii$）叶片叶绿素含量。Sheng et al.（2009）研究发现接种摩西斗管囊霉（$F.$ $mosseae$）能提高玉米（Zea $mays$）的根系活力。

第三节 AM 真菌对杨树幼苗能源生物性状的影响

一、AM 真菌对杨树幼苗总有机碳含量和热值的影响

1. AM 真菌对杨树幼苗总有机碳含量的影响

两种土壤条件下，两种 AM 真菌的接种均显著提高了杨树根茎叶总有机碳（TOC）含量（图 2-4）。不同土壤条件和不同的菌种对总有机碳含量的影响程度有明显的差异。在灭菌土壤条件下，接种 *R. irregularis* 和 *G. versiforme* 的幼苗整个植株的总有机碳含量与未接种 AM 真菌对照相比分别提高了34.83% 和 18.52%，差异显著。而在未灭菌土壤条件下，接种 *R. irregularis* 和 *G. versiforme* 的幼苗整个植株的有机碳含量与未接种 AM 真菌对照相比仅提高了3.21% 和 5.02%，差异不显著。

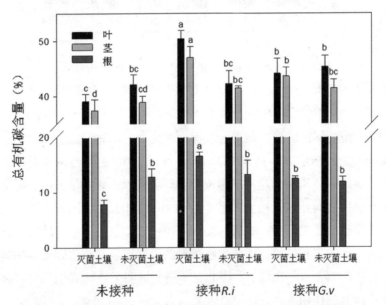

图 2-4 两种土壤条件下接种 AM 真菌对杨树总有机碳含量的影响

注：数值为（均值 ± 标准差）（n = 6），误差线上不同字母代表不同处理间差异显著（p < 0.05）。*R.i*：*Rhizophagus irregularis*；*G.v*：*Glomus versiforme*。

2. AM 真菌对杨树幼苗热值的影响

两种土壤条件下，接种 AM 真菌对杨树幼苗根茎叶的热值（GCV）均有所提高（图 2-5）。不同的菌种在不同土壤条件的作用明显不同。在灭菌土壤

条件下，接种 *R. irregularis* 和 *G. versiforme* 的幼苗整个植株的热值与未接种 AM 真菌对照相比分别提高了 5.41% 和 4.82%，差异显著，而在未灭菌土壤条件下则分别提高了 3.02% 和 3.53%，差异不显著。

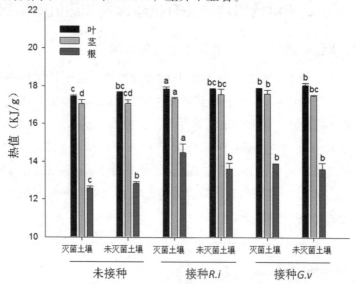

图 2-5　两种土壤条件下接种 AM 真菌对杨树热值的影响

注：数值为（均值 ± 标准差）（ *n* = 6 ），误差线上不同字母代表不同处理间差异显著（ *p* < 0.05 ）。*R.i*：*Rhizophagus irregularis*；*G.v*：*Glomus versiforme*。

　　AM 真菌能够促进植物在光合过程中同化碳。同时，宿主植物通过根系将同化得到的碳传输给 AM 真菌（De Deyn et al., 2011）。当植物碳的同化速率大于其传输给 AM 真菌的速率，菌根植物则会表现出碳含量升高。研究表明，碳含量和热值之间存在正相关关系（Reva et al., 2012），因此，随着碳含量的升高，热值也会随之升高。本研究发现菌根杨树幼苗与非菌根幼苗相比具有较高的总有机碳含量和热值。碳是生物燃料的重要组成，热值则是生物能的一项直接指标（Reva et al., 2012）。因此，本研究证明了 AM 真菌具有提高杨树生物能生产潜能的作用。

二、AM 真菌对杨树幼苗茎部木质素和纤维素含量的影响

1. AM 真菌对杨树幼苗木质素含量的影响

　　如图 2-6 所示，菌根杨树较非菌根杨树具有较高的茎部木质素含量，且在灭菌土壤条件下差异显著，未灭菌土壤条件下差异不显著。不同的土壤条件

下，两种菌剂表现出不同的作用。在灭菌土壤条件下，接种 *R. irregularis* 的作用高于 *G. versiforme*，且两者分别比未接种 AM 真菌对照高出 14.63% 和 7.94%。而在未灭菌土壤条件下，接种 *G. versiforme* 的作用与 *R. irregularis* 的作用相差不明显，分别比未接种 AM 真菌对照高出 4.72% 和 3.13%。

2. AM 真菌对杨树幼苗纤维素含量的影响

接种两种不同 AM 真菌和未接种 AM 真菌的杨树幼苗茎部纤维素含量，在灭菌土壤和未灭菌土壤条件下差异均不显著（图 2-6）。灭菌土壤条件下，接种 *G. versiforme* 的幼苗茎部纤维素的含量略高于未接种 AM 真菌对照，而在未灭菌土壤条件下，接种 *R. irregularis* 的作用略高于对照，且差异均不显著。

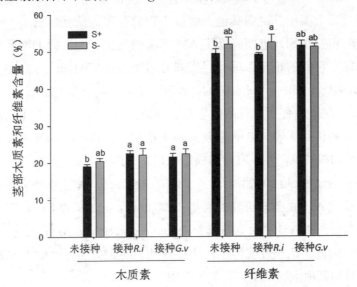

图 2-6　AM 真菌对杨树茎部木质素和纤维素含量的影响

注：数值为（均值 ± 标准差）（ *n* = 6 ），误差线上不同字母代表不同处理间差异显著（ *p* < 0.05 ）。
R.i：*Rhizophagus irregularis*；*G.v*：*Glomus versiforme*；S+：灭菌土壤；S-：未灭菌土壤。

纤维素是植物细胞壁的主要组成，占木材干物质的 40% ～ 50%（Richet et al., 2011）。木质素的含量在植物体内仅次于纤维素，是植物的一种重要的支撑结构和一些病原菌的物理屏障，能够促进一些水和溶质的运输（Seppänen et al., 2007）。作为一种次生代谢产物，木质素产生于苯丙烷类物质的代谢途径中（Vogt, 2010），这一途径是由苯丙氨酸解氨酶（PAL）催化苯基丙氨酸合成肉桂酸开始的（Hisano et al., 2009）。因此，PAL 是合成木质素过程中的一个关键酶（Jeong et al., 2012）。有研究发现当菌根真菌侵染植物时植物的

PAL 活性会瞬间升高，同时诱导植物的防御反应和苯丙氨酸解氨酶基因（*Pal*）的表达（Blilou et al., 2000）。因此可以推断，菌根植物具有较高的木质素含量。本研究结果显示，菌根植物木质素含量显著高于非菌根植物。本研究还显示 AM 真菌对杨树茎部纤维素含量也有微小的促进作用。而考虑到可用性、成本以及规模，木质纤维素生物量是转化液体燃料的可持续资源，它能够取代能源工业用到的传统的石油，减少温室气体（GHG）的排放（Studer et al., 2011）。毋庸置疑，AM 真菌在促进生物能生产方面具有很大的应用前景。AM 真菌的共生在低化肥投入的生物能系统中非常重要。

本研究中，AM 真菌的促生作用不仅在灭菌土壤中有研究，在含有土著微生物的非灭菌土中也进行了研究。结果显示，菌根真菌的作用在灭菌土壤中明显高于未灭菌土壤中。说明其他土壤微生物的存在，显著影响了 AM 真菌与宿主植物的相互作用，进而降低了 AM 真菌的功能。大量的土壤微生物存在于植物根际，它们的相互作用共同影响着植物生长（Wu et al., 2005）。一方面，在未灭菌的土壤中，AM 真菌的接种改变了原有的微生物群落结构（Tiunov and Scheu, 2005），使得原有的微生态平衡被打破。另一方面，菌根际的细菌会通过一系列机制影响 AM 真菌及其宿主植物，包括影响菌丝生长、真菌孢子萌发、植物根的感受性、真菌与根系的相互识别，以及调控根际土壤的理化性质（Johansson et al., 2006）。此外，还有研究发现一些土壤动物会以 AM 真菌为食，干扰 AM 真菌与植物的共生（Bakonyi et al., 2002）。还有一些腐生的土壤微生物会和 AM 真菌竞争营养（Tiunov and Scheu, 2005），抑制 AM 真菌的功能。因此，菌根在实际生产中的应用，不但要考虑 AM 真菌的种类，还要考虑其与其他土壤微生物的相互作用。

第三章　AM 真菌对杨树根际微生物群落和土壤有机质的影响

　　根际被誉为土壤的心脏，它是植物根系直接影响的区域，是活性微生物密集的区域（Napoli et al., 2008）。在根际，植物根系影响着微生物的群落结构，而微生物则调控着植物的生长（Napoli et al., 2008）。AM 真菌广泛存在于植物根际的土壤生态系统中，能够侵染宿主植物根系，改变宿主植物根系的形态结构，影响其根系分泌物的组成和含量，进而调控根际微生物群落多样性（Smith and Read, 2008）。研究发现菌根根际和非菌根根际的微生物群落组成有明显的差异，主要是因为 AM 真菌选择性的促进或抑制某些微生物的生长（Mar Vázquez et al., 2000）。Andrade et al.（1997）发现接种幼套球囊霉（*Glomus etunicatum*）、异形根孢囊霉（*Rhizophagus irregularis*）和摩西斗管囊霉（*F. mosseae*）的高粱（*Sorghum bicolor* L.），其根际与未接种 AM 真菌对照的根际微生物群落组成有明显差异。有研究表明，菌根真菌的侵染能够改变根际好氧细菌的数量，影响它们的生长速率，进而改变根际微生物的群落组成（Marschner and Baumann, 2003）。AM 真菌对土壤微生物的影响，反过来也会影响到 AM 真菌自身的功能及植物的生长。

　　菌根真菌巨大的菌丝网络能够从菌根际延伸到周围的土壤中，影响土壤的理化性质，维持土壤结构（Miller and Jastrow, 2000）。许多研究表明，菌根真菌能够通过根外菌丝的网络结构及其分泌物，增加土壤团聚体的稳定性，进而抵御土壤的侵蚀（Bedini et al., 2009）。球囊霉素（Glomalin）是一种含有金属离子的糖蛋白，它由 AM 真菌产生，存在于其孢子壁层和菌丝体结构中，具有非常重要的生态功能。当真菌的孢子和菌丝降解进入土壤后，球囊霉素也随之进入土壤，成为土壤的有机碳源（Driver et al., 2005）。球囊霉素具有独特的黏附能力，能够增强土壤的团聚结构及提高土壤的抗侵蚀能力（陈颖等，2009）。由于球囊霉素的结构和组成目前还没有研究清楚，因此通常用球囊霉素相关蛋白（Glomalin–related soil protein, GRSP）的含量来表示球囊霉素的含量。

土壤是碳素的一个储藏库，陆地上约 2/3 的碳素是以有机碳的形式存在于土壤中。据报道 AM 真菌对土壤系统的有机碳贡献巨大，可达 54 ～ 900 kg / hm²。而 AM 真菌对土壤有机碳的贡献主要是通过其分泌作为有机碳源的球囊霉素产生的（Singh et al., 2013; Rillig, 2004; Wright and Upadhyaya, 1998）。研究发现土壤中球囊霉素的含量一般约占总有机碳的 27%，而在泥炭土中，其总量往往占到 52%（黄艺等，2011）。Miller and Jastrow（2000）调查研究发现，AM 真菌的根外菌丝和球囊霉素所提供的有机碳源可达草地生态系统的 15%。然而有报道指出，土壤中球囊霉素的含量过高会导致植物二氧化碳排放量增多，进而导致全球变暖（黄艺等，2011），因此研究球囊霉素与土壤碳源间关系非常必要。

在上一章的研究中可以看出，AM 真菌在土壤微生物存在和不存在的条件下，其发挥的作用明显不同（Liu et al., 2014）。说明 AM 真菌与土壤微生物之间存在着一定的相互作用，进而影响植物的生长和对碳源的利用。因此，有必要探讨一下 AM 真菌的存在，对土壤微生物群落结构及土壤有机碳含量产生了怎样的影响。之前通过纯培养技术研究菌根真菌对土壤微生物的影响，往往忽略了其对一些不可培养的微生物的影响。本研究采用变性梯度凝胶电泳（Denaturing gradient gel electrophoresis, DGGE）技术，研究接种 *R. irregularis* 和 *G. versiforme* 对杨树根际细菌和真菌群落的影响，同时研究接种这两种 AM 真菌对杨树根际的球囊霉素和土壤有机碳含量的影响，综合反映 AM 真菌在杨树根际的生态功能。

第一节　杨树根际微生物群落、球囊霉素和土壤有机碳含量测定

一、土壤有机碳和球囊霉素含量的测定

1. 试验材料和试验设计

（1）试验材料

供试植物、供试菌种和供试土壤同第二章。

将培养基质（沙土混合物）装入塑料盆（22.5 cm × 22.5 cm）中，每盆装入 4 kg。在培养基质中心 <10 cm 处加入菌剂，扦插杨树，确保扦插条接触菌剂。接种处理每盆接种 5 g AM 真菌菌剂，不接种 AM 真菌处理接等量灭菌菌剂。

（2）试验设计

试验分 3 个处理，即未接种 AM 真菌对照处理，接种异形根孢囊霉（*Rhizophagus irregularis*）处理，接种地表球囊霉（*Glomus versiforme*）处理。每个处理 30 个重复，种植 8 个月后，收集根际土分成两份，一部分过 0.25 mm 孔径筛、风干，一部分在 –80℃保存，备用。

2. 土壤有机碳含量的测定

土壤有机碳含量采用油浴加热—重铬酸钾容量法测定（鲍士旦，2010）。具体方法如下：

①称取 0.5 g 风干土样于硬质试管中（设置两个空白对照，加等量石英砂）；每管中加入 0.4 mol/L 重铬酸钾 – 硫酸溶液 10 mL，每个管口插一个玻璃漏斗；

② 将试管插入铁丝笼中置于 170 ～ 180℃油浴 5 min（试管中液体应低于油面）；

③冷却后，将管内溶液及土壤残渣转移至 250 mL 三角瓶中，用蒸馏水冲洗试管壁和漏斗，清洗液合并装入三角瓶中（三角瓶中液体控制在 60 mL）；

④ 向三角瓶中滴加 3 滴邻菲罗啉指示剂，用 0.2 mol/L 硫酸亚铁滴定消煮后剩余的 $K_2Cr_2O_7$，滴定至溶液突变为棕红色为止。

有机碳含量根据下列公式计算：

有机碳（g/kg）=$[C \times (V_0 – V) \times 0.003 \times 1.1 / M] \times 1000$

式中：C：硫酸亚铁浓度（mol/L）；

V_0：空白对照管所消耗硫酸亚铁标准液体积（mL）；

V：试验测定管所消耗硫酸亚铁标准液体积（mL）；

M：样品的质量（g）。

3. 球囊霉素含量的测定

（1）球囊霉素的提取

采用 Bedini et al.（2009）的方法并稍加改动。具体方法如下：

① 易提取球囊霉素（EE–GRSP）的提取：称取 1.0 g 风干土样加入 10 mL 离心管内，离心管预先加入 8 mL 20 mmol/L、pH 7.0 的柠檬酸钠溶液，充分混匀

后，置于灭菌锅（TOMY SX-500, Japan）中，121℃处理 30 min。冷却后，10 000 rpm 离心 15 min（Eppendorf 5804R, Germany）。小心吸取棕红色上清液，置于一干净的离心管中，4℃保存备用。

② 总球囊霉素（T-GRSP）的提取：同样称取 1.0 g 风干土样加入预先含有 8 mL 50 mmol/L、pH 8.0 的柠檬酸钠溶液的 10 mL 离心管中，充分混匀后，置于灭菌锅（TOMY SX-500, Japan）中，121℃处理 60 min。冷却后，10 000 rpm 离心 15 min（Eppendorf 5804R, Germany），收集棕红色上清液，重复上述步骤直至上清液无棕红色为止。将上清液混合后 4℃保存备用。

（2）EE-GRSP 和 T-GRSP 含量的测定

取 EE-GRSP 和 T-GRSP 提取液，分别与平衡至室温的考马斯亮蓝 G-250 显色后，以牛血清蛋白作为标准样品，利用紫外可见分光光度计（UVmini-1240, Shimadzu, Kyoto, Japan）在 595 nm 处测定吸光值。依据预先制作的标准曲线，计算土壤样品中 EE-GRSP 和 T-GRSP 的含量（Rillig, 2004）。

二、土壤真菌和细菌的群落的巢式 PCR-DGGE 分析

1. 土壤总 DNA 的提取

土壤总 DNA 的提取使用 Omega 公司生产的土壤 DNA 提取试剂盒（Omega Bio-Tek, Inc., Norcross, GA, USA）。具体操作步骤如下：

① 称取 500 mg 土壤样品和 500 mg 玻璃珠置于 10 mL 无菌离心管中，加入缓冲液（Buffer）SLX MLus 1 mL，涡旋振荡 5 min；再加入 Buffer DS 100 μL，涡旋混匀后，于 70℃恒温水浴中孵育 10 min；

② 3000 rpm 离心 5 min，转移上清液（700 μL）至一新的 2 mL 无菌离心管中，再加入 Buffer SP2 270 μL，混匀后，冰浴 5 min；

③ 4℃、12 000 rpm 离心 5 min，将上清液转移至新的 2 mL 无菌离心管中，加入 0.7 倍体积预冷的异丙醇，颠倒混匀，于 -20℃下静置 2 h；4℃、12 000 rpm 离心 10 min，沉淀 DNA，弃掉上清液；

④ 沉淀中加入 65℃预热的洗脱缓冲液（Elution Buffer）200 μL，涡旋 10 s，65℃水浴 20 min，溶解 DNA；加入 HTR Reagent 100 μL，涡旋混匀，室温静置 2 min；

⑤ 4℃、12 000 rpm 离心 2 min，上清液转移至一新的 2 mL 无菌离心管中，加入等体积的 XP2 Buffer，混匀后转移至 DNA 富集柱中，富集柱置于收集管中；

⑥ 10 000 rpm 离心 1 min，弃掉滤液，富集柱重新放回收集管内；

⑦ 富集柱中再加入 XP2 Buffer 300 μL，重复步骤⑥；

⑧ 富集柱中加入 SPW Wash Buffer 700 μL，重复步骤⑥；

⑨ 重复步骤⑧，12 000 rpm 离心 2 min，去除残留乙醇；

⑩ 富集柱置于一新的 1.5 mL 无菌离心管中，在富集柱中心加入 65℃预热的 Elution Buffer 50 μL，12 000 rmp 离心 1 min，弃掉富集柱。

将离心管内为所提取的 DNA 样品，20℃保存备用。

2. 巢式 PCR 扩增

（1）真菌的巢式 PCR 扩增

① 第一轮 PCR 扩增引物为 ITS1–F 和 ITS4（表 3–1），提取的总 DNA 为模板。

扩增体系：2 × Taq MasterMix 12.5 μL，TS1–F（10 μmol/L）0.5 μL，ITS4（10 μmol/L）0.5 μL，DNA 模板 1 μL，ddH₂O 10.5 μL，总体积 25 μL。

扩增程序：预变性 94℃、5 min，变性 94℃、30 s，退火 55℃、30 s，延伸 72℃、2 min，34 次循环（94℃、30 s，55℃、30 s，72℃、2 min），终止延伸 72℃、5 min。目标产物长度为 1 000 bp。

② 第二轮 PCR 扩增引物使用 ITS2 和 ITS1–F–GC（表 3–1），第一轮 PCR 产物稀释 1000 倍作为模板。

扩增体系：2 × Taq MasterMix 25 μL，ITS1–F–GC（10 μmol/L）1 μL，ITS2（10 μmol/L）1 μL，DNA 模板 2 μL，ddH₂O₂ 1 μL，总体积 50 μL。

扩增程序：除了终止延伸 72℃、30 s，其余程序同上，目标产物长度为 250 bp。

（2）细菌的巢式 PCR 扩增

① 第一轮 PCR 扩增所用引物为 fD1 和 rP1（表 3–1），模板为提取的总 DNA。扩增体系同真菌第一轮 PCR 扩增体系。

扩增程序：预变性 94℃、3 min，变性 94℃、1 min，退火 54℃、1 min，延伸 72℃、2 min，29 次循环（94℃、1 min，54℃、1 min，72℃、2 min），终止延伸 72℃、7 min。目标产物长度为 1 400 bp。

② 第二轮 PCR 扩增引物用 534r 和 341f–GC（表 3–1），第一轮 PCR 产物稀释 1000 倍作为模板。

扩增体系：同真菌第二轮 PCR 扩增体系。

扩增程序：预变性 94℃、3 min，变性 94℃、30 s，退火 55℃、30 s，延伸 72℃、30 s，29 次循环（94℃、30 s，55℃、30 s，72℃、30 s），终止延伸 72℃、5 min。目标产物长度为 190 bp。

表 3-1　巢式 PCR 所用引物

引物	序列（5'-3'）	参考文献
ITS1-F	CTTGGTCATTTAGAGGAAGTAA	(Gardes and Bruns, 1993)
ITS4	TCCTCCGCTTATTGATATGC	(White, 1990)
ITS2	GCTGCGTTCTTCATCGATGC	(White, 1990)
ITS1-F-GC	CGCCCGCCGCGCGCGGCGGGCGGGGCGGGGG CACGGGGGGGCTTGGTCATTTAGAGGAAGTAA	(Anderson et al., 2003)
fD1	AGAGTTTGATCCTGGCTCAG	(Weisburg et al., 1991)
rP1	ACGGTTACCTTGTTACGACTT	(Weisburg et al., 1991)
534r	ATTACCGCGGCTGCTGG	(Muyzer et al., 1993)
341f-GC	CGCCCGCCGCGCGCGGCGGGCGGGGCGGGG GCACGGGGGGCCTACGGGAGGCAGCAG	(Muyzer et al., 1993)

3. DGGE 电泳

（1）DGGE 变性梯度胶的制备

不同浓度的 DGGE 胶根据表 3-2 配制。根据预试验结果，真菌 DNA 产物所用胶的变性梯度为 30% ～ 60%，细菌 DNA 产物所用胶的变性梯度为 40% ～ 70%。

表 3-2　不同浓度 DGGE 胶的配制比例

	30%	70%	60%	40%
40% Acry/Bis（mL）	20	20	20	20
50× 缓冲液 TAE（mL）	2	2	2	2
去离子甲酰胺（mL）	12	28	24	16
尿素（g）	12.6	29.4	25.2	16.8

注：表中用量均为配制 100 mL 胶所用的量；40%Acry/Bis（丙烯酰胺 Acrylamide 浓度为 38.93%，甲叉双丙烯酰胺 Bis-acrylamide 浓度为 1.07%）。

（2）DGGE 电泳操作步骤

① 将制胶架水平放在桌面上，再将海绵垫固定在制胶架上，将制胶的玻璃板系统垂直放在海绵垫上，用两侧的偏心轮固定制胶板系统，短玻璃一面正对操作者，将玻璃板与海绵垫交界处用 1.5% 的琼脂糖凝胶封住，以免漏胶。

安装相关配件，调整梯度转盘至适当位置；

② 将配制好的两个浓度（30%～70%、40%～60%）的胶分别置于两个干净的离心管中，每100 mL胶溶液加入20 μL四甲基乙二胺（N,N,N',N'-Tetramethylethylenediamine, TEMED）和80 μL10%的硫酸铵（APS），快速混匀后分别吸入到两个注射器中，注意区分高低浓度，排出注射器和连接管中的空气；

③ 将两个注射器固定在梯度转盘上，高浓度靠近自己一侧，匀速缓慢转动转盘，使两个浓度的胶混合后慢慢注入胶板内；

④ 小心插入梳子，室温放置4 h使胶完全凝固，轻轻拔掉梳子；

⑤ 将制好胶的胶板安装到DGGE支架上，待DGGE电泳液温度升至60℃时，将安装有胶板的支架放入电泳槽内；

⑥ 待温度回升至60℃，用50 μL微量进样器吸取35 μL巢式PCR终产物，加入到点样孔中；

⑦ 120 V电泳10 min，使样品进入胶内，70 V电泳13 h；

⑧ 电泳结束后，关闭电源，取出电泳板，将胶放在去离子水中取出，置于溴化乙锭（EB）中染色10 min；

⑨ 清水中漂洗后于凝胶成像系统（Molecular Imager Gel Doc TM XR System 170–8170, Bio–Rad, CA, USA）上拍照保存。

4. 数据处理

DGGE图谱分析用Quantity One软件（Bio–Rad, CA, USA）。

统计数据采用SPSS 17.0统计软件进行分析。

用Sigmaplot 10.0软件绘图。

第二节 AM真菌对杨树根际真菌和细菌群落结构的影响

一、巢式PCR终产物和DGGE图谱分析

从图3–1可以看出，接种AM真菌对杨树根际真菌群落结构的影响。第二轮PCR的产物均具有清晰明亮单一的条带，其中真菌的条带在250 bp左右，细

菌的条带在 190 bp 左右。根据 DGGE 技术的分离原理，图谱中单一的条带代表
一个单独的类群，条带的亮度代表该类物种的数量，条带的多少则能代表物种
的多样性。本研究结果显示，用于分离真菌的胶浓度在 30% ～ 60% 比较合适，
而分离细菌的胶浓度在 40% ～ 70% 比较合适（图 3-2），能够得到清晰且单一
的条带。

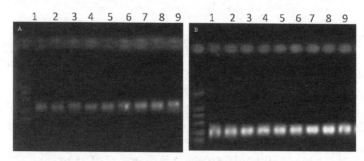

图 3-1 巢式 PCR 终产物电泳检测图

注：1,2,3：未接种 AM 真菌；4,5,6：接种 *Rhizophagus irregularis*；7,8,9：接种 *Glomus versiforme*；A，为真菌第二轮 PCR 产物；B，为细菌第二轮 PCR 产物。

从真菌和细菌群落 DGGE 图谱（图 3-2）可以看出，接种 *R. irregularis* 和 *G. versiforme* 明显影响了杨树根际真菌和细菌的群落组成，其中对真菌群落的影响
大于细菌。植物根际存在着大量的土壤微生物，构成一个功能系统，它们的相
互作用结果影响着植物的生长和生理功能（Wu et al., 2005），形成一种动态平衡。
当人为的在这一系统中加入一种 AM 真菌，将会改变原有的微生物群落组成

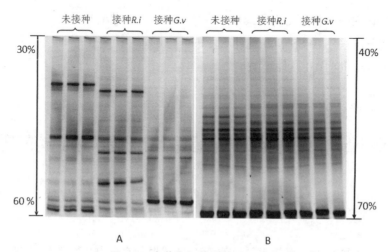

图 3-2 真菌和细菌群落 DGGE 图谱

注：A，真菌群落 DGGE 图谱；B，细菌群落 DGGE 图谱。

（Tiunov and Scheu, 2005），使原有的平衡被打破。AM 真菌侵染植物根系后，会影响植物根系形态，改变根系分泌物的组成及含量，进而影响菌根根际微生物群落结构组成，产生菌根际效应（Marschner and Baumann, 2003）。

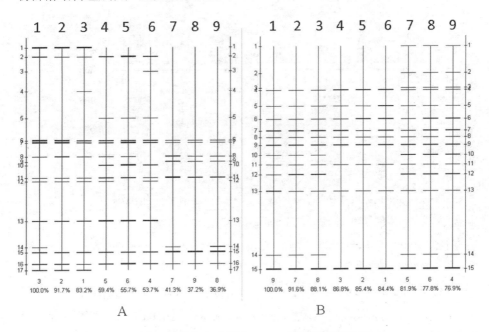

图 3-3　真菌和细菌群落 DGGE 图谱软件模拟图

注：1,2,3：未 接 种 AM 真 菌；4,5,6：接 种 *Rhizophagus irregularis*；7,8,9：接 种 *Glomus versiforme*；A：真菌群落 DGGE 模拟图谱；B：细菌群落 DGGE 模拟图谱。

二、AM 真菌对杨树根际细菌群落结构的影响

使用 Quantity One 分析软件分析细菌的 DGGE 图谱，得到细菌 DGGE 模拟图形（图 3-3B）。根据细菌 DGGE 图谱中条带亮度及位置得到的数字化结果，计算得到细菌群落的多样性指数、丰富度指数及均匀度指数如图 3-4 所示。与未接种 AM 真菌对照相比，接种两种 AM 真菌，均显著提高了杨树根际土壤细菌的丰富度指数，并且接种 *R. irregularis* 的处理比接种 *G. versiforme* 的处理提高的程度高。接种 *R. irregularis* 和 *G. versiforme* 的处理，根际土壤中细菌的辛普森指数和香农指数均明显升高。与丰富度指数相同，接种 *R. irregularis* 的处理比接种 *G. versiforme* 的处理，对杨树根际土壤细菌多样性指数提高的程度高。接种 *G. versiforme* 的植株根际土壤，细菌的均匀度指数明显升高，接种 *R. irregularis* 对这一指标无明显影响。

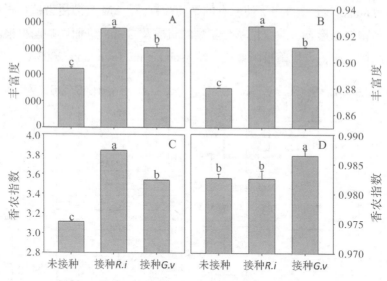

图3-4 接种 AM 真菌对杨树根际细菌群落结构的影响

注：数值为（均值±标准差）（$n=3$），误差线上不同小写字母代表不同处理间差异显著（$p<0.05$）。
R.i：*Rhizophagus irregularis*；*G.v*：*Glomus versiforme*。

Marschner and Baumann（2003）研究发现，接种 AM 真菌改变了玉米（*Zea mays*）根际原有的细菌群落。Zhang et al.（2010a）研究发现 3 种外生菌根真菌（ECMF），褐黄牛肝菌（*Boletus luridus*）、褐环乳牛肝菌（*Suillus luteus*）和乳牛肝菌（*S. bovines*）均能提高油松（*Pinus tabulaeformis* Carr.）根际细菌群落的功能多样性。朱红惠等（2005）利用两种方法（稀释平板法和 PCR–DGGE 技术）研究了 AM 真菌对番茄根际细菌群落结构的影响，发现 AM 根际的细菌总量明显增多，且 AM 真菌的接种严重影响了番茄根际细菌种群的组成。

三、AM 真菌对杨树根际真菌群落结构的影响

使用 Quantity One 分析软件分析真菌的 DGGE 图谱，得到真菌 DGGE 模拟图形（图 3–3A）。根据真菌 DGGE 图谱中条带亮度及位置得到的数字化结果，计算得到真菌群落的多样性指数、丰富度指数及均匀度指数如图 3–5 所示。与未接种 AM 真菌对照相比，两种 AM 真菌的接种，均降低了杨树根际土壤真菌的丰富度指数，而仅接种 *G. versiforme* 的处理达到显著水平。接种 *G. versiforme* 的根际土壤，真菌的辛普森多样性指数和香农多样性指数均明显降

低，而接种 *R. irregularis* 的植株根际土壤，真菌的辛普森多样性指数和香农多样性指数并无明显变化。接种 *R. irregularis* 的植株根际土壤，真菌的均匀度指数明显升高，而 *G. versiforme* 对这一指标无明显影响。

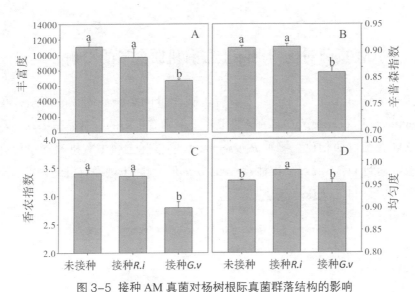

图 3-5　接种 AM 真菌对杨树根际真菌群落结构的影响

注: 数值为(均值 ± 标准差)(n=3)，误差线上不同小写字母代表不同处理间差异显著(*p*< 0.05)。*R.i*: *Rhizophagus irregularis*；*G.v*: *Glomus versiforme*。

　　袁丽环和闫桂琴（2010）以翅果油（*Elaeagnus mollis*）为宿主植物，研究了接种 AM 真菌对其根际微生态的影响，发现 AM 真菌使得翅果油根系表面细菌、放线菌和固氮菌的数量明显增加。本研究结果显示，两种 AM 真菌的接种均影响了杨树根际真菌和细菌的群落结构，且两种菌的作用效果明显不同。接种 *R. irregularis* 和 *G. versiforme* 均显著增加了细菌的多样性和丰富度，这与袁丽环、闫桂琴（2010）和朱红惠等（2005）的研究结果相似。然而结果还发现接种 *G. versiforme* 却降低了真菌的多样性和丰富度，这可能是因为 *G. versiforme* 的接种增加了土壤真菌的养分竞争，影响了其他土壤真菌的生长。接种 *G. versiforme* 增加了细菌的均匀度，接种 *R. irregularis* 增加了真菌的均匀度。说明 AM 真菌还具有平衡不同微生物物种数量的作用。

第三节 AM 真菌对杨树根际土壤有机质和球囊霉素含量的影响

一、AM 真菌对杨树根际土壤有机质含量的影响

接种 AM 真菌对杨树根际土壤有机碳含量的影响如图 3-6 所示，接种 *R. irregularis* 和 *G. versiforme* 的杨树根际土壤中有机碳的含量显著提高。与未接种 AM 真菌对照相比，接种 *R. irregularis* 的根际土壤中有机碳含量提高了 12.32%，达到 11.31 g/kg，接种 *G. versiforme* 的根际土壤中有机碳含量提高了 16.31%，达到 11.72 g/kg。

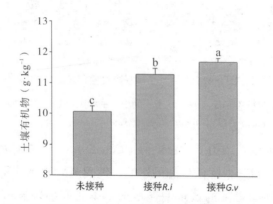

图 3-6 接种 AM 真菌对杨树根际土壤有机碳含量的影响

注：数值为(均值 ± 标准差)(*n* = 3)，误差线上不同小写字母代表不同处理间差异显著(*p* < 0.05)。*R.i*：*Rhizophagus irregularis*；*G.v*：*Glomus versiforme*。

二、AM 真菌对杨树根际土壤球囊霉素含量的影响

从图 3-7 可以看出，接种 *R. irregularis* 和 *G. versiforme* 的杨树根际土壤中，球囊霉素 T-GRSP 和 EE-GRSP 的含量均显著提高。与未接种 AM 真菌对照相比，接种 *R. irregularis* 的根际土壤 EE-GRSP 含量提高了 110.23%，达到 0.54 mg/g，T-GRSP 提高了 13.31%，达到 3.33 mg/g；接种 *G. versiforme* 的根际土壤中 EE-GRSP 含量提高了 311.93%，达到 1.06 mg/g，T-GRSP 提高了 27.91%，达到 3.76 mg/g。说明接种 AM 真菌对杨树根际土壤球囊霉素含量有

显著影响。

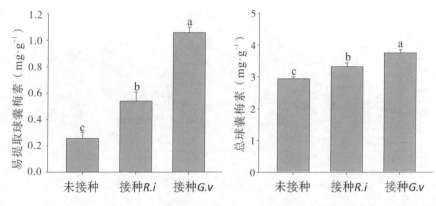

图 3-7　接种 AM 真菌对杨树根际土壤球囊霉素含量的影响

注: 数值为(均值 ± 标准差)($n = 3$)，误差线上不同小写字母代表不同处理间差异显著($p < 0.05$)。*R.i*: *Rhizophagus irregularis*；*G.v*: *Glomus versiforme*。

三、AM 真菌对球囊霉素 / 有机碳和易提取球囊霉素 / 总球囊霉素的影响

AM 真菌对 EE-GRSP/ 有机碳、T-GRSP/ 有机碳和 EE-GRSP/T-GRSP 的影响如图 3-8，接种两种 AM 真菌 *R. irregularis* 和 *G. versiforme*，均提高了杨树根际土壤中 EE-GRSP/ 有机碳和 EE-GRSP/T-GRSP。其中接种 *G. versiforme* 的作用明显高于接种 *R. irregularis*，表现为接种 *G. versiforme* > 接种 *R. irregularis* > 未接种 AM 真菌对照。而接种 *R. irregularis* 和 *G. versiforme* 对 T-GRSP/ 有机碳无显著影响。说明接种 AM 真菌对增加杨树根际土壤中易提取球囊霉素 EE-GRSP 的作用更为突出。

近年来，由于土壤有机碳在全球生态系统碳循环中具有重要意义，许多有关土壤有机碳储量，外界环境条件对土壤有机碳含量的影响，以及土壤微生物与土壤有机碳关系的研究都在开展（蔡晓布等，2012）。大量研究发现 AM 真菌与土壤有机碳相互作用、相互影响，其分泌的球囊霉素是土壤有机碳的重要组成（Singh et al., 2013）。李少朋等（2013）以玉米（*Z. mays*）为宿主植物，研究接种 AM 真菌对矿区土壤的影响，发现接种 AM 真菌的玉米根际土壤中，球囊霉素和有机碳的量比未接种 AM 真菌对照高 48.1% 和 24.5%，说明 AM 真菌能够改善玉米根际的微环境，这与本研究的结果相似。本研究发现两

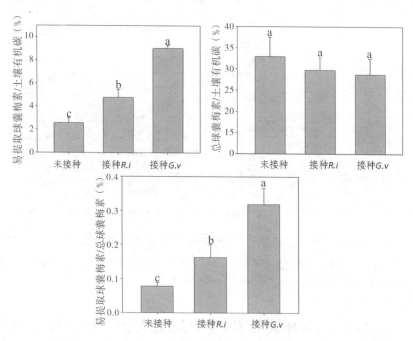

图 3-8 AM 真菌对 EE-GRSP/ 有机碳、T-GRSP/ 有机碳和 EE-GRSP/T-GRSP 的影响

注：数值为（均值 ± 标准差）($n=3$），误差线上不同小写字母代表不同处理间差异显著（$p < 0.05$）。*R.i*：*Rhizophagus irregularis*；*G.v*：*Glomus versiforme*。

种 AM 真菌的接种均显著提高了杨树根际 EE-GRSP、T-GRSP 和土壤有机碳的含量，证实了 AM 真菌在土壤碳贮备中的重要作用。结果还发现，两种 AM 真菌对 EE-GRSP 的作用尤为突出，表现为接种 AM 真菌处理的 EE-GRSP/T-GRSP 和 EE-GRSP/ 土壤有机碳明显增高。然而接种 AM 真菌和未接种 AM 真菌处理的 T-GRSP/ 土壤有机碳并未表现出差异。说明 AM 真菌虽然能够提高植物根际土壤中碳储备量，但是并没有改变球囊霉素在土壤有机碳中所占的比例。

总而言之，AM 真菌的接种能够改善植物根际土壤微生物的群落结构，增加土壤碳储备，改良土壤性质，在生态系统恢复中有巨大的应用前景。同时研究清楚 AM 真菌与其他土壤微生物的相互作用，对以后更好的开发 AM 真菌作为生物肥料的功能非常必要。

第四章 AM 真菌对杨树光合效应和叶绿素荧光参数的影响

研究发现 AM 真菌侵染植物根系后，根外菌丝在植物根周围大量延伸，帮助植物吸收水分和养分，增强植物光合作用（Huang et al., 2011; Khalvati et al., 2005）。光合作用是植物同化二氧化碳，积累生物量的主要过程。众所周知，叶绿素含量和植物的水分状况是决定植物光合作用的两个重要条件，因此，水分缺失会严重影响植物的光合作用（沈允钢，2006；高俊风，2006）。大量研究发现，与非菌根植物相比，菌根植物具有较高的叶绿素含量和相对高效的光合能力（Gong et al., 2013），使得菌根植物在干旱胁迫条件下能够更好地生长，提高其耐旱性（Wu and Xia, 2006）。叶片中叶绿素分子吸收的光能一部分用于光合作用，一部分以热耗散形式释放，还有一部分以荧光形式释放，而能量在这三部分中如何分配，主要取决于植物生化特性和环境条件（Qiu et al., 2012）。

植物的叶绿素荧光可以间接的反应植物的光合能力，通常用来反应植物光合能力与逆境胁迫的关系。有研究指出由于微环境的不同，植物叶绿素荧光增加，其光化学能力有可能增加，也有可能降低（Flexas et al., 2000）。通过叶绿素荧光动力学研究光合作用机制，可以无损伤、快速有效的反应逆境胁迫对植物光合的影响（田帅等，2013）。目前，有关 AM 真菌在影响宿主植物叶绿素荧光的研究已有许多报道。Gong et al.（2013）在研究干旱胁迫条件下，接种摩西斗管囊霉（*F. mosseae*）和缩球囊霉（*G. constrictum*）对狼牙刺（*Sophora davidii*）叶片叶绿素荧光参数的影响中发现，两种 AM 真菌的接种均提高了狼牙刺叶片的最大光化学效率，Zuccarini and Okurowska（2008）在盐胁迫条件下，接种异形根孢囊霉（*Rhizophagus irregularis*）于罗勒（*Ocimum basilicum*）也得到了类似的结果。

在植物进化过程中，叶片是一个对环境变化极为敏感且可塑性较大的器官，叶片表皮的形态结构会因环境的变化而变化，形成相对稳定的遗传特征（任艳军等，2012）。植物叶片气孔形态、大小的变化与植物的抗逆性密切相关，会影响植物蒸腾、光合、呼吸等作用。Sperry et al.（2006）研究表明，杨树的水分耗散与其木质部的解剖结构紧密相关。导管和纤维是木质部的主要组成，能够反映木质部的水分传导状况，对植物株冠的供水也起到重要作用（Sperry et al., 2006）。导管腔的微小增加可导致水分传导效率显著增加（Cao et al., 2012）且木质部纤维结构能很好地支持导管功能（Sperry et al., 2006）。因此导管和纤维细胞大小是植物生理生态过程的重要指标。然而，在近些年的菌根提高植物耐旱性研究中，很少涉及菌根真菌对树木气孔、导管、纤维等影响的研究报道。

本研究旨在研究 AM 真菌在不同水分条件下对杨树生长、光合荧光参数、气孔形态、木质部导管和纤维细胞特征的影响，探讨 AM 真菌提高杨树耐旱性的机制。

第一节 杨树光合效应生理生化和形态指标测定

一、侵染率、生长指标、叶绿素含量

1. 试验材料和试验设计

（1）试验材料

供试植物和供试菌种同前。

供试土壤同第二章。培养基质为土 : 沙 =1 : 2（v/v），沙子用河沙，清洗干净后与土壤按比例混合，121℃灭菌 2 h。

（2）试验设计

试验在温室进行，生长温度 25 ~ 35℃，光照时间 12 ~ 14 h/d。采用随机区组试验。试验为双因素设计：①接种 AM 真菌处理和不接种 AM 真菌对照，②正常供水和干旱胁迫处理。共 4 个处理，每个处理 30 个重复。

将灭菌的培养基质装入塑料盆（22.5 cm × 22.5 cm）中，每盆装入 4 kg 培养基质。在培养基质中心 <10 cm 处加入菌剂，扦插杨树，确保插条接触菌剂。处理每盆接种 5 g AM 真菌菌剂，不接种 AM 真菌处理接等量灭菌菌剂。水分控制采用称重法，正常供水处理保持水分控制在田间最大持水量的 75%，干

旱处理的水分保持在田间最大持水量的 50%（杨建伟等，2004）。

2. 侵染率、生长指标、叶绿素含量的测定

侵染率的测定、生长指标的测定、叶绿素含量的测定同第二章。

二、叶绿素荧光参数、气体交换参数、水分饱和亏缺

1. 叶绿素荧光参数

各处理随机选取 6 株幼苗，使用调制叶绿素荧光仪（MINI–Imaging–PAM,
Walz, Germany）在室温下测定叶绿素荧光参数。测定前，将所测植株置于暗
室中暗适应 30 min，然后选择第五片完全展开叶（从上往下数），测定初始荧
光 Fo、最大荧光 Fm（暗适应叶片）和光适应条件下叶片的初始荧光 Fo'、最
大荧光 Fm' 和稳态荧光 Fs。

计算光系统 II（photosystem II，PSII）最大量子产量 Fv/Fm、PSII 实际光
化学量子产量 ΦPSII、光化学荧光淬灭系数 qP 和非光化学荧光淬灭系数 qN。
计算公式如下：

式中：$Fv/Fm = (Fm - Fo) / Fm$

$\Phi PSII = (Fm' - Fs) / Fm'$

$qP = (Fm' - Fs) / (Fm' - Fo')$

$qN = 1 - (Fm' - Fo') / (Fm - Fo)$

2. 气体交换参数、水分饱和亏缺

气体交换参数的测定同第二章。

水分饱和亏缺的测定，随机选取 6 株幼苗，首先称取叶片鲜重，然后用
蒸馏水浸泡 24 h，称叶片饱和重。随后置于 105℃烘箱 20 min 杀青，80℃烘干
至恒重，称干重。按照下列公式计算叶片水分饱和亏缺（高俊凤，2006）。

水分饱和亏缺（%）=（饱和重 – 鲜重）/（饱和重 – 干重）× 100

三、气孔特征和导管纤维细胞特征

1. 气孔特征的测定

气孔特征采用印迹法测量法（西北农业大学植物生理生化教研组，1987），

随机选取 6 株幼苗，每株幼苗在第五片（从上往下数）完全展开叶的上表皮和下表皮，距中心叶脉 1 cm 处，轻轻刷一层透明指甲油，静置数分钟，用镊子取下凝成的薄膜，放在载玻片上，加一滴水，盖上盖玻片。每片叶子的上表皮和下表皮各取 4 块薄膜、制片，显微镜下观察、拍照，计算气孔密度，用图像处理软件 Image J 测量气孔长度。

2. 导管和纤维细胞特征的测定

随机选取 6 株幼苗，收获其茎部，上下各去掉 5 cm，剩余部分去皮，切成长 1 cm 的小段，置于冰醋酸：双氧水（1:1）的溶液中，65℃煮 48 h，弃掉溶液，用蒸馏水冲洗 5 遍，加入蒸馏水搅拌，匀浆。吸出一滴于载玻片上，加 0.05% 的甲苯胺蓝染色后，显微镜下观察、拍照。用图像处理软件 Image J 测量导管细胞长度和直径（Cao et al., 2012; Luo et al., 2005）。

纤维细胞长度和直径测定方法，同导管细胞长度和直径测定方法。

3. 数据处理

试验数据用 SPSS 17.0 进行双因素方差（Two-way ANOVA）分析。
水分条件和 AM 真菌处理作为两个独立因素。
用 Sigmaplot 10.0 软件绘图。

第二节 AM 真菌对杨树光合效应生理生化指标的影响

一、AM 真菌对杨树生长、叶绿素含量和叶绿素荧光参数的影响

1. AM 真菌对杨树生长的影响

图 4-1 可以看出，不同水分条件下，接种 *R. irregularis* 能够很好地侵染杨树的根系，形成了明显的泡囊丛枝结构，根内菌丝和孢子明显可见。

侵染率检测结果显示，未接种 AM 真菌幼苗根系均未被侵染，侵染率为 0（表 4-1）。正常水分条件下，接种 AM 真菌对杨树形成的侵染率为 86.22%，且接种 AM 真菌处理显著提高了杨树的苗高和各部分干重，其中苗高比未接种 AM 真菌对照高出 117.24%，而根、茎、叶干重分别比对照提高 36.83%、53.41% 和 31.82%，显著水平均达到 $p < 0.01$。干旱胁迫条件下，菌

根侵染率为87.31%，形成菌根的杨树苗高和各部分干重同样高于未接种AM真菌对照，且提高的程度比正常水分条件下略高，其中苗高增加了119.31%，根、茎叶、干重分别增加了46.32%、62.53%和34.62%。

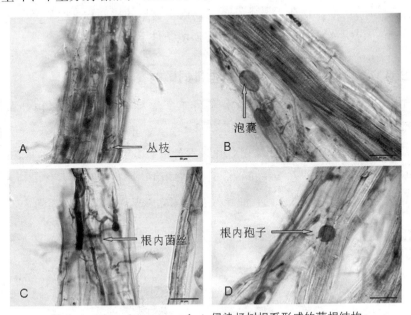

图4-1　*Rhizophagus irregularis* 侵染杨树根系形成的菌根结构

表4-1　不同水分条件下接种AM真菌对杨树幼苗生物量的影响

处理		菌根侵染率（%）	苗高（cm）	干重（g/盆）		
				叶	茎	根
正常水分	未接种	0	30.92 ± 1.49c	3.74 ± 0.75b	1.16 ± 0.18b	1.25 ± 0.16b
	接种AM真菌	85.6	66.32 ± 2.68a	4.93 ± 0.28a	1.78 ± 0.23a	1.71 ± 0.20a
干旱胁迫	未接种	0	28.43 ± 3.12c	3.67 ± 0.65b	1.12 ± 0.25b	1.21 ± 0.15b
	接种AM真菌	87.3	62.37 ± 3.24b	4.94 ± 0.16a	1.82 ± 0.12a	1.77 ± 0.16a
显著性	$p_{接种}$	—	**	**	**	**
	$p_{干旱}$	—	**	ns	ns	ns
	$p_{接种 \times 干旱}$	—	ns	ns	ns	ns

注：数值为（均值 ± 标准差）（$n = 6$），每列中不同小写字母代表不同处理间差异显著（$p \geqslant 0.05$）；ns：不显著；* $p < 0.05$；** $p < 0.01$。

众所周知，AM真菌的一项非常重要的生理功能为促进宿主植物生长，提高其生物量的积累。逆境条件下AM真菌提高了宿主植物生物量积累在狼牙刺

（*S. davidii*）（Gong et al., 2013）、玉米（*Zea mays* L.）（Sheng et al., 2008）和刺槐（*Robinia pseudoacacia*）（田帅等，2013）等研究中已得到证实。本研究发现，接种 *R. irregularis* 在正常水分和干旱胁迫条件下均促进了杨树幼苗各部位生物量的积累，且在干旱条件下对杨树生物量的提高程度明显高于正常水分条件下，说明 AM 真菌的促生作用在逆境条件下更明显。

2. AM 真菌对杨树相对叶绿素含量的影响

正常供水和干旱胁迫不同水分条件下，接种 AM 真菌对杨树幼苗叶片叶绿素含量（SPAD）的影响不同（图 4-2）。正常水分条件下，接种 *R. irregularis* 显著提高了杨树叶片相对叶绿素含量，其叶绿素含量提高了 7.21%。干旱胁迫条件下，接种 *R. irregularis* 的杨树幼苗叶片相对叶绿素含量与未接种 AM 真菌对照相比虽有所提高，但差异不显著，其叶绿素含量仅提高了 1.53%。

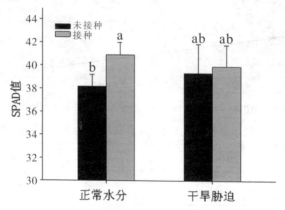

图 4-2　不同水分条件下接种 AM 真菌对杨树幼苗 SPAD 值的影响

注: 数值为（均值 ± 标准差）（$n = 6$），误差线上不同小写字母表示在 $p < 0.05$ 水平差异显著。

接种 AM 真菌、干旱胁迫及两者的交互作用对杨树各指标的影响如表 4-2。双因素方差分析结果显示，仅接种 AM 真菌处理显著影响了杨树叶片叶绿素含量（*SPAD*），单纯干旱胁迫及接种 AM 真菌与干旱胁迫的交互作用对这一指标无影响（表 4-2）。

之前的研究发现，AM 真菌的侵染能够显著提高宿主植物的叶绿素含量（Colla et al., 2008），这与本文的研究结果相似。然而本试验结果显示，AM 真菌对杨树相对叶绿素含量的促进作用与干旱胁迫有关。在干旱条件下，AM 真菌对杨树叶绿素含量的影响并不明显。

表 4-2　接种 AM 真菌、干旱胁迫及两者的交互作用对杨树各指标的影响

指标	AM 真菌	干旱胁迫	AM 真菌 × 干旱胁迫
SPAD	*	ns	ns
Fv/Fm	**	**	ns
ΦPSII	**	**	**
qP	**	**	ns
qN	**	**	ns
Pn	**	**	ns
gs	**	**	**
Ci	**	**	**
E	**	**	ns

注：ns：不显著；* $p < 0.05$；** $p < 0.01$。

3. AM 真菌对杨树叶绿素荧光参数的影响

接种 AM 真菌和干旱胁迫显著影响了杨树叶片叶绿素荧光参数最大量子产量（Fv/Fm）、实际光化学量子产量（ΦPSII）、光化学荧光淬灭系数（qP）和非光化学荧光淬灭系数（qN）（$p < 0.01$），接种 AM 真菌与干旱胁迫的交互作用仅显著影响了 ΦPSII（表 4-2）。

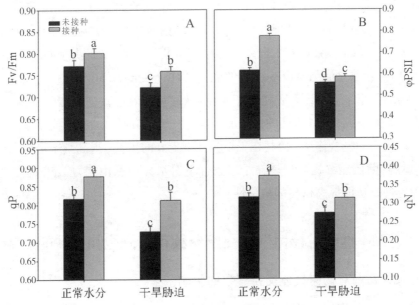

图 4-3　不同水分条件下接种 AM 真菌对杨树幼苗叶绿素荧光参数的影响
注：数值为（均值 ± 标准差）（$n = 6$），误差线上不同字母表示在 $p < 0.05$ 水平差异显著。

正常水分条件下，菌根植株的 Fv/Fm、$\Phi PSII$、qP 和 qN 分别比非菌根植株高出 3.82%、26.01%、7.33% 和 17.92%（图 4-3）。干旱胁迫条件下，接种 AM 真菌显著提高了杨树叶片的 Fv/Fm、$\Phi PSII$、qP 和 qN，分别提高了 5.23%、4.91%、11.43% 和 14.21%。干旱胁迫降低了接种 AM 真菌和未接种 AM 真菌处理杨树叶片的 Fv/Fm、$\Phi PSII$、qP 和 qN。干旱条件下，非菌根植物的 Fv/Fm、$\Phi PSII$、qP 和 qN 比在正常水分条件下降低了 6.51%、9.62%、10.82% 和 13.52%，而菌根植物的 Fv/Fm、$\Phi PSII$、qP 和 qN 比正常水分条件下降低了 5.23%、24.72%、7.31% 和 16.24%。

植物叶片释放的叶绿素荧光能够通过复杂的过程来反映植物的光合作用能力（Qiu et al., 2012）。叶绿素荧光参数 Fv/Fm 表示 $PSII$ 的最大量子效率，通常被用来反映植物潜在最大光合能力（Sheng et al., 2008），也可以反映植物受逆境胁迫的程度。$\Phi PSII$ 是任一光照状态下 $PSII$ 的实际量子产量，能够反应植物的实际光合能力，qP 是由光合作用引起的荧光淬灭，反映了光合活性的高低，qN 反映了植物耗散过剩光能为热的能力，反映了植物的光保护作用。

有研究表明 AM 真菌摩西斗管囊霉（$F. mosseae$）的共生能够显著提高玉米（$Z. mays$ L.）叶片的 Fv/Fm（Sheng et al., 2008）。Gong et al.（2013）研究发现干旱条件下，接种 AM 真菌摩西斗管囊霉（$F. mosseae$）和缩球囊霉（$G. constrictum$）显著提高了狼牙刺（$S. davidii$）叶片的 Fv/Fm、$\Phi PSII$ 和 qP。本研究发现，两种水分条件下，接种 AM 真菌的杨树叶片 Fv/Fm、$\Phi PSII$、qP 和 qN 均有所提高。说明 AM 真菌的共生能够提高叶绿体捕获光能的效率，提高 PSII 的光催化能力及反应中心的能量循环（Gong et al., 2013）。接种 $R. irregularis$ 还能通过降低干旱对 Fv/Fm 和 qP 的负面效应，进而增强了杨树的耐旱性。总的来说，AM 真菌的侵染能够提高杨树的叶绿素含量、光化学能力，进而提高杨树的光合作用，使其在干旱条件下更好的生长，提高其干旱耐受性。同时 AM 真菌还能够提高杨树在干旱条件下对水分的利用能力，减少其对干旱的敏感性，从而提高杨树的耐旱性。

二、AM 真菌对杨树气体交换参数和水分饱和亏缺的影响

1. AM 真菌对杨树气体交换参数的影响

接种 AM 真菌和干旱胁迫显著影响了杨树的净光合速率（Pn）、气孔导度（gs）、胞间 CO_2 浓度（Ci）和蒸腾速率（E）E（$p<0.01$），而接种 AM

真菌与干旱胁迫的交互作用仅显著影响了 gs 和 Ci（$p<0.01$）（表 4-2）。

　　从图 4-4 可以看出，不同水分条件下，接种 AM 真菌对杨树幼苗气体交换参数的影响。与未接种 AM 真菌对照相比，接种 $R.\ irregularis$ 的杨树 Pn、gs 和 E，在正常水分条件下提高了 29.32%、117.71% 和 20.31%，而在干旱条件下提高了 54.92%、84.64% 和 10.82%（图 4-4）。然而在两种水分条件下，接种 AM 真菌显著降低了杨树叶片的 Ci，正常水分条件下降低了 6.23%，干旱条件下降低了 2.72%。干旱胁迫降低了接种 AM 真菌和未接种 AM 真菌处理杨树的 Pn、gs、Ci 和 E，未接种 AM 真菌植株中的 Pn、gs、Ci 和 E 降低了 37.52%、26.74%、5.02% 和 28.51%，而接种 AM 真菌植株降低了 25.11%、37.53%、1.51% 和 34.04%。

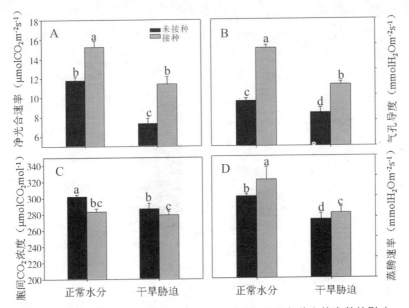

图 4-4　不同水分条件下接种 AM 真菌对杨树幼苗气体交换参数的影响

注：数值为（均值 ± 标准差）（$n=6$），误差线上不同字母表示在 $p<0.05$ 水平差异显著。

　　光合作用是植物积累生物量的主要生理过程（Qiu et al., 2012）。本研究发现在两种水分条件下，接种 AM 真菌的杨树的 Pn、gs 和 E 都明显高于未接种 AM 真菌对照，仅 Ci 低于对照。这一结论与之前在狼牙刺（$S.\ davidii$）（Gong et al., 2013）、西瓜（$Citrullus\ lanatus$ Thunb.）（Kaya et al., 2003）、柑橘（$Citrus\ tangerine$）（Wu et al., 2010）和玉米（$Z.\ mays$ L.）（Sheng et al., 2008）中的研究结果相近。本研究还发现，干旱胁迫降低了植物的 Pn、gs、Ci 和 E，且未接种 AM 真菌植株中 Pn 和 Ci 的降低程度大于菌根植株，说明菌根杨树在干旱条件下能更好地维持其光合作用，减少干旱造成的损失。而菌根植株的 gs 和 E 降低程度大于非菌根植株，说明 AM 真菌能够调控其宿主植物的气孔导度减小，进而减少水分的蒸腾散失，提高植物的保水能力。

2. AM 真菌对杨树水分饱和亏缺的影响

接种 AM 真菌对杨树幼苗水分饱和亏缺的影响，见图 4-5。双因素方差分析结果可以看出，接种 AM 真菌、干旱胁迫和接种 AM 真菌与干旱的交互作用均显著影响杨树幼苗叶片的水分饱和亏缺（$p < 0.01$）。结果显示，正常水分条件下，接种 AM 真菌处理与未接种 AM 真菌处理幼苗的水分饱和亏缺差异不显著，而在干旱胁迫条件下，接种 AM 真菌处理幼苗叶片水分饱和亏缺比未接种 AM 真菌对照低 42.5%，差异显著。

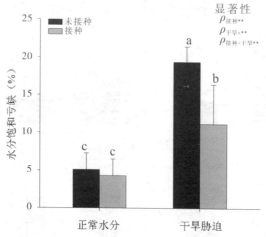

图 4-5　接种 AM 真菌对杨树幼苗水分饱和亏缺的影响

注：数值为（均值 ± 标准差）（$n = 6$），误差线上不同字母表示在 $p < 0.05$ 水平差异显著，ns：不显著；* $p < 0.05$；** $p < 0.01$。

Gong et al.（2013）研究发现，干旱条件下，接种 AM 真菌摩西斗管囊霉（*F. mosseae*）和缩球囊霉（*G. constrictum*）能够改善狼牙刺（*S. davidii*）植株的水分状况。因为菌根真菌的菌丝能够扩大宿主植物的根系吸收能力，提高植物对水分的吸收（Xu et al., 2013）。在土壤含水量相同的条件下，接种菌根真菌能够降低植物叶片水分饱和亏缺（柳洁等, 2013），从而使植物对干旱胁迫的敏感性降低。本试验结果显示，正常水分条件下，菌根幼苗与非菌根幼苗的水分饱和亏缺并没有明显差别，而在干旱胁迫条件下，菌根植物的水分饱和亏缺明显低于非菌根植物。说明接种 AM 真菌能够降低杨树对干旱的敏感性，增强杨树的耐旱性。

第三节 AM 真菌对杨树气孔、导管和纤维细胞特征的影响

一、AM 真菌对杨树气孔特征的影响

不同水分条件下接种 AM 真菌对杨树气孔长度和气孔密度的影响如表 4-3 所示。双因素方差分析结果表明，接种 AM 真菌显著增加了杨树幼苗在两种水分条件下的叶片上表皮和下表皮的气孔长度（$p < 0.01$）；干旱胁迫仅显著影响叶片下表皮气孔密度（$p < 0.05$）；上表皮气孔密度存在接种 AM 真菌与干旱胁迫显著的交互作用（$p < 0.05$）。正常水分条件下，接种 AM 真菌的幼苗叶片上表皮和下表皮的气孔长度分别高于对照 13.13% 和 6.62%，上表皮和下表皮气孔密度分别比对照高出 11.42% 和 6.71%。干旱胁迫条件下，接种 AM 真菌的幼苗叶片上表皮和下表皮的气孔长度仍高于对照，分别高出 12.03% 和 6.01%；但上表皮和下表皮气孔密度与对照相比差异不显著。以上数据分析可以看出，干旱胁迫条件下，接种 AM 真菌的植株气孔长度的增长幅度小于正常水分条件下，而气孔密度并未表现出增加，可见在干旱条件下 AM 真菌对杨树叶片气孔功能的增加程度明显小于正常水分条件下。

表 4-3 不同水分条件下接种 AM 真菌对杨树气孔长度和气孔密度的影响

处理		上表皮气孔长度（μm）	下表皮气孔长度（μm）	上表皮气孔密度（mm^{-2}）	下表皮气孔密度（mm^{-2}）
正常水分	-AM 真菌	26.91 ± 1.87b	22.80±2.80b	79±10b	180±19b
	+AM 真菌	30.43 ± 2.58a	24.31±1.60a	88±10a	192±16a
干旱胁迫	-AM 真菌	25.96 ± 2.42b	21.94±2.46b	86±10a	178±12b
	+AM 真菌	29.07 ± 2.53a	23.26±2.76a	86±12a	176±18b
显著性	$P_{接种}$	**	**	ns	ns
	$P_{干旱}$	ns	ns	ns	*
	$P_{接种 × 干旱}$	ns	ns	*	ns

注：-AM 真菌为未接种 AM 真菌，+AM 真菌为接种 AM 真菌；数值为（均值 ± 标准差）（$n = 80$），每列中不同小写字母代表不同处理间差异显著（$p < 0.05$），ns：不显著；* $p < 0.05$；** $p < 0.01$。

气孔是植物叶片与外界交换气体和水分的重要通道，对植物光合及蒸腾作用具有重要的调控作用。气孔可以通过自身的各种反应来抵御植物遭受的环境胁迫，从而提高植物的抗逆性（王碧霞等，2010）。De Souza et al.（2013）研究发现，耐旱植株比干旱敏感植株具有较高的气孔密度和气孔导度。姚娟等（2013）研究表明接种摩西斗管囊霉（*F. mosseae*）能够提高

烟草叶片气孔导度。田帅等（2013）研究发现，干旱胁迫条件下，接种摩西斗管囊霉（*F. mosseae*）和地表球囊霉（*G. versiforme*）均显著提高了刺槐（*R. pseudoacacia*）的气孔导度。本研究结果显示，正常水分条件下，接种 *R. irregularis* 能够显著提高杨树幼苗叶片上表皮、下表皮气孔长度和密度。说明菌根化杨树幼苗叶片具有更大的与外界交换气体与水分的通道。干旱胁迫条件下，接种 AM 真菌的植株气孔长度的增长幅度小于正常水分条件下，而气孔密度并未表现出增加，可见在干旱条件下 AM 真菌对杨树叶片气孔功能的增加程度明显小于正常水分条件下，说明菌根植物在干旱条件下可以通过调节叶片气孔密度和长度，进而控制其水分的蒸腾（刘婷和唐明，2014）。

二、AM 真菌对杨树导管和纤维细胞特征的影响

表 4-4 可以看出，不同水分条件下 AM 真菌对杨树茎部导管细胞、纤维细胞直径和长度的影响。接种 AM 真菌显著提高了杨树茎部导管细胞直径和纤维细胞长度（$p < 0.01$），接种 AM 真菌与干旱的交互作用显著影响了纤维细胞的直径（$p < 0.01$）。正常水分条件下，接种 AM 真菌的幼苗茎部导管细胞直径与纤维细胞长度分别高于对照 9.93% 和 4.81%，纤维细胞直径低于对照 7.02%，导管细胞长度与对照相比差异不显著。干旱胁迫条件下，接种 AM 真菌的幼苗导管细胞直径、纤维细胞长度和直径分别高于对照 12.13%、4.61% 和 5.12%，而导管细胞长度与对照相比差异仍不显著（表 4-4）。以上数据可以看出，干旱条件下，AM 真菌对杨树茎部导管直径的提高程度明显高于正常水分条件下。

表 4-4 不同水分条件下 AM 真菌对杨树茎部导管细胞、纤维细胞直径和长度的影响

处理		导管细胞直径（μm）	导管细胞长度（μm）	纤维细胞直径（μm）	纤维细胞长度（μm）
正常水分	−AM 真菌	44.59 ± 2.72b	301.04 ± 17.87a	11.32 ± 1.11a	619.98 ± 19.54b
	+AM 真菌	49.00 ± 4.00a	304.71 ± 18.77a	10.53 ± 0.89c	649.70 ± 22.81a
干旱胁迫	−AM 真菌	44.00 ± 2.93b	303.97 ± 19.16a	10.49 ± 0.95c	617.23 ± 21.65b
	+AM 真菌	49.33 ± 2.86a	303.40 ± 17.97a	11.02 ± 0.63b	645.86 ± 20.43a
显著性	$P_{接种}$	**	ns	ns	**
	$P_{干旱}$	ns	ns	ns	ns
	$P_{接种 \times 干旱}$	ns	ns	**	ns

注：−AM 真菌为未接种 AM 真菌，+AM 真菌为接种 AM 真菌；数值为（均值 ± 标准差）（$n = 80$），每列中不同字母代表不同处理间差异显著（$p < 0.05$），ns: 不显著；* $p < 0.05$；** $p < 0.01$。

　　木材的导管和纤维特性与气孔导度关系密切，进而影响植物水分的利用。水分通过木质部导管供给叶片，通过叶片蒸腾散失。水分的供给和散失在整个植物中是平衡的（Fichot et al., 2009）。纤维细胞围绕在木质部导管周围，对导管功能提供机械支撑（Fichot et al., 2009）。有研究表明胡杨（*P. euphratica*）导管内径随干旱的加剧显著增大（Aref et al., 2013）。本研究结果显示（刘婷和唐明，2014），两种水分条件下，AM 真菌均提高了杨树幼苗的导管细胞直径和纤维细胞长度，且在干旱条件下对导管细胞直径的提高程度显著高于正常水分条件下，说明 AM 真菌提高了杨树的水分传输能力，且在干旱条件下提高更明显。正常水分条件下，菌根植株的纤维细胞直径低于未接种 AM 真菌对照，而干旱胁迫条件下，菌根植株的纤维细胞直径显著高于未接种 AM 真菌对照。说明干旱胁迫条件下，菌根植株的纤维结构能更好地支持其导管的功能。

第五章 AM 真菌对杨树渗透调节和抗氧化能力的影响

干旱胁迫是造成农林业减产的一个重要的非生物胁迫（范苏鲁等，2011）。植物遇到干旱时，自身会诱导产生一系列生理生化反应来适应干旱，缓解干旱造成的损伤。植物通过积累可溶性物质进行渗透调节是植物适应和抵御干旱的一个重要生理反应。植物可以通过渗透调节来促进其对缺水土壤中水分的吸收，维持细胞的膨胀压。渗透调节物质的积累，还可以保护植物细胞膜免受干旱的危害，稳定蛋白质和酶的活性（Hessini et al., 2009）。干旱会引起植物气孔关闭导致光电子传递链过度还原，使得叶绿体和线粒体上形成大量的活性氧（Reactive oxygen species, ROS）包括过氧化氢（H_2O_2）和超氧自由基（O_2^-）等，造成植物氧化损伤（Ahmed et al., 2009）。O_2^- 会刺激膜质中不饱和脂肪酸脂质过氧化，使得丙二醛（Malondialdehyde，MDA）等膜质过氧化产物的积累增加。MDA 的含量在一定程度上能够反映植物质膜受到的伤害程度（龚明贵，2012）。为了保护自身免受氧化损伤的危害，植物会产生一些抗氧化酶和抗氧化剂分子来抵御氧化胁迫（Liu et al., 2011）。

大量研究表明，AM 真菌的接种能够提高植物的耐旱性。Ruiz-Lozano（2003）指出 AM 真菌提高植物耐旱性的一个重要机制是提高植物渗透调节能力，增加细胞膜的稳定性，提高其宿主植物的抗氧化酶活性。然而到目前为止，AM 真菌对宿主植物渗透调节能力和抗氧化能力影响的研究结论还不一致。Huang et al.（2011）研究 AM 真菌对甜瓜（*Cucumis melo* L.）耐旱性影响时发现，干旱条件下，AM 真菌的接种能够提高甜瓜根系和叶片中可溶性糖的含量和超氧化物歧化酶（SOD）、过氧化物酶（POD）和过氧化氢酶（CAT）活性。张焕仕和贺学礼（2007）研究发现，接种摩西斗管囊霉（*F. mosseae*）显著提高了油蒿（*Artemisia ordosica*）可溶性糖和可溶性蛋白含量，增加了 CAT 和 POD 活性并降低了脯氨酸和 MDA 含量。而 Doubková（2013）在研究 AM 真菌（*Glomus* sp.）对欧洲山萝卜（*Knautia arvensis*）耐旱性影响的研究中发现，接种 AM 真菌降低了欧洲山萝卜根系脯氨酸的含量。Abbaspour et al.（2012）研究接种幼套球囊霉（*G. etunicatum*）对开心果（*Pistacia vera* L.）耐旱性的影响中发现，接种 AM 真菌提高了开心果植株可溶性糖、可溶性蛋白和脯氨酸含量。

　　杨树的生长对水分的需求量非常大，干旱胁迫严重影响着杨树的生长和生理特性。AM 真菌与杨树形成共生关系，促进其生长的研究已有报道（Liu etal. 2015; Lu et al., 2014; Luo et al., 2005）。Quoreshi and Khasa（2008）发现接种 AM 真菌异形根孢囊霉（*Rhizophagus irregularis*）能显著提高美洲山杨（*Populus tremuloides*）和大叶钻天杨（*P. balsamifera*）苗高、根长、茎干重和根干重等指标，同时还能提高杨树对磷和氮元素的吸收。然而有关 AM 真菌通过渗透调节和抗氧化能力，提高杨树耐旱性的研究还鲜见报道。本研究主要分析接种 *R. irregularis* 对杨树叶片渗透调节物质和抗氧化酶活性的影响，探讨 AM 真菌提高杨树耐旱性的机理。

第一节　杨树渗透调节物质和抗氧化酶的测定

一、杨树渗透调节物质的测定

试验材料和试验设计同上一章。

1. MDA 含量的测定

MDA 含量的测定采用硫代巴比妥酸法（高俊凤，2006），稍作改动。具体方法如下：

　　（1）称取 0.5 g 洗干净的样品，剪成小片，置于冰浴的研钵中；

　　（2）研钵中加入 2 mL pH 为 7.8 的 0.05 mmol/L 的磷酸缓冲液和少量的石英砂，快速充分的研磨成匀浆；

　　（3）将组织匀浆转移至一新的离心管中，再用上述磷酸缓冲液冲洗研钵两次，合并提取液；

　　（4）再向试管中加入 5 mL 0.5% 的硫代巴比妥酸溶液，混匀后于沸水浴中煮沸 10 min，冷却；

（5）3 000 rmp 离心 15 min，小心吸取上清液，并且记录体积；

（6）以 0.5% 的硫代巴比妥酸溶液作为空白对照，测定提取液在 532 nm、600 nm 和 450 nm 处的吸光值。

通过以下公式计算 MDA 含量：

$MDA（mmol \cdot gFW^{-1}）= [6.452 \times (A_{532} - A_{600}) - 0.559 \times A_{450}] \times V_T / (V_1 \times FW)$

式中：A：吸光值；

VT：提取液总体积（mL）；

Vl：测定所用提取液体积（mL）；

FW：样品鲜重（g）。

2. 游离脯氨酸含量的测定

采用茚三酮比色法（高俊凤，2006）测定脯氨酸的含量，稍作改动。具体方法如下：

（1）制作标准曲线

① 取 7 支预先编号的 20 mL 具塞刻度试管，分别按表 5–1 加入试剂；

② 摇匀后，置于沸水浴中加热显色 30 min，冷却至室温后，再向各管中加入 5 mL 甲苯，充分摇动，萃取红色产物完成后，将其避光静置 4 h 以上；

③ 待其分层后，小心吸取甲苯层，在紫外分光光度计（UV mini 1240, Shimadzu, Kyoto, Japan）的 520 nm 处测定吸光值；

④ 以吸光值为纵坐标，脯氨酸含量为横坐标，绘制脯氨酸标准曲线。

（2）游离脯氨酸的提取和测定

① 称取 0.2 g 待测的杨树叶片置于具塞试管中，加 5 mL 3% 磺基水杨酸溶液；

② 盖上盖子，在沸水浴中加热提取 15 min；

③ 冷却后，用定性滤纸过滤，吸取 2 mL 滤液，按照标准曲线的方法测定脯氨酸含量。

测定结果按下列公式计算：

$$脯氨酸（\mu g / gFW）= (C \times VT / V1) / FW$$

式中：C：标准曲线中计算的脯氨酸含量（μg）；VT：提取液总体积（mL）；

$V1$：测定时用提取液体积（mL）；

FW：样品鲜重（g）。

表 5-1　脯氨酸标准曲线制作过程中各试剂的加入量

试剂	试管号						
	1	2	3	4	5	6	7
脯氨酸标准液（mL）	0	0.2	0.4	0.8	1.2	1.6	2.0
蒸馏水（mL）	2	1.8	1.6	1.2	0.8	0.4	0
脯氨酸含量（μg）	0	2	4	8	12	16	20
冰醋酸（mL）	2	2	2	2	2	2	2
酸性茚三酮（mL）	2	2	2	2	2	2	2

注：脯氨酸标准液浓度为 10 μg/mL。

3. 可溶性蛋白含量的测定

可溶性蛋白含量的测定采用考马斯亮蓝 G-250 染色法（高俊凤 2006），稍作改动。具体方法如下：

（1）标准曲线的制作

① 取 6 支预先编号的 15 mL 具塞刻度试管，分别按表 5-2 加入试剂；

② 加完后盖上盖子，摇动混匀后静置 2~3 min；

③ 用紫外分光光度计（UV mini 1240, Shimadzu, Kyoto, Japan）在 595 nm 处比色测定吸光值；

④ 以吸光值为纵坐标，牛血清蛋白的含量为横坐标，绘制标准曲线。

（2）可溶性蛋白的提取和测定

① 称取 0.2 g 左右的样品，剪成小片置于研钵中，加入蒸馏水和石英砂研磨至匀浆后，转移至 10 mL 容量瓶内，将研钵冲洗 2 次，清洗液合并至上述容量瓶内，定容至 10 mL；

② 取 3 mL 匀浆液于新离心管中，5 000 rmp 离心 10 min，所得上清液作为蛋白质提取液用来测定可溶性蛋白含量；

③ 吸取 0.1 mL 提取液，与 0.9 mL 蒸馏水和 5 mL 考马斯亮蓝 G-250 充分混合后，反应 2 min；

用紫外分光光度计（UV mini 1240, Shimadzu, Kyoto, Japan）在 595 nm 处比色，测定吸光值；

④ 根据标准曲线计算蛋白质含量。

按下列公式计算样品中可溶性蛋白含量：

可溶性蛋白含量（mg/gFW）= $(C \times VT / V1) / FW / 1000$

式中：C：标准曲线中计算的脯氨酸含量（μg）；

V_T：提取液总体积（mL）；

V_1：测定时用提取液体积（mL）；

W：样品鲜重（g）。

表 5-2 可溶性蛋白标准曲线制作过程中各试剂的加入量

试剂	试管号					
	1	2	3	4	5	6
牛血清蛋白标准液（mL）	0	0.2	0.4	0.6	0.8	1.0
蒸馏水（mL）	1.0	0.8	0.6	0.4	0.2	0
考马斯亮蓝 G-250（mL）	5	5	5	5	5	5
蛋白质含量（μg）	0	20	40	60	80	100

注：牛血清蛋白标准液浓度为 100 μg / mL。

二、抗氧化酶活性的测定

1. POD 活性的测定

POD 活性的测定采用愈创木酚法，稍作改动（高俊凤 2006）。具体方法如下：

（1）标准曲线的制作

① 取 6 支预先编号的 15 mL 具塞刻度试管，分别按表 5-3 加入试剂；

② 其中标准母液相当于 6.75 μg / mL 的 4- 邻甲氧基苯酚 [配制方法：10% Co(NO$_3$)$_2$ 溶液 50 mL 和 5% 的 K$_2$Cr$_2$O$_7$ 溶液 1.2 mL，混合后用蒸馏水稀释 7 倍]；

③ 用紫外分光光度计（UV mini 1240, Shimadzu, Kyoto, Japan）在 470 nm 处比色测定吸光值；

④ 以吸光值为纵坐标，标准液浓度为横坐标，绘制标准曲线。

表 5-3 测定 POD 活性的标准曲线制作过程中各试剂的加入量

试剂	试管号					
	1	2	3	4	5	6
标准母液（mL）	0	1.25	2.5	5.0	7.5	10
蒸馏水（mL）	10	8.75	7.5	5.0	2.5	0
浓度（μg/mL）	0	8.4	16.9	33.8	50.6	67.5

（2）POD的提取

① 称取待测样品0.5 g置于研钵中，加入蒸馏水和石英砂，在冰浴上研磨至匀浆，然后转移至50 mL容量瓶中；

② 用蒸馏水将研钵冲洗两次，清洗液合并至上述容量瓶内，定容至50 mL；

③ 摇匀后转移至离心管中3 000 rmp离心15 min，上清液为待测酶液。

（3）POD的测定

① 吸取1 mL待测酶液至15 mL具塞刻度试管中，加入1 mL 0.1%的愈创木酚，6.9 mL蒸馏水，充分混匀；

② 最后加入1 mL 0.18%的H_2O_2，同时设置不加H_2O_2的空白对照，摇匀计时；

③ 25℃下准确反应10 min，加入1 mL的5%偏磷酸终止反应；

④ 以不加H_2O_2的空白对照管调零，用紫外分光光度计（UV mini 1240, Shimadzu, Kyoto, Japan）在470 nm处比色，测定吸光值。

按下列公式计算POD活性：

POD活性（μg/gFW/min）＝（$C \times VT / V1$）/ FW / t

式中：C：标准曲线中计算的4-邻甲氧基苯酚的含量（μg）；

VT：提取液总体积（mL）；

V_1：测定时用提取液体积（mL）；

FW：样品鲜重（g）；

t：反应时间（min）。

2. SOD活性的测定

SOD活性的测定采用氮蓝四唑（NBT）法，稍作改动（高俊凤，2006）。具体方法如下：

（1）称取待测样品约0.5 g左右置于研钵中，加入含有2 mL 1%聚乙烯吡咯烷酮（PVP）的磷酸缓冲液（50 mmol/L，pH7.8）和石英砂；

（2）在冰浴上研磨至匀浆，然后快速转移至10 mL容量瓶中，再用提取介质将研钵冲洗两次，清洗液合并至上述容量瓶内，定容至10 mL，摇匀后转移至离心管中；

（3）4℃、10 000 rmp离心15 min，上清液为待测酶液；

（4）显色反应：取4支预先编号的质地相同，透明度好的15 mL试管，分别按表5-4加入试剂；

（5）混匀后，将3号管遮光处理，同其他管一起置于日光灯下反应20 min；

（6）反应结束后，黑暗中终止反应。以遮光管作为空白对照调零，用紫外分光光度计（UV mini 1240, Shimadzu, Kyoto, Japan）在 560 nm 处，测定各管吸光值。

表 5-4 显色反应过程中各试剂的加入量

试剂（mL）	试管号			
	1	2	3	4
磷酸缓冲液（50 mmol/L）	1.5	1.5	1.5	1.5
甲硫氨酸溶液（130 mmol/L）	0.3	0.3	0.3	0.3
氮蓝四唑溶液（750 μmol/L）	0.3	0.3	0.3	0.3
EDTA-Na$_2$ 溶液（100 μmol/L）	0.3	0.3	0.3	0.3
核黄素（20 μmol/L）	0.3	0.3	0.3	0.3
粗酶液	0.1	0.1	0	0
蒸馏水	0.5	0.5	0.6	0.6

按照下列公式计算 SOD 活性：

SOD 活性（$\mu g \cdot g^{-1} FW \cdot h^{-1}$）$= (A_0 - As) \times VT \times 60 / A_0 / 0.5 / Vl / FW / t$

式中：$A0$：遮光对照管的吸光值；

As：样品管的吸光值；

VT：提取液总体积（mL）；

$V1$：测定时用提取液体积（mL）；

FW：样品鲜重（g）；

t：反应时间（min）。

3. 数据处理

试验数据用 Excel 2007 和 SPSS 17.0 进行分析。水分条件和接种 AM 真菌处理作为双因素方差（Two-way ANOVA）分析的两个独立因素。用 Sigmaplot 10.0 作图。

第二节 AM 真菌对杨树 MDA、游离脯氨酸和可溶性蛋白含量的影响

一、AM 真菌对杨树叶片 MDA 含量的影响

接种 AM 真菌处理、干旱胁迫及两者的交互作用对各指标的影响见表 5-5。

接种 AM 真菌和干旱胁迫显著影响了杨树叶片的 MDA 含量（$p < 0.01$），而接种 AM 真菌与干旱胁迫的交互作用对杨树叶片的 MDA 含量无显著影响（表 5-5）。干旱胁迫使得菌根植物和非菌根植物叶片 MDA 含量显著上升。正常供水和干旱胁迫两种水分条件下接种 AM 真菌均显著降低了杨树叶片的 MDA 含量，正常水分条件下降低了 34.31%，干旱胁迫条件下降低了 26.83%（图 5-1）。

表 5-5　接种 AM 真菌、干旱胁迫及两者的交互作用对各指标的影响

指标	接种 AM 真菌	干旱胁迫	接种 AM 真菌 × 干旱胁迫
丙二醛含量	**	**	ns
游离脯氨酸含量	*	**	**
可溶性蛋白含量	**	**	ns
过氧化物酶活性	**	**	**
超氧化物歧化酶活性	**	**	**

注：ns：不显著；* $p < 0.05$；** $p < 0.01$。

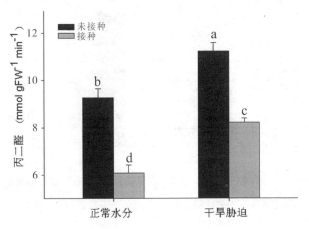

图 5-1　不同水分条件下接种 AM 真菌对杨树叶片丙二醛含量的影响

注：数值为（均值 ± 标准差）（$n = 3$），误差线上不同小写字母表示在 $p < 0.05$ 水平差异显著。

唐明等（2003）在研究 AM 真菌摩西斗管囊霉（*F. mosseae*）对沙棘（*Hippophae rhamnoides*）耐旱性的影响中发现，干旱条件下，随着 AM 真菌侵染程度的增加，细胞质膜相对透性和 MDA 含量随之降低，说明 AM 真菌减轻了干旱胁迫对宿主造成的伤害，增强了其耐旱性。本研究结果显示，干旱胁迫对杨树造成了一定程度的氧化损伤，表现为杨树叶片的 MDA 含量显著升高。接种 AM 真菌后，杨树叶片的 MDA 含量与未接种 AM 真菌对照相比明显降低，说明 AM 真菌的接种能明显缓解干旱胁迫对杨树造成的伤害。

二、AM 真菌对杨树叶片游离脯氨酸含量的影响

接种 AM 真菌显著影响了杨树叶片的游离脯氨酸含量（$p < 0.05$），而干旱胁迫及接种 AM 真菌与干旱胁迫的交互作用，对杨树叶片的游离脯氨酸含量的影响达到 $p < 0.01$ 水平显著（表 5-5）。不同水分条件下接种 AM 真菌对杨树叶片游离脯氨酸含量的结果显示（图 5-2），正常水分条件下，接种 AM 真菌的幼苗与未接种 AM 真菌对照相比，其叶片游离脯氨酸含量虽有小幅度的增加，但方差分析并无显著差异；而在干旱胁迫条件下，接种 AM 真菌显著降低了杨树幼苗叶片游离脯氨酸的含量，降低 13.52%（图 5-2）。干旱胁迫诱导杨树叶片游离脯氨酸含量升高，其中未接种 AM 真菌对照比正常水分条件下高出 72.54%，而接种 AM 真菌的幼苗仅高出 39.31%。

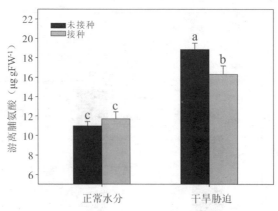

图 5-2 不同水分条件下接种 AM 真菌对杨树叶片游离脯氨酸含量的影响

注：数值为（均值 ± 标准差）（$n = 3$），误差线上不同小写字母表示在 $p < 0.05$ 水平差异显著。

三、AM 真菌对杨树叶片可溶性蛋白含量的影响

接种 AM 真菌和干旱胁迫显著影响了杨树叶片的可溶性蛋白含量（$p < 0.01$），而接种 AM 真菌与干旱胁迫的交互作用，对杨树叶片的可溶性蛋白含量无显著影响（表 5-5）。正常供水和干旱胁迫两种水分条件下，接种 AM 真菌均显著提高了杨树叶片可溶性蛋白含量。干旱胁迫增加了菌根植株和非菌根植株叶片可溶性蛋白含量。正常水分条件下，接种 AM 真菌使得杨树幼苗叶片可溶性蛋白含量提高了 36.33%，干旱胁迫条件下，菌根植株叶片可溶性蛋白含量比非菌根植株高出 41.71%（图 5-3）。

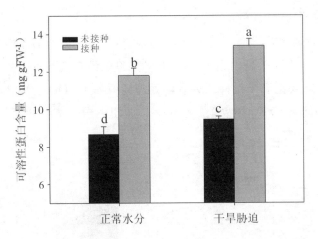

图 5-3 不同水分条件下接种 AM 真菌对杨树叶片可溶性蛋白含量的影响

注: 数值为（均值 ± 标准差）（$n = 3$），误差线上不同小写字母表示在 $p < 0.05$ 水平差异显著。

Yooyongwech et al.（2013）在研究 AM 真菌（*Glomus* sp., *Acaulospora* sp., *Gigaspora* sp. 和 *Scutellospora* sp.）对澳洲坚果树（*Macadamia tetraphylla* L.）耐旱性影响时发现，干旱条件下，接种 AM 真菌的植株叶片与未接种 AM 真菌的植株相比具有较高的脯氨酸含量，作者指出高的脯氨酸含量不仅对植物生长非常有利，还在植物渗透调节过程中发挥重要的作用。Asrar（2012）指出虽然干旱诱发了脯氨酸含量的增加，但是菌根植物中脯氨酸的积累量低于非菌根植物，这与本研究的结果相似，本研究结果显示正常水分条件下，菌根植物叶片脯氨酸含量与非菌根植物相比并无明显差异，而在干旱条件下，菌根植物叶片的脯氨酸积累量低于非菌根植物。说明干旱对菌根植物的影响较小，菌根植物具有较强的耐旱性。本研究还发现，干旱条件下，接种 AM 真菌显著提高了杨树叶片可溶性蛋白的含量，说明 AM 真菌可以通过提高可溶性蛋白的含量来提高细胞的渗透势，维持细胞中水分的含量，田帅等（2013）在 AM 真菌摩西斗管囊霉（*F. mosseae*）和地表球囊霉（*G. versiforme*）增强刺槐（*R. pseudoacacia*）耐旱性的研究也得到类似的结果。

第三节 AM 真菌对杨树叶片 POD 和 SOD 活性的影响

一、AM 真菌对杨树叶片 POD 活性的影响

接种 AM 真菌和干旱胁迫以及接种 AM 真菌与干旱胁迫的交互作用均显

著影响了杨树叶片 POD 的活性，且显著性水平均达到 $p < 0.01$（表 5-5）。正常供水和干旱胁迫两种水分条件下，菌根植物叶片 POD 活性均高于非菌根植物，正常水分条件下高出 36.64%，干旱胁迫条件下高出 5.71%。干旱胁迫诱导了接种 AM 真菌和未接种 AM 真菌处理杨树叶片 POD 活性升高，干旱使得非菌根植物的 POD 活性增加了 89.82%，而使菌根植物的 POD 活性增加了 47.03%（图 5-4）。

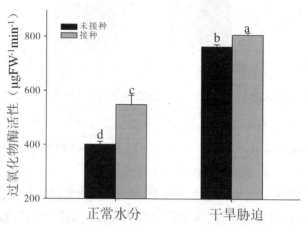

图 5-4 不同水分条件下接种 AM 真菌对杨树叶片过氧化物酶活性的影响

注：数值为（均值 ± 标准差）（$n = 3$），误差线上不同小写字母表示在 $p < 0.05$ 水平差异显著。

二、AM 真菌对杨树叶片 SOD 活性的影响

不同水分条件下接种 AM 真菌对杨树叶片超氧化物歧化酶（SOD）活性的影响（图 5-5），结果发现，AM 真菌在正常供水和干旱胁迫两种水分条件下，对杨树叶片 SOD 活性的作用不同。正常水分条件下，接种 AM 真菌显著提高了杨树叶片 SOD 活性，提高程度为 24.23%，而干旱胁迫条件下，接种 AM 真菌的植物叶片 SOD 活性与未接种 AM 真菌对照相比下降了 4.72%。结果还发现，干旱胁迫诱导非菌根植物的 SOD 活性上升了 31.82%，而对菌根植物叶片 SOD 活性无显著影响（图 5-5）。接种 AM 真菌和干旱胁迫以及接种 AM 真菌与干旱胁迫的交互作用均显著影响了杨树叶片 SOD 活性，且显著性水平均达到 $p < 0.01$ 水平（表 5-5）。

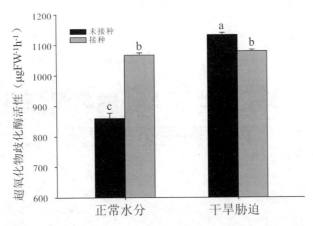

图 5-5 不同水分条件下接种 AM 真菌对杨树叶片超氧化物歧化酶活性的影响

注: 数值为（均值 ± 标准差）（$n = 3$），误差线上不同小写字母表示在 $p < 0.05$ 水平差异显著。

植物在受到逆境胁迫时，会通过自身的防御系统保护植物免受胁迫损伤。其中渗透调节能力的改变和抗氧化酶系统活性的改变是植物抗逆的两个重要途径。AM 真菌的共生在植物抵抗逆境胁迫中发挥着重要作用。

Wu and Zou（2009）为探讨 AM 真菌对柑橘（*Citrus tangerine*）耐旱性的影响，研究了 AM 真菌对其活性氧代谢系统的影响，结果发现干旱胁迫条件下，AM 真菌的侵染能提高柑橘叶片和根系的 SOD、POD 和 CAT 等抗氧化酶活性，提高了其活性氧代谢能力，减少了氧化损伤。唐明等（2003）研究发现接种 AM 真菌摩西斗管囊霉（*F. mosseae*）能够提高沙棘（*H. rhamnoides*）叶片 SOD 活性，使其能更好地清除自身体内由于干旱造成的超氧自由基的积累。Alvarez et al.（2009）研究发现菌根真菌侵染的假山毛榉（*Nothofagus dombeyi*）可以通过增加自身的抗氧化酶活性，减少活性氧造成的伤害，从而提高其对干旱的耐受性。而本研究结果显示，正常水分条件下，菌根杨树叶片 SOD 和 POD 活性明显高于非菌根杨树，干旱胁迫诱导了非菌根植物的 SOD 和 POD 活性增强，仅诱导了菌根植物 POD 活性的增强，且幅度明显小于非菌根植物。说明干旱对非菌根植物造成的氧化损伤较大，迫使植物增强自身的抗氧化酶活性来清除干旱胁迫产生的活性氧。

综上所述，AM 真菌一方面能够调控植物的渗透调节能力，缓解干旱胁迫造成的细胞失水，另一方面 AM 真菌还能够提高植物的抗氧化能力，增加其对过氧化物的清除，减轻干旱造成的伤害，提高植物的耐旱性。同时本研究还发现接种 AM 真菌后植物对干旱的敏感性降低，使其在干旱条件下能够维持正常的生理活动。

第六章 干旱条件下 AM 真菌对杨树水孔蛋白基因表达的影响

自然条件下，植物经常会遭受干旱胁迫的危害，造成组织缺水，组织缺水主要是由于植物根系吸收水分和叶片散失水分不平衡造成的（Aroca et al., 2007）。AM 真菌具有庞大的菌丝网络，能够降低植物与土壤之间的液流阻，促进植物根系吸收水分，改善宿主植物的水分状况（Gong et al., 2013）。植物的水分状况通常用相对含水量和水分利用效率来衡量。一方面，植物通过维持自身充足的水化状态来避免自身受到干旱胁迫损伤。另一方面，接种 AM 真菌能够提高植物的水分利用效率（Doubková et al., 2013; Gong et al., 2013; Birhane et al., 2012; Asrar et al., 2012）。

水分能够以扩散的方式进入细胞，也可以通过定位于细胞质膜上的水孔蛋白以跨膜转运的方式进入细胞，而后者的转运效率要明显高于前者（李涛和陈保冬，2012）。水孔蛋白（aquaporin）是细胞膜上能够选择性地高效转运水分子的水通道蛋白。植物水孔蛋白分为 7 个家族：质膜内在蛋白（membrane intrinsic proteins, PIPs）、液泡膜内在蛋白（tonoplast intrinsic proteins, TIPs）、类结瘤素膜内在蛋白（NOD–like intrinsic proteins, NIPs）、小分子碱性膜内在蛋白（small basic intrinsic proteins, SIPs）、甘油特异性水孔蛋白（GlpF–like intrinsic proteins, GIPs）、*HIPs*（hybrid intrinsic proteins）和 *XIPs*（X–intrinsic proteins）（李红梅等，2010; Danielson and Johanson, 2008）。水孔蛋白可以促进特定小分子及水在生物膜上的转运，还可以作为一类复合体参与到内源钙离子信号途径来参与渗透调节，在气孔运动和逆境胁迫应答等生理生化过程中也有重要的作用（Li et al., 2013）。*PIPs* 是水孔蛋白中最大的一个家族，可以分为 *PIP1* 和 *PIP2*。*PIP1* 家族基因在卵母细胞中表达时不具有水通道活性，而 *PIP2* 具有高的透水性（Chrispeels et al., 2001）。

近年来，一些研究表明 AM 真菌可以间接地调控植物水孔蛋白基因表达来影响植物水分状况，然而研究结果并不一致。Ruiz-Lozano et al.（2006）研究了接种摩西斗管囊霉（*F. mosseae*）和异形根孢囊霉（*Rhizophagus irregularis*）对大豆（*Glycine max*）根系 *PIP* 家族基因 gm*PIPs2* 表达的影响，发现干旱条件下，接种 AM 真菌处理下调了该基因的表达。Zézé et al.（2008）研究发现干旱条件下，接种 AM 真菌异形根孢囊霉（*R. irregularis*），能够诱导三叶草（*Trifolium alexandrium*）根系表达更多的水孔蛋白基因。在丛枝菌根形成过程中，植物质膜延伸形成特殊的丛枝延伸膜，紧紧包裹着真菌菌丝，使植物细胞外表面增加 3 ～ 10 倍（Ruiz-Lozano and Aroca, 2010b）。AM 共生体上调水孔蛋白基因，可促进植物营养吸收和水分在真菌与植物之间的交换（Krajinski et al., 2000）。然而有关菌根真菌对植物叶片水孔蛋白基因表达的影响还鲜见报道。因此本试验旨在研究干旱条件下，接种 AM 真菌对杨树叶片水孔蛋白基因表达及水分状况的影响，从分子水平揭示 AM 真菌提高植物的耐旱机制。

第一节　杨树水分测定和水孔蛋白基因克隆

一、叶片相对含水量和水分利用效率的测定

试验材料同前。试验设计同前。

1. 叶片相对含水量的测定

随机选取各处理的幼苗 6 株，称取叶片鲜重。用蒸馏水浸泡 24 h 后，称饱和重。随后置于 105℃烘箱 20 min 杀青，80℃烘干至恒重，称干重。根据下列公式计算叶片相对含水量（高俊凤，2006）。

相对含水量（%）=（鲜重 − 干重）/（饱和重 − 干重）× 100

2. 水分利用效率的测定

随机选取 6 株幼苗，用便携式光合仪（Li-6400, LiCor, Lincoln, NE, USA）测定气体交换参数：净光合速率（*Pn*）、气孔导度（*gs*）、胞间 CO_2 浓度（*Ci*）

和蒸腾速率（E）。

水分利用效率 = 净光合速率（Pn）/ 蒸腾速率（E）

二、水孔蛋白的基因克隆

1. RNA 提取和质量检测

（1）RNA 的提取

RNA 的提取采用多糖多酚植物总 RNA 快速提取试剂盒（RP3202, 百泰克，北京），按照说明书中操作步骤进行：

① 称取 100 mg 杨树叶片，置于预先冷冻好的无 RNase 研钵中，加液氮迅速研磨成粉末，转移至无 RNase 的 1.5 mL EP 管中；

② 向上述 EP 管中加入裂解液 RL 1 mL 和沉淀剂 A 8 μL，震荡混匀后于室温下孵育 5 min 分解核蛋白体；

③ 加入氯仿 0.2 mL，震荡 15 s 后室温孵育 3 min，4℃、12 000 rpm 离心 10 min；此时样品分成三层，吸取上层水相转移至一新的无 RNase 的 1.5 mL EP 管中；

④ 加入等体积的 70% 乙醇，颠倒混匀后转移至事先套在收集管内的吸附柱 RA 中，10 000 rpm 离心 45 s，弃废液，再将吸附柱重新套回到收集管中；

⑤ 加入蛋白液 RE500 μL，12 000 rpm 离心 45 s 后，弃掉废液，再将吸附柱重新套回到收集管中；

⑥ 加漂洗液 RD700 μL，10 000 rpm 离心 15 s 后，弃掉废液，再将吸附柱重新套回到收集管中；

⑦ 再加 700 μL 的漂洗液 RW，12 000 rpm 离心 60 s 后，弃掉废液，再将吸附柱重新套回到收集管中；12 000 rpm 离心 2 min，尽量去除漂洗液；

⑧ 将吸附柱置于一新的无 RNase 的 EP 管中，在吸附膜中间部位加入事先在 65℃水浴中加热的 30 μL 无 RNase 水；室温静止 2 min，12 000 rpm 离心 1 min，弃掉吸附柱，EP 管内液体为提取的总 RNA，−80℃保存备用。

（2）总 RNA 的浓度、纯度及完整性检测

总 RNA 的浓度和纯度利用核酸蛋白检测仪 ND-2000 测定。

总 RNA 的完整度采用 1.5% 的甲醛变性琼脂糖凝胶电泳技术检测。

2. cDNA 第一条链合成

cDNA 第一链合成采用上海生工生产的 M−MuLV 第一链 cDNA 合成试剂盒，

按照说明书的步骤操作：

（1）在冰浴的 PCR 管中加入以下反应混合物：总 RNA 2 μL，Oligo（dT）（0.5 μg/μL）1 μL，RNase free ddH$_2$O 9 μL，总体积 12 μL。

（2）轻轻混匀后，12 000 rpm 离心 3～5 s，反应混合物在 65℃温浴 5 min 后，冰浴 30 s，12 000 rpm 离心 3～5 s；

（3）将上述 PCR 管在冰浴状态下加入如下组分：5×Reaction Buffer 4 μL，RNase Inhibitor（20U/μL）1 μL，dNTP Mix（10 mmol/L）2 μL，M–MuLV RT（200 U/μL）1 μL，总体积 20 μL。

（4）轻轻混匀后离心 3～5s；在 PCR 仪上按下列条件进行反转录反应：cDNA 合成 42℃ 60min，终止反应 70℃ 10 min，冷却至 4℃，保存备用。

3. 目的基因克隆

（1）试验所用引物

① 特异基因引物

PIP1–1：

5'–CAAGCCCAGTTTGTTCCATT–3'；5'–CAGCCAAACCCCTCAAACTA–3'；

PIP1–2：

5'–TTCGCCCTTTCAAGAATCAC–3'；5'–AGGGAGGGAATGAAGCAAAT–3'；

PIP1–3：

5'–GTGATGGAGGGCAAAGAAGA–3'；5'–ACAAGAAGGTGGCCATGAAC–3'；

PIP1–4：

5'–GTTTGGCTCTCAATTGTGTCTG–3'；5'–CCTTTCTGCAACACCTCACA–3'；

PIP1–5：

5'–CCCAATCAATGGATGTTTGA–3'；5'–GACGCAATTGAGAGCCAAAT–3'；

PIP2–1：

5'–TCGGATTATGATGGACCTTTC–3'；5'–ATGTGGTTGAGAAGGGAACG–3'；

PIP2–2：

5'–CCGCCAACTAAAGAGGAAAA–3'；5'–TGGGCAAAAGAAGAAAGGTC–3'；

PIP2–3：

5'–GTGAGCTTGGGCACTTGTTT–3'；5'–CGTGAATTTCCTTCCCTGAC–3'；

② 内参基因（泛素基因 Ubiquitin）：

5'–CAGCTTGAAGATGGGAGGAC–3'；3'–CAATGGTGTCTGAGCTCTCG–5'

（Secchi et al., 2009），产物大小均在 100 ～ 250 bp 之间。

（2）引物特异性检测

在进行 qRT-PCR 分析之前，先利用普通 PCR 检测引物的特异性。再将 PCR 产物回收，克隆测序，验证扩增条带序列是否为目的基因序列。

PCR 产物回收使用快捷型琼脂糖凝胶 DNA 回收试剂盒（百泰克，北京），具体操作如下：

① 在紫外灯下，将要回收的 DNA 条带切下，置于 1.5 mL 的离心管中，称重；

② 加入 1 ～ 2 倍体积的溶胶 / 结合液 DB，于 56℃溶胶 5 min；

③ 待胶块完全溶解后，将溶液转移至吸附柱 AC 中，吸附柱置于收集管中，12 000 rmp 离心 1 min，弃掉废液，吸附柱重新放回收集管中；

④ 加入漂洗液 WB 700 μL，12 000 rmp 离心 1 min，弃掉废液，吸附柱重新放回收集管中；

⑤ 12 000 rmp 离心 1 min，尽量去除剩余的漂洗液；

⑥ 将吸附柱放到一个新的离心管中，用移液器吸取 65℃预热的洗脱缓冲液 EB50 μL，加入吸附膜的中间位置，静置 2 min，12 000 rmp 离心 1 min，弃掉吸附柱，剩余的为回收的 DNA 样品。

（3）克隆测序

载体的连接使用载体克隆试剂盒（pMD™18-T Vector Cloning Kit），具体操作方法如下：

① 在 PCR 管中加入 pMD18-T Vector 1 μL，回收的 DNA 样品 1 μL，ddH$_2$O 3 μL，加入 5 μL Solution1，16℃反应 30 min；

② 将 10 μL 的连接产物加入 JM109 感受态细胞中，冰浴 30 min，42℃，45 s，冰浴 1 min，加入 SOC 液体培养基 890 μL，37℃震荡培养 1 h；

③ 将所得的菌液在含有 X-Gal、IPTG、Amp 的 SOC 培养基的固体平板上培养 14 h 后，进行蓝白斑筛选；

④ 挑去白色的阳性克隆，置于 1 mL 含有 Amp 的 SOC 培养基中，每个处理挑取 5 个单克隆，震荡培养 1 h，电泳检测后，将菌液送至南京金斯瑞公司进行测序。

（4）qRT-PCR 分析

使用 Bio-Rad CFX96 real-time PCR 仪，以 4 个不同处理的 cDNA 为模板进行。

反应体系为：SYBR Premix Ex Taq™ Ⅱ 12.5 μL，Primer1（10 μmol/L）0.5 μL，Primer2（10 μmol/L）0.5 μL，cDNA1 μL，ddH$_2$O10.5 μL，总体积 25 μL。

反应条件为：预变性 94 ℃、2 min，变性 94 ℃、15 s，退火 60 ℃、30 s，延伸 72 ℃、30 s，39 次循环（94 ℃、15 s，60 ℃、30 s，72 ℃、30 s），融解曲线分析（60～95 ℃，每隔 5 s 增加 0.5 ℃）。

4. 数据处理

采用 SPSS 17.0 统计软件分析数据。

用 Sigmaplot 10.0 软件绘图。

系统发育树采用 Mega 5.0 构建。

第二节 AM 真菌对杨树相对含水量和水分利用效率的影响

一、对杨树叶片相对含水量的影响

在植物进化过程中，叶片是一个对环境变化极为敏感且可塑性比较大的器官（任艳军等，2012），是植物与大气交换水气和能量的主要器官（李善家等，2013）。因此，AM 真菌对植物叶片特性的影响直接关系到整个植物的生理特性。双因素方差分析结果可以看出，接种 AM 真菌、干旱胁迫和接种 AM 真菌与干旱的交互作用均显著影响了杨树幼苗叶片的相对含水量（$p < 0.01$）（表 6–1）。结果显示，正常水分条件下，接种 AM 真菌处理与未接种 AM 真菌处理幼苗的相对含水量差异不显著，虽然干旱处理显著降低了两个处理幼苗的相对含水量，但在干旱胁迫条件下，接种 AM 真菌处理幼苗叶片相对含水量显著高于未接种 AM 真菌对照，高出 10.23%（图 6–1）。

表 6–1 AM 真菌、干旱胁迫对杨树相对含水量和水分利用效率的影响

指标	接种 AM 真菌	干旱胁迫	接种 AM 真菌 × 干旱胁迫
相对含水量	**	**	**
水分利用效率	**	ns	ns

注：ns：不显著；** $p < 0.01$。

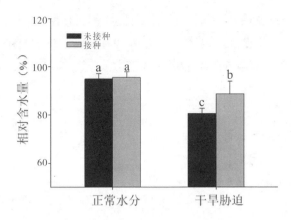

图 6-1 不同水分条件下接种 AM 真菌对杨树相对含水量的影响

注：数值为（均值 ± 标准差）（$n = 6$），误差线上不同小写字母表示在 $p < 0.05$ 水平差异显著。

二、对杨树水分利用效率的影响

不同水分条件下，接种 AM 真菌对杨树水分利用效率的影响如图 6-2，干旱条件下，接种 AM 真菌处理幼苗的水分利用效率比未接种 AM 真菌幼苗高出 19.31%。双因素方差分析结果显示，仅接种 AM 真菌处理显著影响了杨树叶片的水分利用效率（$p < 0.01$）（表 6-1）。数据显示，正常水分条件下，接种 AM 真菌处理与未接种 AM 真菌处理幼苗的水分利用效率差异不显著，干旱条件下，菌根幼苗的水分利用效率明显提高，而非菌根幼苗的水分利用效率与正常水分条件下并无明显差异。

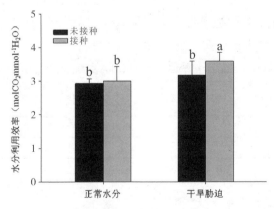

图 6-2 不同水分条件下接种 AM 真菌对杨树水分利用效率的影响

注：数值为（均值 ± 标准差）（$n = 6$），误差线上不同小写字母表示在 $p < 0.05$ 水平差异显著。

植物的水分状况与植物的光合作用、代谢过程都密切相关。之前有大量研究发现菌根植物较非菌根植物具有较高的相对含水量和水分利用效率，Zhu et al.（2012）研究发现，与未接种 AM 真菌对照相比，接种 AM 真菌幼套球囊霉（*G. etunicatum*）的玉米（*Zea mays*）叶片相对含水量和水分明显提高。这有利于植物水分的传输，保持气孔张开，维持植物高的代谢状况（Zhu et al., 2012）。本研究结果显示，在正常水分条件下，接种 AM 真菌的植株与未接种 AM 真菌对照相对含水量和水分利用效率并没有明显的差异，而在干旱条件下，菌根杨树的相对含水量和水分利用效率明显增高，说明 AM 真菌能够促进植物在干旱条件下更好地利用水分，以减少干旱造成的脱水。这可能是由于 AM 真菌庞大的菌丝网络，扩大了根系的吸收面积（Muthukumar and Udaiyan, 2010），促进了植物对水分的吸收（Huang et al., 2011）。

第三节　AM 真菌调控水孔蛋白 PIP 家族基因的表达

一、水孔蛋白基因克隆验证

1. 总 RNA 质量

核酸蛋白检测仪 ND–2000 检测所提 RNA 的 OD 值 A260/A280 均在 1.9～2.2 之间，A260/A230 分布在 1.8～2.0 之间，浓度在 600～900 ng/μL 之间。说明提取的总 RNA 纯度较好。图 6–3 为总 RNA 电泳检测图，图中可以清晰地看到 28S、18S 和 5S 三条带。说明所提 RNA 完整度较好。

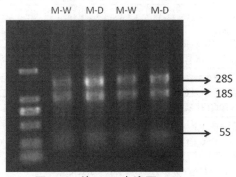

图 6–3　总 RNA 电泳图

注：M–W：未接种 AM 真菌 + 正常水分；M–D：未接种 AM 真菌 + 干旱胁迫；M+W：接种 AM 真菌 + 正常水分；M+D：接种 AM 真菌 + 干旱胁迫。

2. 目的基因的克隆验证

PCR 产物割胶回收后，克隆测序结果显示，扩增的 *PIP1-1*、*PIP1-2*、*PIP1-3*、*PIP1-4*、*PIP1-5*、*PIP2-1*、*PIP2-2*、*PIP2-3* 和 Ubiquitin 片段在 107～214 bp 之间（表 6–2）。通过 NCBI 比对，构建系统发育树，结果发现，*PIP1-1*、*PIP1-2*、*PIP1-3*、*PIP1-4*、*PIP1-5*、*PIP2-1*、*PIP2-2*、*PIP2-3* 片段均为杨树水孔蛋白 PIP 家族的基因片段，Ubiquitin 为杨树的泛素基因片段（图 6–4）。说明所克隆的基因序列为试验所需的目的基因序列。

表 6–2　克隆得到的基因片段序列

基因	序列
PIP1-1	CAAGCCCAGTTTGTTCCATTTTCTCCGTGTTGGCCTTTTGTGCATTTGTACCT ATAAGGAAGCGCGTGCTATAACAGTGACGTGTATTTCTTCAAGGGCCTTTTTA TCCCAATTGCGCATGTAATGTAATAATAGTAATGTTTTTCTTCAAGGGCTCCTC TCCTTTATTGTTTTTAGTTTGAGGGGTTTGGCTG
PIP1-2	TTCGCCCTTTCAAGAATCACACCATCTCTCAACTTCTTCATCCTTGTTTG AACTTTGGCTTCTCTATCTATCATGTGAATTTGGTATTGTGGTGTTAATT TATGTGTGTAAATTATCTAGCTTTTTGAATGGAGAATTCTGTTTACTTTT- TTATTTGCTTCATTCCCTCCCT
PIP1-3	GAGGGCAAAGAAGAAGATGTTAGATTGGGAGCTAACAAATTCAACGAGA GGCAGCCACTTGGCACGGCAGCTCAAAGCCAAGATGACAAGGACTACAA GGAGCCACCCCCGGCACCACTGTTTGAGCCAAGCGAACTGACTTCATGGT CATTTTACAGGGCTGGTATTGCAGAGTTCATGGCCACCTTCTTGT
PIP1-4	GTTTGGCTCTCAATTGTGTCTGAGTCTACTCCTTTGGAAGTGTCCTATCTACT CTAAATAAATTATTTCCTGGAATGGATTTATCTACAGGTGACGGGATTTTATAG TGACTATTGGGAAACATCAGACGGTGTGAGGTGTTGCAGAAAGG
PIP1-5	CCCAATCAATGGATGTTTGAAACAATCCTGTTTATCTGCTACCATGGGATCTAGC TATTTCCTTTCTGTCTCTTATTTTAGCATGTACTTTGTGAAGAAAAGAAAATGTTA TAGCTTAAGGTATTTGGTTATTCCCTCTCAGTGAATTCTCCACTCACCAGATTAC CAGAACTATACATGTCGGAAATCATGAAATTTGGCTCTCAATTGCGTC
PIP2-1	TCGGATTATGATGGACCTTTCTTTTTCTTCCTTTTGTCCTCTTATTTATA ATTTAATATATCTTCGTTAGTTTTGCTGTGTATCATTGTCGCGGGTAGTT TTTGTGTTTTTATTTAATATACCTCTTCTATTACGTTTTGCGCACTGAAAA- CGTTCCCTTCTCAACCACAT
PIP2-2	CCGCCAACTAAAGAGGAAAACCACCTTTAAAAAAAAAAGGACAAGAAAAGA AAGAGCGCTTGTCTTTAAGTCTTCACTCTTTTACTCACTCCGTCACTCTATTTGT TTGTTTGTGTGTATGAGATCGGATTACGATGGACCTTTCTTCTTTTGCCCA
PIP2-3	GTGAGCTTGGGCACTTGTTTTATTTATGCTCAAATATTTTCACCTTCTCTGTCC TTGAGTTTTTCTTTTTGGTCAATATATAGTGTTGATGAATCAATCAGCAAGTG CTCTGTGTTAGTCTTTAATAATTTCGATCCCTCTGATCTCTTTTCTTGATATCTC ACTGTTATGTCAGGGAAGGAAATTCACG
Ubiquitin gene	CTCTTGCTGACTACAACATTCAGAAGGAGTCAACCCTTCACTTGGTGCTGCG TCTCCGTGGAGGAATGCAGATTTTTGTCAAGACTTTGACCGGAAAGACCATC ACTCTGGAGGTCGAGAGCTCAGACACCATTGAATCTCTAGAGGATCCCCGG

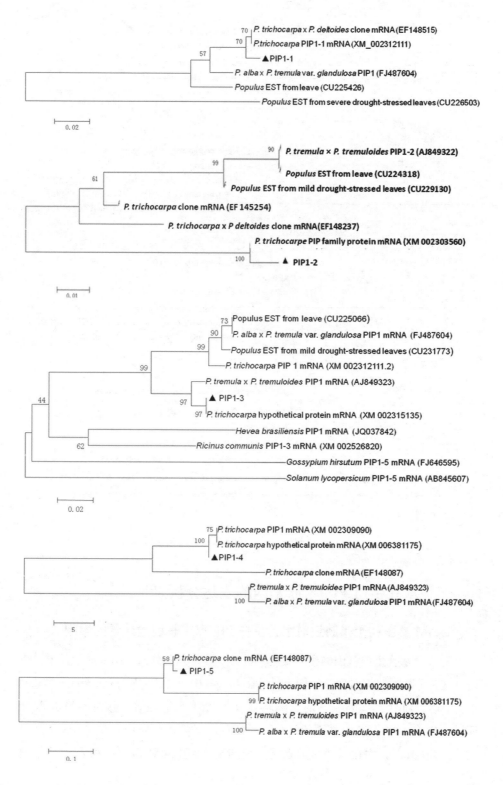

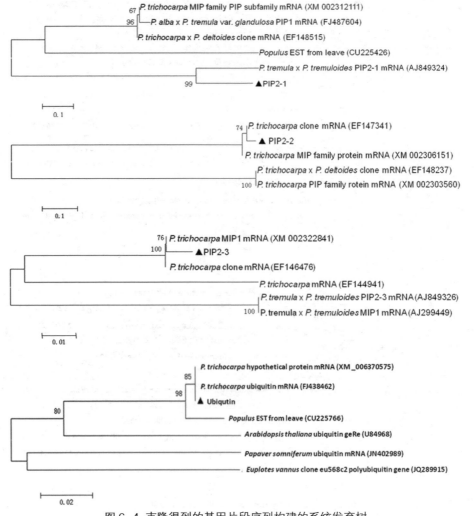

图 6-4 克隆得到的基因片段序列构建的系统发育树

二、水孔蛋白 PIP 家族基因的表达分析

1. AM 真菌和干旱胁迫对水孔蛋白 PIP 家族基因表达量的影响

对 8 个水孔蛋白基因的相对表达量进行双因素方差分析, 结果显示, 干旱胁迫对这 8 个基因的相对表达量均有显著影响, 其中仅对 *PIP1-2* 的影响在 $p < 0.05$ 水平显著, 对其余基因表达的影响均在 $p < 0.01$ 水平显著。接种 AM 真菌处理显著影响了水孔蛋白基因 *PIP1-1*、*PIP1-3*、*PIP1-4*、*PIP1-5*、*PIP2-3* 的表达（$p < 0.01$）, 而接种 AM 真菌与干旱的交互作用除对 *PIP1-2* 和 *PIP1-3* 的表

达无影响外，对其他基因表达均存在显著作用，其中对 *PIP1-1* 和 *PIP2-2* 表达量的影响在 $p < 0.05$ 水平显著，对 *PIP1-4*、*PIP1-5*、*PIP2-1* 和 *PIP2-3* 表达量的影响在 $p < 0.01$ 水平显著（表6–3）。

表6–3　AM 真菌、干旱胁迫对杨树叶片水孔蛋白 PIP 家族基因表达的影响

基因	接种 AM 真菌	干旱胁迫	AM 真菌 × 干旱胁迫
PIP1-1	**	**	*
PIP1-2	ns	*	ns
PIP1-3	**	**	ns
PIP1-4	**	**	**
PIP1-5	**	**	**
PIP2-1	ns	**	**
PIP2-2	ns	**	*
PIP2-3	**	**	**

注：ns：不显著；* $p < 0.05$；** $p < 0.01$。

2. AM 真菌对杨树叶片水孔蛋白 PIP 家族基因表达的影响

4 个处理中以正常水分条件下未接种 AM 真菌植株为对照，对其余 3 个处理的表达量进行分析，结果发现，正常水分条件下，接种 AM 真菌处理上调了 *PIP1-1*、*PIP1-3*、*PIP1-5*、*PIP2-1*、*PIP2-3* 基因的表达，上调幅度分别为 0.50、2.62、6.54、0.72 和 10.75 倍；接种 AM 真菌植株 *PIP1-2*、*PIP1-4*、*PIP2-2* 基因表达与未接种 AM 真菌对照相比无明显差异。

干旱胁迫条件下，接种 AM 真菌处理的杨树叶片水孔蛋白 *PIP* 家族基因 *PIP1-1*、*PIP1-2*、*PIP1-3*、*PIP1-4*、*PIP1-5* 和 *PIP2-3* 表现为上调，分别提高了 1.10、0.39、2.43、1.69、9.68 和 1.99 倍，而基因 *PIP2-1* 和 *PIP2-2* 表现为下调，下调幅度为未接种 AM 真菌植株的 0.42 和 0.27 倍（图6–5）。水孔蛋白在植物水分子运输中起到重要作用，结果表明，菌根真菌能够通过调控植株水孔蛋白基因的表达来调控植物对水分的利用。

水孔蛋白能够高效的转运水分子进入细胞。水分胁迫和 AM 真菌的接种会调控水孔蛋白基因的表达在许多研究中已得到证实（Zézé et al., 2008），然而，研究结果仍存在一些争议。Porcel et al.（2005）研究发现在干旱和非干旱胁迫条件下，AM 真菌异形根孢囊霉（*R. irregularis*）的接种抑制了 *PIP* 家族水孔蛋白编码基因 *NtAQP1* 的表达。这与 Ruiz–Lozano et al.（2009）的研究结果相似。而李涛和陈保冬（2012）研究发现干旱胁迫条件下，接种 AM 真菌异形根孢囊

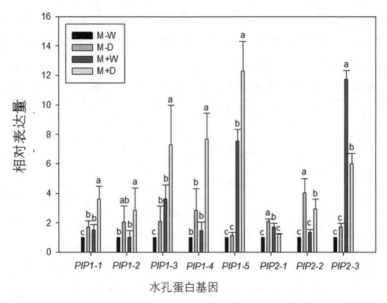

图 6-5 AM 真菌对杨树叶片水孔蛋白 PIP 家族基因表达的影响

注：数值为（均值 ± 标准差）（$n = 3$），每组中误差线上不同小写字母表示在 $p < 0.05$ 水平差异显著，M–W：未接种 AM 真菌 + 正常水分；M–D：未接种 AM 真菌 + 干旱胁迫；M+W：接种 AM 真菌 + 正常水分；M+D：接种 AM 真菌 + 干旱胁迫。

霉（*R. irregularis*）能够诱导玉米（*Z. mays*）根系水孔蛋白和真菌自身的水孔蛋白基因表达量增多。

　　Marjanović et al.（2005）研究了接种外生菌根真菌对杂交杨树（*Populus tremula* L. × *P. tremuloides* Mich）根系中水孔蛋白基因表达的影响，发现接种菌根真菌后，杨树根系有两个水孔蛋白编码基因得到上调，这一上调与菌根杨树根系水分传输能力增加相关。Almeida–Rodriguez et al.（2010）研究发现，有些水孔蛋白基因的表达与叶片的导水率密切相关，这些基因的上调会增加叶片的导水率，刺激植物根系大量的吸收水分。本研究对干旱条件下，AM 真菌在影响杂交杨树叶片水孔蛋白 *PIP* 家族基因表达量中的作用进行了探究，发现干旱条件下 AM 真菌的接种对 *PIP* 家族不同基因的表达均有不同程度的影响，接种 AM 真菌处理的杨树叶片水孔蛋白 *PIP* 家族基因 *PIP1-1*、*PIP1-2*、*PIP1-3*、*PIP1-4*、*PIP1-5*、*PIP2-3* 表现为上调，*PIP2-1*、*PIP2-2* 表现为下调。说明，这些基因虽属同一家族，但其发挥的作用却不相同。本研究中，干旱条件下菌根植物的水分状况明显高于非菌根植物，这与 *PIP1-1*、*PIP1-2*、*PIP1-3*、*PIP1-4*、*PIP1-5*、*PIP2-3* 基因的上调有一定的关系。可能是这些基因的上调提高了细胞与细胞之间的水分传输效率，促进了植物的水分代谢，刺激植物吸收更多的水分。*PIP2-1*、*PIP2-2* 基因的下调，可能是一种水分保护机制，避免植物在干旱条件下脱水。

　　总之，AM 真菌能够通过调控植株水孔蛋白基因的表达来调控植物对水分的利用。水孔蛋白家族基因的种类繁多，而这些蛋白的具体功能尚不清楚，仅仅研究几个基因的表达情况并不能完全解释其在植物水分利用过程中的作用。AM 真菌调控水孔蛋白基因的机理是非常复杂的，不像其调节植物水分状况那样简单。要清楚的反应 AM 真菌对这些基因表达的调控，首要任务是研究清楚每个蛋白在植物水分利用过程中的具体作用，探索 AM 真菌在这些基因的定位中的作用，从而深入地揭示 AM 真菌通过调控水孔蛋白基因表达来调节植物水分传输的机制。

第七章 不同树龄青杨雌株和雄株根际土壤因子及菌根侵染状况

在不同的时间、空间范围内，陆地生态系统又分为多种子生态系统（Van der Putten et al., 2009）。作为土壤微生物和子生态系统中重要的组成部分，菌根真菌扮演了链接地上部分和地下部分的角色（Jeffries et al., 2003; Copley, 2000）。菌根真菌和各种各样的宿主植物形成复杂的共生关系，双方通过地下菌丝网交换营养成分。这种共生关系能够使宿主植物更好地生长，尤其是在干旱环境中。在干旱地区生态系统中，绝大多数的植物能够和菌根真菌形成共生。这种共生能扩大宿主植物的营养吸收面积，吸收更多的营养和水分，进而提高宿主植物在干旱地区的存活率。

近些年，降水分散以及周期性季节性干旱加剧了水分匮乏，进而导致干旱、半干旱地区的森林植被锐减，例如我国西北地区常年遭受严重的干旱、盐碱、紫外线等环境胁迫，是典型的生态脆弱区域（Feng et al., 2015；Li et al., 2015）。如同大多数在该地区广泛分布的杨树，青杨（*Populus cathayana* Rehder）对当地的生态恢复起着举足轻重的作用。青杨是中国原生树种，广泛应用于造纸和能源行业（Guo et al., 2016; Regier et al., 2009）。除此之外，青杨也是典型的雌雄异株树种。大量的关于青杨雌株和雄株在多种逆境下的生长、生理状况的研究表明，雄株具有更强的抗逆能力，但是真正的原因仍然未知，气候条件、土壤环境、相邻物种等在生态系统中对其主要作用的因素，都有可能导致这种结果。生态系统中的一个重要变化因素是由地上植物到地下土壤和微生物的反馈机制：非生物环境影响生物和生物之间的联系，这种联系又反过来影响着非生物环境（Van der Putten et al., 2009）。由于空间和时间范围的不统一，这种联系并不是简单的拼凑在一起。

菌根真菌能够和绝大多数的高等植物根系形成共生体系，并且广泛分布在各种陆地生态系统中。同时，该体系能够提高宿主植物自身耐旱性，并能缓解植物水分胁迫的症状（Wu et al., 2015; Manoharan et al., 2010）。探究地下土壤微生物，尤其是菌根真菌随着宿主植物群体的变化怎样变化，对于揭示青杨雌株和雄株间的区别至关重要。在土壤中，对枯落物和死亡微生物的分解是植物获得营养的主要来源，同时也反馈给共生体系（Van der Putten et al., 2009）。巧合的是，菌根真菌的主要功能便是进行地上—地下营养的传递。因此，研究土壤、菌根随时空的变化和探究他们之间的联系，对于探索菌根真菌在维持青杨性别比例平衡、生态稳定，以及青杨在恶劣环境中的生存可能存在的潜在作用具有十分重要的意义。

植物为了抵抗各种胁迫，会发生形态的改变、进行生理生化的调节以及形成多种机制（Boyer, 1982）。除此之外，土壤微生物通过和宿主植物形成共生和非共生的联系提高植物的抗逆性。菌根真菌通过形成共生体系提高植物的生长和发育（Glick, 2012）。宿主植物能够和土壤微生物形成有害的或者有利的联系，这种关系取决于各种各样的因素，例如微生物种类、气候环境以及其他的生物和非生物影响（Vallino et al., 2009）。在较大的时间范围内，土壤状况（pH、有机碳含量、可利用营养元素含量等）、光照变化等通常和植被群落组成有较强的联系（Olff et al., 1994）。植物性别、时间和空间作为影响真菌群落结构的关键，主要影响着群落的组成以及对特定微生物的选择。为找到土壤理化性质和菌根真菌形成植物性别差异的关键时间，本试验对不同树龄青杨雌株和雄株根际土壤因子及菌根侵染状况进行了研究，并使用主成分分析等对结果进行分析比较。

第一节 土壤理化性质和菌根侵染状况测定

一、样地概况、供试植物和样品采集

1. 样地概况和供试植物

（1）样地概况

采样地（101°32′ E/37°3′ N，海拔：2 644 m）位于青海省西宁市大通回族土族自治县。大通回族土族自治县地处河湟谷地，是黄土高原和青藏高原过渡地带。该地区海拔 2 280 ～ 4 622 m，属于高原大陆性气候，年平均气温 4.9℃，年平均降水量 523.3 mm，年平均蒸发量 1 762.8 mm，属于典型的生态脆弱区（http://baike.baidu.com/view/ 602667.htm）。在大通林场中选取 1 年、3 年、10 年、20 年和 30 年树龄的青杨健康雌株和雄株作为样品采集对象。

（2）供试植物

青杨（*Populus cathayana* Rehder）属杨柳科杨属，雌雄异株，是中国特有的落叶乔木，大量分布于青海省，是当地乃至于青海省的优势树种，具有生长速度快、易于繁殖、树干通直圆满、材质优良等特点，是当地重要的经济树种和生态树种（徐勃和张仕清，2002）。

2. 样品采集

2015 年 10 月，在样品采集地对每个树龄的青杨分别选取 3 个 20 m × 20 m 样地，每个样地中分别随机选取 5 棵健康雌株、雄株青杨。在采集土样前，先除去表层 5 cm 的腐殖质层，将根系按照 0 ～ 15 cm（L1）、15 ～ 30 cm（L2）、30 ～ 45 cm（L3）采集和收集。然后，轻轻抖动收集根系上的土壤作为根际土，进行之后的试验。

在采集时，每棵树均在 4 个方向上进行采集，之后将相同样地、相同性别同一土层的根际土和根系样品进行分别混合作为一个样品。根际土和根系样品保存在 4℃（含有冰块的采集箱），回到实验室后将根际土壤保存在 –20℃冰箱。每个处理均选取部分根系保存在 FAA 固定液（Phillips and Hayman, 1970）中，用于之后进行根系菌根侵染率的测定。

二、土壤理化性质测定

1. 土壤含水量、pH 和电导率测定

（1）土壤含水量测定

将部分采集回来的土壤进行称重（鲜重），然后在 80℃烘箱中烘干至恒重（干重）。按照公式计算土壤含水量。

$$土壤含水量 \% = （鲜重 - 干重）/ 干重 \times 100$$

（2）土壤 pH 和电导率测定

将鲜土和超净水按照土水比 1 : 5 进行充分混合后，使用 pHS–3D pH 测定仪（Leici PHS–3D, 上海 , 中国）测定土壤 pH。

土壤电导率（EC）使用防水便携式电导率测定仪 HI–9033（Hanna, 美国）测定。

2. 土壤养分含量测定

（1）土壤有机碳测定

使用重铬酸钾容量法测定土壤有机碳（Soil organic carbon, SOC）含量（李小涵和王朝辉，2009）。在180℃油浴中加入重铬酸钾—硫酸溶液，使用$FeSO_4$溶液滴定剩余的重铬酸钾。使用消耗的重铬酸钾量计算土壤有机碳含量：

$$SOC（\%）=（V_0-V）\times N \times 0.03 /m \times 100$$

式中：V_0：滴定空白对照时消耗的$FeSO_4$量（mL）；

V：滴定样品时消耗的$FeSO_4$量（mL）；

N：$FeSO_4$当量浓度；0.03：每 mg 当量碳的克数；

m：烘干土质量。

（2）土壤硝态氮和铵态氮含量测定

土壤硝态氮和铵态氮含量使用 AA3 型流动分析仪测定（张英利等，2006）。取 0.5 g 土壤样品置于消煮管中，加入 5 mL 浓 H_2SO_4 和 1.85 g 混合催化剂（将 K_2SO_4 和 $CuSO_4\cdot5H_2O$ 按照质量比 10∶1 进行混合，研磨并过 0.20 mm 筛）。设置无土壤对照，同时进行消解后定容。将消解液稀释 25 倍后使用 AA3 型流动分析仪测定。

（3）土壤速效磷含量测定

土壤速效磷含量测定使用钼锑抗比色法（关松荫，1986）。首先使用梯度磷标准液加入 1 mL 0.5 mol/L $NaHCO_3$ 浸提液和 5 mL 钼锑抗显色剂，30 min 后在 660 nm 处比色绘制标准曲线。

取 5 g 过 1 mm 筛的风干土壤样品，加入少许无磷活性炭和 100 mL 0.5 mol/L $NaHCO_3$ 浸提液。充分震荡 30 min 后使用无磷滤纸过滤。同时进行无土壤样品对照。取 10 mL 滤液，加入 5 mL 钼锑抗显色剂后轻轻摇动。30 min 后在 660 nm 处比色，将无土壤样品对照作为 0。按照下列公式计算土壤速效磷含量：

$$速效磷含量 = a_{样品} \times V \times n/m$$

式中：a：标准曲线求得的磷含量；

V：显色液体积；

n：分取倍数；

m：烘干土质量。

（4）土壤效钾含量测定

土壤速效钾含量使用火焰光度法测定（关松荫，1986）。首先使用 1 mol/L

乙酸铵溶液制作梯度氯标准液，使用火焰光度计进行测定并绘制标准曲线。称取 5 g 过 2 mm 筛后的风干土壤样品，加入 50 mL 1 mol/L 乙酸铵溶液，充分震荡 30 min 后过滤，直接使用火焰光度计进行测定。按照下列公式计算土壤速效钾含量：

$$速效钾含量 = a_{样品} \times V / m$$

式中：a：标准曲线求得的钾含量；

V：显色液体积；

m：烘干土质量。

3. 土壤酶活性测定

（1）土壤脲酶活性测定

土壤脲酶活性使用分光光度法测定（Alef and Nannipieri, 1995）。使用梯度氮工作液制作标准曲线，使用苯酚钠溶液和次氯酸钠溶液显色。在 5 g 样品中加入 1 mL 甲苯后充分震荡。15 min 之后加入 10 mL 10% 尿素溶液和 20 mL pH6.7 柠檬酸盐缓冲液，充分混匀。在 37℃ 中培养 24 h 后过滤，取 1 mL 滤液加入 4 mL 苯酚钠溶液和 3 mL 次氯酸钠溶液，显色后定容，在 578 nm 比色。同时设置无土样对照和无基质对照。

24 h 后 1 g 土壤中释放出的 NH_3–N 质量作为脲酶活为：

$$脲酶活性 = \left(a_{样品} - a_{无土对照} - a_{无基质对照} \right) \times V \times n / m$$

式中：a：标准曲线求得的 NH_3–N 质量；

V：显色液体积；

n：分取倍数；

m：烘干土质量。

（2）土壤碱性磷酸酶活性测定

土壤碱性磷酸酶（Alkaline phosphatase, ALP）活性使用磷酸苯二钠比色法测定（关松荫，1986）。首先使用梯度酚工作液制作标准曲线，使用氯代二溴对苯醌亚胺作为显色剂。将 5 g 风干土壤样品和 2.5 mL 甲苯混合，15 min 后加入 20 mL 0.5% 磷酸苯二钠，充分混匀。在 37℃ 下培养 24 h 后加入 100 mL 0.3% $Al_2(SO_4)_3$ 溶液后过滤。同时处理无土对照与无基质对照。滤液加入硼酸缓冲液显色后在 660 nm 比色。

24 h 后 1 g 土壤中释放出的酚质量作为 ALP 活性：

$$ALP 活性 = \left(a_{样品} - a_{无土对照} - a_{无基质对照} \right) \times V \times n / m$$

式中：a：标准曲线求得的酚质量；

V：显色液体积；

n：分取倍数；

m：烘干土质量。

（3）土壤蔗糖酶活性测定

土壤蔗糖酶活性按照关松荫（1986）方法测定。使用梯度葡萄糖工作液制作标准曲线。将 2.5 g 土壤样品加入 15 mL 8% 蔗糖溶液、5 mL pH5.5 磷酸缓冲液和 0.25 mL 甲苯的混合溶液中。充分混匀后置于 37℃培养 24 h。过滤后取 1 mL 滤液与 3 mL 3，5- 二硝基水杨酸混合，沸水浴 5 min 后在水龙头下流水冷却。稀释至 50 mL 后在 508 nm 比色。同时设置无土样对照和无基质对照。

24 h 后 1 g 土壤中释放的葡萄糖含量作为蔗糖酶活性：

$$蔗糖酶活性 = (a_{样品} - a_{无土对照} - a_{无基质对照}) \times 50 \times n / m$$

式中：a：标准曲线求得的葡萄糖质量；

50：显色液体积；

n：分取倍数；

m：烘干土质量。

（4）土壤脱氢酶活性测定

土壤脱氢酶活性按照 Chander and Brookes（1991）的方法测定。称取 2.5 g 新鲜土壤样品，加入 2.5 mL 1.0% TTC–Tris 缓冲液，充分混匀。在 37℃下培养 24 h，加入 25 mL 甲醇后充分震荡，过滤后比色测定。土壤过氧化氢酶活性按照许光辉和李振高（1991）的方法测定：将 5 g 新鲜土壤样品加入 25 mL 0.3% H_2O_2 溶液中并充分混匀。在 4℃冰箱中培养 1 h 后加入 5 mL 1.5 mol/L H_2SO_4，充分混匀。过滤后用 0.02 mol/L $KMnO_4$ 滴定滤液。

三、菌根真菌侵染状况测定

1. 菌根真菌侵染率及 AM 真菌孢子密度测定

（1）菌根真菌侵染率测定

菌根真菌包括丛枝菌根真菌、外生菌根真菌和深色有隔内生真菌（Dark septate endophyte, DSE）将保存在 FAA 固定液中的根系用水轻轻地冲洗干净，选取直径小于 2 mm 的根系剪成 1 cm 长小段。根系染色按照 Voets et al.（2009）的方法进行：

① 将根段浸入 10% KOH（w/v）溶液，90℃水浴至无色，流水冲洗 3 次；

② 将脱色后的根段浸入 10% H_2O_2 溶液 5 min 后冲洗 3 次；

③ 将软化后的根段浸入 2% HCl 中 5 min，然后浸入 0.5% 台盼蓝溶液进行染色；

④ 每个处理随机选取 150 个根段，压片后在光学显微镜（Olympus Bx51，日本）下观察，按照 Declerck et al.（1996）的方法统计菌根真菌侵染率。

（2）AM 真菌孢子密度测定

使用湿筛法测定 AM 真菌孢子密度（Menge et al. 1978）。称取 10 g 风干后的根际土，加入 250 mL 自来水中充分搅拌后过 40 μm、100 μm 和 150 μm 筛，在光学显微镜下（Olympus SZ51，日本）进行观察，统计孢子数量，计算孢子密度。

2. 球囊霉素含量测定

总球囊霉素（T–GRSP）和易提取球囊霉素（EE–GRSP）含量测定：在 8 mL 50 mmol/L 的柠檬酸钠溶液（pH8.0）中加入 1 g 风干土样，充分搅拌后在 121℃高压灭菌 60 min。使用离心机（Eppendorf 5804R，日本）将灭菌后的混合溶液离心（5000 rpm，15 min），取上清液。重复以上操作至上清液无色，将上清液合并，作为 T–GRSP 含量测定原液。

再取 1 g 风干土样加入 8 ml 20 mmol/L 柠檬酸钠溶液（pH7.0）充分混匀，在 121℃使用高压灭菌锅（Tomy SX–500, Japan）灭菌 30 min。取上清液作为 EE–GRSP 含量测定原液。

使用 Bradford 蛋白质分析试剂盒（Tiangen Biotech CO., LTD, 北京, 中国）测定上清液中球囊霉素的含量。

3. 数据处理

PCA 和方差分析使用数据分析软件 SPSS 17.0（SPSS Inc., IL, USA）进行计算。数据平均值使用 Duncan 多范围检测（$p < 0.05$）进行比较。雄株数据和雌株数据分别进行主成分分析（principal component analysis，PCA）。

按照树龄、雌雄和土层深度，将试验数据进行三因素方差分析，数据按照平均值 ± 标准误差进行描述。在进行 PCA 分析时，按照特征值 >1，将检测指标减少到最少的维度，并将前两个维度的得分作图。

第二节　青杨雌株和雄株根际土壤理化性质

一、青杨雌株和雄株根际土壤元素含量

由于土壤表层具有更好的透气性，微生物主要分布在表层，并且在表层的代谢速率最高。这也导致了土壤各种元素含量在表层较高。本试验中也观察到了该分布规律：随着土层深度增加，各种土壤元素含量均降低（图7–1）。从

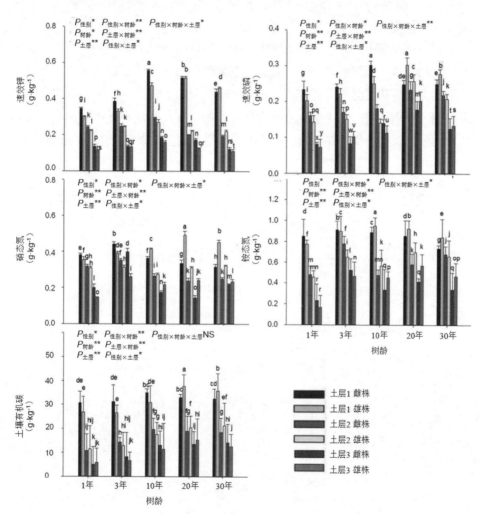

图 7–1　不同树龄青杨雌株和雄株根际土壤元素含量

注：*：显著水平 $0.01 < p < 0.05$；**：极显著水平 $p < 0.01$；NS：无显著影响。数据使用(平均值 ± 标准误差)（$n=6$）；不同的小写字母表示在 $p < 0.05$ 水平上存在显著差异。

树龄的角度来看，不同树龄青杨雌株和雄株根际土壤元素含量不同，随着树龄增加，各种土壤元素均呈现先增后减，并在 10 年或 20 年达到峰值（图 7-1）。但是从性别的角度来看，雌株和雄株达到峰值的时间是不同的：雌株基本都在 10 年达到峰值，而雄株基本都在 20 年达到峰值。也就是说，雌株比雄株更早达到峰值。除此之外，在达到峰值以前，雌株各指标均高于雄株，但在之后均低于雄株。该地区土壤主要氮的形式是铵态氮，大约是硝态氮含量的两倍。

二、青杨雌株和雄株根际土壤 pH、含水量和电导率

与土壤元素不同，土壤其他理化性质，如 pH、土壤含水量等随着土层深度的变化均呈现不规则变化（图 7-2）。土壤电导率在土层 2 和土层 3 间有一个急剧的降低。从树龄的角度来看，也未观察到显著的规律。三因素方差分析结果表明，性别、树龄、土层以及任意两元素的交互作用均显著影响土壤元素的分布。速效钾、速效磷、硝态氮和铵态氮含量均受到三因素交互作用的显著影响。

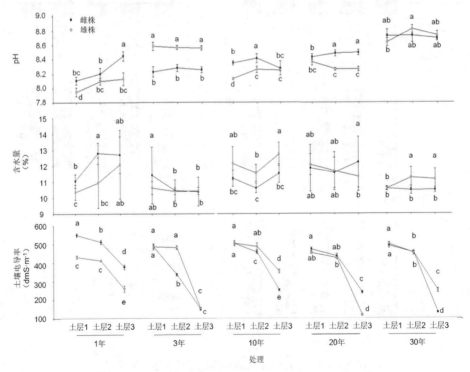

图 7-2 青杨雌株和雄株根际土壤 pH、含水量和电导率

注：不同的小写字母表示在 $p < 0.05$ 水平上存在显著差异。

三、青杨雌株和雄株根际土壤酶活性

土壤酶活性作为一项重要的土壤健康度指标，在土壤动力学中扮演着重要的角色，通常也与菌根真菌的分布有着显著的联系。研究表明，土壤酶活性随着土层深度增加明显降低，但是土层2到土层3间仅有轻微的降低（图7-3）。土壤酶活性存在显著的性别间差异：雌株脱氢酶、蔗糖酶、过氧化氢酶和脲酶活性在3年或10年达到峰值，而雄株在10年或20年达到峰值。同样，雌株达

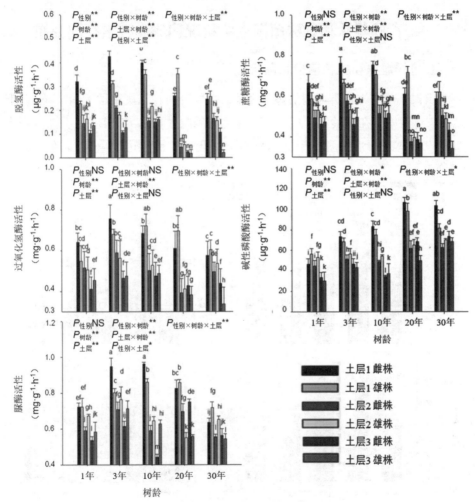

图7-3 青杨雌株和雄株根际土壤酶活性

注: *: 显著水平 0.01< p < 0.05; **: 极显著水平 p < 0.01; NS: 无显著影响。数据使用（平均值 ± 标准误）（n=6）；不同的小写字母表示在 p < 0.05 水平上存在显著差异。

到峰值早于雄株，而且在达到峰值之后（除碱性磷酸酶）雌株酶活性均高于雄株。三因素方差分析结果表明，只有脱氢酶活性受到性别的显著影响，但所有的酶活性都受到树龄 × 土层的显著影响。5 个土壤酶活性均受到三因素交互作用的显著影响。

第三节 青杨雌株和雄株土壤理化性质对菌根状况的影响

一、青杨雌株和雄株菌根真菌状况和球囊霉素空间分布

1. 青杨雌株和雄株菌根真菌状况

菌根真菌作为一类典型的好氧真菌，主要分布在土壤表层（图 7-4）。但是在本试验中，在树龄和土层方面，深色有隔内生真菌（DSE）的分布均没有明显的规律。在土层 1 和土层 2，AM 真菌侵染率在 30 年达到峰值；但在土层 3，

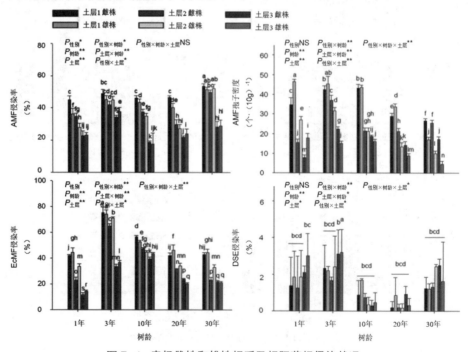

图 7-4 青杨雌株和雄株根系及根际菌根侵染状况

注：*：显著水平 $0.01 < p < 0.05$；**：极显著水平 $p < 0.01$；NS：无显著影响。数据使用（平均值 ± 标准误）（$n=6$）；不同的小写字母表示在 $p < 0.05$ 水平上存在显著差异。

其在 3 年到达峰值。然而，AM 真菌孢子的分布和侵染率的变化并不一致：对于雄株，AM 真菌孢子密度随树龄增加而增加，而雌株在 10 年后开始逐渐减少。AM 真菌和 ECMF 侵染率均受到性别、树龄、土层和任意两因素的交互作用的显著影响。树龄、土层和任意两元素的交互作用均显著影响了 AM 真菌孢子密度和 DSE 侵染率。

2. 青杨雌株和雄株根际球囊霉素空间分布

一般认为，球囊霉素是一类 AM 真菌分泌的糖蛋白，因此其含量与 AM 真菌的分布息息相关，也主要集中在土壤表层。球囊霉素作为土壤碳源的主要来源，虽然其分布随着土层深度增加而减少，但是对深层土壤中碳库的贡献依旧巨大，而且贡献率超过表层（图 7-5）。同时，性别之间的差异在大多数处理中并未观察到。但是在早期，雄株分泌了更多的球囊霉素。雌株和雄株根际土壤中球囊霉素含量均在 10 年或 20 年达到峰值，并且球囊霉素对土壤有机碳的贡献随树龄增加而降低。在早期，球囊霉素对土壤有机碳的贡献从土层 1 到土层 3 的增加比晚期更迅速。三因素方差分析结果表明，树龄和土层显著影响

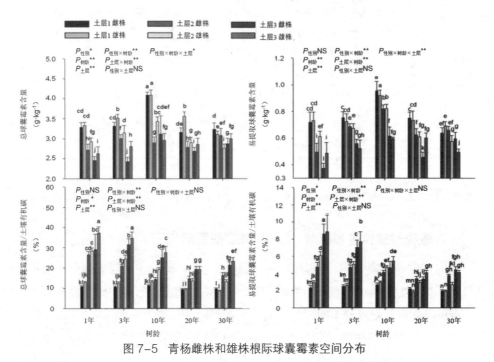

图 7-5　青杨雌株和雄株根际球囊霉素空间分布

注：*：显著水平 $0.01 < p < 0.05$；**：极显著水平 $p < 0.01$；NS：无显著影响；不同的小写字母表示在 $p < 0.05$ 水平上存在显著差异

了所有的检测指标。同时，性别 × 树龄、土层 × 树龄的交互作用显著影响了各指标，球囊霉素含量受到了三因素交互作用的显著影响。

二、青杨雌株和雄株土壤理化性质对菌根状况的影响分析

1. PCA 分析

为了检测性别、树龄和土层深度对土壤理化性质和菌根状况的影响，本研究分别使用了雌株和雄株的数据组进行 PCA。为了得到最好的结果，将所有指标分析后减少到最少、最具代表的维度。PCA 分析牺牲了任一指标的具体数据，从而获得一个全局性的结果（图 7-6），将不同树龄、土层间的区别转换为不同处理间的物理距离。对于雄株，主成分 1 和主成分 2 分别贡献了 53.80% 和 17.55% 的变异率（图 7-6A），对于雌株，主成分 1 和主成分 2 分别贡献了 55.38% 和 13.31% 的变异率（图 7-6B）。

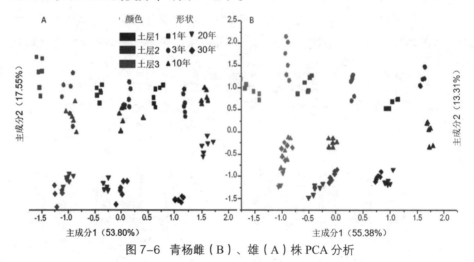

图 7-6 青杨雌（B）、雄（A）株 PCA 分析

2. 雌株和雄株各指标对 PC1 和 PC2 的贡献值

对于雄株，速效钾、硝态氮、铵态氮和土壤有机碳含量对主成分 1 的贡献最大（表 2-1）。对于雌株，脱氢酶活性、AM 真菌孢子密度、硝态氮含量和土壤有机碳含量对主成分 1 的贡献最大（表 7-1）。

无论雌株和雄株，主成分 1 主要区分不同土层间的差别，主成分 2 主要描述了不同树龄间的差别。除此之外，在主成分 1 方面，同一土层、不同样点间的分布随着土层深度增加而集中，说明树龄的影响主要表现在表层。在主成分 2

方面，在 1 年和 3 年间不存在明显的区别。除此之外，在主成分 2 方面，10 年像是一个"分水岭"：对于雌株，10 年更接近 1 年和 3 年；而对于雄株，10 年的状况更接近 20 年和 30 年。这表明了雌株和雄株在生长速率间存在一定的差异，而这个差异出现在 10 年左右。

表 7-1 雌株和雄株各指标对 PC1 和 PC2 的贡献值

因子	雄株		雌株	
	PC1	PC2	PC1	PC2
树龄大小	0.115	−0.910	0.016	−0.833
土层深度	−0.959	−0.031	−0.941	0.075
脱氢酶活性	0.866	0.358	0.904	0.264
蔗糖酶活性	0.845	0.371	0.881	0.295
过氧化氢酶活性	0.812	0.281	0.827	0.274
碱性磷酸酶活性	0.411	−0.204	−0.092	−0.300
脲酶活性	0.804	0.392	0.769	0.064
AM 真菌孢子密度	0.723	0.591	0.910	0.173
总球囊霉素含量	0.789	0.246	0.789	−0.146
易提取球囊霉素含量	0.779	0.232	0.796	−0.094
含水量	−0.103	0.660	−0.240	0.465
pH	0.041	−0.730	−0.340	−0.763
ECMF 侵染率	0.688	0.304	0.778	0.238
AM 真菌侵染率	0.687	−0.158	0.832	0.011
DSE 侵染率	−0.074	0.343	0.124	0.229
速效钾含量	0.953	−0.036	0.894	−0.146
速效磷含量	0.802	−0.476	0.864	−0.421
硝态氮含量	0.939	−0.178	0.719	0.552
铵态氮含量	0.934	−0.212	0.946	0.035
土壤有机碳含量	0.910	−0.310	0.927	−0.286
电导率	0.702	0.130	0.646	0.030
TG/SOC	−0.795	0.505	−0.793	0.472
EEG/SOC	−0.727	0.570	−0.736	0.506

三、土层深度、树龄和性别对土壤理化性质的影响分析

该试验是首次关注青杨性别对土壤理化性质和菌根状况时空分布影响的研究。菌根真菌通过扩大宿主植物根系可以到达的范围，进而帮助宿主获得更多

的营养和水分（Kaiser et al., 2015）。除了菌根的直接作用，近期的研究表明根际土壤微生物可以被菌根真菌菌丝分泌的碳刺激，提高活性，进而间接的帮助宿主植物生长（Jansa et al., 2013）。把最新的植物群落资源竞争理论和土壤－植物－菌根真菌互作理论结合在一起，能够很好地揭示植物物种的存在（Bever et al., 2010）。因此本研究希望探讨菌根真菌和土壤理化性质是否对雌雄异株植物的性别比例失调存在潜在作用。本试验结果表明，青杨根际土壤理化性质和根系菌根状况在性别、树龄和土层间存在一定差异，这与之前的研究结果类似（Wu et al., 2015）。因此，分别讨论了3个因素的不同效应。考虑到这些因素之间的交互性，研究性别、树龄和土层对土壤性质和菌根真菌分布状况的影响是很有意义的。

1. 土层深度的影响

丛枝菌根真菌能够与绝大部分的陆生植物形成独特的共生关系，尤其是在富氧环境中（Vallino et al., 2009）。同样的，作为好氧微生物，菌根真菌主要分布在土壤的表层。除此之外，表层的植物枯落物提供了大量的营养是其主要分布在表层的另一个主要原因。但是考虑到土壤状况、气候和生态系统间的差异，不同地区的状况会有一定的区别。He et al.（2002）对沙漠盐生植物根际进行了调查后发现，AM真菌主要分布在土壤表层（10～30 cm），这与本研究的结果一致。但是在一些针叶林中，菌根真菌更多的分布在较深的土层中（16～45 cm），研究者认为主要是寒冷的环境和表层土营养稀薄导致的（Lindahl et al., 2007）。

所有的结果表明，土壤营养元素含量和酶活性均从土层表层到深层递减。青杨是典型的雌雄异株阔叶树种，在每个秋季落叶，正是由于这些枯落物，营养元素主要分布在土壤表层。除此之外，菌根真菌等大多数土壤微生物和分解代谢过程是好氧的（Vallino et al., 2009）。而且，菌根真菌能够通过菌丝将土壤中的营养元素聚集到植物根系，这也间接导致了大量营养元素积聚在土壤表层（Landeweert et al., 2001; Newsham et al., 1995）。同样的，土壤的pH、透气性、理化性质等的改变也导致微生物群落组成的截然不同（Lupwayi et al., 2017）。在这些因素中，可获取的土壤碳含量十分重要（Krause et al., 2017）。本研究结果也表明，总球囊霉素和易提取球囊霉素含量和菌根真菌的分布规律类似：随着土层深度增加而降低，但是其在土壤有机碳的占比随着土层深度增加而增加，这表明球囊霉素是深层土壤中重要的有机碳来源。

对于现代林业和农业生产，研究的关键就是对根系的研究，尤其是在水分亏缺地区（Reynolds et al., 2005）。由于降水稀少和蒸发剧烈，本研究样地常年遭受着严重的干旱胁迫，导致了从土壤表层到深层的淋溶和营养元素很少。因此，毛根在表层根系中的数量是植物在干旱环境中存活的关键（King et al., 2003）。综上所述，本研究认为"表层分布"的现象是气候、植物和土壤微生物共同作用的结果。

2. 树龄的影响

树龄对于微生物群落的影响以及这些变化在人类和动物中已经进行过大量的研究（Ding and Schloss, 2014）。作为另一种生命体，植物根际微生物同样受到树龄的影响（Marques et al., 2014）。

本研究结果表明，土壤元素含量、酶活性和菌根分布基本都呈现随树龄先增加后降低，但到达峰值的树龄有差别。所有的土壤元素在20年之前均呈现上升，之后逐渐的轻微降低。但是，土壤酶活性较土壤元素含量更早到达峰值。AM真菌主要分布在表层土层，在表层土中，AM真菌侵染率在30年达到峰值，但是孢子密度随树龄的增加而降低。Bowers and Stamp（1993）的研究发现，N元素会随着树龄的增加而增加。可溶性N的含量随着树龄变化有显著变化，而且受到病原菌和昆虫的影响（Emden and Bashford, 1971）。这种增长可能与枯落物提供土壤元素的增长有关。在L1和L2土层，青杨雌株和雄株根系ECMF侵染率均在3年达到显著的最高值，这可能是由于侵染的阶段主要集中在早期。

本试验结果同样表明，雌株和雄株根际球囊霉素含量均在10年达到峰值。但是其在土壤有机碳含量中的占比始终随着树龄增加而降低。通过根系分泌物，碳从地上传递到地下，这部分碳是土壤中碳的主要来源之一（Luo et al., 2014, 2009）。在本研究的试验中，青杨作为落叶树种，每年落下的枯落物提供的碳源的增加远大于菌根提供的碳源，这就造成了球囊霉素占比不断降低的原因。综上所述，随着树龄的不断增长，土壤元素增加的主要来源是枯落物。因此研究者认为，树龄对N元素的影响一个主要原因是土壤元素的不断改变（Bowers and Stamp, 1993）。

有观察和报道指出，青杨雌株在早期生长速度较快，但是随后会变慢甚至死亡，这在一定程度上导致了性别比例失调，尤其是在胁迫的环境中（Zhang, et al., 2012; Yin et al., 2004）。有研究者认为微生物，例如菌根真菌，具有缓解宿主性别比例失调的潜力（Li et al., 2015a; Li et al., b）。本研究关于树龄作用的结果能够帮助揭示微生物在缓解性别比例失调、维持生态系统稳定中的作用。

3. 性别的影响

植物物种是主要影响微生物群落的原因之一。因此在同一个样地中，不同植物的根际微生物群落是不同的（Marschner et al., 2001; Miethling et al., 2000; Westover et al., 1997）。在现在的微生物群落研究中，植物物种和土壤特征都是被考虑在内：一些研究结果表明土壤对微生物群落的影响强于植物物种（Dalmastri et al., 1999）；但在另一些研究中，植物物种的作用强于土壤（Miethling et al., 2000; Grayston et al., 1998）。然而在同一个物种中，性别的影响往往被忽略了。在某种程度来说，性别对根际微生物组成的影响可能更大。不同性别植物根系细胞结构、组成成分和分泌物会随着树龄（Micallef et al., 2009; Cataldo et al., 1988）、根系环境（Merbach et al., 1999）、氮供给（Liljeroth et al., 1990）和菌根侵染（Marschner et al., 1997）的变化而变化，这也在一定程度上能够解释树龄和性别对土壤微生物群落的影响。

本试验结果表明，性别增加了土壤的异质性。对于土壤元素，雌株根际浓度达到峰值的时间早于雄株。而且，这种现象在土壤脱氢酶、蔗糖酶、过氧化氢酶和脲酶活性上同样能观察到。本研究认为，这是由两个可能的原因造成的：雌株在早期的生长速度高于雄株；雌株的叶面积大于雄株（Li et al., 2015a; Li et al., 2015b）。但是对于碱性磷酸酶，雌株根际土壤酶活性高于雄株（仅在 1 年是略低于雄株），这可能是由碱性磷酸酶自身的特性决定的：其在 20 年达到峰值，远大于其他的酶活性。

性别作用同样存在在 AM 真菌和 ECMF 侵染率中，但没有观察到明显的规律。在之前的研究中，本研究发现菌根真菌和土壤微生物的存在与各种胁迫导致的影响是息息相关的（Li et al., 2015b）。因此，对于菌根真菌的分布产生影响的因素不只是本研究中的树龄、性别和土层，而是多种多样的。同样，本研究没有观察到性别对球囊霉素分布影响的显著规律。正如 Sánchez - Vilas and Pannell（2010）的描述，雌雄异株植物中的性别二态性增加了环境异质性，而且通过本试验发现，这种现象同样存在于菌根真菌中。

雌雄异株植物的形态学多样性导致了其在生化过程中的多样性，例如根系分泌物、与其他生物的联系等，这也导致了某些物种的性别失调。青杨的性别比例失调在近些年越来越严重。为了探究造成这些的潜在原因，本研究从新的角度测试了土壤和微生物的影响，例如树龄、性别和土层等。结果表明树龄、性别和土层对土壤和菌根状况有复杂且明显的交互作用，这能够帮助揭示缓解性别比例失调和维持生态稳定的方法。

第八章 不同干旱区青杨雌株和雄株根际土壤因子及菌根侵染状况

充足的水分条件对于植物的生长、繁殖，完成生命周期至关重要。然而近年来，在全球范围内，干旱现象越来越普遍。更可怕的是，研究者们根据气候模型预测，在世界上的绝大部分地区，这种水分亏缺对植物造成的影响会进一步扩大干旱的影响（Anjum et al., 2011）。在众多的环境胁迫中，干旱作为最重要的成员，严重抑制了植物的生长和发育（Shao et al., 2009）。我国西北地区的青海省海拔 3 000 m 以上，降水稀少、挥发量大，面积广阔的草原常年遭受干旱、强紫外线等环境胁迫，成为世界上最严重的生态脆弱区之一。选择该地区作为试验样地对当地生态环境的改善以及研究植物的耐旱机制都有很大意义。

植物干旱主要由两方面造成：土壤到根系的水分供给不足和植物蒸腾速率过高。干旱会导致植物生长减缓、产量降低、膜组织受损、渗透平衡失调、光合效率降低等（Praba et al., 2009; Benjamin and Nielsen, 2006）。植物可以通过调整自身生长和生理生化过程来适应干旱环境，例如改变形态、调整生长速率、调节渗透势和抗氧化反应等（Duanet al., 2007）。干旱对于植物的作用受到干旱程度、植物种类、根际微生物群落和生长阶段等的影响（Demirevska et al., 2009）。植物耐旱性在物种间存在差异，这种差异是否在同一物种的不同性别间存在，仍然需要大量的研究。关于青杨雌雄异株植物的研究结果表明，从形态特征、生理和生态指标来比较，雄株在各种胁迫下表现出更强的适应性（Han et al., 2013）。同样，青杨雄株在干旱、盐碱和紫外线等抗性的表现上优于雌株（Zhang et al., 2011; Ren et al., 2007; Yin et al., 2004）。Tedersoo et al.（2014）认为，土壤因子往往由于气候变化而产生相应的变化，这些变化会进一步影响土壤微生物的组成。本试验目的就在于探讨干旱和植物性别对土壤因子和菌根状况的影响。

第一节 土壤理化性质和菌根特征测定

一、样地概况、供试植物和样品采集

1. 样地概况

青海省的大部分地区,气候干燥,降水呈现由东到西、由南到北递减的趋势。年平均气温 2.3℃,平均年降水量 300 mm 以上,平均日照时间超过 3 000 h,干旱草原土是该区域主要的土壤类型。青海省跨越多个气候区,且是青杨的主要分布区,本试验在青海高原东部选择 5 个样地,样地设置如图 8-1。通过对水分分布状况进行调查,这些样地具有典型的高原气候,海拔 2 271 ~ 3 108 m。平均年降水量在 159 ~ 520 mm,且呈现从东到西递减趋势,具体数据见图 8-1,表 8-1。

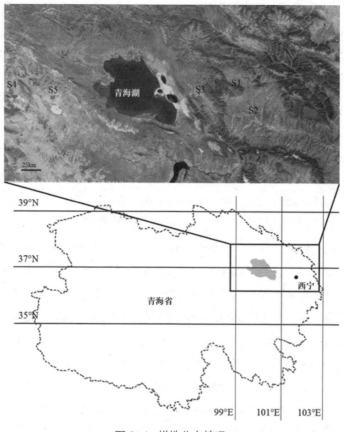

图 8-1 样地分布情况

表 8-1 样地概况

	样地	经纬度	海拔 (m)	平均年降水量 (mm)
S1	城关（CG）	101°30'51"E/37°2'49"N	2 644	520
S2	西宁（SN）	101°40'50"E/36°39'19"N	2 271	390
S3	海晏（HY）	101°0'18"E/36°53'46"N	3 004	380
S4	乌兰（UL）	98°27'59"E/36°57'10"N	3 013	159
S5	茶卡（CK）	99°4'24"E/36°47'31"N	3 108	193

2. 供试植物

本试验研究植物对象为青杨（*Populus cathayana* Rehder）。青杨广泛分布在中国青海省，即是我国特有的雌雄异株的高大树种，也是重要的生态恢复树种。

3. 样品采集

在 5 个样地中分别划定 3 个 20 m × 20 m 样点，每个样点中随机分别选取 5 棵树龄在 20 年左右的健康青杨雌株和雄株。分别从 4 个方向，去除表层 5 cm 腐殖质层，采集 5 ～ 15 cm（L1）、15 ～ 30 cm（L2）、30 ～ 45 cm（L3）根系及根际土。将同一样点、相同性别的根际土和根系样品分别混合作为一个样品。根际土和根系样品保存在 4℃采集盒，回到实验室后将根际土壤保存在 –20℃冰箱。每个处理均选取部分根系保存在 FAA 固定液（Phillips and Hayman 1970）中，用于之后进行根系菌根侵染率的测定。

一、土壤理化性质和菌根特征测定

1. 土壤理化性质测定

方法同第七章。

2. 菌根特征测定

（1）菌根侵染率及 AM 真菌孢子密度测定

① 菌根侵染率测定：将野外采集、保存在 FAA 固定液中的根系用清水冲洗 3 次，剪成 1 cm 长片段。使用 10% KOH（w/v）在 90℃水浴将根段脱色至无色，再用流水冲洗 3 次；

将脱色后的根段浸入 10% H_2O_2 溶液，5 min 后流水冲洗 3 次。再使用

2% HCl 溶液对根段进行酸化，之后浸入 0.5% 台盼蓝染液染色（Voets et al., 2009）；按照 Declerck et al.（1996）的方法，每个处理随机选取 150 根段，在光学显微镜下观察并进行统计。

② AM 真菌孢子密度测定：按照 Menge et al.（1978）的描述，使用湿筛法测定孢子密度。将 10 g 风干的根际土壤加入 250 ml 自来水中充分搅拌后静置，过 40 μm、100 μm 和 150 μm 筛。将筛上的残留物清洗至滤纸上，在光学显微镜（Olympus SZ51, Japan）下观察，统计孢子数量，计算孢子密度。

（2）根际土壤球囊霉素含量测定

球囊霉素是 AM 真菌分泌的糖蛋白。按照 Wright and Upadhyaya（1998）的方法提取并测定球囊霉素（Total glomalin, TG）和易提取球囊霉素（Easily extractable glomalin, EEG）含量：

① EEG 含量测定：将采集的土壤样品在实验室自然风干，过 2 mm 筛网，充分混匀后，取 1 g 土壤样品加入 8 mL 20 mmol/L 柠檬酸钠溶液（pH7.0）中，高压灭菌锅（Tomy SX–500, Japan）中 121℃高压灭菌 30 min。使用离心机（Eppendorf 5804R, Japan）将灭菌后的混合物在 5 000 rpm 离心 15 min，取上清液保存在 4℃冰箱待测。球囊霉素含量使用 Braford 蛋白分析试剂盒（Tiangen Biotech CO., LTD, Beijing, China）测定。

② TG 含量测定：取 1 g 上述风干土壤样品，加入 8 mL 50 mmol/L 柠檬酸钠溶液（pH8.0）中，在 121℃高压灭菌 60 min。将混合液在 5 000 rpm 离心 15 min，取上清液。重复上述操作至上清液无色，将上清液混合。球囊霉素含量使用 Braford 蛋白分析试剂盒（Tiangen Biotech CO., LTD, Beijing, China）测定。

3. 数据处理与分析

方差分析、相关性分析和 PCA 分析均使用分析软件 SPSS 17.0（SPSS Inc., IL, USA）进行计算。数据使用 Duncan 检测（$p < 0.05$）和双因素、三因素方差分析（ANOVAs）进行处理，数据按照平均值 ± 标准误进行描述。

双因素 ANOVAs 用于分析干旱状况、土层深度对青杨雌株和雄株的影响的显著水平。三因素 ANOVAs 用于分析性别，干旱与性别、土层与性别、干旱与土层，以及三因素交互作用的显著水平。

雄株数据和雌株数据分别进行主成分分析（Principal component analysis, PCA）。按照树龄、雌雄和土层深度，将试验数据进行三因素方差分析，在进行 PCA 分析时，按照特征值 >1，将检测指标减少到最少的维度，并将前两个维度的得分作图。

第二节　青杨雌株和雄株性别比例和菌根侵染状况分析

一、青杨雌株和雄株性别比例

1.各样地雌雄性别比例

通过对所选 5 个样地进行性别比例的统计，结果发现：随着样地间平均年降水量的递减，雌株所占比例由 40% 降至 12%。而样地 5 茶卡（S5）雌株比例低于样地 4 乌兰（S4），可能是由于样地 5 位于茶卡盐湖，该地区土壤中盐含量较高所致。除此之外，结果显示在降水量接近的样地间性别比例也接近，如样地 2（S2）和样地 3（S3）平均年降水量为 390 mm 和 380 mm，性别比例为 30% 和 27%，S4 和 S5 平均年降水量为 159 mm 和 193 mm，性别比例为 15% 和 12%（图 8-2）。

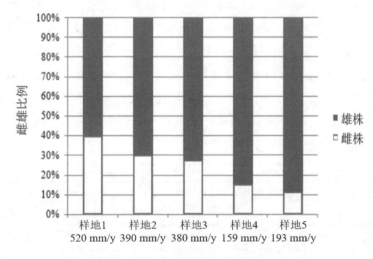

图 8-2　各样地雌雄性别比例

2.雌雄性别比例的影响因子

自然界的开花植物中，雄性比例较高的物种多于雌性比例较高的物种。近些年的研究表明，从形态、生理到生态水平，雄株在各种胁迫下表现出更强的适应性（Han et al., 2013）。Xu et al.（2008）发现，在养分贫瘠的地区青杨雄株分布较多，而在养分丰富的地区，雌株的分布较多。Yang et al.（2015）发现在 30d 的 K 元素亏缺试验中，雄株相较于雌株表现出更好的适应性。Zhang et al.（2014，2016）和 Feng et al.（2014）也发现雄株在 N 和 P 元素匮乏环境下表现出更好的适应性，受到的损伤较小。除此之外，青杨雄株在干旱、盐碱和紫外线等抗性的表现上优于雌株（Ren et al., 2007; Yin et al., 2004; Zhang et al., 2011）。但关于雌株和雄株对多种环境状况的不同反应的机制依旧需要大量的研究。有研究者认为，植物性别的二态性导致了其对环境因子的不同反应，包括生态位的改变、性别比例的改变、环境因素梯度造成的性别隔离等（Eppley, et al. 1998）。

二、青杨雌株和雄株菌根侵染状况

1. 菌根侵染率和孢子密度

雌株和雄株 AM 真菌、ECMF、DSE 侵染率和 AM 真菌孢子密度样地间、土层间和性别间均存在差异（表 8-2），并且在 5 个样地基本呈现随土层深度增加而降低的趋势。菌根真菌侵染的最初部位通常就是植物的细根，青杨根系以细根为主，并且随着土层的加深细根所占比例会逐渐减少。这种根系特征和菌根侵染特征也决定了菌根侵染率和 AM 真菌孢子密度随土层增加会降低。在个别样地表现出下层土壤侵染率或孢子密度高于上层土壤，可能是由于样地表层土水分散失严重，不利于根系和菌根生长造成的。AM 真菌、DSE 侵染率和 AM 真菌孢子密度呈现随样地年降水量降低而降低的趋势。ECMF 侵染率没有明显的随降水量变化而变化的规律。

表 8-2 AM 真菌、ECMF、DSE 侵染率和 AM 真菌孢子密度

样地	土层（cm）	性别	AM 真菌侵染率（%）	ECMF 侵染率（%）	DSE 侵染率（%）	AM 真菌孢子密度（个/g）
西宁	5~15	雄	50.79 ± 2.47a	27.90±0.69d	11.72 ± 0.47a	179.94 ± 10.15a
		雌	51.50 ± 2.93a	57.85 ± 0.89b	12.04 ± 0.22a	166.18 ± 4.17b
	15~30	雄	42.23 ± 12.01b	57.79 ± 0.97b	12.10 ± 0.23a	119.03 ± 4.03c
		雌	43.79 ± 2.02ab	67.32 ± 2.14a	0.14 ± 0.01c	119.19 ± 3.34c
	30~45	雄	25.99 ± 0.47c	28.98 ± 0.87cd	4.98 ± 0.15b	27.54 ± 0.64d
		雌	27.55 ± 0.72c	32.34 ± 1.52c	0.12 ± 0.11c	21.14 ± 0.48e

续表

样地	土层（cm）	性别	AM真菌侵染率（%）	ECMF侵染率（%）	DSE侵染率（%）	AM真菌孢子密度（个/g）
海晏	5~15	雄	49.65 ± 3.06a	34.74 ± 1.55d	12.38 ± 0.37a	164.36 ± 6.52a
		雌	42.03 ± 0.75ab	83.88 ± 1.85a	7.13 ± 0.20b	166.64 ± 2.86a
	15~30	雄	44.81 ± 1.18b	34.97 ± 1.23d	3.24 ± 0.12c	130.97 ± 2.49c
		雌	40.67 ± 0.58b	63.66 ± 2.57b	3.05 ± 0.11c	153.48 ± 3.79ab
	30~45	雄	39.86 ± 2.83c	46.27 ± 1.62c	0.11 ± 0.01d	10.60 ± 0.61d
		雌	34.37 ± 0.97c	45.96 ± 1.45c	0.08 ± 0.01d	11.58 ± 0.50d
乌兰	5~15	雄	36.83 ± 1.46a	31.39 ± 0.97b	13.07 ± 0.74a	92.79 ± 1.51b
		雌	33.74 ± 0.64ab	18.54 ± 0.39d	11.05 ± 0.62ab	101.69 ± 2.71a
	15~30	雄	33.30 ± 1.06ab	55.24 ± 1.47a	10.53 ± 0.20b	80.61 ± 2.35c
		雌	32.14 ± 1.03ab	12.29 ± 0.47d	5.75 ± 0.14c	95.39 ± 1.39b
	30~45	雄	34.60 ± 0.90a	25.12 ± 1.23c	0.14 ± 0.01c	17.81 ± 0.79d
		雌	33.94 ± 0.06ab	20.10 ± 0.10d	0.11 ± 0.01d	14.71 ± 1.04e
茶卡	5~15	雄	26.87 ± 0.73a	63.15 ± 1.35a	14.91 ± 0.37a	77.19 ± 1.83a
		雌	23.04 ± 0.65b	23.66 ± 0.36b	10.83 ± 0.21b	67.91 ± 1.49b
	15~30	雄	25.02 ± 0.95a	3.15 ± 0.10e	9.96 ± 0.17b	69.27 ± 1.12b
		雌	22.91 ± 0.66bc	8.42 ± 0.25d	0.19 ± 0.13c	65.39 ± 2.11b
	30~45	雄	24.39 ± 0.56b	1.98 ± 0.10e	0.07 ± 0.06c	38.32 ± 0.76c
		雌	20.84 ± 1.38c	12.94 ± 0.27c	0.20 ± 0.14c	16.66 ± 0.49d

样地	土层（cm）	性别	AM真菌侵染率（%）	EcMF侵染率（%）	DSE侵染率（%）	AM真菌孢子密度（个/g）
城关	5~15	雄	49.51 ± 1.15a	31.43 ± 1.09a	4.00 ± 0.16b	237.94 ± 8.84a
		雌	44.58 ± 1.07b	24.40 ± 1.04b	7.10 ± 0.27a	222.14 ± 4.95b
	15~30	雄	28.52 ± 1.77c	8.68 ± 0.46c	3.99 ± 0.12b	218.25 ± 4.28b
		雌	29.37 ± 0.69c	0.03 ± 0.02e	0.13 ± 0.12d	215.38 ± 5.74bc
	30~45	雄	12.41 ± 0.35e	6.15 ± 0.13d	0.14 ± 0.12d	122.01 ± 3.60d
		雌	22.55 ± 0.42d	4.01 ± 0.6d	2.02 ± 0.07c	126.30 ± 7.94d

注：不同的小写字母表示在 $p < 0.05$ 水平上存在显著差异。

　　三因素方差分析表明（表8-4），AM真菌、ECMF、DSE侵染率和AM真菌孢子密度均受到样地、土层和性别的显著影响，并且存在样地×性别、样地×土层、土层×性别的显著交互作用，除DSE侵染率外均显著受到三因素的交互作用影响。

2.球囊霉素含量

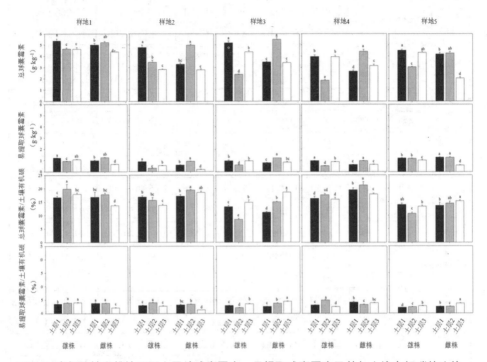

图8-3 青杨雌株和雄株不同土层总球囊霉素、易提取球囊霉素及其与土壤有机碳的比值
注：不同的小写字母表示在 $p < 0.05$ 水平上存在显著差异。

如图8-3所示，雄株 5～15 cm 根际土壤中总球囊霉素 TG 和易提取球囊霉素 EEG（除茶卡）含量显著高于 15～30 cm，并且表层土壤 TG 含量随样地年降水量降低而降低。但是，5个样地雌株 15～30 cm 根际土壤 TG 和 EEG 含量高于 5～15 cm 和 30～45 cm，这可能是由于土壤水分状况随深度增加和养分状况随深度降低共同作用造成的。5个样地 TG、EEG 与 SOC 的比值随土层和年降水量没有明显的变化规律。除城关之外的4个样地雌株根际 TG/SOC 值高于同一样地同一土层的雄株，尤其是 15～45 cm。

三因素方差分析结果表明（表8-4），除 EEG 未受到性别的显著影响外，EEG 和 TG 均显著受到样地、土层、性别和任意两因素和三因素的交互作用的影响。

第三节　青杨雌株和雄株根际土壤因子分析

一、不同土层青杨雌株和雄株根际土壤因子变化规律

1. 土壤 pH 和土壤养分

如图 8–4、8–5 所示，本研究所调查 5 个样地及土层间 pH 差异显著，但总体均为偏碱性，与 ECMF 侵染率、DSE 侵染率和 EEG 含量呈显著负相关。这可能与土壤 pH 影响菌根的生长发育有关。并且，pH 随土层的变化规律不规则。

雌株根际土壤速效钾、速效磷、硝态氮、铵态氮、有机碳含量和电导率呈现 15 ～ 30 cm 高于 5 ～ 15 cm 和 30 ～ 45 cm 的规律，而雄株呈现相反的规律。雄株根际 5 ～ 15 cm 和 30 ～ 45 cm 土层土壤的速效钾、速效磷、硝态氮、铵态氮、有机碳含量和电导率均高于雌株，而在 15 ～ 30 cm 土层低于雌株（图 8–4）。同时，雌株和雄株根际土壤速效钾、速效磷、硝态氮、铵态氮、有机碳含量呈现随样地年降水量降低而降低的趋势，但电导率则相反。

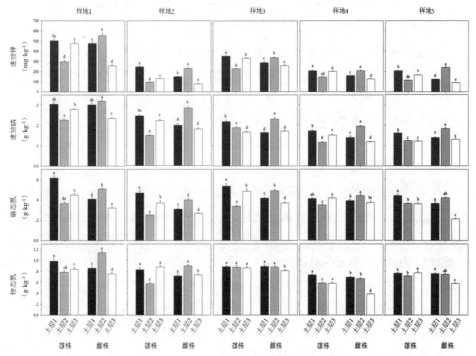

图 8–4　青杨雌株和雄株不同土层根际土壤速效磷、速效钾、硝态氮和铵态氮含量

注：不同的小写字母表示在 $p < 0.05$ 水平上存在显著差异。

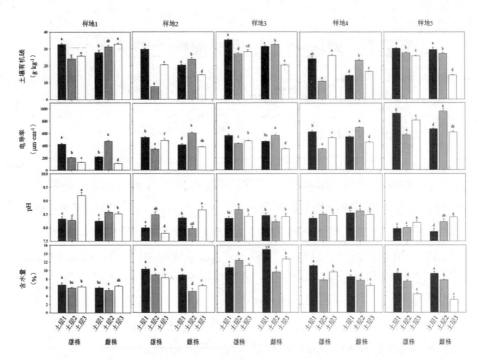

图 8-5 青杨雌株和雄株不同土层根际土壤 pH、电导率、有机碳和含水量

注：不同的小写字母表示在 $p < 0.05$ 水平上存在显著差异。

土壤含水量受气候影响较大，基本呈现随土层加深而降低的趋势。

三因素方差分析表明除 pH 未受到性别 × 土层的显著交互作用外，其他上述指标均在样地之间、土层之间、性别之间差异极显著，且均存在极显著的任意两因素和三因素的交互作用（表 8-4）。

2. 土壤酶活性

5 个样地之间的 5 个土壤酶活性存在显著差异（表 8-3）。5 个土壤酶活性均呈现随土层深度增加而降低的趋势，并且表层根际土壤酶活呈现随样地降水量降低而降低。在年降水量最少的乌兰和茶卡样地，雄株根际土壤酶活性高于雌株，可能是由于雄株具有较强的耐旱性，在干旱环境中生长状况优于雌株造成的。但是，在其他 3 个样地雌株和雄株间的差异没有明显规律。

三因素方差分析表明（表 8-4），除过氧化氢酶活性没有受到性别的显著影响外，5 个土壤酶活性在样地之间、土层之间和性别之间均差异显著，且都存在任意两因素和三因素的显著交互作用。

表8-3　5个样地土壤酶活性

样地	土层（cm）	性别	脲酶（10^{-2}mg·g^{-1}·h^{-1}）	过氧化氢酶（mg·g^{-1}·h^{-1}）	蔗糖酶（10^{-1}mg·g^{-1}·h^{-1}）	脱氢酶（10^{-2}μg·g^{-1}·h^{-1}）	碱性磷酸酶（10^{-2}μg·g^{-1}·h^{-1}）
西宁	5~15	雄	0.68±0.02ab	4.79±0.23a	12.64±0.06a	27.65±0.37a	0.42±0.03b
		雌	0.69±0.04a	3.89±0.03b	12.50±0.66a	11.74±0.27b	0.81±0.04a
	15~30	雄	0.60±0.02c	3.17±0.06c	6.95±1.09b	8.33±0.11c	0.24±0.03d
		雌	0.61±0.04c	3.64±0.02c	6.42±0.08b	5.73±0.09d	0.41±0.03b
	30~45	雄	0.48±0.04d	2.19±0.05d	3.70±0.56c	4.11±0.01e	0.11±0.02e
		雌	0.60±0.03c	4.10±0.27bc	1.49±0.42d	2.37±0.04f	0.31±0.03c
	5~15	雄	0.95±0.03a	6.77±0.02a	13.45±0.34a	29.53±0.83a	1.09±0.06a
		雌	0.69±0.04c	6.41±0.02a	13.59±0.34a	15.19±0.25b	0.81±0.05b
	15~30	雄	0.78±0.06b	4.56±0.03b	6.42±0.50b	5.65±0.28c	0.47±0.02cd
		雌	0.58±0.02d	4.66±0.03b	4.88±0.31bc	5.36±0.29cd	0.66±0.02c
	30~45	雄	0.68±0.04c	3.55±0.06c	3.70±0.38c	3.42±0.07e	0.25±0.02e
		雌	0.56±0.03d	3.47±0.05c	3.55±0.17c	4.31±0.19d	0.47±0.03cd
	5~15	雄	0.95±0.03a	5.24±0.02a	10.73±0.35a	12.20±0.30a	0.72±0.01b
		雌	0.64±0.03b	5.14±0.25a	10.25±0.26a	10.45±0.29b	0.87±0.04a
	15~30	雄	0.60±0.05b	4.19±0.14b	1.85±0.12b	12.48±0.38a	0.29±0.02c
		雌	0.54±0.03c	4.41±0.09b	1.15±0.54b	11.87±0.18ab	0.71±0.02b
	30~45	雄	0.47±0.05c	4.10±0.13b	1.13±0.05b	7.81±0.35c	0.27±0.05c
		雌	0.51±0.02c	3.93±0.34b	1.11±0.54b	2.66±0.11d	0.28±0.02c
	5~15	雄	1.31±0.04a	4.80±0.10a	10.96±0.43a	13.31±0.29a	0.85±0.03a
		雌	0.72±0.04b	4.89±0.13a	3.88±0.12d	10.31±0.32b	0.56±0.05c
	15~30	雄	1.26±0.07a	4.18±0.19b	9.16±0.34b	7.09±0.17c	0.70±0.03ab
		雌	0.48±0.07d	3.74±0.12b	3.17±0.15d	1.80±0.04d	0.59±0.04c
	30~45	雄	0.66±0.03c	4.03±0.19b	5.17±0.47c	2.54±0.07d	0.66±0.03bc
		雌	0.61±0.02c	2.58±0.06c	2.09±0.12e	0.48±0.02e	0.30±0.03d
	5~15	雄	0.66±0.03a	7.79±0.27a	14.60±0.35a	29.46±0.73a	0.90±0.04a
		雌	0.65±0.04a	6.86±0.22b	12.31±0.51b	27.21±0.86a	0.99±0.08a
	15~30	雄	0.53±0.02b	5.78±0.20c	7.04±0.23c	5.77±0.20b	0.66±0.03b
		雌	0.66±0.03a	6.47±0.28b	4.25±0.06d	4.77±0.01b	0.69±0.02b
	30~45	雄	0.40±0.02c	4.83±0.14d	3.78±0.32c	1.35±0.03d	0.54±0.02c
		雌	0.63±0.04a	5.56±0.14c	3.38±0.32e	2.77±0.01c	0.60±0.05b

注：*：显著水平 0.01 < p < 0.05；**：极显著水平 p < 0.01；NS：无显著影响。

表8-4 菌根状况、球囊霉素含量和土壤因子的三因素方差分析

项目	样地		土层		性别		样地 × 土层		样地 × 性别		土层 × 性别		样地 × 土层 × 性别	
	F	p	F	p	F	p	F	p	F	p	F	p	F	p
AM真菌侵染率	986.24	**	4345.47	**	48.80	**	279.15	**	47.42	**	34.33	**	15.93	**
ECMF侵染率	6604.71	**	2231.94	**	474.37	**	168.43	**	21.32	**	32.57	*	143.9	**
DSE侵染率	1610.26	**	2121.36	**	5202.97	**	621.77	**	72.62	**	97.45	**	0.94	NS
AM真菌孢子密度	6252.91	**	120.34	**	6.50	*	453.32	**	43.71	**	41.27	**	11.40	**
易提取球囊霉素	1603.65	**	2898.30	**	0.05	NS	51.42	**	34.12	**	11.95	**	85.60	**
总球囊霉素	758.88	**	2665.99	**	78.05	**	156.64	**	29.23	**	12.69	**	39.77	**
含水量	105.145	**	82.43	**	86.90	**	95.66	**	88.91	**	28.48	**	71.88	**
pH	154.42	**	60.65	**	79.89	**	43.79	**	87.54	**	0.17	NS	35.60	**
电导率	3807.63	**	3325.94	**	84.42	**	83.21	**	89.53	**	22.61	**	37.81	**
硝态氮	426.30	**	2067.01	**	24.56	**	62.18	**	73.28	**	16.10	**	45.93	**
铵态氮	938.01	**	880.07	**	5.05	*	79.68	**	13.87	**	50.10	**	25.27	**
速效磷	3434.25	**	2250.77	**	129.18	**	111.00	**	48.75	**	59.83	**	12.69	**
速效钾	7570.82	**	4403.87	**	26.20	**	297.91	**	30.60	**	69.74	**	41.35	**
有机碳	1888.93	**	2867.55	**	33.44	**	172.55	**	45.42	**	12.83	**	217.5	**
脲酶	273.84	**	590.38	**	481.28	**	29.14	**	34.31	**	22.89	**	48.86	**
过氧化氢酶	1508.76	**	2177.45	**	0.414	NS	85.50	**	62.05	**	86.05	**	92.16	**
脱氢酶	165.58	**	365.31	**	533.72	**	273.27	**	43.22	**	15.66	**	625.1	**
蔗糖酶	503.30	**	826.13	**	103.05	**	255.09	**	26.57	**	35.53	**	32.69	**
碱性磷酸酶	493.42	**	2220.49	**	121.77	**	60.82	**	27.37	**	59.08	**	78.61	**

注：*：显著水平 $0.01 < p < 0.05$；**：极显著水平 $p < 0.01$；NS：无显著影响。

二、菌根侵染状况对土壤因子的影响分析

1.菌根侵染状况、球囊霉素含量与土壤因子的相关性分析

菌根状况、球囊霉素含量与土壤因子的相关性分析结果如表 8-5 所示：

AM 真菌侵染率与 TG、硝态氮、铵态氮、速效钾、速效磷、SOC 含量和土壤含水量显著正相关，与过氧化氢酶、脱氢酶、蔗糖酶、碱性磷酸酶活性极显著正相关。

ECMF 侵染率与土壤含水量和铵态氮含量显著正相关，与脱氢酶和蔗糖酶活性显著正相关，与 EEG 含量和 pH 显著负相关。

DSE 侵染率与 TG、EEG、硝态氮、速效磷、SOC 含量、土壤含水量和电导率显著正相关，与脲酶、过氧化氢酶、脱氢酶、蔗糖酶、碱性磷酸酶活性极显著正相关，与 pH 显著负相关。

AM 真菌孢子密度与 TG、EEG、硝态氮、速效磷、有机碳含量显著正相关，与过氧化氢酶、脱氢酶、蔗糖酶、碱性磷酸酶活性极显著正相关，与电导率显著负相关。

TG 和 EEG 含量之间有极显著的相关性。TG 与硝态氮、铵态氮、速效钾、速效磷、有机碳含量显著正相关，与脲酶、过氧化氢酶、脱氢酶、蔗糖酶、碱性磷酸酶活性极显著正相关。EEG 与硝态氮、铵态氮、速效钾、速效磷、有机碳含量和电导率显著正相关，与脲酶、过氧化氢酶、脱氢酶、蔗糖酶、碱性磷酸酶活性极显著正相关，与 TG/SOC 和 pH 显著负相关。

表 8-5 菌根状况、球囊霉素含量与土壤因子的相关性分析

因子	侵染率			AM 真菌孢子密度	TG	EEG
	AM 真菌	ECMF	DSE			
总球囊霉素	0.238**	0.023	0.421**	0.784**		
易提取球囊霉素	0.042	−0.163*	0.349**	0.486**	0.697**	
TG/SOC	−0.137	−0.057	0.063	−0.099	−0.002	−0.370**
EEG/SOC	0.094	−0.013	−0.117	0.127	−0.003	−0.013
脲酶	0.113	0.141	0.599**	0.061	0.236**	0.452**
过氧化氢酶	0.307**	−0.032	0.207**	0.769**	0.730**	0.606**
脱氢酶	0.666**	0.178*	0.586**	0.601**	0.563**	0.412**
蔗糖酶	0.608**	0.281**	0.627**	0.650**	0.708**	0.562**
碱性磷酸酶	0.247**	−0.030	0.403**	0.618**	0.780**	0.781**

续表

因子	侵染率			AM 真菌孢子密度	TG	EEG
	AM 真菌	ECMF	DSE			
pH	−0.083	−0.187*	−0.302*	0.007	−0.137	−0.259**
含水量	0.384**	0.381**	0.208**	−0.098	−0.079	−0.013
电导率	0.026	0.114	0.538**	−0.223**	0.058	0.401**
硝态氮	0.565**	0.145	0.359**	0.722**	0.712**	0.684**
铵态氮	0.480**	0.263**	0.128	0.689**	0.556**	0.452**
速效磷	0.422**	0.108	0.155*	0.850**	0.672**	0.303**
速效钾	0.334**	−0.032	0.050	0.833**	0.710**	0.551**
有机碳	0.286**	0.054	0.273**	0.623**	0.718**	0.738**

注：*：显著水平 0.01 < p < 0.05；**：极显著水平 p < 0.01。

2. 青杨根际土壤因子的主成分分析

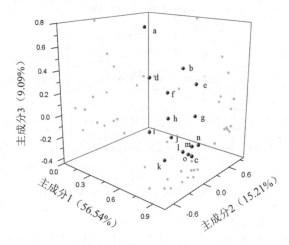

图 8-6 主成分分析中各因子对主成分的贡献

注：a. AM 真菌侵染率；b. 脱氢酶；c. 过氧化氢酶；d. 电导率；e. 蔗糖酶；f. 脲酶；g. 硝态氮；h. 铵态氮；i. 速效磷；j. AM 真菌孢子密度；k. 速效钾；l. 有机碳；m. 碱性磷酸酶；n. 易提取球囊霉素；o. 总球囊霉素。

对 5 个样地土壤因子和球囊霉素含量共 15 个指标进行主成分分析，根据相关矩阵特征值大于 1、方差积累贡献率大于 80% 的原则，选取了 3 个主成分。PC1 主要区分了土层间的差异，PC2 主要区分了样地间的差异，PC3 主要区分了性别的差异，这表明土层的作用大于样地，大于性别。第 1 主成分对总体信息的贡献率，为 56.54%；第 2 和第 3 主成分对总体信息的贡献率分别为 15.21% 和 9.09%（图 8-6）。由于第 1 主成分的贡献率最大，因此认为第 1 主成分主要包含的过氧化氢酶活性、AM 真菌孢子密度、TG 含量和硝态氮含量（权重在

0.863～0.889）能够反映青海高原青杨立地环境的土壤状况。5个样地青杨根际土壤因子与球囊霉素含量主成分分析如图8-7，5个样地青杨雌株和雄株的根际土壤因子和根系菌根状况在样地间、土层间和性别间均存在一定差异。

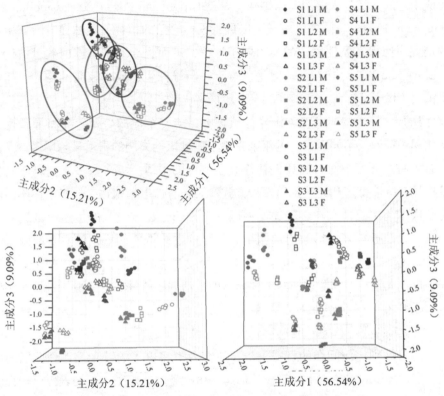

图8-7 不同样地青杨雌株和雄株根际土壤因子的主成分分析

注：S1：样地1；S2：样地2；S3：样地3；S4：样地4；S5：样地5；L1：土层1；L2：土层2；L3：土层3；M：雄株；F：雌株。

三、雌雄异株植物比例的影响因素

1. 雌雄异株植物研究状况

（1）雌雄异株植物的雌雄比例

在自然界中，雌雄异株植物约占被子植物的6%。但正是由于固定的植物和花粉以及种子的传播距离的变化，使得我们能够去思考独立于动物的雌、雄之间的关系（Lloyd, 1982; Bulmer and Taylor, 1980）。形态学上的性别差异以及和生殖成本的差异，在植物的整个生命周期均会产生作用（Delph, 1999）。不同的生殖成本是决定雌株和雄株性别比例最基本的因素。雌株大量的生殖投入可能与雄性比例增多有一定的相关性（Charnov, 1982; Lloyd and Webb, 1977）。因此，大量研究认为，需要借助生物传播果实的多年生植物，由于雌株在生殖成本上的大量投入会偏向于雄株（Wheelwright and Logan, 2004; Cipollini and Whigham, 1994）。同样，对于可以进行无性繁殖的植物，雌株在有性繁殖中的消耗，使得其无性繁殖的能力弱于雄株，进而也导致了雄株的数量占优势（Lloyd and Webb, 1977）。但是，对于一些雄株生殖成本较高的物种，如风媒植物（Harris and Pannell, 2008），雌株占优势。

Darwin（1877）发现雌雄异株植物中，雌雄个体的生殖差异将导致性别特化和对资源的不同需求。近年来，关于雌雄比例失调的报道日趋增多，尤其是有关胁迫环境中雄株的比例往往高于雌株的报道。大多数多年生雌雄异株植物具有有性繁殖和无性繁殖两种方式。对于有性繁殖植物，雌雄个体不同的生殖成本是决定性别比例的原始原因，而雌株自身需投入的生殖成本远大于雄株，以及近年来环境胁迫加剧是导致种群中雄株比例增多的主要原因之一（Wheelwright and Logan, 2004）。对于无性繁殖的植物，雌株在有性繁殖过程中投入大量营养和能量使其无性繁殖的成活弱于雄株，这也成为雄性比例增多的原因之一（Lloyd and Webb, 1977）。

（2）影响雌雄异株植物雌雄比例的因素

随着性别比例问题的日益突出，研究者也将更多的目光投入到性别的研究。多种环境胁迫条件下，雄株从形态、生理到生态水平上，均表现出较强的适应性和较高的生存能力（Li et al., 2015; Han et al., 2013）。青杨是青海地区主要的林木经济树种和生态造林树种，也是典型的雌雄异株植物。在营养较为贫瘠的地区，雄株的比例较高，而在营养较为丰富的地区，雌株的比例较高（Xu et al., 2008b）。同时，在模拟元素亏缺、干旱、盐碱、紫外线和病虫害等盆栽试验中，和雌株相比，雄株具有更好的适应能力（Li et al., 2015; Yang et al., 2009; Ren et al., 2007）。在陆地生态系统中，雌雄异株植物扮演着重要角色，例如杨柳科植物是北方大多数森林生态系统中的优势树种（Li et al., 2015）。近年来多种气候灾害不断发生，不同环境胁迫会对雌雄个体生理生化和生态进化过程产生影响，进而引起生长、形态、生殖和分布等方面的性别差异，而这种差异往往会引起性别比例失调，种群繁殖能力下降，甚至对其生态系统产生不可逆的损害。

雌雄异株植物为研究植物的性别决定和进化机制提供了可能，尤其在性染色体的进化研究中至关重要（Negrutiu et al., 2001）。实际生产过程中，同种植物的不同性别往往具有不同经济价值：雌株产生种子和果实，而雄株在以营养器官生长为主的林木绿化方面表现出较好的经济价值和生态价值。雌雄异株植物往往在形态表征、生理生化及面对多种环境胁迫的生态进化过程中呈现出明显差异。

尽管雌雄异株植物中性别比例偏离已经被广泛报道，但对其成因的探讨依旧存在很大困难（Field et al., 2013）。首先，在开花或结果之前，绝大多数的雌雄异株植物无法直观地分辨性别。因此，这些植物的性别比例只是成熟个体的性别比例，忽略了生长期的植株。其次，许多长生长周期的多年生植物具有有性和无性两种繁殖方式（Klimeš et al., 1997），这样，性别比例统计通常基于无性系分株而不是有性繁殖的结果（Field et al., 2013），无性繁殖（Popp and Reinartz, 1988; Sakai and Burris, 1985）和有性繁殖（Barrett and Thomson, 1982; Bawa et al., 1982）的比例可能导致了偏离的性别比例。

而根际微生物、微环境和菌根真菌之间存在着复杂的交互作用。性别在其中的作用依旧是个迷。为了探究 AM 真菌对青杨雌株和雄株耐旱性的性别差异性，调查在野外环境中青杨雌株和雄株不同生长阶段和在不同干旱地区根际微环境和菌根状况是非常必要的。

2. 土壤因子和菌根真菌的影响

（1）土壤因子的影响

在全球范围内，气候、土壤和时间被认为是预测土壤真菌丰富度和群落结构的最有效的三个因素（Tedersoo et al., 2014）。在这几个因素中，土壤因子往往展示出与气候变化相关的变化趋势（Burke, 2011）。大量的结果也揭示了气候对于改变土壤状况的潜在作用。Tedersoo et al.（2014）研究认为，气候能够影响土壤状况，进而对土壤微生物产生影响。本研究结果也表明，在中国西北地区，杨树性别和环境干旱程度对根系菌根侵染状况、根际土壤理化性质等都产生了显著影响。

在本研究中，由于气候原因，干旱水平从样地 S1 到 S5 逐渐递增。这可能就是造成菌根和土壤理化性质空间分布差异的主要原因。在严重干旱的地区，土壤酶活性的降低可能是由这些地区植物代谢的降低导致的。由于较低的水分吸收和较高的水分蒸发水平，植物和土壤微生物均需要保持较低的代谢水平以维持生存，这就导致了土壤酶活性和分泌水平的降低。这些现象进而引起了土壤营养元素含量减少。与上述一致，本研究结果也表明，随着环境的干旱水平逐渐增加，植物根际土壤营养元素含量逐渐减少。

许多研究结果强调了物种在土壤理化性质和微生物群落组成中的重要影响，发现即使在同样的土壤环境中，不同植物物种根际土壤理化性质和微生物群落也截然不同（Marschner et al., 2001; Miethling et al., 2000）。然而，对于同一物种，性别之间的差异往往被忽略，尤其是在野外环境中。而且在某些情况下，性别的影响可能会更大。随着越来越多研究被发表，本研究也认为这种影响是客观存在，且不能够被忽略的（Li et al., 2015a; Li et al., 2015b）。因此，在本试验中，主要研究了这个潜在因素对土壤理化性质的影响程度，进而揭示其在环境中的重要性。

本研究结果表明，宿主的性别增加了土壤异质性。在同一样地中，雌株和雄株之间根际土壤理化指标存在较大差异。除了铵态氮含量外，所测定的土壤元素含量均受到性别的显著影响，这直接表明了性别作用的存在。同样，对于土壤蔗糖酶、脱氢酶和脲酶活性，同样存在显著的性别差异。青杨雌株和雄株对于环境胁迫的响应的差异性已经被广泛报道（Li et al., 2015a; Li et al., 2015b; Zhang et al., 2010）。正是由于不同性别对于干旱的不同响应，雌株和雄株根际状况截然不同，进而直接影响了土壤理化性质。受影响的土壤微生物反过来对土壤环境产生影响，又间接地引起了土壤异质性。

（2）菌根真菌的影响

植物能够通过改变自身形态、生理生化过程来适应不同的环境胁迫（Boyer, 1982）。除此之外，通过与植物形成共生或非共生的联系，土壤微生物也能够提高植物抵抗各种逆境的能力。在这些微生物中，菌根真菌在地上与地下的连接中起到了巨大的作用（Jeffries et al., 2003; Copley, 2000）。菌根化的根系能够通过外生菌丝接触到根系自身接触不到的区域来吸收营养和水分（Smith and Read, 2008）。除此之外，菌根真菌和多个宿主间能够形成复杂的共生关系，使得菌根真菌和宿主植物均获得好处。同时，菌根真菌—植物共生体系能够提高宿主植物耐旱性等多种对逆境的抵抗能力。研究发现，在干旱胁迫条件下，菌根化根系的侵染率低于正常水分下的根系侵染率（Armada et al., 2015）。但是，也有很多研究得到了相反的结论（Ruiz‐Lozano et al., 2016; Li et al., 2015a）。

然而，侵染水平从来不能够作为评判菌根真菌对宿主植物帮助大小的决定性指标。即使是在根系侵染率低于10%的情况下，AM真菌侵染同样能够提高宿主耐旱性（Ruiz‐Lozano et al., 2016; Tedersoo et al., 2014）。在本研究中，随着年降水量从 S1 样地（520 mm）降低到 S4（159 mm），AM 真菌侵染率、孢子密度也逐渐降低。然而在最干旱的 S5 样地，AM 真菌侵染率反而高于 S3 和 S4 样地，这可能是由于 S5 样地土壤中含有较高的盐分引起的。除此之外，本研究发现雄株根系中 AM 真菌侵染率往往不低于雌株，这表明了雌株和雄株植物在与 AM 真菌形成共生过程中可能存在潜在的不同机制。

本研究发现，ECMF 和 DSE 侵染率在样地间和性别间的变化是不规律的。在 3 种菌根类型中，DSE 的侵染水平是最低的。这可能是由于 DSE 没有外生菌丝使得其扩散性较差造成的（Ban et al., 2012）。然而，3 种菌根类型均受到了样地和性别的显著影响。

（3）球囊霉素的影响

通常认为，球囊霉素是 AM 真菌分泌的糖蛋白，这些糖蛋白能够显著改善土壤水分和透气状况（Wright and Upadhyaya, 1998）。在本研究中，各个样地土壤均含有高的 TG 和 EEG，表明在干旱地区球囊霉素对维持土壤水分状况的重要性。虽然 AM 真菌侵染率随着样地间年降水量的降低而降低，EEG 含量却呈现了相反的规律，这可能是由于干旱环境的刺激和土壤微生物活性较低引起的：干旱环境刺激了 AM 真菌产生更多的球囊霉素；干旱条件下，土壤微生物活性降低，对球囊霉素的分解活性也降低，使得球囊霉素的消耗减少。但是，TG 含量和球囊霉素对 SOC 的贡献率在 5 个样地间变化不大。

使用相关性分析和 PCA 对土壤理化性质和菌根状况进行了分析。结果指出，AM 真菌侵染率与土壤元素以及酶活性之间成显著的正相关，说明 AM 真菌对于改善植物生长土壤状况的重要性。AM 真菌侵染率和孢子密度较高，往往能代表该地区土壤中元素含量和酶活性较高。由于 AM 真菌具有能提高元素利用率、土壤酶活性等特性，因此，AM 真菌被认为是可循环生态农业的重要组成（Hu et al., 2010; Kohler et al., 2009）。PCA 结果表明，土壤中过氧化氢酶活性、AM 真菌孢子密度、TG 含量和硝态氮含量对于青海高原青杨立地环境状况的代表性最强。其中 AM 真菌孢子密度和 TG 属于 AM 真菌相关的理化性质，这表明 AM 真菌对青杨生长的重要性。

第九章 青杨雌株和雄株根际微生物群落与土壤因子的关系

干旱是一种典型的环境胁迫，严重限制了植物生长发育和多种生理生化过程（Praba et al., 2009; Benjamin and Nielsen, 2006）。杨树在造纸工业和能源产业中都是一种重要的原料来源，但杨树同时也是一种需水量大、对干旱敏感的树种，极易受到水分亏缺的影响（Regier et al., 2009）。植物对于干旱环境的适应是多方面的，包括生长的适应和生理生化过程的适应等，例如形态结构的改变，光合作用和水分吸收的调整（Duan et al., 2008）。除了这些内在过程的调控，植物与微生物的互作也十分重要。为了克服干旱所造成的影响以及维持物种性别比例，研究者们开始通过传统方法来选择适宜的植物和微生物物种，使其共同发挥作用。在这种情况下，寻找在干旱条件下最适宜的微生物和植物物种的组合成为最切实可行的方法。

土壤微生物是多样性广泛的微生物种群之一，对于生态系统的重要性也不言而喻（Dini-Andreote et al., 2016; Nguyen et al., 2016）。土壤微生物通过调控土壤碳循环、土传植物病原菌和营养元素吸收转化等过程，成为生态系统不可或缺的一部分（Tedersoo et al., 2014）。现有的研究已经表明，在特定的植物生态系统中，微生物群落的组成并不是任意物种的集合，研究者也在尝试揭开微生物群落形成的过程与植物群落形成的相关性（Maherali and Klironomos, 2007; Keddy and Weiher, 1999）。

雌雄异株植物对于胁迫的性别差异性研究已经十分广泛，但是不同胁迫条件下根际土壤环境和真菌群落的研究依旧很少（Li et al., 2015b; Zhang et al., 2010）。以往的研究表明，植物雄性群体往往较雌性群体表现出更好地对非生物胁迫的适应性（Han et al., 2013; Zhang et al., 2010）。雌株需要消耗更多的繁殖成本成为研究者解释该现象的主要观点之一。在本研究之前的盆栽试验中，青杨雌株和雄株对于 AM 真菌存在偏好，这表明微生物可能存在影响宿主植物性别比例的潜在作用，同时也揭示了雌株和雄株之间在耐旱机制上存在不同（Li et al., 2015a; Li et al., 2015b; Wu et al., 2015）。因此，本研究从青杨雌株和雄株根际微生物群落与土壤因子的关系，探究在半干旱和干旱地区青杨根际微生物群落组成和性别间的联系。

第一节　根际微生物全基因组测定

一、样地概况、供试植物和样品采集

1. 样地概况和供试植物

研究样地位于青海省中东部，样地概况同第八章（图 8-1）。由于降水稀少、挥发量大，导致该地区常年遭受干旱、盐碱和强紫外线等环境胁迫，是世界上最恶劣的生态区域之一。青海省位于青藏高原东北部，面积广阔，地区差异巨大，降水呈现由东到西、由南到北递减。该地区属于高原大陆性气候，主要的土壤类型为干旱草原土。在该区域选取位于 3 个不同干旱水平的 5 个样地（表 8-1）作为研究样地：1）半湿润区（S1，城关）；2）半干旱区（S2，西宁；S3，海晏）；3）干旱区（S4，乌兰；S5，茶卡）。其中，S5 样地位于乌兰县茶卡镇，该地区以茶卡盐湖著名，因此样地土壤中含有较高的盐分。

本试验选取广泛分布于青海省的乡土树种青杨（*Populus cathayana* Rehder）。是中国特有树种，也是典型的雌雄异株植物，其性别间的差异也已经被广泛报道。

2. 样品采集

2015 年 10 月，在每个样地划出 3 个 20 m × 20 m 样点，又在每个样点中分别随机选取树龄在（20 ± 2）年的 5 棵健康雄株和 5 棵健康雌株。每棵树按照东西南北 4 个方向进行采集。去除表面 5 cm 的腐殖质层，采集 0 ~ 15 cm 的根系。轻轻抖掉并收集根系上的土壤作为根际土，将根际土壤和根系分别保存。将同一样点、同一性别的根际土壤和根系分别混合作为一个样品。根际土壤和根系样品保存在 4℃采集盒，回到实验室后将土壤保存在 -20℃冰箱，选取部分根系保存在 FAA 固定液中（Phillips and Hayman, 1970）。

二、根际微生物全基因组测定

1. 真菌和细菌 PCR 扩增

（1）微生物 DNA 提取

本试验中，将保存在 –20℃冰箱的根际土壤用于根际微生物全基因组的测定。使用 E.Z.N.A. 土壤 DNA 试剂盒（Omega, 美国），按照说明步骤提取土壤样品中的微生物 DNA。

（2）微生物 PCR 扩增

① 引物：真菌 16s ITS 区 rDNA 基因的 PCR 扩增选取 ITS1 区域，引物对为：

ITS1F（5'–CTTGGTCATTTAGAGGAAGTAA–3'）

ITS2（5'–GCTGCGTTCTTCATCGATGC–3'）

细菌 18s 区 rDNA 基因的 PCR 扩增引物对为：

520F（5'–AYTGGGYDTAAAGNG–3'）

802R（5'–TACNVGGGTATCTAATCC–3'）

② 反应体系：PCR 扩增使用 25 μL 的反应体系，包括各 2 μL 上下游引物、2 μL 模版 DNA、5 μL 反应缓冲液（5×）、5 μL 高 GC 增强剂（5×）、2 μLdNTP、0.25 μL 聚合酶（5U/μL）和 8.75 μL 超纯水。PCR 反应使用 S1000™ Thermal cycler（Bio–Rad, 美国）进行。

③ 反映程序：98℃、5 min, 27 次循环（98℃、30 s, 56℃、30 s, 72℃、30 s），最后 72℃、5 min。PCR 产物使用 1% 琼脂糖胶检测，并用 DuRed 核酸染液（Merck, 德国）进行染色。

（3）测序和数据分析

真菌 16s ITS 区 rDNA 基因和细菌的 16s V4 区 rDNA 基因的 PCR 扩增、高通量测序仪（Illumina Miseq）测序和数据分析，由上海派森诺生物科技股份有限公司（上海 , 中国）（http://www. personalbio.cn/）进行。

2. 数据处理与分析

使用非线性多维尺度分析法（non–metric Multidimensional scaling, nMDS）比较微生物群落之间的差异性。在进行 nMDS 分析前，数据需要进行转换并建成 Bray-Curtis 相似性矩阵。

使用单向非参数分析（one–way non parametric Analysis of similarities,

ANOSIM）对样地和性别间的相对丰度进行比较。同时，真菌群落结构和样地间物理距离的相关性使用相关分析进行。

nMDS、ANOSIM 和相关分析均使用 Primer7（PRIMER-E Ltd, 英国）生态分析软件进行。

将全基因组测序的结果进行去趋势对应分析（Detrended correspondence analyses, DCA）分析后，选取冗余分析（Redundancy analyses, RDA）来分析微生物群落组成与环境因子的关系。DCA 和 RDA 分析使用 Canoco（version 4.5, Centre for Biometry, 荷兰）生态分析软件进行。

环境因子数据使用第八章表层（L1）的环境因子数据。

第二节　根际微生物群落组成与分布

一、根际微生物群落组成

1. 根际真菌群落组成

青杨雌株和雄株根际微生物群落组成的试验结果如图 9-1 所示。在 5 个样地青杨雌株和雄株根际土中，检测并鉴定的真菌分布于 5 个门（图 9-1A）：结合菌门（Zygomycota）、子囊菌门（Ascomycota）、担子菌门（Basidiomycota）、球囊菌门（Glomeromycota）和壶菌门（Chytridiomycota），所占比例分别为 25.24%、58.99%、15.34%、0.31% 和 0.11%。其中 Ascomycota 门所占比例最高，且呈现从样地 S1（降水量 520 mm/y）到 S5（降水量 193 mm/y）递增的规律，这表明了该门的真菌对干旱的响应较显著，可能具有一定的耐旱性。除此之外，本试验检测到的真菌分布在 28 个纲、92 个目、170 个科和 380 个属。

2. 根际细菌群落组成

在 5 个样地青杨雌株和雄株根际土中，检测并鉴定的细菌共有 21 个门：酸杆菌门（Acidobacteria）、放线菌门（Actinobacteria）、水产菌门（Aquificae）、装甲菌门（Armatimonadetes）、拟杆菌门（Bacteroidetes）、衣原体门（Chlamydiae）、绿菌门（Chlorobi）、绿弯菌门（Chloroflexi）、蓝藻（Cyanobacteria）、迷踪菌门（Elusimicrobia）、纤维杆菌门（Fibrobacteres）、厚壁菌门（Firmicutes）、芽单胞菌门（Gemmatimonadetes）、硝化螺旋菌门（Nitrospirae）、浮霉菌门

（Planctomycetes）、变形菌门（Proteobacteria）、螺旋体门（Spirochaetes）、柔膜菌门（Tenericutes）、栖热菌门（Thermi）、热袍菌门（Thermotogae）和疣微菌门（Verrucomicrobia），所占比例分别为 12.27%、21.78%、0.00%、0.22%、9.03%、0.01%、0.09%、6.76%、0.07%、0.00%、0.05%、0.66%、7.78%、1.05%、7.06%、29.62%、0.00%、0.00%、0.04%、0.00% 和 3.50%。挑选所占比例高于 1% 的 9 个门作图。如图 9-1B 所示，Actinobacteria 和 Proteobacteria 两个门所占比例最高，且多样性和丰富水平高于真菌。同时，细菌在门水平的分布未观察到在性别或样地上的区别。

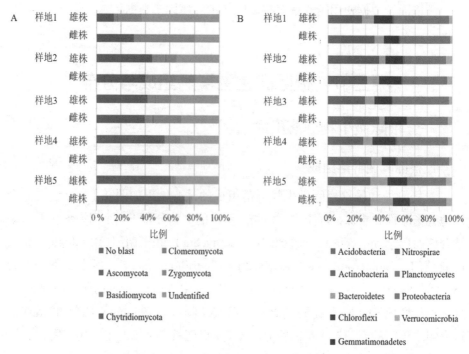

图 9-1 青杨雌株和雄株根际微生物群落组成

A：真菌，B：细菌

二、根际微生物分布

1. 根际真菌 OTUs 分布

对 5 个样地青杨雌株和雄株根际土壤中真菌进行检测，共检测到 380 个不同的真菌 OTUs（Operational taxonomic units），雌株根际共测定到 253 个，雄株根际共测定到 238 个，还有 111 个在雌株和雄株根际均被检测到（图 9-2A）。真菌在雌株和雄株间的分布存在极大的差异性，这可能是由于雌株和雄株之间的某些差异引起的。同时，不考虑性别，51、60、73、60 和 43 个 OTUs 分别仅存在于样地 S1 到 S5 中，只有 42 个存在于所有的样地中（图 9-2B）。这些 OTUs 在 5 个样地间同样存在一定差异，说明样地对真菌群落的影响较大。

Ascomycota 门的真菌分布最广泛，且包含的真菌种类也最多。在这些属中，含量最多的是被孢霉属（*Mortierella*）。同时，在各个样地间真菌属的丰富度不同，且没有显著规律。但是，镰刀菌属（*Fusarium*）、*Thelebolus*、*Guehomyces*、根孢囊霉属（*Rhizophagus*）、近明球囊霉属（*Claroideoglomus*）在样地 S5（茶卡盐湖）丰富度显著高于其它样地，因此这 5 个属的真菌更适应盐碱的环境。除此之外，除了 *Tetracladium*、翅孢壳属（*Emericellopsis*）、青霉属（*Penicillium*），其他属均表现出在雌株根际土中的分布高于雄株根际土，这说明这些属存在性别的偏好性，且雌株和雄株间存在某种差异。

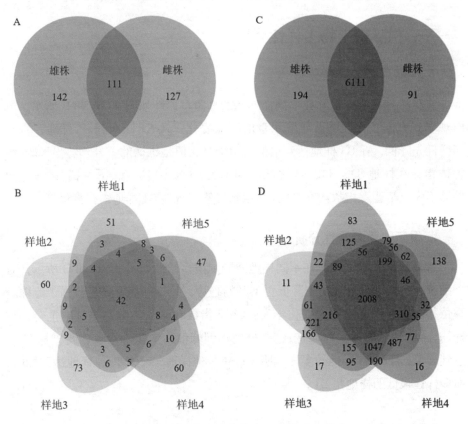

图 9-2 不同样地青杨雌株和雄株根际真菌（A，B）和细菌（C，D）OTUs 分布

159

2.根际细菌OTUs分布

对5个样地青杨雌株和雄株根际土壤中细菌进行检测，共检测到6 396个不同的细菌OTUs，雌株根际共测定到6 305个，雄株根际共测定到6 202个，其中6 111个在雌株和雄株根际均检测到（图9-2C，D）。结果表明，细菌在雌株和雄株之间的分布存在一定的差异性，但这种差异明显小于真菌，说明雌株和雄株之间的差异对真菌的影响较大，而对细菌的影响较小。除此之外，绝大多数的细菌OTUs在5个样地均有分布，同样5个样地间的差异明显小于真菌，说明样地间的差异（可能是干旱程度）对细菌的影响小于对真菌的影响。即真菌对宿主性别和样地间的差异的敏感程度大于细菌。

第三节　根际微生物多样性和相似度分析

一、根际微生物多样性分析

1.根际真菌多样性分析

青杨雌株和雄株根际在不同样地间的真菌多样性如图9-3A和B所示，可以观察到真菌多样性随着年降水量的明显变化：从S1样地到S5样地，真菌多样性先降低，在S3样地达到最低值后上升，但是雄株的上升趋势强于雌株。香侬指数在样地S2、S3、S4之间差别不大；Chao指数和Ace指数在样地间差异不大；辛普森指数均在S3样地达到峰值，且在S1样地多样性最低。

2.根际细菌多样性分析

青杨雌株和雄株根际在不同样地间的细菌多样性如图9-3C和D所示，对于细菌，多样性也呈现出先降低再上升的趋势，且雄株的上升趋势强于雌株。香侬指数在5个样地间的变化不大；Chao指数和Ace指数趋势基本重合，雄株均在S3达到峰值，而雌株在S2样地达到峰值；辛普森指数表明雄株在S2达到峰值，且在S5样地的多样性明显低于其他样地，雌株在S4样地达到峰值，而多样性最低的样地是S1。

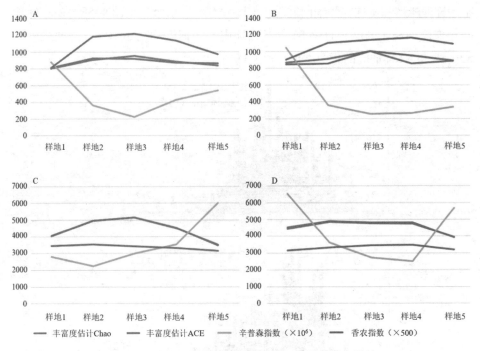

图 9-3　青杨雌株和雄株根际在不同样地间的多样性

真菌（A，雄株；B，雌株），细菌（C，雄株；D，雌株）

二、根际微生物相似度分析

1. 根际真菌相似度分析

真菌群落结构和样地距离间的相关性分析结果如图 9-4A。Rho 值和显著水平分别是 0.024 和 39.3%，说明真菌群落间的差异性与样地间距离无显著联系。也就是说，样地间的真菌群落差异不是由物理距离引起的。

本研究进一步对样地间真菌群落数据进行了 nMDS 分析，结果见图 9-5A。从结果来看，除在样地 S1，其他同一样地内雌株和雄株 nMDS 相似度均高于 90%，说明较性别而言，样地能够更好地区别真菌群落的差异。除此之外，S2 和 S3 的相似性较高，也达到了 90%。

2. 根际细菌相似度分析

细菌与样地物理距离的相关性分析结果见图 9-4B。Rho 值和其显著水平分别是 0.032 和 35.1%，说明样地间细菌群落差异与样地间物理距离没有显著联系。

不同样地雌株和雄株根际细菌群落相似度 nMDS 分析结果见图 9–5B。所有样地间相似度均高于 80%，且除 S1 外各样地内部相似度均高于 90%。除此之外，S2、S3 和 S4 样地间的相似度也达到了 90%。

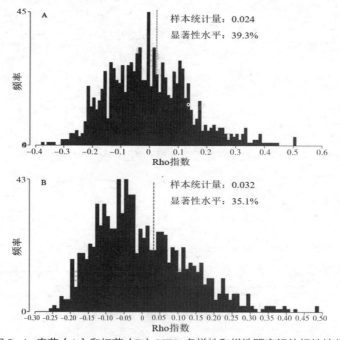

图 9-4　真菌（A）和细菌（B）OTUs 多样性和样地距离间的相关性分析

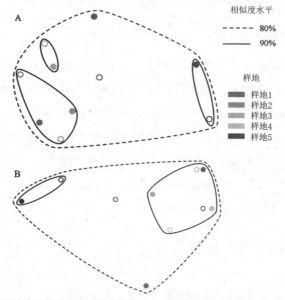

图 9-5　不同样地雌株和雄株根际真菌（A）和细菌（B）群落相似度 nMDS 分析

三、根际微生物及土壤理化性质 RDA 分析

1. 真菌及土壤理化性质 RDA 分析

根据第八章表层土壤理化性质数据，对 5 个样地青杨雌株和雄株根际丰富度较高的真菌和环境因素进行冗余分析，结果如图 9-6 和表 9-1。在所有样地中，速效磷、速效钾、铵态氮、EC、土壤 pH、土壤水分含量、碱性磷酸酶和过氧化氢酶活性在样地和真菌分布中起到显著作用。

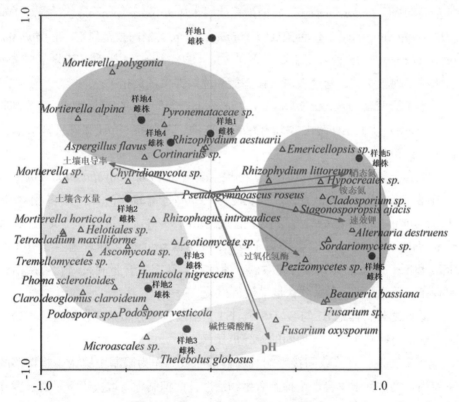

图 9-6 不同样地青杨雌株和雄株根际真菌及土壤理化性质 RDA 分析

表 9-1 土壤因子显著水平

土壤因子	显著水平	土壤因子	显著水平
速效磷	0.014	pH	0.046
速效钾	0.024	土壤含水量	0.008
铵态氮	0.016	碱性磷酸酶	0.048
土壤电导率	0.026	过氧化氢酶	0.004

被孢霉属（*Mortierella polygonia*）、高山被孢霉（*Mortierella alpine*）、火丝菌科（*Pyronemataceae* sp.）、黄曲霉（*Aspergillus flavus*）、丝膜菌属（*Cortinarius* sp.）、根生壶菌属（*Rhizophydium aestuarii*）等6种真菌主要分布在S1M、S1F、S4M和S4F样地，其分布与EC正相关，与pH和碱性磷酸酶活性负相关。

被孢霉属（*Mortierella* sp.）、壶菌属（*Chytridiomycota* sp.）、园圃被孢霉（*Mortierella horticola*）、柔膜菌属（*Helotiales* sp.）、*Tetracladium maxilliforme*、子囊菌属（*Ascomycota* sp.）、银耳属（*Tremellomycetes* sp.）、茎点霉属（*Phoma sclerotioides*）、近明球囊霉（*Claroideoglomus claroideum*）、柄孢壳菌属（*Podospora* sp.）、柄孢壳菌属（*Podospora vesticola*）、黑腐质霉（*Humicola nigrescens*）、锤舌菌属（*Leotiomycete* sp.）、根内根孢囊霉（*Rhizophagus intraradices*）等15种真菌主要分布在S2F、S2M和S3M样地，其分布与土壤含水率呈现正相关，与速效磷、铵态氮和速效钾含量负相关。

小子囊菌属（*Microascales* sp.）、*Thelebolus globosus*、尖孢镰刀菌（*Fusarium oxysporum*）等3种真菌主要分布在S3F样地，其分布与pH和碱性磷酸酶活性呈现正相关。

翅孢壳属（*Emericellopsis* sp.）、根生壶菌属（*Rhizophydium littoreum*）、肉座菌属（*Hypocreales* sp.）、枝孢属（*Cladosporium* sp.）、壳多孢菌属（*Stagonosporopsis ajacis*）、链格孢属（*Alternaria destruens*）、粪壳菌属（*Sordariomycetes* sp.）、盘菌属（*Pezizomycetes* sp.）等8种真菌主要分布在S5M和S5F样地，其分布与速效磷、速效钾、铵态氮含量和过氧化氢酶活性呈现正相关，与EC和水分含量呈现负相关。

除此之外，样地S1与S4、S2与S3土壤及真菌分布状况较接近。本研究还发现，与性别相比，样地间的差异更显著。

干旱胁迫会直接或间接影响真菌群落组成。作为限制土壤微生物群落的主要因素之一，干旱会严重抑制微生物活性，而抑制程度取决于干旱的强度和持续时间（Mauritz et al., 2014; Schindlbacher et al., 2012）。除此之外，干旱会导致一些植物物种的消失，间接影响了该地区的微生物群落组成（de Santiago et al., 2016）。

通常情况下，植物物种的多样性会引起微生物物种的多样性。在本试验中，真菌OTUs多样性和样地距离间的相关性分析结果表明，5个样地间青杨根际真菌群落的区别是由多种环境因素引起的，而非单一的物理距离引起的。这表明本研究中的植物物种、性别和样地干旱程度，对真菌群落都可能存在潜在的作用，而并不只是物理距离引起的差异。本研究进一步对样地间真菌群落数据进行了 nMDS 分析，结果表明在同一样地（除 S1 样地）的雌株和雄株，根际真菌群落的相似度均高于 90%，而不同样地间的相似度高于 80%，这表明样地对真菌群落的影响较大。同时，S2 和 S3 样地间的相似度也高于 90%，这是由于 S2 和 S3 样地处于同一干旱地区，年降水量等气候环境也十分接近。

除此之外，在本研究还发现随着年降水量的逐渐降低，雌株和雄株根际真菌多样性均呈现先降低后增加的趋势。这表明在干旱地区，干旱对于真菌群落组成的影响大于物种的性别。但是，雌株的该变化趋势弱于雄株，这可能是由于青杨雌株和雄株在根系分泌水平和胁迫响应上的差异引起的（Li et al., 2015b）。

RDA 结果强调了速效磷、速效钾、铵态氮、pH、碱性磷酸酶活性和土壤电导率对干旱地区土壤异质性的影响，这与以前的研究结果基本一致（Yao et al., 2016）。而且，干旱水平和较低的土壤元素利用水平严重抑制真菌群落的规模和多样性（Zaman et al., 1999）。本试验结果与该观点一致。反之，较高的微生物多样性会引起更高的微生物生物质碳代谢，进而提高了元素的可利用水平（Zaman et al., 1999）。这与本研究的结果一致，微生物多样性和元素含量存在较高的正相关关系。与 nMDS 结果相比，RDA 分析过程中加入了环境因素。本研究中 nMDS 分析和 RDA 分析得到了一致的结果：1）样地的影响大于性别的影响；2）S2 和 S3 样地的生物和非生物状况十分接近；3）S5 与其他样地差别较大，这可能是由于 S5 样地土壤含盐量较高导致的。这些结果均表明了气候和土壤条件对环境和真菌群落的重要性（Tedersoo et al., 2014）。

2. 细菌及土壤理化性质 RDA 分析

选择检测到的丰富度较高的细菌属与土壤理化性质进行 RDA 分析，结果如图 9-7 和表 9-2。分析发现，在土壤理化性质中，速效磷、速效钾、硝态氮和铵态氮含量，过氧化氢酶、脱氢酶和碱性磷酸酶活性，EC 和 pH 最具有代表性。

表 9-2　土壤因子显著水平

土壤因子	显著水平	土壤因子	显著水平
速效磷	0.008	土壤电导率	0.046
速效钾	0.002	碱性磷酸酶	0.042
铵态氮	0.018	过氧化氢酶	0.026
硝态氮	0.034	脱氢酶	0.042
pH	0.024		

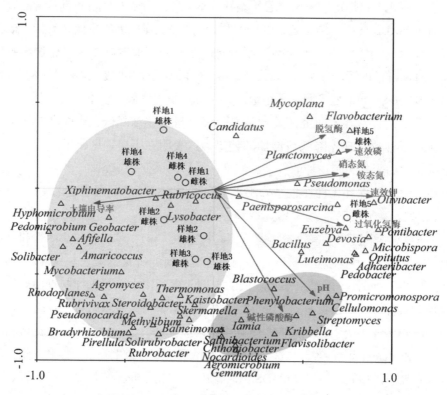

图9-7 不同样地青杨雌株和雄株根际细菌及土壤理化性质 RDA 分析

枝动杆菌属（*Mycoplana*）、黄杆菌属（*Flavobacterium*）、念珠菌属（*Candidatus*）、浮霉状目属（*Planctomyces*）、假单胞菌属（*Pseudomonas*）、橄榄菌属（*Olivibacter*）、类芽胞八叠球菌属（*Paenisporosarcina*）、厄泽比氏菌属（*Euzebya*）、庞氏杆菌属（*Pontibacter*）、小双孢菌属（*Microbispora*）、沃斯氏菌属（*Devosia*）、芽孢杆菌属（*Bacillus*）、藤黄单胞菌属（*Luteimonas*）、结杆菌属（*Adhaeribacter*）、丰祐菌属（*Opitutus*）、土地杆菌属（*Pedobacter*）等16属细菌主要分布在 S5M 和 S5F 样地，其分布与速效磷、硝态氮、铵态氮、速效钾含量，以及脱氢酶、过氧化氢酶活性正相关，与 EC 显著负相关。

原小单胞菌属（*Promicromonospora*）、纤维素单胞菌属（*Cellulomonas*）、芽球菌属（*Blastococcus*）、链霉菌属（*Streptomyces*）、黄色土源菌（*Flavisolibacter*）、扑科研菌属（*Kribbella*）、苯基杆菌属（*Phenylobacterium*）、*Iamia*、出芽菌属（*Gemmata*）、盐地杆菌（*Salinibacterium*）、西索恩氏菌（*Chthoniobacter*）、类诺卡氏菌属（*Nocardioides*）、气微菌属（*Aeromicrobium*）等13属细菌的分布和 pH、碱性磷酸酶活性正相关。

生丝微菌属（*Hyphomicrobium*）、*Xiphinematobacter*、红球菌属（*Rubricoccus*）、溶杆菌属（*Lysobacter*）、地杆菌属（*Geobacter*）、土微菌属（*Pedomicrobium*）、下水道球菌属（*Amaricoccus*）、土源菌（*Solibacter*）、*Afifella*、分枝杆菌属（*Mycobacterium*）、红游动菌属（*Rhodoplanes*）、红长命菌属（*Rubrivivax*）、热单胞菌属（*Thermomonas*）、*Kaistobacter*、斯科曼氏球菌属（*Skermanella*）、类固醇杆菌属（*Steroidobacter*）、假诺卡氏菌属（*Pseudonocardia*）、甲基养菌属（*Methylibium*）、小梨形菌属（*Pirellula*）、慢生根瘤菌属（*Bradyrhizobium*）、拜纳蒙纳斯属（*Balneimonas*）、红色杆菌属（*Rubrobacter*）、土壤红杆菌属（*Solirubrobacter*）等23属细菌主要分布在S1、S2、S3、S4样地雌株和雄株根际土壤中，其分布主要与EC正相关，与速效磷、硝态氮、铵态氮、速效钾含量以及脱氢酶、过氧化氢酶活性负相关。

同时，土壤因子显著性水平分析由图9-7可见，样地S1和S4之间、S2与S3之间土壤和细菌群落状况较接近，但与样地S5的差异均较大。

在5个样地的所有样品中，共检测到了16个门的细菌。细菌群落在多样性和数量上均远高于真菌。这表明细菌在该地区的分布十分广泛。细菌群落的相关性分析结果与真菌一致，均表明样地间的细菌群落差异是由多种环境因素等引起的，而不是单一的样地间物理距离引起的。此外，nMDS结果所有样地间相似度均高于80%，且除S1外各样地内部雌株和雄株之间相似度均高于90%。除此之外，S2、S3和S4样地间的相似度也达到了90%。这是由于样地的影响大于宿主性别的影响引起的。

与真菌群落多样性结果类似，从样地S1到S5，即随着样地间年降水量的逐渐降低，雌株和雄株的细菌多样性也均呈现先降低后增加的趋势。同时，雌株和雄株根际细菌多样性达到峰值的样地不同，这表明了性别对细菌群落也产生了一定的影响。有研究表明，青杨雌株和雄株对于干旱胁迫的响应存在差异，且雄株的耐旱性强于雌株。而本研究中雌株和雄株根际细菌多样性达到峰值的样地不同正是由于青杨雌株和雄株对干旱胁迫的响应差异引起的（Li et al., 2015a, b）。但是在本试验中，相较于真菌，细菌对性别和样地的偏好性并不明显，这可能是由于细菌的多样性更丰富、数量更巨大所致。

除了气候和物种对微生物群落的影响外，土壤环境也能够极大的影响细菌群落的组成（Tedersoo et al., 2014）。在土壤理化性质中，RDA结果表明速效磷、速效钾、硝态氮、铵态氮含量，过氧化氢酶、脱氢酶、碱性磷酸酶活性，EC和pH最具有代表性。土壤元素含量和酶活性代表了该地区土壤的可利用条件。一般认为，土壤的可利用性往往与微生物多样性成正比。本研究结果也表明，较低的土壤元素利用水平和干旱胁迫会抑制细菌群落的规模和多样性（Zaman et al., 1999）。但对细菌的影响小于真菌，这是由于细菌数量巨大且多样性丰富造成的。同样，数量巨大、多样性丰富的细菌会伴随着剧烈的代谢活动，进而也提高土壤中的营养元素的含量。真菌丰度和多样性的分布规律和细菌基本一致。许多研究发现，细菌和真菌会产生相互促进的关系，这也解释了本试验中其分布规律一致的结果。

然而，环境因子和植物性别怎样影响土壤理化性质和土壤微生物群落的机制依旧需要大量的研究支持。而且，如何利用微生物来改善生态状况，尤其是在干旱地区，仍然需要付出大量的努力。在全球范围内，土壤微生物丰富度、多样性和群落结构受到环境因素的严重影响，例如气候条件、土壤条件等（Tedersoo et al., 2014）。在这些重要的影响因素中，物种对于根际土壤微生物多样性和群落结构起到了决定性作用，表现为不同的植物物种在同样的一片土壤中拥有截然不同的根际土壤微生物状况（Marschner et al., 2001; Miethling et al., 2000; Westover et al., 1997）。在土壤微生物群落的研究中，土壤条件和植物物种的重要性被广泛研究、探讨（Miethling et al., 2000; Dalmastri et al., 1999; Grayston et al., 1998）。但在一些情况下，性别的影响也许会远大于土壤、物种等其他环境因素，但却被忽略。

第十章　AM真菌对青杨雌株和雄株耐旱性的性别差异性影响

青杨（*Populus cathayana* Rehder）广泛分布于遭受严重干旱胁迫的青海高原地区，水分胁迫会严重抑制其生长（Cao et al., 2012）。近些年，在干旱、半干旱地区，旱灾发生的频率不断增加。即使在一些非干旱区域，季节性干旱也经常发生（Zhu et al., 2012）。除此之外，气候变化方面的研究者也表示，在世界上的很多地区，由缺水分传导致对植物的不利影响会进一步加剧干旱的危害（Anjum et al., 2011）。大量关于雌雄异株植物的研究结果表明，从形态、生理和生态指标来比较，雄株在各种胁迫下都表现出更强的适应性（Han et al., 2013）。

在自然环境下，植物在生长过程中要面对多种非生物环境胁迫。干旱作为最主要的植物生长限制胁迫，其影响是具有全球性的。同时，由于人类活动和全球气候变化，受到干旱影响的地区和干旱的强度都在逐年增加（Solomon et al., 2007）。在世界范围内，严重的干旱会使得耕田失去生产能力（Hura et al., 2007; Goicoechea et al., 2005）。干旱对于植物生长的影响是多方面的：限制光合作用，抑制水分、养分的吸收，破坏质膜结构等，进而表现在限制了植物的生长（Yordanov et al., 2000）。植物在进化过程中形成了多种多样应对干旱的机制（Duan et al., 2007）。除自身的应对机制外，植物也进化出了利用其他生物的应对办法。

丛枝菌根为高等植物根系与丛枝菌根真菌（Arbuscular mycorrhizal fungi, AM真菌）形成的共生体系，广泛分布在全世界各种环境，既能够帮助宿主植物吸收更多的水分和养分，又能提高宿主本身的耐旱性（Manoharan et al., 2010）。大量的研究表明，许多AM真菌与宿主形成的AM真菌—植物共生体系均能帮助宿主提高耐旱性，缓解干旱造成的损伤（Ruiz–Lozano and Aroca, 2010b; Smith and Read, 2008; Ruiz–Lozano, 2003）。AM 真菌—植物共生体为宿主提供更多的水分和养分（特别是磷元素），这对于植物的生长发育非常重要（Khalvati et al., 2005; Davis et al., 1992）。Augé（2004）认为，在干旱环境中，AM 真菌—植物共生体能够改善宿主植物的根系水分吸收和叶片水势，进而改善蒸腾速率和光合效率。在本试验以青杨雌株和雄株为研究宿主植物，研究了干旱胁迫对于不同接种 AM 真菌处理青杨雌株和雄株在形态、生理、生化特性上的影响，揭示其可能存在的缓解青杨雌雄性别比例失调等生态学作用。

第一节　菌根侵染率和青杨生理生化指标测定

一、试验材料和试验设计

1. 试验材料

供试植物：选择一年生青杨（*Populus cathayana* Rehder）雌株和雄株，直径 1.2 cm，将其剪成长 18 cm 的扦插条。这些扦插条分别采自青海省西宁市大通县大通林场的 60 株雄株和 60 株雌株。扦插前使用 0.05% KMnO$_4$ 溶液浸泡 12 h。

供试菌种：同第十章。

供试基质：采用土壤和细沙混合基质。其中，土壤采自陕西省咸阳市杨陵区杨树生长地表层土（0 ～ 20 cm），土壤理化性质为：pH 为 7.7（土水比 1∶5），速效氮 37.40 mg/kg，速效磷 12.41 mg/kg，速效钾 135.41 mg/kg，有机质 19.01 g/kg。土壤过 2 mm 筛后与细沙充分混合（v∶v=1∶1），在 0.11 mPa、121℃高温高压灭菌 2 h。灭菌后晾干作为供试基质。

2. 试验设计

试验包括 3 个因素：性别（雌株和雄株），接种状况（接种 *R. intraradices* 和未接种），土壤水分状况（适宜水分 Well–watered，WW 和干旱 Waterstressed，WS）。共 8 个处理，每个处理 15 盆。扦插条分别扦插在花盆（高 23 cm，直径 13 cm）中，每个盆中装入 4 kg 供试基质。

接种培养：所有处理植株均在 25 ～ 30℃、12 h 光照温室中培养。其中半的植株，即 30 棵雄株和 30 棵雌株在扦插时接种 AM 真菌 20 g 供试菌剂。剩下的一半作为未接种AM真菌处理，接种20 g高温高压灭菌后的菌剂。在开始培养的50 d，所有植株均在适宜条件下培养，保持土壤含水量在85%～90%田间持水量。

干旱胁迫：50 d后，接种AM真菌处理的30棵雄株和30棵雌株分别被随机分为15棵一组。一组雌株和一组雄株不进行浇水，直至土壤含水量达到25%～30%田间持水量（WS），并保持该水分状况。剩下的一组雌株和一组雄株始终保持原有的土壤含水量（WW）。每天下午16：00浇水保持稳定的土壤含水量，30 d后收获。

二、青杨生理生化指标测定

1. 侵染率、生长指标和根系形态学测定

（1）侵染率测定

AM真菌侵染率测定按照Phillips and Hayman（1970）所描述的方法进行。采回的根系样品用自来水轻轻冲洗干净，然后用蒸馏水冲洗3次。之后挑选直径小于2 mm的细根剪成1 cm长小段，浸入5% KOH溶液，90℃水浴至无色。将脱色后的根段浸入1% HCl中5 min后，浸入台盼蓝染色。最终，将每个处理各150个根段，利用光学显微检测其侵染率。

（2）生长指标测定

在收获前一天，每天使用卷尺和游标卡尺测定植株株高及地径，计算平均每日株高生长量（Growth of stem length, GSL）和平均每日地径生长量（Growth of ground diameter, GGD）。收获前一天，选取从顶部第四片和第五片完全展开叶，使用叶绿素含量测定仪（SPAD–502 Plus, Konica–Minolta Holdings, Inc., Osaka, Japan）测定叶片叶绿素含量（SPAD）。叶片面积（Leaf area, LA）使用坐标纸计算。收获时，将样品分为叶片、茎和根系三部分，各部分分别在70℃烘干48 h至恒重后测定生物量。

（3）根系形态学测定

每个处理随机选择6株植株，将根系仔细清洗干净。

使用根系分析系统（WinRHIZO 2012b, Regent Instruments Canada Inc., Montreal, Canada）计算根系长度（Root length, RL）、根系体积（Root volume, RV）、根系表面积（Root surface area, RSA）、根尖数（Root tips number, RTN）和根系平均直径（Root average diameter, RAD）（Flavel et al., 2012）。

使用 Epson perfection V700 扫描仪（Seiko Epson Corp., Nagano, Japan）进行根系扫描。参数如下：默认校准方法，采集参数，介质分辨率 400、图像灰度水平。

2. 光合指标和叶绿素荧光指标测定

（1）光合指标测定

在试验结束前进行光合指标的测定，取平均值作为研究数据。对于每个处理，随机选取 6 株植株作为试验对象。早上 8:00 至 11:30 之间，选取从上方数第四和第五片完全展开叶，利用 Li-Cor 6400 便携式光合测定仪（Li-Cor Inc., Lincoln, NE, USA）测定净光合速率（Pn）、气孔导度（gs）、胞间 CO_2 浓度（Ci）和蒸腾速率（E）等。净光合速率（Pn）和蒸腾速率（E）相除后得到水分利用效率（Water Use Efficiency, WUEi）。

仪器参数：温度 25℃，叶-气水气压差（1.5 ± 0.5）kPa，光强 1 400 mmol/m^2·s，相对湿度 50%，周围 CO_2 浓度（350 ± 5）mmol/mol。

（2）叶绿素荧光指标测定

同样随机选取每个处理的 6 株植物的第四和第五片完全展开叶作为测定对象。将植株处于黑暗中 30 min，然后使用叶绿素荧光仪（MINI-Imaging-PAM, Walz, Germany）测定最大荧光量（Fm）和最小荧光量（Fo）等（Borghi et al., 2008）。

$PSII$ 最大量子产量按照（$Fm-Fo$）/Fm 计算，利用光适应状态计算 $PSII$ 实际量子产量 [$\Phi PSII = (Fm' - F) / Fm'$]，非光合淬灭 [$qN = 1-(Fm' - Fo') / (Fm - Fo)$] 和光合淬灭 [$qP = (Fm' - F)/(Fm' - Fo')$]。

3. 叶片相对含水量和电解质渗透率测定

（1）叶片相对含水量测定

在处理最后一天早上 10 点，从每个处理随机选择 6 株植物作为采样对象，选取从顶部数第四和第五片完全展开叶进行称重（Borghi et al., 2008），作为鲜重（Fresh weight, FW）。随后，将叶片浸入蒸馏水中 24 h 后测定饱和重（Total weight, TW），之后再放入 70℃恒温烘箱中烘至衡重，作为干重（Dryweight, DW）。

叶片相对含水量（Relative water content, RWC）按照 Whetherley（1950）的公式进行计算：RWC（%）=（$FW - DW$）× 100/（$TW - DW$）。

（2）叶片相对电解质渗透率测定

在收获时，按照 Gong et al.（1998）的方法进行叶片相对电解质渗透率（REL）的测定。每个处理随机选取 6 株植物，取从顶部数第四和第五片完全展开叶，避开主叶脉打大小 1 cm² 的孔，每个重复共打 20 个。将打下来圆形叶片浸入 10 mL 去离子水中，真空中放置 30 min 后置于去离子水中 6 h。

使用便携式电导率检测仪（LC116, Mettler Toledo Instruments Co., Ltd, Shanghai, China）测定此时的电导率（EC1）。之后样品煮沸 15 min 释放所有电解质后冷却至室温，测定最终的电导率（EC2）。

电解质渗透率（REL）计算公式：REL（%）=（EC1/EC2）× 100

4. 超氧阴离子和过氧化氢含量测定

按照 Zhang et al.（2010）描述的方法测定超氧阴离子（O_2^-）和过氧化氢（H_2O_2）含量。样品磨成匀浆后加入 1 mL 盐酸羟胺反应 1 h 后，再加入 1 mL p–氨基苯磺酸和 1 mL α–萘胺酸，25℃放置 20 min。使用分光光度计（530 nm）测定，以 $NaNO_2$ 制作标准曲线。H_2O_2 含量通过测定 H_2O_2 与四氯化钛形成的 H_2O_2– 钛化合物含量来确定。10 mmol/L 抗坏血酸作为对照测定 H_2O_2 含量。

5. 过氧化物酶活性、丙二醛含量和脯氨酸含量测定

从顶部数第四和第五片完全展开叶和根系分别进行过氧化物酶（POD）、丙二醛（MDA）和脯氨酸含量测定。

（1）过氧化氢酶活性

在磷酸盐缓冲液（50 mmol/L，pH7.0）中将样品磨成匀浆，10 000 rpm、4℃离心 10 min，分离上清液进行 POD 活性测定。10 μL 上清液和 2.99 mL 磷酸缓冲液（50 mmol/L，pH6.0，加入 18.2 mmol/L 愈创木酚和 4.4 mmol/L H_2O_2）混合后测定 POD 酶活性。酶活性测定在 25℃，波长选择 470 nm。酶活性使用每分钟 0.001 光密度变化所需要的酶量表达（Zhang et al., 2006）。

（2）MDA 含量测定

MDA 含量使用上述上清液，利用分光光度计（UV–2550, Shimadzu Co. Ltd., Japan）在 450 nm、532 nm 和 600 nm 波长测定（Kramer et al., 1991）。

MDA 含量计算公式为：C（μmol/L）= 6.45（$OD_{532} - OD_{600}$）– 0.56 OD_{450}.

（3）脯氨酸含量测定

按照 Bates et al.（1973）描述的方法进行。0.5 g 叶片或根系样品在 10 mL 3 %

磺基水杨酸溶液中研磨成匀浆，1 000 rpm 离心 5 min。2 mL 上清液中加入 2 mg 茚三酮和 2 mL 纯醋酸后在 100℃水浴 1 h，然后冰浴。之后，加入 4 mL 甲苯，剧烈摇动 20 s 混匀。上层液体在 520 nm 波长测定，脯氨酸含量使用脯氨酸标准曲线（0 ～ 50 mg /mL）计算。

6. 数据处理与分析

利用数据处理软件 SPSS 17.0（SPSS Inc., Chicago, IL, USA）进行数据处理和分析。数据使用 Duncan 测试（$p < 0.05$）和双因素、三因素方差分析（ANOVAs）进行处理。

双因素 ANOVAs 用于分析水分处理、接种 AM 真菌处理对青杨雌株和雄株的影响的显著水平。三因素 ANOVAs 用于分析性别，干旱与性别、接种 AM 真菌与性别、干旱与接种 AM 真菌，以及三因素交互作用的显著水平。

除此之外，将雌株和雄株数据分别进行主成分分析（Principal components analysis, PCA）。利用主成分分析减少分析维度，只选取特征值大于 1 的维度进行分析，使用代表性最高的两个维度进行绘制图表。

第二节 AM 真菌对青杨雌株和雄株生长和光合作用的影响

一、AM 真菌对青杨雌株和雄株生长的影响

1. 不同处理间水分状况和根系 AM 真菌定殖状况

（1）不同处理间水分状况的差别

在试验开始的前 50 d，每盆每天减重约 240 g（主要为水分）。在开始处理 3 d 后，水分胁迫处理的植株基质土壤含水量从 85% ～ 90% 降到了 25% ～ 30%。在处理期间，正常水分处理和水分胁迫处理每盆每天减重分别约为 240 g 和 200 g，且每天减少的质量随着试验进行而轻微增加。

（2）青杨雌株和雄株根系 AM 真菌定殖状况

青杨根系内 AM 真菌结构及植株生长状况如图 10-1 所示，接种 AM 真菌处理中，青杨雌株和雄株根系均能够形成典型的 AM 真菌结构，未接种 AM 真菌处理均未观察到 AM 真菌定殖。在不同的性别和水分处理间，丛枝、泡囊、菌丝侵染率均不存在显著的差异性。同样，总侵染率在雌株和雄株之间不

存在显著差异：雄株在水分胁迫处理和适宜水分处理的总侵染率为95.5%和86.8%，雌株为95.4%和87.0%。但是水分胁迫显著增加了雌株和雄株根系的总侵染率（表10-1）。

图10-1 青杨根系内AM真菌典型结构（A，B）及植株生长状况（C）

注：a.菌丝；b.泡囊；c.根内孢子；d.丛枝。M：雄性；F：雌性；+Ri：接种AM真菌处理；-Ri：未接种AM真菌处理。

表10-1 不同水分状况下青杨雌株和雄株根系AM真菌定殖率

处理	侵染率（%）			
	泡囊	丛枝	菌丝	总侵染率
AM M W	27.14 ± 9.07	24.52 ± 8.09	77.61 ± 4.02b	86.80 ± 3.06b
AM F W	35.80 ± 20.70	34.78 ± 14.03	84.73 ± 5.29ab	87.19 ± 3.22b
AM M D	32.18 ± 3.95	51.29 ± 20.60	92.60 ± 5.30a	95.54 ± 2.21a
AM F D	26.52 ± 7.74	36.89 ± 7.06	88.06 ± 4.90ab	95.05 ± 6.94a

注：AM：接种AM真菌处理；M：雄株；F：雌株；W：正常水分处理；D：水分胁迫处理。数据使用(平均值 ± 标准误差)($n=6$)；不同的小写字母表示在 $p < 0.05$ 水平上存在显著差异。

2. AM 真菌对青杨雌株和雄株生长的影响

（1）青杨雌株和雄株生长指标的影响

水分处理对青杨雌株和雄株生长指标的影响存在差异（表 10-2）。雌株和雄株的株高生长量、地径生长量、叶绿素含量和叶片面积均受到水分胁迫的显著抑制，雄株的生长指标也受到接种 AM 真菌处理的显著影响。同时，这些指标也显著受到性别、性别 × 水分处理、性别 × 接种 AM 真菌处理的交互作用的影响。与正常水分下的植株相比，水分胁迫均显著降低了青杨雌株和雄株的生长指标，尤其是雌株。接种 AM 真菌对青杨雌株和雄株生长指标的影响同样存在差异。接种 AM 真菌处理显著增加了雄株，尤其是水分胁迫中的株高生长量、地径生长量、叶绿素含量和叶片面积。但是，在同样的水分处理中，接种 AM 真菌对于雌株的株高生长量、地径生长量、叶绿素含量和叶片面积没有显著作用。除此之外，在同样的水分和接种 AM 真菌处理中，雄株的地径和叶绿素含量均显著高于雌株，叶片面积显著低于雌株。

双因素 ANOVAs 结果表明，水分处理对雌株和雄株各生长指标均有显著影响，只有雄株各生长指标均受到 AM 真菌接种的显著影响。三因素 ANOVAs 结果表明，除株高生长量之外其他生长指标在不同性别间均存在显著差异，但是只有株高生长量受到三因素的显著交互作用的影响。

干旱胁迫对植物形态、生理和生化均产生影响。本研究结果表明，干旱胁迫会引起青杨株高生长量、地径生长量和叶片面积的显著降低，这与在二穗短柄草（*Brachypodium distachyon*）（Verelst et al., 2013）和高粱（*Sorghum bicolor*）（Bhargava and Paranjpe, 2004）中的结果一致。本研究同样发现，干旱胁迫和接种 AM 真菌对于青杨雌株和雄株形态、生理生化的影响存在性别差异性。在未接种 AM 真菌植株中，雌株表现出更高的株高生长量。但在接种 AM 真菌植株中，雄株的株高生长量更高。这表明接种 AM 真菌对于雌株和雄株的生长的影响是有差别的，这与 Lu et al.（2014）的结果相似。这种差别是由不同的性别特性引起的（Han et al., 2013）。同样，干旱胁迫抑制了根系的生长（Passioura, 1996）。之前的研究表明，青杨雄株比雌株表现出更好的耐旱性（Han et al., 2013; Xu et al., 2008）。然而，接种 AM 真菌对其的影响尚缺报道。

表 10-2 AM 真菌对不同水分条件下青杨雌株和雄株生长指标的影响

处理		株高生长量（cm/d）	地径生长量（10^{-2} mm/d）	叶绿素含量 SPAD	叶面积
	适宜水分 WW	0.8367 ± 0.2444a	5.7594 ± 1.0129a	44.2000 ± 3.2619a	25.7685 ± 8.0861a
	干旱处理 WS	0.2252 ± 0.1966b	1.2494 ± 0.5004b	35.8167 ± 5.2495b	18.9149 ± 2.0618b
	适宜水分 WW	0.9289 ± 0.2024a	5.8609 ± 0.6548a	43.5333 ± 3.1373a	22.6679 ± 5.5121ab
	干旱处理 WS	0.2511 ± 0.0230b	1.2855 ± 0.3203b	35.5000 ± 4.3598b	17.6030 ± 1.1791b
$P_{drought}$		**	**	**	**
$P_{AM真菌}$		NS	NS	NS	NS
$P_{drought×AM真菌}$		NS	NS	NS	NS
雄株 接种 AM 真菌	适宜水分 WW	1.0178 ± 0.1431a	7.5269 ± 1.3863a	44.7333 ± 1.4208a	21.0614 ± 2.1706a
	干旱处理 WS	0.3481 ± 0.0729c	4.5714 ± 1.4123b	42.7500 ± 1.1709a	17.7908 ± 1.2226b
未接种	适宜水分 WW	0.5796 ± 0.0959b	6.6132 ± 1.1931a	43.5667 ± 1.1708a	16.2654 ± 1.7574bc
	干旱处理 WS	0.2956 ± 0.0708c	3.3618 ± 0.5965b	38.2500 ± 3.8775b	14.0516 ± 3.8431c
$P_{drought}$		**	**	**	*
$P_{AM真菌}$		**	*	**	**
$P_{drought×AM真菌}$		NS	NS	NS	NS
P_{sex}		NS	**	*	**
$P_{drought×sex}$		NS	*	*	NS
$P_{AM真菌×sex}$		**	*	NS	NS
$P_{drought×sex×AM真菌}$		*	NS	NS	*

注：WW：正常水分处理；WS：水分胁迫处理；AM 真菌：接种 AM 真菌处理。*：$0.01 < p < 0.05$；**：$p < 0.01$；NS：无显著影响。数据使用（平均值 ± 标准误）（$n=6$）；不同的小写字母表示在 $p < 0.05$ 水平上存在显著差异。

（2）AM真菌对青杨雌株和雄株生物量的影响

水分胁迫显著降低了青杨雌株和雄株地上、地下和总生物量积累（图10-2）。地上部分生物量在不同的性别和不同的水分处理中的差异均不显著。在同样的水分处理中，未接种AM真菌的雌株地下和总生物量均显著高于接种AM真菌的雌株。接种AM真菌处理和正常水分下的雄株根冠比均显著高于未接种AM真菌处理和水分胁迫下的雄株根冠比。然而，对于雌株而言，接种AM真菌处理和水分胁迫均显著降低了根冠比。三因素方差分析表明，地上、地下和总生物量积累显著受到性别的影响，地上生物量和根冠比显著受到水分×性别处理的交互作用，地下、总生物量和根冠比显著受到性别×接种AM真菌处理的交互作用，只有地上生物量受到三个因素的交互作用。

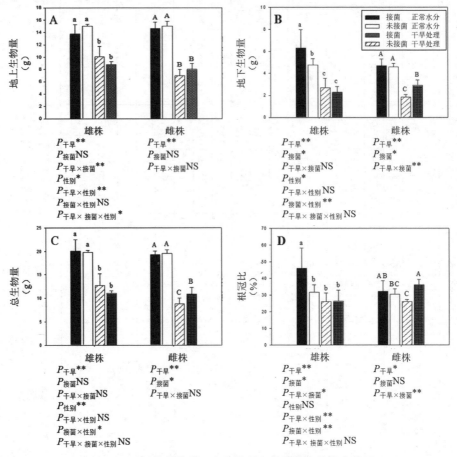

图10-2 不同接菌处理、水分处理青杨雌株和雄株生物量

注：*：显著水平0.01< p < 0.05；**：显著水平 p < 0.01；NS：无显著影响。柱子上方不同的小写字母表示在 p < 0.05 水平上存在显著差异。

通常，接种AM真菌能够提高植物的生物量积累并改变根冠比（Al-karaki et al.，2004）。但在本试验中，接种AM真菌对于宿主生物量的影响表现出性别差异，接种AM真菌对于雄株的生物量积累有一定的促进作用，但对于雌株没有影响。接种AM真菌处理对于雄株的影响与大量报道结果一致，接种AM真菌能够提高植株生长和光合水平，进而促进了生物量的积累（Aroca et al.，2008；Al-karaki et al.，2004）。然而，一些研究也观察到相反的结果，这与本试验中雌株的变化一致（Norman et al.，1996）。Orlowska et al.（2012）发现，相较于其他AM真菌物种，接种 *R. intraradices* 降低了存活率和地上部分生物量积累，但显著提高了根系生物量积累。但是，Liu et al.（2014）发现接种 *R. intraradices* 显著提高了杨树生物量和生物能的积累。这些结果表明了 *R. intraradices* 对于植物生长和生物量积累的复杂效应，这也许是导致其在本研究中性别差异的原因之一。

（3）AM真菌对青杨雌株和雄株根系形态的影响

水分胁迫显著降低了雌株和雄株的根系生长（表10-3），包括根长（RL）、根体积（RV）、根系表面积（RSA）、根尖数（RTN）和根系平均直径（RAD）。接种AM真菌显著增加了雄株的根长（正常水分和水分胁迫：5.20%和102.24%）、根体积（13.22%和79.03%）和根尖数（28.42%和30.49%），并且显著降低了雌株的根体积（4.98%和23.99%）和根尖数（30.60%和30.36%）。同样，接种AM真菌对于雄株的根系表面积有促进作用。

双因素方差分析表明，雌株的根长、根系平均直径和雄株的根长、根系表面积、根尖数和根系平均直径受到水分和接种AM真菌处理的显著交互作用。三因素方差分析表明，除根系表面积外根系指标均受到性别的显著影响，根体积和根尖数显著受到水分×性别处理、接种AM真菌×性别处理的交互作用，根长只受到接种AM真菌×性别的显著交互作用。根系表面积、根尖数和根系平均直径显著受到三因素的交互作用。

本研究发现接种AM真菌缓解了干旱对青杨根长、根体积、根系表面积和根尖数等根系形态学指标的抑制，且对雄株的帮助大于雌株。更好的和更粗的根系能够帮助植物在水分匮乏的环境中从更深的土层和更大的范围获得水分，这对于提高植物耐旱性十分重要（Yoshida and Hasegawa，1982）。增加的水分吸收能够改善植物水势，这同样对于促进植物在干旱环境中的生长至关重要（Yadav et al.，1997）。除此之外，根外菌丝能够到达根系无法接触的细小的土壤孔隙中吸收水分，进一步提高了植物根系的水分吸收能力（Ruiz-Lozano，2003）。这可以部分解释雄株具有较高耐旱性的原因，尤其是在接种AM真菌以后。

表 10-3 AM 真菌对不同水分条件下青杨雌株和雄株根系形态的影响

处理		根长（cm）	根体积（cm³）	根表面积（cm²）	根尖数	平均直径（mm）
接种 AM 真菌	适宜水分 WW	17,395.50 ± 2016.30b	33.19 ± 0.75b	2570.03 ± 200.84a	73,929.67 ± 4806.92b	0.48 ± 0.04a
	干旱处理 WS	7367.52 ± 628.10c	6.37 ± 0.90d	721.07 ± 119.61b	26,158.00 ± 3667.09c	0.38 ± 0.00c
未接种	适宜水分 WW	20,719.47 ± 2472.53a	34.93 ± 0.67a	2606.97 ± 209.17a	106,532.00 ± 19513.38a	0.39 ± 0.01c
	干旱处理 WS	4325.78 ± 855.81c	8.38 ± 0.86c	719.69 ± 51.67b	37,559.67 ± 4939.88c	0.43 ± 0.01b
$P_{AM 真菌}$		NS	**	NS	**	NS
$P_{drought}$		**	**	**	**	NS
$P_{drought × AM 真菌}$		*	NS	NS	NS	**
雄株　接种 AM 真菌	适宜水分 WW	22,459.91 ± 1100.48a	30.57 ± 0.54a	2684.91 ± 143.09a	67,244.33 ± 1168.22a	0.38 ± 0.01b
	干旱处理 WS	8714.47 ± 497.88b	12.12 ± 1.23c	1387.58 ± 308.80b	21,659.67 ± 2356.87c	0.40 ± 0.03ab
未接种	适宜水分 WW	21,349.37 ± 1142.98a	27.00 ± 1.42b	2727.96 ± 473.70a	52,364.67 ± 2177.33b	0.43 ± 0.00a
	干旱处理 WS	4309.01 ± 393.58c	6.77 ± 1.37d	573.82 ± 43.24c	16,598.67 ± 1312.09d	0.37 ± 0.01b
$P_{AM 真菌}$		**	**	NS	**	NS
$P_{drought}$		**	**	**	**	NS
$P_{drought × AM 真菌}$		**	NS	*	**	**
P_{sex}		**	**	NS	**	*
$P_{drought × sex}$		NS	**	NS	*	NS
$P_{AM 真菌 × sex}$		*	**	NS	**	NS
$P_{drought × sex × AM 真菌}$		NS	NS	*	*	**

注：WW: 正常水分处理；WS: 水分胁迫处理；AM 真菌: 接种 AM 真菌处理。*: $0.01 < p < 0.05$；**: $p < 0.01$；NS: 无显著影响。数据使用（平均值 ± 标准误）（$n=6$）；不同的小写字母表示在 $p < 0.05$ 水平上存在显著差异。

表 10-4　不同接菌、水分处理青杨雌株和雄株光合指标

处理		光合速率 Pn ($\mu mol/m^2 \cdot s^{-1}$)	气孔导度 gs ($10^{-2}mol/m^2 \cdot s^{-1}$)	胞间 CO_2 浓度 Ci ($\mu mol/m^2 \cdot s^{-1}$)	蒸腾速率 E ($mmol/m^2 \cdot s^{-1}$)	WUEi ($mmol/m^2 \cdot s^{-1}$)
接种 AM 真菌	适宜水分 WW	16.10±1.24a	47.90±10.29a	323.73±7.75a	8.17±0.80a	37.89±4.58c
	干旱处理 WS	8.05±2.04b	18.16±1.64b	260.60±14.10c	6.78±0.15b	55.53±4.26a
未接种	适宜水分 WW	17.30±1.75a	48.51±1.00a	303.05±10.46b	8.28±0.46a	34.99±2.83c
	干旱处理 WS	9.38±1.77b	15.85±1.36b	251.69±20.43c	6.48±0.98b	50.28±4.27b
$P_{drought}$		**	**	**	**	**
$P_{AM真菌}$		NS	NS	NS	NS	*
$P_{drought \times AM真菌}$		NS	NS	NS	NS	NS
雄株 Male 接种 AM 真菌	适宜水分 WW	17.87±2.08a	38.10±6.71b	307.27±6.26a	8.19±0.86a	46.95±9.73c
	干旱处理 WS	16.33±1.69a	19.97±4.18c	304.52±7.42a	7.27±0.45b	80.68±12.43a
未接种	适宜水分 WW	16.75±1.49a	46.66±2.72a	303.31±2.37a	8.45±0.75a	35.91±2.63d
	干旱处理 WS	13.70±1.31b	23.44±3.59c	292.11±14.87b	5.76±0.28c	59.33±8.81b
$P_{drought}$		**	**	NS	**	**
$P_{AM真菌}$		*	*	*	*	**
$P_{drought \times AM真菌}$		NS	NS	NS	**	NS
P_{sex}		NS	NS	**	**	NS
$P_{drought \times sex}$		**	**	**	*	**
$P_{AM真菌 \times sex}$		***	*	NS	NS	**
$P_{drought \times sex \times AM真菌}$		NS	NS	NS	NS	NS

注：WW：正常水分处理；WS：水分胁迫处理；AM 真菌：接种 AM 真菌处理。*：$0.01 < p < 0.05$；**：$p < 0.01$；NS：无显著影响。数据使用（平均值 ± 标准误差）（$n=6$）；不同的小写字母表示在 $p < 0.05$ 水平上存在显著差异。

二、AM 真菌对青杨雌株和雄株光合作用的影响

1. AM 真菌对青杨雌株和雄株光合指标的影响

雌株和雄株对于水分胁迫的响应是相似的：水分胁迫降低了所有接菌雄株和未接菌雌株的净光合速率（Pn）、气孔导度（gs）、胞间二氧化碳浓度（Ci）和蒸腾速率（E）。但对于接菌雄株，仅气孔导度和蒸腾速率显著受到水分胁迫的抑制（表 10-4）。同时，不同的接种 AM 真菌处理对于雌株和雄株的光合指标的影响不同。在水分胁迫处理中，接菌雄株表现出显著增高的净光合速率水平和显著降低的气孔导度水平。但是，接菌雌株并未表现出显著的净光合速率和气孔导度水平变化。在两种水分处理下，接种 AM 真菌处理均显著促进了雌株的胞间二氧化碳浓度。与未接菌或正常水分处理相比，接菌和水分胁迫均显著增加了雌株和雄株的水分利用效率。

双因素方差分析结果表明，雌株的光合指标均显著受到水分处理的影响，只有水分利用效率受到接种 AM 真菌处理的显著影响；雄株除胞间二氧化碳浓度外的光合指标均受到水分处理的显著影响，所有的指标均受到接种 AM 真菌处理的显著影响；水分处理和接种 AM 真菌处理的交互作用仅显著影响雄株的蒸腾速率。三因素方差分析表明，净光合速率、胞间二氧化碳浓度和水分利用效率均显著受到性别的影响，净光合速率、气孔导度、胞间二氧化碳浓度和水分利用效率受到水分处理 × 性别的显著交互作用，净光合速率、气孔导度和水分利用效率受到接种 AM 真菌处理 × 性别的显著交互作用。

2. AM 真菌对青杨雌株和雄株叶绿素荧光参数的影响

在正常水分处理下，除光合淬灭系数（qP）外雄株的荧光指标在不同的接种 AM 真菌处理间差别不显著，雌株的荧光指标均无显著差异（图 10-3）。水分胁迫显著降低了青杨雌株和雄株的非光合淬灭系数（qN）、qP、最大量子产量（Fv/Fm）、光系统 II（$PSII$）。在水分胁迫下，接种 AM 真菌对于雌株和雄株均有一定的促进作用：显著提高了雄株的 qN、qP，和雌株的 qN、qP、Fv/Fm。同时，在水分胁迫下，雄株的 qP、Fv/Fm、$PSII$ 均显著高于同样接种 AM 真菌处理的雌株。双因素方差分析表明，雌株和雄株的 4 个荧光指标均受到水分处理和接种 AM 真菌处理的显著影响。三因素方差分析结果表明，4 个荧光指标均受到性别的显著影响，并且均存在性别 × 水分处理、三因素的显著交互作用。同时，除了 $PSII$，其他指标均受到性别 × 接种 AM 真菌处理的显著交互作用。

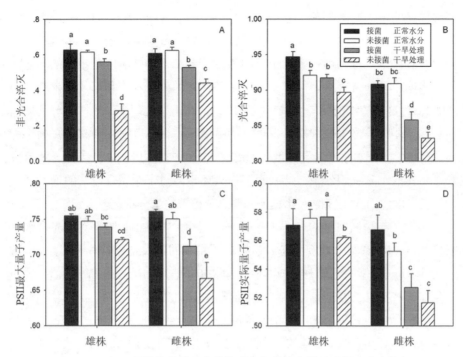

图 10-3 不同接菌处理、水分处理青杨雌株和雄株叶绿素荧光指标

注：+ M：接种 AM 真菌处理；— M：未接种 AM 真菌处理；W：正常水分处理；D：水分胁迫处理。柱子上方不同的小写字母表示在 $p < 0.05$ 水平上存在显著差异。

一系列复杂的机制导致雌株和雄株表现出截然不同的抗性（Xu et al., 2008）。光合水平是描述在不同环境下生理状况的重要指标（Talaat and Shawky, 2014a）。本研究发现，干旱胁迫显著抑制了所有接种 AM 真菌处理植株的净光合速率、气孔导度、胞间 CO_2 浓度和蒸腾速率，这与之前的研究结果一致（Agami, 2014; Talaat and Shawky, 2014b; Zhang et al., 2013）。干旱对于雌株中净光合速率、气孔导度和胞间 CO_2 浓度的抑制高于雄株，这与 Chen et al.（2010）关于青杨的研究结果一致。而且，接种 AM 真菌增加了雄株的净光合速率，但降低了雌株的净光合速率。但是对于气孔导度，接种 AM 真菌对于雌株和雄株的效应与净光合速率相反。然而，接种 AM 真菌均显著增加了雌株和雄株的胞间 CO_2 浓度和蒸腾速率。通常来说，在干旱环境中，叶片气孔的关闭会引起净光合速率的降低，这也解释了在水分胁迫开始阶段的渗透调节物质的变化，这与高温对于光合作用的影响是一样的（Mathur et al., 2014）。

一般认为，水分环境的改善会提高植物的蒸腾水平，但本试验接种 AM 真菌植株的该指标并没有这样的变化。与未接种 AM 真菌植物相比，接种 AM 真菌能够提高植物的光合效率，这与本研究结果一致（Gong et al., 2013; Kaya et al., 2003）。水分利用效率是描述植物能量转换效率的重要生长指标。本试验中，青杨雌株和雄株水分利用效率对于接种 AM 真菌和干旱的响应是不同的。之前的研究表明，接种 AM 真菌能够提高干旱条件下的植株水分利用效率（Kaya et al., 2003）。这是植物的耐旱性调节机制之一。在干旱处理中，雄株水分利用效率显著高于雌株，这表明雄株具有更好的耐旱性。有报道阐述了 AM 真菌接种能够提高植物蒸腾水平和气孔导度（Augé, 2001）。在本研究中，接种 AM 真菌提高了植株的水分利用效率，这表明接种 AM 真菌对于净光合速率的增长效应高于气孔导度。因此，接种 AM 真菌能够改善植株的水分状况。

叶绿素荧光是 PSII 光合效率的重要评价指标，能够揭示胁迫对于光合水平的损伤程度（Roháček, 2002）。Fv/Fm 反映了植物的最大光合能力，代表了 $PSII$ 的最大量子产量。相较于雌株，雄株在干旱胁迫下表现出更高的 Fv/Fm 值，表明干旱对雄株 $PSII$ 电子传递链的影响小于雌株。本研究的结果表明，干旱胁迫降低了植株的 qN、qP、Fv/Fm 和 $\Phi PSII$，这说明其光合组织已受到损伤（Zong et al., 2014; Albert et al., 2013）。雄株的光合活性强于雌株，且受到 AM 真菌接种的显著促进。与之前的研究表明，AM 真菌能够改善植物的耐旱性和光合效率（Ashraf and Foolad, 2007; Al-Karaki, 2006）。除此之外，Zhang et al.（2012）研究表明，雄株PSII光化学效率高于雌株，尤其是在干旱环境中，这与本研究的研究结果一致。

综上所述，干旱胁迫严重破坏了青杨雌株和雄株的生理状况，包括细胞损伤、生长限制、水分状况恶化、光合效率降低等。同时，对于干旱胁迫，雌株更加敏感。本研究的结果同样表明，接种 AM 真菌能够改善青杨的水分状况，进而提高其在干旱环境中的生长生理指标（Goicoechea et al., 2005）。除此之外，在接种 AM 真菌之后，在干旱环境中，青杨扦插条表现出更好的水分利用效率，这对于维持青杨的物种以及生态稳定具有巨大的潜在作用。

第三节 AM 真菌对青杨叶片相对含水量和渗透调节的影响

一、AM 真菌对青杨叶片相对含水量和电解质渗透率的影响

1.AM 真菌对青杨雌株和雄株叶片相对含水量的影响

接种 AM 真菌、水分胁迫和性别处理均显著影响青杨植株叶片相对含水量

（RWC）。对于接种 AM 真菌和水分处理，雌株和雄株叶片相对含水量呈现相同的变化规律：水分胁迫显著降低了叶片相对含水量，同时接种 AM 真菌促进了雌株和雄株在两种水分处理，尤其是水分胁迫处理下的叶片相对含水量（图 10–4）。在各种接种 AM 真菌及水分处理中，青杨雄株叶片相对含水量均高于雌株。对于接种 AM 真菌植株，水分胁迫条件下的雄株和雌株叶片相对含水量分别降低了 9.0% 和 13.5%。对于未接种 AM 真菌植株，水分胁迫条件下的雄株和雌株叶片相对含水量分别降低了 10.8% 和 21.5%。

双因素方差分析结果表明，雌株和雄株的叶片相对含水量均受到水分处理和接种 AM 真菌处理的显著作用。三因素方差分析表明，青杨的叶片相对含水量受到性别的显著影响，并且受到水分 × 性别处理的显著交互作用。

本研究发现，干旱抑制了青杨雌株和雄株的相对水分含量，特别是在未接种 AM 真菌处理中。这与其他的研究结果一致，水分胁迫降低了植物叶片相对含水量（Ploschuk et al., 2014; Zhang et al., 2012）。同时，接种 AM 真菌对于青杨雌株和雄株的叶片相对含水量有相同影响，尤其是在干旱处理中（Baslam and Goicoechea, 2012; Krishna et al., 2005）。叶片相对含水量可以影响植物的生理生化水平（Baslam and Goicoechea, 2012; Lei et al., 2007）。为了降低在干旱胁迫时的蒸腾水平，植物体内的自由水含量会显著降低，而接种 AM 真菌能够提高植物自身的保护能力。另一个关于 AM 真菌能够改善宿主叶片相对含水量的解释是 AM 真菌的外生菌丝能够提高植物本身的水分吸收面积，进而改善宿主的水分状况（Agami, 2014; Talaat and Shawky, 2014）。

本研究是最早关于 AM 真菌对于青杨不同性别在水分胁迫条件下耐旱性影响的探索。在近些年，季节性的干旱成为限制全球植物生长的一个主要因素（Zhang et al., 2013）。植物可以通过增加水分吸收、减少水分流失、甚至调节一系列的生理生化过程来缓解水分胁迫造成的伤害（Tian et al., 2013）。在各种环境胁迫下，雌雄异株植物性别比例往往会失衡，进而对群落组成、结构、繁殖、种群分布以及当地生态产生影响。因此，本研究设计了该试验来探究 AM 真菌对青杨耐旱性的性别差异，以及在性别失衡中的作用。

在本研究中，青杨雌株和雄株在干旱环境中的生长状况、水分状况、光合水平等方面的表现截然不同，这与之前的许多研究结果一致（Zhang et al., 2011; Xu et al., 2008）。每盆每天降低的质量随着时间而增加，这可能是由于植物生长进而通过叶片挥发的水分越来越多导致的。尽管在相同的水分条件中雌株和雄株之间的 AM 真菌侵染率没有显著差异，但干旱胁迫下的侵染率均显著高于正常水分环境中。然而，Tian et al.（2013）的结果与本试验相反：干旱抑制了 AM 真菌的侵染。这可能是由于本试验所用菌种 *R. intraradices* 和青杨更适宜在干旱环境中生长导致的。同样，Estrada et al.（2013）认为极端环境中的原生菌种比外来菌种能够更好地改善当地环境。

2. AM 真菌对青杨雌株和雄株电解质渗透率的影响

水分处理均促进了雌株和雄株的叶片电解质渗透率（REL），但接种 AM 真菌处理对于青杨雌株和雄株的作用不同：接种 AM 真菌处理对于两种水分处理下的雌株叶片电解质渗透率均没有显著影响，但接种 AM 真菌处理显著降低了两种水分处理下的叶片电解质渗透率（图 10-4）。同时，水分胁迫对于雄株叶片电解质渗透率有促进作用，但不显著。

双因素方差分析结果表明，雌株电解质渗透率受到水分处理的显著影响，雄株电解质渗透率显著受到水分和接种 AM 真菌处理以及两个因素的交互作用的影响。三因素方差结果表明，电解质渗透率受到性别的显著影响，并且存在性别 × 水分处理、性别 × 接种 AM 真菌处理的交互作用。

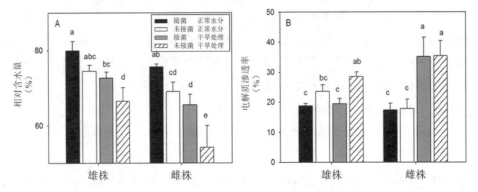

图 10-4 不同接菌处理、水分处理青杨雌株和雄株 RWC 和 REL

注：＋ M：接种 AM 真菌处理；— M：未接种 AM 真菌处理；W：正常水分处理；D：水分胁迫处理。柱子上方不同的小写字母表示在 $p < 0.05$ 水平上存在显著差异。

通常，电解质渗透率被作为评估植物在多种胁迫中的膜损伤水平的重要指标（Verslues et al., 2006）。电解质渗透率较低表明膜系统受到的损伤较小，比电解质渗透率较高的植物具有更强的抗逆性（Zakery-Asl et al., 2014）。在本试验中，干旱显著增加了青杨雌株和雄株的电解质渗透率，而且在干旱处理中雌株的电解质渗透率显著高于雄株（Bastias et al., 2010; Latrach et al., 2014）。接种 AM 真菌能够降低雌株和雄株的电解质渗透率，但对雌株的影响较小（Agami,

2014）。本研究认为接种AM真菌能够改善雌株和雄株的生长状况，维持叶片中的电解质渗透率在较低水平，进而使得植物在水分胁迫环境中更好地生长。

二、AM真菌对青杨雌株和雄株渗透调节物质的影响

1. AM真菌对青杨雌株和雄株活性氧含量的影响

水分胁迫增加了青杨雄株叶片和雌株叶片、根系的O_2^-，以及雌株和雄株的叶片和根系H_2O_2含量（图10-5）。然而，水分胁迫处理中的雄株根系O_2^-含量显著低于正常水分处理根系。接种AM真菌处理显著增加了雄株叶片中O_2^-含

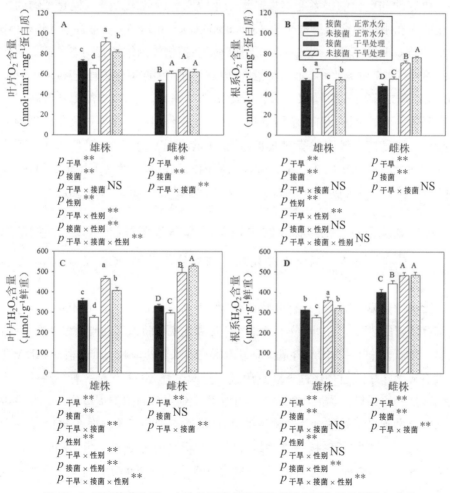

图10-5　不同接菌处理、水分处理青杨雌株和雄株根系与叶片活性氧含量

注：柱子上方不同的小写字母表示在$p < 0.05$水平上存在显著差异。

量，但是显著降低了在雄株根系和雌株各部分的 O_2^- 含量。除雌株根系外，接种 AM 真菌显著增加了雄株各部分和雌株叶片中的 H_2O_2 含量。除此之外，在所有的水分和接种 AM 真菌处理中，雄株各部分 H_2O_2 含量均显著低于雌株同一部分 H_2O_2 含量。

双因素 ANOVAs 结果表明，接种 AM 真菌处理和水分处理对于雌株和雄株各部分 O_2^- 含量均有显著影响，水分处理对雌株和雄株各部分 H_2O_2 含量均有显著影响。除雌株叶片外，接种 AM 真菌处理对于其他部分均有显著影响。三因素 ANOVAs 结果表明，O_2^- 和 H_2O_2 含量在性别间存在显著差异，也受到水分处理 × 性别、接种 AM 真菌处理 × 性别以及三因素交互作用的显著影响。

更好的和更粗的根系能够提高根系吸收水分的效果，进而提高植物的抗氧化能力和维持稳定的渗透平衡（Fukai and Cooper, 1995）。活性氧（Reactive oxygen species, ROS），例如：O_2^- 和 H_2O_2，在植物体内维持着动态平衡。但干旱胁迫会打破其动态平衡，产生更多的 ROS，进而引起氧化损伤（Kapoor et al., 2013）。与之前的研究结果一致，干旱植株体内 O_2^- 和 H_2O_2 含量显著高于正常水分条件下的植株。脯氨酸既是描述由氧化损伤引起的脂质过氧化水平的重要指标，又是植物渗透调节的重要物质（Kavi et al., 2005）。接种 AM 真菌能够促进活性氧清除物质的产生，缓冲细胞内的自由基电势（Ashraf and Foolad, 2007），以及能够提供一个更强的活性氧清理系统（Latef and He, 2011）

2. AM 真菌对青杨雌株和雄株 MDA、脯氨酸含量和 POD 活性的影响

（1）不同接菌、不同水分处理青杨雌株和雄株 POD 活性、MDA 和脯氨酸含量

水分胁迫显著增加了雄株叶片、雌株叶片和根系的丙二醛（MDA）含量；接菌仅显著提高了在正常水分下的雄株叶片和在水分胁迫下的雌株根系的 MDA 含量，对于雌株叶片 MDA 含量没有显著影响。水分处理对于雄株根系 MDA 含量没有显著作用，但是接种 AM 真菌显著降低了其 MDA 含量。青杨雌株和雄株的叶片和根系氧化物酶（POD）活性显著受到水分胁迫的促进作用，并且接种 AM 真菌促进了雄株叶片和根系的 POD 活性，抑制了雌株根系 POD 活性。水分胁迫显著增加了青杨雌株和雄株叶片和根系的脯氨酸含量，同时，接种 AM 真菌促进了两种水分条件下雄株叶片和根系、雌株水分胁迫下根系的脯氨酸含量（图 10-6）。

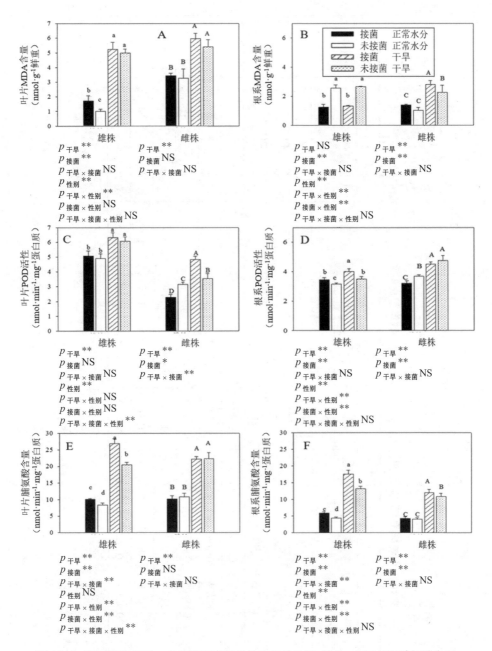

图 10-6 不同接菌处理、水分处理青杨雌株和雄株 POD 活性、MDA 和脯氨酸含量

注：*：显著水平 0.01< *p* < 0.05；**：极显著水平 *p* < 0.01；NS：无显著影响。柱子上方不同的小写字母表示在 *p* < 0.05 水平上存在显著差异。

（2）活性氧含量和 MDA、脯氨酸含量、POD 活性相关性

活性氧含量和 MDA、脯氨酸含量、POD 活性相关性分析结果见表 10-5，

表 10-5 青杨根系和叶片活性氧含量、MDA 含量、脯氨酸含量和 POD 活性的相关性

因子		叶片					根系				
		丙二醛	脯氨酸	氧化物酶	O_2^-	H_2O_2	丙二醛	脯氨酸	氧化物酶	O_2^-	H_2O_2
叶片	丙二醛	1									
	脯氨酸	-0.837**	1								
	氧化物酶	-0.721**	0.492**	1							
	O_2^-	-0.752**	0.574**	0.894***	1						
	H_2O_2	-0.627**	0.879**	0.263	0.299*	1					
根系	丙二醛	-0.282	0.569**	0.371*	0.351*	0.703***	1				
	脯氨酸	-0.890**	0.946**	0.664**	0.738**	0.783***	0.544**	1			
	氧化物酶	-0.377*	0.694**	0.030	0.070	0.846***	0.543**	0.528**	1		
	O_2^-	-0.088	0.264	-0.108	-0.299*	0.519***	0.261	0.089	0.692**	1	
	H_2O_2	0.031	0.363*	-0.498**	-0.421**	0.551***	0.241	0.123	0.741**	0.522**	1

注：*：显著水平 $0.01 < p < 0.05$；**：极显著水平 $p < 0.01$；NS：无显著影响。

绝大部分的指标之间都存在显著的相关性。叶片中的 MDA 含量与除根系 H_2O_2 之外的指标有显著的负相关性。但是，叶片中脯氨酸和 H_2O_2 含量与大多数指标有显著的正相关性。在叶片中，除了 MDA 含量外，除 POD 活性和 H_2O_2 含量其他的叶片指标之间都具有相互间显著的正相关性。在根系中，除脯氨酸含量、POD 活性的所有的指标和 O_2^-、H_2O_2 间都具有显著的正相关性。

（3）主成分分析

使用上述指标对青杨雌株和雄株分别进行主成分分析，结果如图 10-7。雌株和雄株的第一主成分主要解析了水分处理间的差别，第二主成分主要区别接种 AM 真菌处理的差别。雄株的第一主成分和第二主成分分别占了全部的50.50% 和 23.11% 的比重，雌株的是 79.50% 和 6.10%。结果表明，接种 AM 真菌处理对青杨雌株和雄株的生理指标有一定的影响。同时，接种 AM 真菌处理对于青杨雌株和雄株在水分胁迫下都有一定的帮助作用，并且对于雄株的耐旱性的帮助效果强于雌株。

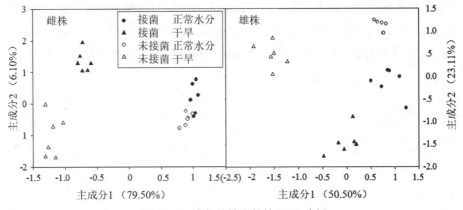

图 10-7　青杨雌株和雄株 PCA 分析

有研究表明，接种 AM 真菌的植株表现出更低的脂质过氧化水平和更强的抗氧化酶活性（Fan and Liu, 2011）。这与本研究的试验结果一致，干旱显著提高了 MDA 含量和脯氨酸含量以及叶片中 POD 活性。然而，雄株根系中的 MDA 含量受到接种 AM 真菌而不是干旱胁迫的显著影响：接种 AM 真菌的雄株根表现出显著降低的 MDA 含量，这与 Wu et al.（2006）的结果一致。而且，接种 AM 真菌的作用主要表现在根系而不是地上部分。本研究认为因为 AM 真菌的生态位在植物根系和根际，因此其主要影响植物的根系而不是地上部分。这个观点在 MDA 的结果中也是成立的。本研究发现雌株和雄株叶片 MDA 含量表现出相同的变化，表明了接种 AM 真菌处理对植株的影响主要集中在根系中。

在本研究中，脯氨酸含量在干旱胁迫中显著增加，该结果与大量研究结果一致（Kavi et al., 2005）。然而，叶片中的脯氨酸含量高于根系，这表明AM真菌共生体能够通过积累脯氨酸以维持亚细胞结构稳定。同时，脯氨酸的产生过程是一个精细调控的过程，包括一系列蛋白质激酶调控等。脯氨酸的积累在各种胁迫反应中均存在（Fujii et al., 2011）。然而，根系中的POD活性呈现出截然不同的变化：干旱胁迫轻微增加了雄株的POD活性，但轻微降低了雌株的POD活性。考虑到雌株对胁迫的敏感度更高，接种AM真菌雌株脯氨酸含量和POD活性的提高表明接种AM真菌存在提高植物耐旱蛋白质激酶活性的潜力，但深入的机制依旧需要更多的研究。

在本研究中，水分胁迫影响了宿主植物的生理过程、对质膜产生了损伤、并严重抑制了宿主植物的生长。相较于雌株，雄株植物表现出了更强的耐旱性。同时，接种AM真菌处理通过提高光合作用、水分吸收、植物生长、调节生理过程等降低了水分胁迫对宿主植物的伤害。而且，这种正效应在雄株中表现得尤为明显，这表明AM真菌的作用对于同一物种、不同性别的宿主植物是有区分的，同时揭示了AM真菌在调节植物性别比例中存在着潜在的作用。

第十一章　AM 真菌对青杨雌株和雄株在干旱条件下相互作用的影响

随着人类社会的不断发展，森林面积逐年降低，干旱地区植被的恢复越发紧迫。植树造林是广泛接受的解决干旱地区植被恢复问题的方法之一（Evans et al., 2013）。由于森林是能源产业和造纸产业的重要来源，因此保护森林既是生态保护的需要，也是经济发展的需要（Polle et al., 2013）。作为重要的林木物种，杨树在全世界范围内广泛分布，并作为林业科学的模式植物被广泛研究。不仅在试验中，在多种非生物胁迫的环境中，杨树也扮演着重要的角色（Han et al., 2013; Chen et al., 2010）。

青杨是我国的原生树种，在青海省广泛分布，是当地重要的生态恢复物种。青杨是典型的雌雄异株植物，雌株和雄株不同的生长生存策略，尤其是在各种逆境中表现不同。这种性别差异可能是由于不同的繁殖成本导致的（Chen et al., 2010）。对于多种胁迫响应的雌雄差异已经被大量研究者关注。

AM 真菌侵染植物的根系形成丛枝菌根，并提供营养元素换取植物的光合产物（Smith and Read, 2008）。同时，AM 真菌能够提高植物对多种环境胁迫的抗性，如病原菌（Newsham et al., 1995）、食草昆虫（Bennett and Bever, 2007）、重金属毒害（唐明，2015; Turnau et al., 2010）和干旱（Augé, 2001）等。近几年的研究表明，AM 真菌和其他的内生真菌对植物逆境抗性的帮助具有"本地"效应（Rodriguez et al., 2008）。例如 Johnson et al.（2010）发现，在低磷和低氮土壤环境中的原生 AM 真菌能够更好地为植物提供这些元素。同样，Rodriguez et al.（2008）发现在高盐、高温和病原菌的土壤中，原生的内生真菌能够更好地提高植物对这些逆境的抗性。

在一定范围内存在环境差异时，微生物引起的逆境反应对植物十分重要，这是因为来自不同栖息地植物间的基因流会阻碍其对当地环境的适应（Leimu and Fischer, 2008）。虽然宿主植物间的交配是随机的，AM 真菌群落在不同个体间和不同环境间表现出显著差异（Schechter and Bruns, 2008）。在很小的空间范围内，群落组成差异和生态型分化依旧存在（Koch et al., 2004），而且 AM 真菌群落的进化改变十分迅速（Johnson et al., 2013）。因此，AM 真菌能够提高植物的耐旱性，本研究从 AM 真菌对青杨雌株和雄株在干旱条件下相互作用的影响，揭示青杨雌株和雄株适应干旱逆境的生存策略。

第一节　侵染率、生长指标和营养元素测定

一、试验材料和试验设计

1. 试验材料

（1）供试植物

本试验选择一年生青杨（*Populus cathayana* Rehder）雌株和雄株枝条，枝条采自青海省西宁市大通县大通林场中 48 株雄株和 48 株雌株。将枝条剪成长 18 cm、直径 1.2 cm 的扦插条。扦插条的消毒按照 Li et al.（2015a）的描述进行，将扦插条浸泡于 70% 酒精（v/v）15 s，然后使用无菌水冲洗 3 次，浸泡在无菌水中待用。

（2）供试菌种

同第十章。

（3）供试基质

供试基质为沙土混合（1∶1）基质。细沙过 2 mm 筛后，备用。土壤采自陕西省咸阳市杨陵区杨树生长表层土（5 ～ 20 cm），过 2 mm 筛后与细沙充分混合，在 0.11 mPa、121℃高温高压灭菌 2 h。灭菌后晾干作为供试基质。

土壤理化性质为：pH7.6（土水比 1∶5），速效氮 37.50 mg/kg，速效磷 12.34 mg/kg，速效钾 133.24 mg/kg，有机质 18.76 g/kg。

2. 试验设计

如图 11-1，本试验共包含 4 个因素：性别（雌株和雄株），接种 AM 真菌处理（接种 *R. intraradices* 和未接种），水分状况（适宜水分 Well-watered,

WW 和干旱胁迫 Water-stressed, WS），以及种植方式（单一性别和雌雄混种）。其中，WW 为土壤含水量为 85% ～ 90% 田间持水量，WS 为土壤含水量为 25% ～ 30% 田间持水量。共 24 个处理，每个处理 3 盆，即 6 株。

盆栽试验采用高 35 cm、底径 25 cm 和上径 40 cm 的花盆，每个盆中装入 30 kg 供试基质。在扦插时，接种 AM 真菌处理的盆中每棵扦插条接种 20 g 供试菌剂，未接种 AM 真菌处理的盆中接种 20 g 高温高压灭菌后的菌剂。

所有处理均在 25 ～ 30℃、12 h 光照、适宜水分条件下培养 30 d。30 d 后，不同接种 AM 真菌处理的盆被随机平均分为 2 组。一组雌株和一组雄株不进行浇水，直至土壤含水量达到 25% ～ 30% 田间持水量（WS），并保持该水分状况。剩下的一组雌株和一组雄株始终保持原有的土壤含水量（WW）。每天下午 16：00 浇水保持稳定的土壤含水量，50 d 后收获。

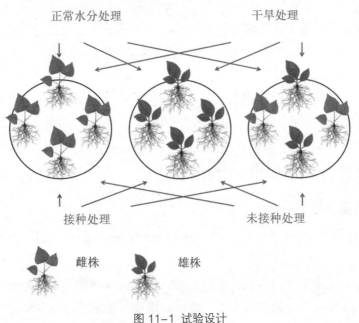

图 11-1　试验设计

二、侵染率、生长指标和营养元素测定

1. 侵染率测定

AM 真菌侵染率测定按照 Phillips and Hayman（1970）所描述的方法进行。将收集的根系样品用自来水轻轻冲洗干净，再用蒸馏水冲洗 3 次。之后挑选直径小于 2 mm 的细根剪成 1 cm 长小段，浸入 5% KOH 溶液、90℃水浴至无色。

将透明后的根段浸入 1% HCl 中 5 min，浸入台盼蓝染液染色，再浸入乳酸甘油溶液（1∶1）中脱色保存。最终，将每个处理各 150 个根段，利用光学显微检测其侵染率。

2. 生长指标和营养元素测定

（1）生长指标测定

在收获前，使用卷尺和游标卡尺测定植株株高及地径。平均每日株高生长量（Growth of stem length, GSL）和平均每日地径生长量（Growth of ground diameter, GGD）由计算后获得。选取从顶部第四和第五片完全展开叶，使用叶绿素含量测定仪（SPAD–502 Plus, Konica–Minolta Holdings, Inc., Osaka, Japan）测定叶片叶绿素含量（SPAD）。叶片面积（Leaf area, LA）使用坐标纸测量。

在收获时，剪取地上部分。用清水轻轻冲洗根系，将洗净后的根系样品和地上部分分别在 70℃烘干至恒重后，测定生物量。

（2）营养元素含量测定

将烘干后的植物叶片和根系样品磨成细粉，并过 100 目的筛子。叶片和根系碳和氮含量分别使用半微量凯氏法（Mitchell, 1998）和快速重铬酸氧化法（Nelson and Sommers, 1982）测定。磷、钾、钙和镁含量使用火焰原子吸收光谱法（韩萍等，2005; Wilde et al., 1985）测定。

3. 数据处理与分析

利用数据处理软件 SPSS 17.0（SPSS Inc., Chicago, IL, USA）进行数据处理和分析。数据使用 Duncan 测试（$p < 0.05$）和方差分析（ANOVAs）进行处理。

ANOVAs 用于分析性别、水分处理、接种 AM 真菌处理和种植方式对青杨雌株和雄株的影响的显著水平，雌株和雄株分别水分处理、接种 AM 真菌处理和种植方式中任意两因素的交互作用，以及雌株和雄株共同时性别与其他三因素的交互作用的显著水平。

本研究将雌株和雄株数据分别进行主成分分析（Principal components analysis, PCA）。利用 PCA 减少分析维度，只选取特征值大于 1 的维度进行分析。PCA 结果使用代表性最高的两个维度进行绘制。

第二节　AM真菌、干旱胁迫和种植方式对青杨雌株和雄株的影响

一、AM真菌、干旱胁迫和种植方式对青杨生长的影响

1. 菌根侵染和雌株和雄株生长状况

不同接种AM真菌处理植株根系侵染率结果如图11-2所示，各接种AM真菌处理侵染率均高于80%。对于同一性别，正常水分（WW）的侵染率高于干旱胁迫（WS），即干旱胁迫抑制了青杨根系AM真菌侵染率。在不同性别、种植方式间未观察到显著差异。

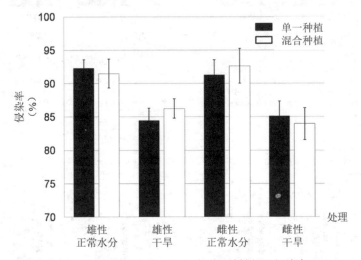

图11-2 不同接种AM真菌处理植株根系侵染率

在收获时，每个处理随机选取6株测定株高、地径、叶绿素含量（SPAD）和叶面积（LA），结果见图11-3。不同的干旱和种植方式对雌株和雄株的影响一致。干旱胁迫显著抑制了青杨雌株和雄株的株高、地径、叶绿素含量和叶面积，且对雌株抑制效果更显著。相较于单一性别的种植方式，雌雄混合种植方式均稍微提高了雌株和雄株的生长。同时，混合种植显著增加了雌株的叶面积。

不同的接种AM真菌处理对雌株和雄株的影响不同。对于雄株，接种AM真菌显著提高了株高和叶面积，增加了地径，以及叶绿素含量，尤其是在干旱处理中。对于雌株，接种AM真菌处理对于生长指标有一定的促进作用，除了株高以外均不显著。并且接种AM真菌处理对于雄株株高的促进作用更显

197

著。除此之外，雌株叶面积大于雄株，尤其是在混合种植处理中。但对于其他 3 个生长指标，雄株在干旱处理中的表现均强于雌株，表明雄株具有更好的耐旱性。

方差分析结果表明，雄株株高、地径、叶绿素含量和叶面积均受到接种

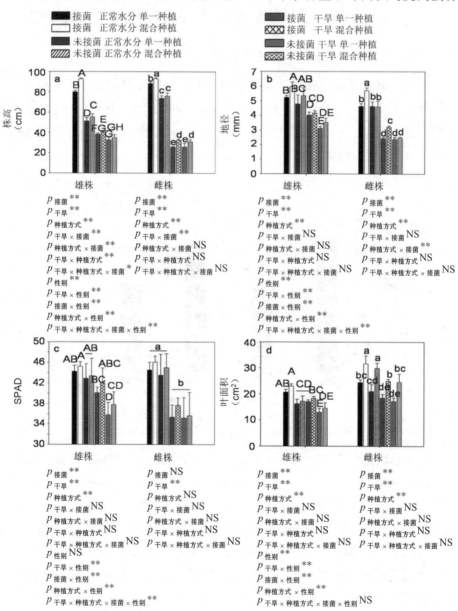

图 11-4 不同处理间青杨雌株和雄株株高和地径的生长变化

注：a，c：单一种植；b，d：混合种植。

AM真菌处理、干旱处理、种植方式的显著影响；雌株株高、地径和叶面积受到接种AM真菌处理、干旱处理、种植方式的显著影响，叶绿素含量只受到干旱处理的显著影响。同时，4个生长指标也受到了性别（除叶绿素含量），性别×接种AM真菌处理、性别×干旱处理、性别×种植方式的交互作用的显著影响，且除了叶面积均受到4因素的显著交互作用。

2. 雌株和雄株生长随时间变化规律

图11-4描述了水分处理开始后50d雌株和雄株株高和地径的变化。如图所示，在水分处理开始时，各处理间株高、地径间基本一致。但在水分处理后，不同水分处理植株显示出截然不同的变化趋势。对于干旱处理的植株，在干旱胁迫开始阶段株高和地径受到的抑制明显，即在0～10d增加较少。并且在20d后增长速率恢复，即前期生长较慢，之后较快。同时，对于正常水分处理的植株，开始阶段株高和地径增长速率稳定，但在30d左右开始减缓，且在40d以后增长缓慢，趋于平缓。除此之外，除水分处理之外，其他处理间的差别主要在10d以后出现。

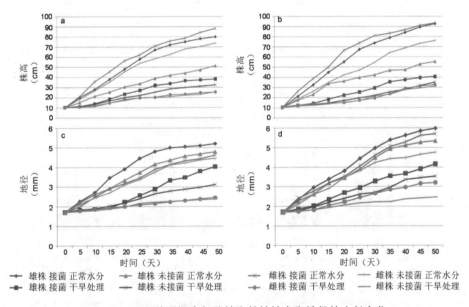

图 11-4 不同处理间青杨雌株和雄株株高和地径的生长变化

注：a，c：单一种植；b，d：混合种植。

3. 雌株和雄株随时间变化的生物量积累

不同处理间青杨雌株和雄株地上与地下生物量见图11-5。由图可见，不同性别、水分处理、接种 AM 真菌处理和种植方式间地上、地下和总生物量，以及根冠比存在一定的差异。对于雌株而言，干旱处理的效果最为明显，均显著抑制了雌株地上、地下和总生物量。并且在同一水分处理下，雌株在不同的接种 AM 真菌处理和种植方式间不存在显著差异。而对于雄株，在相同的水分处

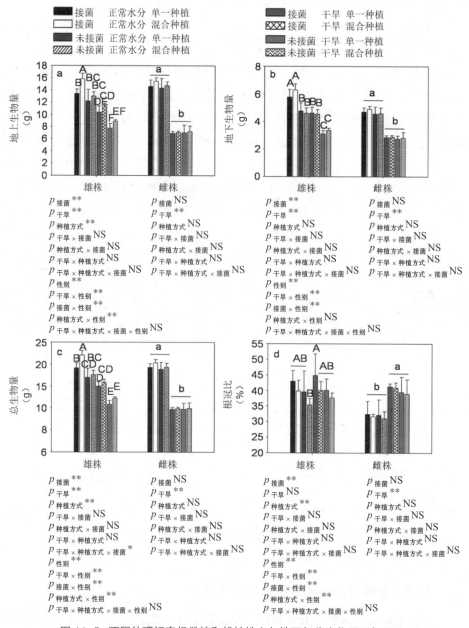

图 11-5　不同处理间青杨雌株和雄株地上与地下部分生物量及根冠比

理和种植方式中，接种 AM 真菌在一定程度上促进了植株各部分及总生物量的积累。除此之外，雌雄混合种植对于雌株和雄株的影响并不一致。混合种植中的雄株各部分及总生物量往往略高于单一性别种植的雄株。混合种植中的雌株各部分及总生物量仅在正常水分下往往略高于单一性别种植的雌株，而在干旱处理中该效应不明显甚至相反。

不同处理对于根冠比的影响在雌株和雄株间存在差异。对于两个性别，干旱胁迫均显著增加了根冠比，尤其是对于雌株。同时，混合种植降低了根冠比，尤其是对于雄株。但是在同样的水分处理下，其他处理间的差异均不显著。

方差分析结果表明，接种 AM 真菌处理、水分处理和种植方式显著影响了雄株地上、地下（除种植方式）和总生物量；而对于雌株而言，只有水分处理显著影响了其地上、地下和总生物量以及根冠比。性别以及性别 × 接种 AM 真菌处理、性别 × 水分处理、性别 × 种植方式（除地下部分生物量）的交互作用均显著影响青杨地上、地下和总生物量以及根冠比。

二、AM 真菌、干旱胁迫和种植方式对青杨的影响分析

在自然界中，雌雄异株植物雌株和雄株在形态学、生理学等水平上均存在差异。一般认为，雌株和雄株生殖成本的不同是造成性别差异的主要原因（Field et al., 2013）。随着近些年环境气候的变化，许多雌雄异株植物均呈现性别比例偏离。雌株和雄株对于各种环境胁迫的敏感度和响应不同，造成了性别比例的失调。在面对多种环境胁迫的时候，雄株往往能够表现出更好的抗逆性（Han et al., 2013; Chen et al., 2010）。而这种现象并不是只存在于干旱、盐碱、紫外线等非生物胁迫，病原菌等生物胁迫中也同样存在（Zhang et al., 2010）。

1. 干旱胁迫对青杨雌株和雄株的影响

本研究发现干旱胁迫抑制 AM 真菌的侵染，这与许多报道结果一致。除此之外，干旱处理还显著抑制了雌株和雄株的株高、地径、生物量、叶绿素含量和叶面积。由于水分是植物进行光合作用的必要因素，干旱胁迫限制了青杨雌株和雄株生物量的积累和生长。同时，叶绿素含量的降低也导致了光合水平的降低。本研究还发现，在干旱处理开始时，各处理间株高、地径基本一致。但在水分处理后，不同水分处理植株显示出截然不同的变化趋势。对于干旱处理的植株，在干旱胁迫开始阶段株高和地径受到的抑制明显，即在 0 ~ 10 d 增

加较少。并且在 20 d 后增长速率恢复，即前期生长较慢，之后较快。这是由于 10 d 后，干旱处理植株不再进行浇水直至土壤水分达到 25% 田间持水量，植株需要在该阶段调节自身生长代谢水平以适应干旱。因此在干旱处理开始时生长较慢，之后加快。同时，对于正常水分处理的植株，开始阶段株高和地径增长速率稳定，但在 30 d 左右开始减缓，且在 40 d 以后增长缓慢，即前期生长较快，后期趋于平缓。与干旱处理植株一样，在生长到 40 d 左右均增长缓慢，这可能与青杨本身的生长特性有关,也可能是盆的规格限制了植株进一步生长。

干旱限制了青杨雌株和雄株的生长，地上、地下部分生物量的积累。同时，相较于正常水分处理下的指标，干旱处理的植株表现出显著提高的根冠比，这与许多研究结果一致。这是由于水分胁迫抑制了植物的生长，而根系作为水分吸收器官受到的影响较小造成的。除了形态学的影响，干旱同样减少了青杨雌株和雄株叶片和根系中碳、氮、磷、钾、钙和镁元素含量。土壤中营养元素通过水分吸收进入植物体内，干旱胁迫既限制了水分的吸收，也限制了元素的吸收。

2. 接种 AM 真菌对青杨雌株和雄株的影响

在本研究的接种 AM 真菌处理中，青杨雌株和雄株在两种水分处理和种植处理间的侵染率没有显著差异，这与 Li et al.（2015a）的结果一致。本研究还发现雌株和雄株间在生长指标上存在一定差异，尤其是在面对水分胁迫时，水分胁迫对雌株的抑制效果强于雄株，这与之前雌株抗逆性较差的研究结果一致（Han et al., 2013; Li et al., 2015a, b）。

大量的研究表明，接种 AM 真菌能够显著提高宿主植物对各种环境胁迫的抗性，而其中，关于 AM 真菌提高植物耐旱性的报道最为广泛（Latef and He, 2011；Liu et al., 2015）。本研究结果也表明，接种 AM 真菌对青杨，尤其是在干旱处理中的生长、水分状况和元素积累等均有一定的促进作用。AM 真菌与宿主之间的共生关系并非只是改善了宿主本身的生长等，同时还可以通过促进根系和菌丝分泌物的分泌等来改善土壤团聚结构，间接改善水分状况。因此接种 AM 真菌能够通过多种途径缓解干旱对青杨雌株和雄株造成的损伤。

本研究之前的研究发现（Li et al., 2015a; Li et al., 2015a b），青杨的雌株和雄株对接种 AM 真菌表现出不同的反应。这与本试验结果基本一致，不同的接种 AM 真菌处理对雌株和雄株的影响不同。对于雄株，接种 AM 真菌显著提高了株高和叶面积，增加了地径以及叶绿素含量，尤其是在干旱处理中。对于雌株，接种 AM 真菌对于生长指标有一定的促进作用，但除了株高以外均不显著。这是因为接种 AM 真菌直接提高了植物水分吸收水平，又通过改善土壤团聚结构间接提高了其水分利用水平。接种 AM 真菌对雄株的促进效果强于雌株，可能是由于雌株在正常水分下的生长优于雄株，对于逆境的敏感度更高造成的。

由于 AM 真菌提高宿主植物营养吸收的能力，AM 真菌共生体对于植物在贫瘠的环境中生存必不可少。其中，关于 AM 真菌提高宿主植物对磷元素的吸收的报道最为广泛。AM 真菌拥有磷转运蛋白能够将土壤中的无机态磷转移到宿主植物中（Harrison and Van Buuren, 1995）。有研究发现，接种 AM 真菌的根系吸收的磷元素能够达到未接种 AM 真菌根系的 5 倍（Sharif and Claassen, 2011）。本研究也发现，接种 AM 真菌提高了青杨磷元素的积累。除此之外，接种 AM 真菌的植株对许多营养元素的吸收均表现出显著提高，例如氮（Giri and Mukerji, 2004）、钾（Guether et al., 2009）、锌（Lehmann et al., 2014）、铜、铁、锰等（Lehmann and Rillig, 2015）。同样的结果也在本研究的试验中被观察到，接种 AM 真菌对于青杨雌株和雄株多种元素的积累均表现出积极的作用。

3. 种植方式对青杨雌株和雄株的影响

种植方式是本试验最大的亮点。考虑到在野外环境中，雌株和雄株比例的失调造成的直接后果是繁殖时的效率降低，但是忽略了雌株减少后对现有林木雌株和雄株间互相作用的影响。植物个体间存在着复杂的相互关系，而这种关系并不是一成不变的，会受到环境因素的影响。随着环境限制性资源，如水分、土壤元素等的降低，植物间的相互关系会从负作用（竞争）过渡到正作用（互利）（Callaway et al., 2002）。然而接种 AM 真菌能够影响植物间的关系（Zhang et al., 2010a; Zhang et al., 2010b），并且不同的 AM 真菌菌种对于宿主植物的促进效果不同（Zhang et al., 2011）。

混合种植方式显著增加了雌株的叶面积，这可能是由于雌株和雄株对元素的需求存在差别，而混合种植的方式使得雌、雄之间存在一定的互补，缓和了同一性别间的直接竞争。这仍需要进一步的研究加以验证。除此之外，本研究发现雌株体内氮和镁含量明显高于雄株，这能在一定程度上说明雌株和雄株对不同元素的需求存在差别。

本研究发现雌、雄混合种植的植株的生长状况均会稍微改善。这可能是由于同一性别对养分的需求相同，之间存在竞争关系。而两个性别间存在对某些养分元素的偏好性不同，混合种植在一定程度上缓解了这种竞争关系。同样，雌株和雄株各部分元素含量的结果在一定程度上支持了本研究的结果：雌株对氮和镁元素表现出更强的偏好性。除此之外，雌株和雄株之间可能存在某些信息传递，影响了元素的分配。而这个信息传递者，有可能就是本试验中的 AM真菌。AM 真菌能够同时和多种植物根系形成共生关系，成为介导植物间信号的一条通道。这种联系通过菌根真菌的菌丝建立起来，一般称为"菌根菌丝桥"，或者"菌丝网络"（李朕等，2015）。通过菌丝网络的相互沟通，植物间可以进行信号物质，甚至营养元素的传递。

混合种植的方式不仅提高了雌株和雄株的生长状况，元素积累状况也得到了改善。同时，本研究还发现，虽然雌雄混合种植植株碳、氮、磷元素含量均稍高于单一性别种植，但是在混合种植处理中，接种 AM 真菌处理中雌株和雄株之间元素含量的差异往往小于未接种 AM 真菌处理雌株和雄株之间的差异，这可能是由于菌根真菌形成的菌丝桥介导了不同性别间的营养传递，在一定程度上平衡了雌株和雄株之间的差异造成的。同样的现象也在钾和钙元素的分布状况中被观察到。但是对于镁元素，则表现出相反的规律，即接种 AM 真菌处理反而扩大了雌雄混种处理中的雌株和雄株之间的镁元素差异。这可能和镁元素自身的某些特性有关或者性别间对其的偏好性导致的，因为本研究观察到镁元素在雌株正常水分下的分布显著高于雄株，几乎达到雄株的 2 倍。但是仍需要进一步的研究来论证。

第三节　青杨雌株和雄株营养元素含量和 PCA 分析

一、青杨雌株和雄株叶片与根系营养元素含量

1.青杨雌株和雄株叶片与根系碳、氮和磷含量

结果见图 11-6，青杨雌株和雄株叶片和根系中碳、氮、磷含量均受到水分、接种 AM 真菌和种植方式处理的影响。青杨叶片和根系中碳、氮含量接近，而磷在叶片中分布更多。与正常水分处理植株相比，干旱处理下植株叶片和根系中碳、氮、磷含量均显著降低。同时，干旱胁迫对于雌株营养元素含量的抑制效果强于雄株，这可能是由于雄株耐旱性较强导致的。

接种 AM 真菌在一定程度上提高了正常水分和干旱处理中雄株的元素含量，但对于雌株的影响比较复杂。对于雄株，在两种水分状况下，接种 AM 真菌显

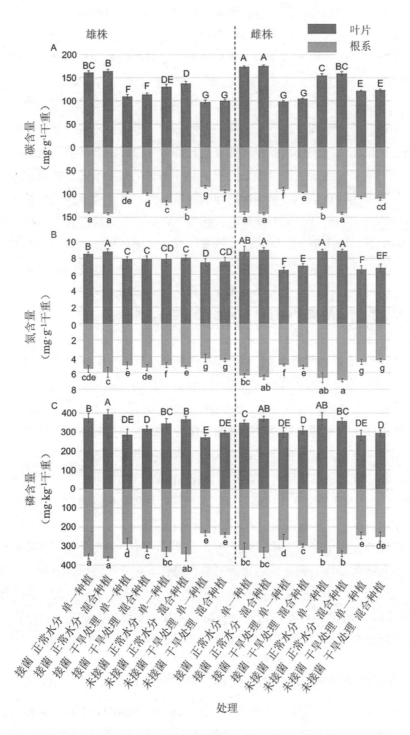

图 11-6　各个处理间青杨雌株和雄株叶片与根系碳、氮和磷元素含量

著提高了其叶片和根系中碳含量、根系中的氮和磷含量，而对于叶片中氮和磷含量的显著促进效果只在正常水分处理中。对于雌株，接种 AM 真菌只显著提高了正常水分下叶片中的碳含量、干旱胁迫下根系中的氮和磷含量。然而，在干旱条件下，接种 AM 真菌反而降低了雌株叶片和根系中的碳含量。

除了水分处理和接种 AM 真菌处理对青杨雌株和雄株各部分碳、氮和磷含量产生了影响外，不同种植方式也有一定的影响。本研究发现，相较于单一性别种植，无论在任何水分和接种 AM 真菌处理中，雌雄混合种植均略微提高了各部分碳、氮和磷含量。这可能是由于不同性别对某些土壤元素的需求不同，雌株和雄株之间的竞争小于单一性别间的竞争，使得雌株和雄株的生长状态均有一定的改善引起的。例如本试验中，雌株氮含量高于雄株，这表明雌株在生长中对氮元素的需求更大。同时，虽然雌雄混合种植植株碳、氮和磷元素含量均稍高于单一性别种植，但是在混合种植处理中，接种 AM 真菌雌株和雄株之间元素含量的差异往往小于未接种 AM 真菌雌株和雄株之间的差异，这可能是由于 AM 真菌形成的菌丝桥介导了不同性别间的营养传递，在一定程度上平衡了雌株和雄株之间的差异。

方差分析结果表明（表 11-1），对于雄株，除了叶片中的碳含量，接种 AM 真菌处理、水分处理和种植方式对叶片和根系中碳、氮和磷含量有显著影响，同时，接种 AM 真菌处理 × 水分处理的交互作用显著影响了叶片中碳、氮含量和根系中的碳、氮和磷含量。对于雌株，接种 AM 真菌对叶片碳、氮和磷含量没有显著影响，但对根系中 3 元素的含量的影响极显著。同时，雌株叶片和根系中碳、氮和磷含量也受到水分处理 × 种植方式处理的显著影响。接种 AM 真菌处理 × 水分处理的交互作用显著影响了雌株叶片碳和磷的含量，以及根系中该 3 元素的含量。叶片和根系中的氮和磷含量也受到了接种 AM 真菌处理 × 种植方式的交互作用的显著影响。除此之外，除了叶片中的磷含量，其他组织中的碳、氮和磷含量均受到性别的显著影响。同时所有元素均受到接种 AM 真菌处理 × 性别，水分处理 × 性别，种植方式 × 性别，以及接种 AM 真菌处理 × 水分处理 × 性别的交互作用的显著影响。叶片和根系中氮和磷含量也受到了接种 AM 真菌处理 × 性别 × 种植方式的三因素的交互作用的显著影响。

2. 青杨雌株和雄株叶片与根系钾、钙和镁含量

如图 11-7 所示，青杨叶片和根系中钾、钙和镁元素的分布在不同性别、接种 AM 真菌处理、水分处理和种植方式处理之间存在一定规律。由图 11-7 可见，

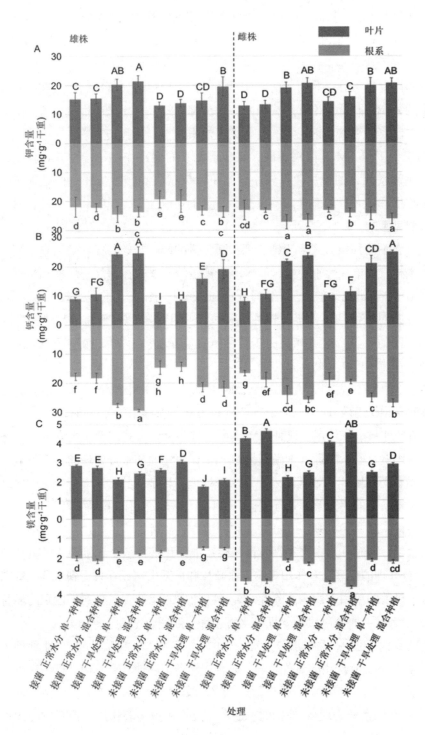

图 11-7　各个处理间青杨雌株和雄株叶片与根系钾、钙和镁元素含量

钾元素在根系中的含量高于叶片，而钙和镁元素在叶片中的含量高于根系。与碳、氮和磷元素分布不同，干旱胁迫显著增加了钾和钙元素在叶片和根系中的分布。这可能是由于这些元素在植物渗透调节中起到重要作用，能够在干旱条件下提高渗透势以促进水分吸收引起的。而对于镁，水分胁迫显著抑制了其在叶片和根系中的分布，并且无论叶片或根系，这种抑制效果在雌株中都更显著。除此之外，本研究还观察到钾元素的变化幅度要明显小于钙和镁元素。

相较于接种 AM 真菌对于碳、氮和磷元素的促进作用，接种 AM 真菌对于钾、钙和镁元素的作用效果较小。本研究仅观察到接种 AM 真菌处理对雄株叶片和根系钙元素的促进效果显著，而对于其他性别、组织和元素的含量变化没有明显影响。

同样，不同种植方式对于钾、钙和镁含量的影响与碳、氮和磷略有不同。同样的是相较于单一性别种植，雌雄混合种植的方式往往提高了雌株和雄株叶片和根系中钾、钙和镁的含量，且对叶片和根系中的钙元素的促进效果更显著。除此之外，对于钾和钙元素，接种 AM 真菌往往能够缓解雌雄混种中的雌株和雄株之间的差异，这可能是由于接种 AM 真菌后雌株和雄株根系间形成的菌丝网络介导了植株间的元素传递。

方差分析结果表明（表 11-1），对于雄株，叶片中的钾、钙和镁含量受到了接种 AM 真菌处理、水分处理、种植方式的显著作用，同时也受到接种 AM 真菌处理与水分处理、接种 AM 真菌处理与种植方式以及 3 因素的交互作用的显著影响；根系中钾含量受到接种 AM 真菌处理和水分处理的显著影响，钙和镁元素受到接种 AM 真菌处理、水分处理和种植方式的显著影响。除此之外，雄株根系中的钙元素含量还受到任意两个因子交互作用的显著作用。对于雌株，接种 AM 真菌处理、水分处理和种植方式显著影响了叶片和根系中钾和钙元素含量，同时叶片中钾和钙含量、根系中钾和镁含量受到接种 AM 真菌处理 × 水分处理的显著交互作用影响。而叶片和根系中镁元素只受到水分处理和种植方式显著的单因素影响。除此之外，叶片中的元素含量受到了性别的显著作用，也受到了接种 AM 真菌处理 × 性别，水分处理 × 性别，种植方式 × 性别，接种 AM 真菌处理 × 性别水分处理 × 性别，接种 AM 真菌处理 × 性别种植方式 × 性别的交互作用的显著影响。同时，性别、接种 AM 真菌处理与性别、水分处理与性别的交互作用均显著影响了根系中钾、钙和镁含量，接种 AM 真菌处理 × 性别水分处理 × 性别的三因素交互作用也显著作用于根系中的元素含量。

表 11-1　元素含量的方差分析

		叶片						根系					
		C	N	P	K	Ca	Mg	C	N	P	K	Ca	Mg
雄株	$p_{\text{AM 真菌}}$	**	**	**	*	**	**	**	**	**	**	**	**
	p_{Water}	**	**	**	**	**	**	**	**	**	**	**	**
	p_{Planting}	NS	**	**	**	**	**	**	**	**	NS	**	*
	$p_{\text{AM 真菌} \times \text{Water}}$	**	**	NS	**	**	**	*	**	**	**	**	NS
	$p_{\text{AM 真菌} \times \text{Planting}}$	NS	NS	NS	**	**	*	*	NS	NS	NS	*	NS
	$p_{\text{Water} \times \text{Planting}}$	NS	NS	NS	**	NS	NS	NS	NS	NS	NS	**	NS
	$p_{\text{3 factors}}$	NS	NS	NS	NS	NS	*	NS	NS	NS	NS	NS	NS
雌株	$p_{\text{AM 真菌}}$	NS	NS	NS	**	**	NS	**	**	**	*	**	NS
	p_{Water}	**	*	**	**		**	**	**	**	**	**	**
	p_{Planting}	*	*	**	**	*	**	**	**	**	*	**	*
	$p_{\text{AM 真菌} \times \text{Water}}$	**	NS	**	**	**	**	**	**	**	**	NS	*
	$p_{\text{AM 真菌} \times \text{Planting}}$	NS	*	*	NS	NS	NS	NS	*	*	NS	NS	NS
	$p_{\text{Water} \times \text{Planting}}$	NS	*	NS	NS	**	NS	NS	**	NS	NS	NS	NS
	$p_{\text{3 factors}}$	NS	NS	**	*	NS	NS	*	NS	NS	NS	*	NS
p_{Gender}		**	*	NS	*	**	**	**	**	**	**	**	**
$p_{\text{AM 真菌} \times \text{Gender}}$		**	*	**	**	**	**	**	**	**	**	**	**
$p_{\text{Water} \times \text{Gender}}$		**	*	**	**	**	**	**	**	**	**	*	**
$p_{\text{Planting} \times \text{Gender}}$		*	*	**	**	**	**	**	**	**	NS	**	*
$p_{\text{AM 真菌} \times \text{Gender} \times \text{Water}}$		**	*	**	**	**	**	**	**	**	**	**	**
$p_{\text{AM 真菌} \times \text{Gender} \times \text{Planting}}$		NS	*	*	**	*	**	NS	*	*	*	*	NS
$p_{\text{Water} \times \text{Gender} \times \text{Planting}}$		NS	*	NS	*	*	NS	NS	*	NS	NS	*	NS
$p_{\text{4 factors}}$		NS	NS	*	*	NS	*	NS	*	NS	NS	NS	S

注：*：显著水平 $0.01 < p < 0.05$；**：极显著水平 $p < 0.01$；NS：无显著影响。

二、青杨雌株和雄株理化性质的 PCA 分析

1. 青杨雌株和雄株 PCA 分析

使用上述所有生理生化指标，对青杨雌株和雄株分别进行 PCA 分析，选取代表性最高的 2 个主成分作图，结果如图 11-8。对于雌株和雄株，第一主成分主要区别了水分处理间的差别，第二主成分主要解析了不同接种 AM 真菌处理

的差异。这表明水分处理的影响强于不同接种 AM 真菌和种植方式的影响。对于雄株，第一主成分同时区别了种植方式的区别；而对于雌株，第二主成分同时区别了种植方式的区别。

青杨雄株的第一主成分和第二主成分分别占了全部的 67.51% 和 15.06% 的比重，雌株的第一主成分和第二主成分分别占了 84.53 % 和 4.92 %。该结果表明，对于雌株的处理中，主要影响只有水分处理。除此之外，接种 AM 真菌处理的雄株干旱处理与正常水分处理间的距离小于未接种 AM 真菌处理的距离，表明接种 AM 真菌处理对雄株耐旱性有明显的促进作用，而对于雌株耐旱性的影响并不显著。同时可以观察到，相较于单一性别种植，雌雄混合种植处理对于雌株和雄株有一定的正效应。

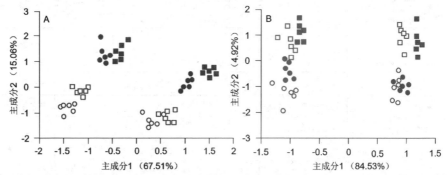

图 11–8　PCA 分析

2. 青杨雌株和雄株 PCA 分析各因素贡献值

青杨雌株和雄株 PCA 分析各因素贡献值如表 11–2 所示，本研究选取第一主成分贡献值大于 0.9 的指标建立了表格。由表可见，对于雄株，叶片数、地上部分生物量、总生物量、株高、地径、叶片和根系中碳含量和磷含量的贡献最高；对于雌株，叶片数、地上部分生物量、地下部分生物量、总生物量、株高、地径、根系中氮含量，以及叶片中的氮含量、磷含量和镁含量贡献最高。

雌雄异株植物在形态、生理、生化等水平上存在一定差异，尤其是在多种逆境胁迫中。一般认为，这种性别差异是由于雌株和雄株不同的繁殖成本决定的：雌株需要提供更多的养分来繁殖下一代（Field et al., 2013）。关于雌株和雄株对多种的环境因素的研究已经十分广泛，但关于雌株和雄株间的相互影响以及接种 AM 真菌对雌株和雄株间关系的影响鲜有报道。

表 11-2 PCA 分析各因素贡献值

雄株			雌株		
指标	PC1	PC2	指标	PC1	PC2
叶片数	0.941	0.056	叶片数	0.980	0.072
地上部分生物量	0.939	0.094	地上部分生物量	0.980	−0.047
总生物量	0.948	0.163	地下部分生物量	0.950	−0.038
株高	0.928	0.072	总生物量	0.983	−0.045
地径	0.944	−0.026	株高	0.984	0.010
C 含量（叶片）	0.941	−0.009	地径	0.958	0.133
C 含量（根系）	0.955	−0.088	N 含量（叶片）	0.984	0.040
P 含量（叶片）	0.964	−0.114	N 含量（根系）	0.951	0.044
P 含量（根系）	0.956	0.068	P 含量（叶片）	0.951	0.074
			Mg 含量（叶片）	0.961	0.079

　　植物或微生物之间存在化感作用，即植物或微生物通过代谢分泌物对周围植物或微生物有益或有害的相互间的生物化学关系。这些植物或微生物的次生代谢产物既存在于同一物种之间，也存在于不同物种之间。但关于雌雄异株植物不同性别间化感作用的研究很少。菌根能够介导植物间的联系，帮助植物传递化感信号（Li et al., 2015a）。因此，本研究计划探究雌雄异株植物性别间的相互影响以及 AM 真菌对其关系的作用。同时，结合青杨立地环境中最广泛的干旱逆境进行了试验。

　　青杨作为青海地区最主要的林木植物和生态恢复物种之一，保护其免受干旱、紫外线的环境胁迫的影响十分重要。同时，维持其种族存活的另一个重点是性别比例的平衡。本研究对青杨雌株和雄株的种质资源保护提供了一定的依据，同时揭示了 AM 真菌对于维持野生环境中雌雄异株植物性别比例和生态环境的稳定有潜在的作用。

第十二章 茶卡盐湖青杨雌株和雄株的根际微生物群落

降水量和土壤含水量是诱发土壤盐渍化的关键因素，在干旱和半干旱地区，土壤盐渍化现象普遍存在。随着温室效应的加剧，上述区域的森林面积正大幅度递减。我国西北地区长年受盐碱危害，植被稀少，属于典型的生态脆弱区域（Li et al., 2015）。青杨广泛分布于我国西北地区，对当地盐渍化生态系统的恢复具有重要作用。作为典型的雌雄异株植物，大量有关不同性别青杨对逆境胁迫响应机制的研究发现，和雌株相比，雄株的逆境耐受能力更强，这很大程度上由繁殖成本差异所致（Zhang et al., 2011）。

植物除了产生系列生理生化变化以适应盐渍化环境（Porcel et al., 2016）之外，还可以通过与根际微生物间的相互作用提高其对盐渍化生境的耐受性。根际微生物是指植物根系直接影响区域范围内的微生物（Shakya et al., 2013）。该类微生物不仅在土壤生态过程中扮演着重要角色，而且能以直接和间接的方式影响宿主植物生长（Vélez et al., 2017）。在根际微环境中，植物影响根际微生物群落的结构和功能，而微生物通过自身的生命活动影响宿主植物的生长。同时，微生物之间也会通过相互作用寻求共存（Johnson et al., 2015）。在复杂的生态环境中，高通量测序（Next Generation Sequencing, NGS）技术渐渐成为检测微生物群落结构和多样性的有力工具（Waring et al., 2016）。不同的陆地生态系统中，植物（地上系统）和土壤（地下系统）均存在反馈调节机制，且由于空间和时间上的差异，二者间的联系复杂多变。探究宿主植物根际微生物随样地和宿主植物群体的变化趋势，对于揭示雌株和雄株间的区别至关重要。

在林木研究中，杨树通常被认为是阔叶树的模式树种。杨树根际存在多种微生物，随着毛果杨（*Populus trichocarpa*）全基因组测序的完成，杨树与根际微生物也逐渐成为研究林木和微生物互作的模式系统（Tuskan et al.,2006）。迄今为止，关于不同性别青杨耐盐性和菌根真菌提高宿主植物耐盐性的研究已有很多报道（Chen et al., 2014; Chen et al., 2010），但尚无有关盐渍化环境中不同性别青杨根际微生物群落差异的研究，因此，本研究以青杨（*P. cathayana*）为试验材料，利用高通量测序技术研究不同程度盐渍化地区青杨雌株和雄株的根际微生物群落组成，明确盐渍化环境对青杨根际微生物群落结构的影响和相同样地不同性别青杨根际微生物群落结构的分布差异，为缓解逆境生境下青杨性别比例失调状况的微生物修复手段提供一定的理论依据。

第一节　盐区青杨根际微生物群落全基因组测序

一、样地概况和样品采集

1. 样地概况

采样地位于中国青海省海西蒙古族藏族自治州乌兰县茶卡镇。茶卡盐湖是我国著名的天然结晶盐湖，降水稀少、蒸发量大和光照较强等独特的气候条件导致该地区土壤盐渍化严重。通过前期多个样地土壤的采样和筛选，本试验选取了非盐湖区（对照区，S1）、盐湖边（低盐区，S2）、盐厂（中盐区，S3）和盐山（高盐区，S4）共 4 个样地进行研究（图 12-1）。样地基本概况如表12-1，详细的土壤状况见附录一。

表 12-1　样地基本概况

样地	经度	纬度	海拔（m）	电导率（雌/雄）（μm/cm）
S1 非盐湖区（对照区）	99° 04'28"E	36° 47'28"N	3108	255/389
S2 盐湖边（低盐区）	99° 01'08"E	36° 43'52"N	3063	481/527
S3 盐厂（中盐区）	99° 04'19"E	36° 46'25"N	3088	821/797
S4 盐山（高盐区）	99° 07'44"E	36° 45'22"N	3097	2459/2917

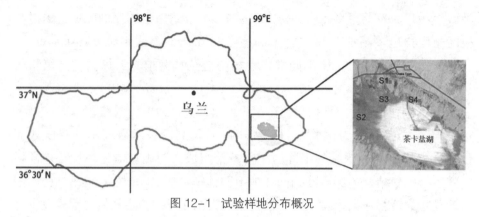

图 12-1　试验样地分布概况

注：S1：非盐湖区（对照区）；S2：盐湖边（低盐区）；S3：盐厂（中盐区）；S4：盐山（高盐区）。

2. 样品采集

试验样地位于远离人类活动的大片青杨（*Populus cathayana*）林地。在每个所选样地分别设置 3 个 20 m×20 m 的样方，采用 5 点取样法，在单个样方内随机选取 5 对 20 年生的青杨雌株和雄株（不同性别植株间距 5 m 左右）。在距离树干 0～30 cm 范围内，沿植株东南西北 4 个方向在 5～15 cm 土层的土壤中采集带有细根的根系，轻轻抖落附在根上的土壤，作为根际土样。将同一植株不同方向的样品均匀混合后，再将同一样方、同性别植株的样品均匀混合作为该样方的代表性样品，用于根际微生物群落的多样性分析。

二、根际微生物群落全基因组测序

1. 微生物 rRNA 基因的扩增

（1）土壤 DNA 提取

使用 E.Z.N.A. 土壤 DNA 提取试剂盒（Omega, USA），按照说明步骤提取青杨根际土壤 DNA；采用紫外分光光度计检测土壤 DNA 浓度及纯度；采用 0.8% 琼脂糖凝胶电泳检测 DNA 样品的完整性。每个处理 DNA 均经过半嵌套式 PCR 技术检测并确保合格，并进行 PCR 扩增。

（2）PCR 扩增

PCR 扩增过程如下：

真菌 ITS 区 rRNA 基因的扩增引物为：

ITS1F（5'–CTTGGTCATTTAGAGGAAGTAA–3'）（Gardes and Bruns, 1993）；

ITS2（5'–GCTGCGTTCTTCATCGATGC–3'）（White, 1990）

细菌 16S 区 rRNA 基因的扩增引物为：

520F（5'–AYTGGGYDTAAAGNG–3'）（Muyzer et al., 1993）；

802R（5'–TACNVGGGTATCTAATCC–3'）（Muyzer et al., 1993）

PCR 扩增体系如表 12–2 所示。

表 12–2　PCR 扩增体系

试剂	添加量（μL）
反应缓冲液（5 ×）	5
上游引物（10 μmol / L）	1
下游引物（10 μmol / L）	1
DNA 模板	2
高 GCC 增强剂（5 ×）	5
dNTP	2
聚合酶（5 U / μL）	0.25
超纯水	8.75

使用 S1000™ Thermal cycler（Bio–Rad, 美国）进行 PCR 扩增：98℃、5 min，27 次循环（98℃、30 s，56℃、30 s，72℃、30 s），最后 72℃、5 min。使用空白样品作对照，通过 1% 琼脂糖凝胶和 DuRed 染色分析 PCR 产物的产率和引物特异性。将合格样品送至派森诺生物科技股份有限公司（上海，中国）（http://www.Pearsonalbio.cn/）进行 Illumina Miseq 测序和数据分析。

2. 数据处理与分析

通过 Bray–Curtis 算法将微生物数据转换后，使用非线性多维标度分析（non–metric Multidimensional Scaling，nMDS）比较微生物群落间的差异性（Bray and Curtis, 1957）。同时，使用单项非参数分析（one–way non parametric Analysis of Similarities，ANOSIM）和相关性分析对处理间的相对丰度、微生物群落组成与样地间物理距离的相关性进行分析。以上分析均使用 Primer 7 生态分析软件（PRIMER–E Ltd，英国）进行。

结合前期研究得到的环境因子数据（青杨根系菌根真菌侵染率、根际土壤理化性质及酶活性等）（附录一），使用冗余分析（redundancy analyses，RDA）对微生物群落和环境因子间的关系进行研究。RDA 使用 Canoco 生态分析软件（version 4.5, Centre for Biometry, 荷兰）进行。

第二节 根际微生物群落组成与分布

一、青杨根际微生物群落组成

1. 青杨根际真菌群落组成

不同样地青杨雌株和雄株根际真菌群落组成如图 12-2A，4 个样地青杨根际土壤中，检测到真菌共 5 个门，分别为：子囊菌门（Ascomycota）、担子菌门（Basidiomycota）、壶菌门（Chytridiomycota）和球囊菌门（Glomeromycota）和结合菌门（Zygomycota），所占比例分别为 55.40%、7.20%、1.40%、0.00% 和 1.70%。其中，子囊菌门丰富度最高，但在性别间差异不显著。样地 S1（对照区）内各门分布状况在青杨性别间无显著差异，且子囊菌门所占比例最高。同时，本研究发现随样地盐渍化程度的增加，担子菌门在雌株根际所占比例明显高于雄株。此外，青杨根际检测到的真菌隶属于 5 门 18 纲 57 目 108 科 211 属（附录二）。

2. 青杨根际细菌群落组成

不同样地青杨雌株和雄株根际细菌群落组成如图 12-2B，由各个门细菌的丰富度可以看出：在 4 个样地青杨根际土壤中检测到细菌共 18 门，分别为：变形菌门（Proteobacteria）、放线菌门（Actinobacteria）、拟杆菌门（Bacteroidetes）、绿弯菌门（Chloroflexi）、浮霉菌门（Planctomycetes）、硝化螺旋菌门（Nitrospirae）、酸杆菌门（Acidobacteria）、厚壁菌门（Firmicutes）、绿菌门（Chlorobi）、黏胶球形菌门（Lentisphaerae）、装甲菌门（Armatimonadetes）、柔膜菌门（Tenericutes）、疣微菌门（Verrucomicrobia）、栖热菌门（Thermi）、衣原体门（Chlamydiae）、蓝藻（Cyanobacteria）、纤维杆菌门（Fibrobacteres）和芽单胞菌门（Gemmatimonadetes），所占比例分别为 27.20%、22.10%、15.70%、6.60%、5.70%、6.80%、7.00%、1.10%、0.30%、0.00%、0.00%、0.00%、3.10%、0.40%、0.10%、0.10%、0.00% 和 0.10%。由上可见，变形菌门和放线菌门的丰富度最高，且在门水平上细菌未观察到在性别或样地间的明显规律。此外，在青杨根际共检测到细菌 18 门 35 纲 69 目 149 科 329 属（见附录三）。

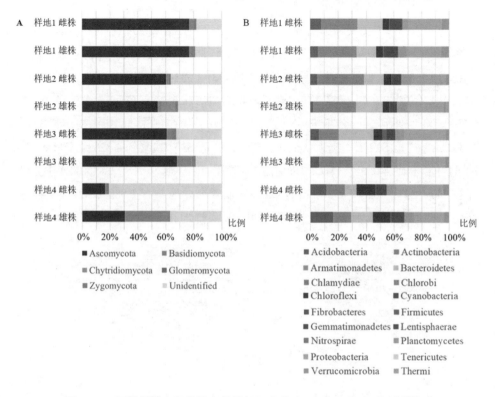

图 12-2 不同样地青杨雌株和雄株根际真菌（A）和细菌（B）群落组成

二、青杨根际真菌和细菌分布

1. 青杨根际真菌分布

通过对 4 个样地青杨根际土壤真菌进行 Illumina MiSeq 检测，发现青杨雌株和雄株根际共有 925 个可鉴定的不同 OTUs（operational taxonomic units）（图 12-3A 和 B）。其中，在雄株根际土壤中检测到 856 个 OTUs，在雌株根际土壤中检测到 873 个 OTUs，在雌株和雄株根际土壤共有 804 个 OTUs。如图 12-3A 所示，青杨雄株根际存在 52 个特有 OTUs，雌株根际存在 69 个特有 OTUs。除性别因素外，真菌群落的分布还会受样地的影响。在样地 S1 中检测到 727 个 OTUs，样地 S2 中检测到 770 个 OTUs，样地 S3 中检测到 795 个 OTUs，样地 S4 中检测到 751 个 OTUs。如图 2-3B 所示，样地 S1、S2、S3 及 S4 中分别存在 10、33、37 及 21 个特有 OTUs，而 4 个样地共有 570 个 OTUs。样地和性别间差异较小，且绝大多数 OTUs 可在所有样地和不同性别根际检测到。

2.青杨根际细菌分布

对4个样地青杨根际细菌群落进行高通量检测，结果发现6 544个不同OTUs（图12-3C和D）。其中，雄株根际土壤检测到5 973个OTUs，雌株根际土壤中检测到5 554个OTUs，雌株和雄株根际土壤共有4 983个OTUs。如图12-3C所示，雄株根际存在990个特有OTUs，雌株根际存在571个特有OTUs，共有4 983个OTUs。除性别因素外，细菌的分布还会受样地的影响。在样地S1中检测到3 940个OTUs，样地S2中检测到3 963个OTUs，样地S3中检测到4 325个OTUs，样地S4中检测到4 058个OTUs。如图12-3D所示，样地S1、S2、S3和S4中分别存在117、297、382和832个特有OTUs，而4个样地共有1 582个OTUs。样地和性别间差异较小，且绝大多数OTUs可在所有样地和不同性别根际检测到。

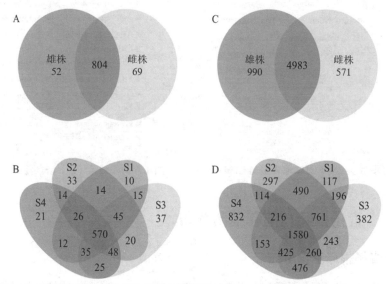

图12-3　不同样地青杨雌株和雄株根际真菌（A，B）和细菌（C，D）OTUs分布

注：S1: 非盐湖区（对照区）; S2: 盐湖边（低盐区）; S3: 盐厂（中盐区）; S4: 盐山（高盐区）。

第三节　根际微生物群落多样性和相似性分析

一、根际微生物群落多样性分析

1.青杨根际真菌群落结构多样性

青杨雌株和雄株根际真菌群落的多样性指数如表12-3所示，真菌群落结构的多样性随样地间盐渍化程度增加呈先增加后降低的变化趋势：香侬指数（Shannon index）、辛普森指数（Simpson index）、Chao 指数和 Ace 指数均在 S2（低盐区）达到峰值，呈现较高的多样性水平；雌株根际真菌群落香侬指数变化幅度较大。由真菌 OTUs 多样性和样地距离间的相关性分析结果可知（图 12-4A），真菌群落结构的显著水平和 Rho 值分别是 28.4% 和 0.097，说明真菌群落结构间的差异并非样地间物理距离导致。

通过 PERMANOVA 检验，样地间真菌群落结构差异显著，而性别间的差异不显著。不同样地间真菌群落结构相对丰度的 nMDS 分析结果表明（图 12-5A），除样地 S4（高盐区），其余样地青杨根际真菌群落的 nMDS 相似度均高于 90%。由此可见，较性别因素而言，样地因素能更好区分真菌群落结构间的差异。其中，S1（对照区）和 S2（低盐区）青杨根际真菌群落相似度较高。

表 12-3 青杨雌株和雄株根际真菌群落的多样性指数

处理	Chao 指数	ACE 指数	辛普森指数（×100）	香侬指数	测序覆盖度（%）
S1F	780.94a	782.94a	6.36d	3.63b	99.75
S2F	787.11a	803.07a	5.30d	3.88a	99.90
S3F	752.18b	756.83b	10.40c	3.31c	99.81
S4F	747.70b	748.28b	20.85a	1.67e	99.82
S1M	730.16b	733.26b	10.73c	3.50b	99.78
S2M	768.74a	772.51ab	4.96d	4.13a	99.73
S3M	710.04c	723.88c	11.05c	3.21c	99.80
S4M	705.28c	715.81c	18.73b	2.43d	99.88

注：S1F：样地 1 雌株；S2F：样地 2 雌株；S3F：样地 3 雌株；S4F：样地 4 雌株；S1M：样地 1 雄株；S2M：样地 2 雄株；S3M：样地 3 雄株；S4M：样地 4 雄株。不同的小写字母表示在 $p \leq 0.05$ 水平上存在显著差异。

2.青杨根际细菌群落多样性

青杨雌株和雄株根际细菌群落的多样性指数如表 12-4 所示，青杨根际细菌群落多样性指数随盐渍化程度的增加呈先增加后降低的趋势。香侬指数（Shannon index）、辛普森指数（Simpson index）、Chao 指数和 Ace 指数均在 S2（低盐区）达到峰值，呈现较高的多样性水平；青杨雄株根际细菌群落的辛普森指数波动幅度较大，但雌株根际细菌群落的辛普森指数无明显变化。由细菌 OTUs 多样性和样地距离间的相关性分析结果可知（图 12-4B），细菌群落结构的显著水平和 Rho 值分别是 33.6% 和 0.035，说明细菌群落结构间差异并非样地间距导致。

通过 PERMANOVA 检验，样地间细菌群落结构差异显著，而性别间的差异不显著。不同样地间细菌群落结构相对丰度的 nMDS 分析结果表明（图 12-5B），除 S2（低盐区），其余样地青杨根际细菌群落相似度均高于 90%。由此可见，较性别因素而言，样地因素能更好地区分细菌群落结构间的差异。其中，S1（对照区）和 S3（中盐区）相似性可达 90%。

表 12-4　青杨雌株和雄株根际细菌群落的多样性指数

处理	Chao 指数	ACE 指数	辛普森指数（×100）	香侬指数	测序覆盖度（%）
S1F	3693.25b	3428.61c	0.56b	6.39b	98.44
S2F	4200.43a	4142.04a	0.55b	6.48b	98.83
S3F	3469.35b	3659.98c	0.56b	6.39b	98.27
S4F	3469.35b	3428.61c	0.62b	6.29b	98.44
S1M	3999.14a	3927.01a	0.54b	6.47b	98.62
S2M	4044.88a	4128.01a	0.37c	6.72a	97.78
S3M	3971.06a	3812.96b	0.58b	6.33b	97.95
S4M	3198.49c	2949.60d	1.14a	5.90c	98.41

注：S1F：样地 1 雌株；S2F：样地 2 雌株；S3F：样地 3 雌株；S4F：样地 4 雌株；S1M：样地 1 雄株；S2M：样地 2 雄株；S3M：样地 3 雄株；S4M：样地 4 雄株。不同的小写字母表示在 $p \leq 0.05$ 水平上存在显著差异。

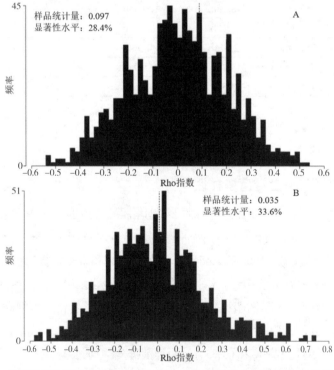

图 12-4　青杨根际真菌（A）和细菌（B）OTUs 多样性和样地距离间的相关性分析

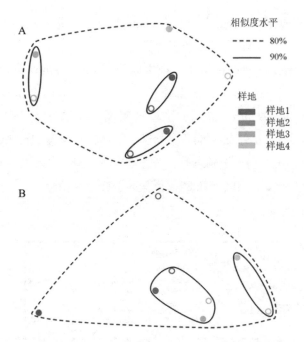

图 12-5　不同样地青杨雌株和雄株根际真菌（A）和细菌（B）群落相似度 nMDS 分析

二、根际微生物群落相似性分析

1. 根际真菌及土壤因子 RDA 分析

不同样地青杨雌株和雄株根际真菌及土壤因子 RDA 分析结果显示，真菌群落变异超过 48.2%，RDA1 占方差 29.8%，RDA2 占方差 18.4%（图 12-6）。对 4 个样地青杨雌株和雄株根际丰富度较高的真菌和环境因子进行冗余分析（Redundancy analysis，RDA）发现，土壤速效钾、硝态氮、铵态氮、钠离子、氯离子含量和电导率、酸碱度是影响不同性别青杨根际真菌群落分布的主要因素。

被孢霉属（*Mortierella* sp.）、子囊菌属（*Ascomycota* sp.）、黄曲霉（*Aspergillus flavus*）、银耳属（*Tremellomycetes* sp.）、枝孢属（*Cladosporium* sp.）和近明球囊霉（*Claroideoglomus claroideum*）主要分布在 S3（中盐区）样地，与深色有隔内生真菌（Dark septate endophyte，DSE）侵染率正相关，与其余指标负相关。

镰刀菌属（*Fusarium* sp.）、小光壳属（*Leptosphaerulina trifolii*）、柔膜菌科（Helotiaceae sp.）、假裸囊菌属（*Pseudogymnoascus* sp.）、球孢白僵菌（*Beauveria bassiana*）、线黑粉菌目（Filobasidiales sp.）和新丛赤壳属（*Neonectria ramulariae*）主要分布在 S2F 和 S1M 样地，与土壤硝态氮、铵态氮、速效钾含

量及根系外生菌根真菌（Ectomycorrhizal fungi，ECMF）侵染率正相关，与土壤
pH、电导率（EC）、Na 离子和 Cl 离子含量负相关。

　　火丝菌科（Pyronemataceae sp.）、根生壶菌属（*Rhizophydium littoreum*）、
翅孢壳属（*Emericellopsis* sp.）、根生壶菌属（*Rhizophydium aestuarii*）、根内
根孢囊霉（*Rhizophagus intraradices*）、丝膜菌属（*Cortinarius* sp.）和裂壳属
（*Schizothecium* sp.）主要分布在 S4（高盐区）样地，与土壤 pH、EC、Na 离子
和 Cl 离子含量正相关，与土壤硝态氮、铵态氮、速效钾含量及根系 ECMF 侵染
率负相关。此外，S1（对照区）和 S2（低盐区）样地真菌分布状况较近；与性
别相比，样地间差异更显著。

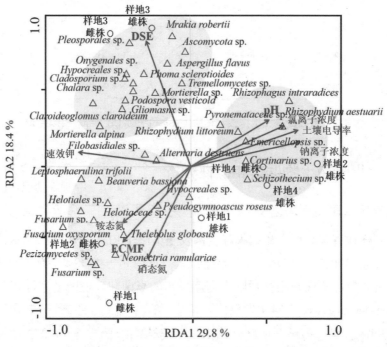

图 12-6　不同样地青杨雌株和雄株根际真菌及土壤因子 RDA 分析

　　盐渍化生态系统中土壤微生物的活性受抑制，且抑制程度取决于盐渍化的
持续时间和程度（Schindlbacher et al., 2012）。此外，盐渍化影响植物物种多样
性，而植物物种多样性的变化会引起根际微生物群落多样性的变化（Terzaghi et
al., 2018）。部分盐敏感型物种受盐分胁迫死亡，会间接影响盐渍化土壤中的微
生物群落（de Santiago et al., 2016）。本研究中，真菌 OTUs 多样性和样地距离
间的相关性分析结果表明，多种环境因素而非单一物理距离导致了样地间根际
真菌群落的差别。由此可见，性别和盐渍化影响真菌群落结构多样性。样地间

真菌群落结构数据的 nMDS 分析结果表明，不同样地间的相似度为 80%，而同一样地内青杨雌株和雄株间根际真菌群落结构的组成相似度高达 90%（除样地 S4），说明样地对真菌群落结构的影响大于性别。样地 S1 和 S2 间的相似度高达 90%，这可能是由于 S1（对照区）和 S2（低盐区）样地盐渍化程度较为接近的缘故。

青杨根际真菌群落结构的多样性指数随环境盐渍化程度增加呈先增加后降低的变化趋势。香侬指数先升高后降低，辛普森指数先降低后升高，均在样地 S2 达到峰值，呈多样性较高的变化趋势。这表明在该盐渍化生态系统中，盐渍化给宿主植物根际真菌群落结构造成的影响远超性别，且和雄株相比，雌株的变化趋势较弱，这可能是由不同性别在胁迫响应和根系分泌水平上的差异所致（Wu et al., 2015）。

盐渍化土壤中，钠离子、氯离子、速效钾、硝态氮、铵态氮含量和电导率、酸碱度是影响不同性别青杨根际真菌群落分布的主要因素。盐渍化越严重的样地，土壤营养元素利用水平越低，植物根际真菌群落结构规模和多样性受抑制的程度越严重（Dini-Andreote et al., 2016，Yao et al., 2016）。反之，真菌群落多样性越高，碳氮代谢越活跃，土壤元素的可利用水平越高（Mosier et al., 2017）。本研究中，通过对真菌群落数据的 nMDS 和 RDA 分析发现：①样地效应大于性别效应；②样地 S1 和 S2 的生物和非生物状况较近；③样地 S4 盐渍化最为严重，与其他样地差别较大。由此可见，土壤环境对植物根际真菌群落结构的重要性（Tedersoo et al., 2014）。

2. 根际细菌及土壤因子 RDA 分析

RDA 结果显示细菌群落变异超过 66.6%，RDA1 占方差 39.6%，RDA2 占方差 27.0%（图 12-7）。4 个样地不同性别根际丰度较高的细菌和环境因素冗余分析结果表明：土壤速效钾、硝态氮、铵态氮、球囊霉素、钠离子、氯离子含量和电导率是影响不同性别青杨根际细菌群落分布的主要因素。

乳杆菌（*Lactobacillus* sp.）、*Sediminibacter* sp.、居绿藻菌（*Ulvibacter* sp.）、*Luteolibacter* sp.、副衣原体属（*Parachlamydia* sp.）、颤螺菌属（*Oscillospira* sp.）和被孢霉属（*Mortierella* sp.）主要分布在 S3（中盐区）样地，与根系深色有隔内生真菌（DSE）侵染率正相关，与其余指标负相关。

芽孢杆菌属（*Bacillus* sp.）、*Kaistobacter* sp.、丰祐菌属（*Opitutus* sp.）、气微菌属（*Aeromicrobium* sp.）、斯科曼氏球菌属（*Skermanella* sp.）、类诺卡氏菌

属（*Nocardioides* sp.）、浮霉状目属 *Planctomyces* sp.、小双孢菌属（*Microbispora* sp.）和厄泽比氏菌属（*Euzebya* sp.）主要分布在 S1（非盐湖区）和 S2（低盐区）样地，与根系 ECMF 侵染率、AM 真菌侵染率、土壤硝态氮、铵态氮、总球囊霉素（Total glomain，TG）、速效钾含量和脲酶活性正相关。

硝化螺旋属（*Nitrospira* sp.）、小梨形菌属（*Pirellula* sp.）、慢生根瘤菌属（*Bradyrhizobium* sp.）、假单胞菌属（*Pseudomonas* sp.）、胶球藻属（*Coccomyxa* sp.）、土壤杆菌属（*Agrobacterium* sp.）、芽单胞菌属（*Gemmatimonas* sp.）、黄杆菌属（*Flavobacterium* sp.）和出芽菌属（*Gemmata* sp.）主要分布在 S4（高盐区）样地，与土壤 Na 离子、Cl 离子含量和电导率（Electrical conductivity，EC）正相关。此外，S1（非盐湖区）和 S2（低盐区）样地细菌分布和土壤状况较近，与性别相比，样地间差异更显著。

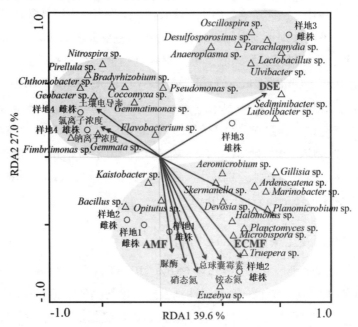

图 12-7　不同样地青杨雌株和雄株根际细菌及土壤因子 RDA 分析

青杨根际细菌群落相关性分析结果表明，细菌群落的差异由多种环境因素而非物理距离导致。细菌群落数据的 nMDS 分析结果表明不同样地间相似度高于 80%，且同一样地内不同性别青杨根际细菌群落结构相似度高达 90%（除 S2）。青杨根际细菌群落结构多样性随盐渍化程度增加呈先增加后降低的变化趋势，表明就青杨根际细菌群落结构而言，盐渍化的影响强于性别。这可能是由于所选试验样地均处于较高的盐水平，青杨雌株和雄株的生长均受盐渍化的极大影响，导致二者间差异变小。

虽然盐的效应更显著，但不同性别青杨根际细菌群落结构多样性达到峰值的样地不同可能由不同性别青杨耐盐性差异所致（Wu et al., 2016），需要进一步研究性别对细菌群落的潜在效应。和根际真菌群落相比，根际细菌群落对样地盐渍化和植物性别偏好性并不明显，这是由细菌群落丰富的多样性决定的。

环境对植物根际细菌群落的组成和分布具有较大影响（Hu et al., 2017a）。RDA 结果表明，钠离子、氯离子、速效钾、硝态氮、铵态氮、球囊霉素含量和电导率是影响青杨雌株和雄株根际细菌群落分布的主要因素。土壤理化性质和酶活性一定程度上可代表该生态系统中土壤的可利用条件。盐渍化程度越高的样地，土壤可利用性越低，对根际细菌群落规模和多样性的抑制作用越大，该地区植物根际微生物群落的多样性越低（Chaudhary et al., 2017）。与根际真菌群落相比，盐渍化对根际细菌群落的影响较小，这可能与根际细菌群落自身所具有的庞大数量和丰富多样性有关。同时，根际细菌群落还具有强大的代谢能力，能通过改变土壤理化性质和酶活性提高土壤驱动力，增加土壤养分含量，提升土壤循环速率，催化土壤生化过程，促进土壤生态系统的能量流动和物质循环（Ren et al., 2018）。根际真菌群落丰度和多样性分布规律与根际细菌群落变化规律基本一致，这可能与根际细菌和真菌群落间的相互促进作用有关。此外，真菌群落的多样性指数随样地和性别的变化趋势强于细菌，一方面是由细菌庞大的数量和丰富的多样性决定的，另一方面可能是由真菌对盐和性别的偏好性更为明显所致。因此，真菌对野外植物性别的选择作用是进一步研究的重点之一。另外，如何更好地利用微生物修复手段改善盐渍化生态系统也是尚需解决的课题之一。

全世界范围内，气候、土壤和时间是影响土壤微生物群落丰度和结构的主要因素。其中气候环境往往能够对土壤状况产生显著影响，因此土壤理化性质，甚至土壤微生物的变化与气候的变化也存在一定的相关性。根际微生物由于靠近植物根系，受植物种类的影响往往大于其他环境因素。而在其中，物种性别往往被忽略。不同的生态系统中，各种非生物和生物因子均会对宿主植物根际微生物群落结构的多样性产生影响（Klarner et al., 2017）。植物根际微生物群落结构多样性与植物物种多样性密切相关（Tedersoo et al., 2014）。不同植物具有不同根际微生物状况，但有关宿主植物性别与根际微生物间的研究较少（Price et al., 2018）。本研究发现，盐渍化生境中，不同性别青杨的根际微生物群落受环境因素的影响，相同样地青杨根际土壤理化性质表现出性别差异性（见附录一），这与青杨根际微生物群落表现出的性别差异性结果一致。

第十三章 盐胁迫下 AM 真菌对青杨根际微生物群落的影响

作为根际微生态系统的重要成员，丛枝菌根真菌（Arbuscular mycorrhiza fungi，AM 真菌）通过地下庞大的菌丝网络与宿主植物交换养分，由地下部分向地上部分营养传递促进植物生长，提高植物在盐渍化地区的存活率（Balliu et al., 2015）。此外，AM 真菌还能通过影响宿主植物根系分泌物的分泌过程，间接调控根际微生物群落结构的多样性（Smith and Read, 2008）。Kohler 等（2016）发现接种 AM 真菌摩西斗管囊霉（*Funneliformis mosseae*）能够改变宿主植物 *Dorycnium pentaphyllum* 根际好氧细菌的生长速率，影响根际微生物的群落组成。刘婷（2014）发现接种 AM 真菌能够改变原有的微生物群落结构和微生态平衡。Gui 等（2017）发现 AM 真菌能提高土壤枯落物后期的分解速率，并通过与根际微生物群落间的相互作用，抑制根际微生物群落的发展。AM 真菌能改善土壤肥力，增强植物营养吸收，这为采用微生物与植物联合修复技术改善环境质量提供了一定的理论依据。

植物根际细菌和真菌群落是改善土壤健康和生产力最具影响力的微生物群体，可以通过调控土壤碳氮磷循环而维持根际微环境的稳定（Guo et al., 2017）。在生态系统的可持续发展中，植物根际有益微生物种群与植物相互作用具有重要意义，且根际微生物群落的组成具有宿主植物物种特性（Muller et al., 2017）。外源 AM 真菌的引入能影响土壤中的土著微生物群落，同样土著微生物也会对外源微生物产生影响（Gui et al., 2017）。为了克服盐渍化造成的损伤及维持物种性别比例的平衡，在极具竞争力的根际微环境中，通过寻找微生物和植物的最优组合改善土壤微环境方面的应用切实可行。与此同时，诸多学者认为可以将适宜的微生物菌种作为有效的微生物肥料应用于根际微生态学领域，提高宿主植物对逆境生境的耐受性，维持生态系统的稳定性。

有关不同性别青杨对逆境生境响应机制的研究已被诸多学者报道，但盐分胁迫下青杨根际土壤环境和微生物群落性别差异性的研究依旧较少（Wu et al., 2015）。通过第十二章的研究得知，盐渍化生境中不同性别青杨根际微生物群落存在差异，为了进一步探讨 AM 真菌对不同性别青杨根际土壤因子及微生物群落结构的影响，本研究选用巢式 PCR-DGGE 技术，研究 AM 真菌模式菌株—异形根孢囊霉（*Rhizophagus irregularis*）在不同性别青杨根际的微生态功能，旨在为 AM 真菌作为新型微生物修复工具，协助植物种群在盐渍化生境中的健康发展提供理论依据。

第一节　影响微生物群落指标测定

一、试验材料和试验设计

1. 试验材料

（1）供试植物

本试验所用扦插条采自青海省西宁市大通县的 60 株雌株和 60 株雄株。供试植物选用一年生的青杨雌株和雄株，扦插条长 12 cm、直径 1.2 cm，经 0.05% $KMnO_4$ 消毒 12 h，蒸馏水洗 3 次后待用。

（2）供试菌种

同第十章。

（3）培养基质

供试土壤采自陕西杨凌杨树人工林场表层土壤，去除表层 5 cm 腐殖质层后采集 5 ~ 20 cm 土层土壤。土壤的理化性质为：pH7.7（土水比 1 : 5），有机质含量 19.21 g/kg，速效磷含量 12.29 mg/kg，速效氮含量 37.38 mg/kg，速效钾含量 135.63 mg/kg。

2. 试验设计

试验处理包括三因素：①接种 AM 真菌处理：未接种外源 AM 真菌和接种外源 *R. irregularis*；②性别处理：青杨雌株和雄株；③盐胁迫处理：未施加盐胁迫（NaCl 浓度 0 mmol/L）和施加盐胁迫（NaCl 浓度 75 mmol/L）。通过盐胁迫梯度的预实验，对生长状况和存活时间进行统计和比较后发现，NaCl浓度 75 mmol/L 时，未接种外源菌剂和接种外源菌剂的处理均能抑制植株生长，且没有死亡出现。浓度较低，盐胁迫效果不明显；NaCl 浓度超过 100 mmol/L后，20 d 便逐渐死亡。

每个处理 15 盆。在试验开始时，将培养基质(4 kg/盆)装入 4.5 L 塑料盆中，于培养基质中心 < 10 cm 处接入菌剂和青杨扦插条。试验处理分为接种 AM 真菌处理（20 g/盆）和未接种 AM 真菌处理（加等量灭菌菌剂）。

接种 AM 真菌后确保青杨形成菌根，培养期间维持水分正常供应，每周浇灌 200 mL Hoagland 营养液确保营养元素供应。待青杨生长 60 d 后（扦插条在秋冬季节达到生长状态良好且基本一致所需的时间为 60 d），根据土壤含水量以及蒸发速率计算，每两天浇一次 5 mmol/L NaCl，15 次达最终浓度。考虑到群落变化属于缓慢过程，选择盐胁迫处理持续时间 3 个月后再进行收获。

二、指标测定

1. AM 真菌侵染率、孢子密度和土壤因子测定

（1）样品采集

去除表层土壤，采集带有细根的根系，轻轻抖落附着于根上的土壤，在无菌自封袋中将剩余根系和土壤轻轻抖动 1 min，作为根际土。每个处理采集 6 份根际土样，部分风干用于理化性质和孢子密度测定，部分置于 −80℃ 保存用于微生物群落多样性测定。将植株根系置于 FAA 固定液保存于 4℃ 冰箱，用于 AM 真菌侵染率测定。

（2）AM 真菌侵染率、孢子密度和球囊霉素测定

菌根真菌侵染率的测定采用放大交叉法（McGonigle, et al., 1990）。青杨细根经染色后剪成 1 cm 根段，平行放置于载玻片横轴上镜检。显微镜坐标尺每次移动相同距离，观察根段与目镜的十字准线交叉情况。

AM 真菌孢子密度的测定使用湿筛倾析法（Koske and Walker, 1984）。孢子分离后在体视显微镜下计数，统计孢子密度。

总球囊霉素（Total glomalin，TG）和易提取球囊霉素（Easily extractable glomalin，EEG）含量的测定按照 Wright 等（1996）方法进行。

（3）土壤因子测定

土壤含水量采用烘干法测定。

土壤 pH（水土比为 2.5∶1）采用 pHS–3B 型精密 pH 计测定。

土壤养分：有机碳（Soil organic carbon, SOC）含量采用重铬酸钾氧化法测定（鲍士旦，2000）；速效钾含量用乙酸铵—火焰光度计法测定（鲁如坤，2000）；速效磷含量用碳酸氢钠—钼锑抗比色法测定；硝态氮（NO_3–N）和铵态氮（NH_4–N）含量用 AA3 型连续流动分析仪测定（张英利等，2008）。

土壤酶活性：土壤脲酶活性用靛酚比色法测定（关松荫，1986）；土壤脱氢酶活性用氯化三苯基四氮唑（TTC）法测定（牛志卿等，1994）；土壤碱性磷酸酶（Alkaline phosphatase，ALP）活性用磷酸苯二钠比色法测定；土壤过氧化氢酶活性用高锰酸钾滴定法测定；土壤蔗糖酶活性用磷钼酸比色法测定（和文祥等，2010）。

2. 土壤微生物群落的巢式 PCR–DGGE 分析

（1）根际微生物 DNA 准备

使用 E.Z.N.A. 土壤 DNA 提取试剂盒（Omega, USA），按照说明步骤提取青杨根际土壤 DNA；采用紫外分光光度计检测土壤 DNA 浓度及纯度；采用 0.8% 琼脂糖凝胶电泳检测 DNA 样品的完整性。

（2）微生物序列的扩增、纯化和测序

第一轮细菌 16S 区 rRNA 基因的扩增引物为：

520F（5'–AYTGGGYDTAAAGNG–3'）（Muyzer et al., 1993）；

802R（5'–TACNVGGGTATCTAATCC–3'）（Muyzer et al., 1993）

第一轮真菌 ITS 区 rRNA 基因的扩增引物为：

ITS1F（5'–CTTGGTCATTTAGAGGAAGTAA–3'）（Gardes and Bruns, 1993）；

ITS2（5'–GCTGCGTTCTTCATCGATGC–3'）（White, 1990）

第一轮细菌和真菌的 PCR 扩增体系如表 13–1。

表 13–1　PCR 扩增体系

试剂	添加量（μL）
2 × Taq MasterMix	12.5
ITS1–F（10 μmol/L）	0.5
ITS4（10 μmol/L）	0.5
DNA 模板	1.0
ddH₂O	10.5

使用 S1000™ Thermal cycler（Bio-Rad, 美国）进行 PCR 扩增，其中，细菌扩增程序为：94℃、3 min，29 次循环（94℃、1 min，54℃、1 min，72℃、2 min），最后 72℃、7 min；真菌扩增程序为：94℃、5 min，34 次循环（94℃、30 s，55℃、30 s，72℃、2 min），最后 72℃、5 min。使用空白样品作对照，通过 1% 琼脂糖凝胶和 DuRed 染色分析 PCR 产物的产率和引物特异性。

第二轮细菌PCR扩增: 细菌序列利用引物341f-GC（5'-CGCCCGCCGCGCGCGGCGGGCGGGGCGGGGGCACGGGGGGCCTACGGGAGGCAGCAG-3'）和 534r（5'-ATTACCGCGGCTGCTGG-3'）（Muyzer et al., 1993）扩增。

第二轮真菌PCR扩增: 真菌序列利用引物ITS1-F-GC（5'-CGCCCGCCGCGCGCGGCGGGCGGGGCGGGGGCACGGGGGGCTTGGTCATTTAGAGGAAGTAA-3'）（Anderson et al., 2003）和 ITS2（5'-GCTGCGTTCTTCATCGATGC-3'）（White et al., 1990）扩增。

第二轮细菌和真菌的 PCR 扩增体系如表 13-1。

使用 S1000™ Thermal cycler（Bio-Rad，美国）进行第二轮 PCR 扩增，其中，细菌扩增程序为：94℃、3 min，29 次循环（94℃、30 s，55℃、30 s，72℃、30 s），最后 72℃、5 min；真菌扩增程序为：94℃、5 min，34 次循环（94℃、30 s，55℃、30 s，72℃、30 s），最后 72℃、5 min。使用空白样品作对照，通过 1% 琼脂糖凝胶和 DuRed 染色分析 PCR 产物的产率和引物特异性。

（3）DGGE 电泳

① DGGE 变性梯度胶的制备：细菌 DNA 产物适宜变性梯度胶浓度为 40%～ 60%，真菌 DNA 产物适宜变性梯度胶浓度为 30% ～ 50%。DGGE 变性梯度胶的制备比例如表 13-2。

表 13-2 DGGE 变性梯度胶的配制比例

试剂	梯度			
	30%	40%	50%	60%
50 × TAE(mL)	2	2	2	2
40% Acry / Bis(mL)	20	20	20	20
尿素 (g)	12.6	16.8	21.0	25.2
去离子甲酰胺 (mL)	12	16	20	24

注: 表中各试剂均为配制 100 mL DGGE 变性梯度胶时所用量, Bis-acrylamide 浓度为 1.07%, Acrylamide 浓度为 38.93%。

② DGGE 电泳操作步骤如下：

将海绵垫固定于制胶架，用两侧偏心轮将制胶玻璃板系统固定于海绵垫组合成制胶板系统。用 1.5% 琼脂糖凝胶封住玻璃板与海绵垫交界处以免漏胶。取两个注射器并标记好高低浓度，安装相关配件的同时调整梯度转盘至合适位置。

分别将配制好的 40% ～ 60% 和 30% ～ 50% DGGE 变性梯度胶置于干净离心管内，按一定比例（20 μL TEMED 和 80 μL 10% APS / 100 mL DGGE 变性梯度胶溶液）快速混匀吸入注射器内。注意将连接管和注射器中的空气悉数排出。

为使两个浓度的胶混合入玻璃凝胶板，需匀速缓慢推动固定有注射器的梯度转盘。插入梳子，25℃ 放置 4 h，待梯度胶凝固，轻轻拔掉梳子。

在 DGGE 支架上安装制好胶的玻璃凝胶板，待电泳液温度升至 60℃，将 DGGE 支架放入电泳槽，使用 50 μL 微量进样器加样 40 μL 巢式 PCR 产物。100 V 电泳 10 min，70 V 电泳 13 h；

电泳完毕，将胶置于 DuRed 染色 15 min，清水漂洗，于凝胶成像系统拍照。

3. 数据处理

采用 Quantity One 图形分析软件（Bio–Rad, CA, USA）分析 DGGE 图谱，利用生物统计软件 SPSS（V17.0）（SPSS Inc., Chicago, IL, USA）分析统计数据。

数据采用 Duncan 测试（$p \leq 0.05$）、双因素分析和三因素分析（ANOVAs）进行处理，并用 SigmaPlot 10.0 软件绘图。冗余分析（RDA）采用 Canoco for Windows 4.5 软件构建生态数据统计模型。

第二节　AM 真菌对青杨根系侵染率、球囊霉素含量和土壤因子的影响

一、AM 真菌对青杨根系侵染率和球囊霉素含量的影响

1. AM 真菌对青杨根系侵染率的影响

不同盐分条件下 AM 真菌对青杨雌株和雄株根系侵染率见表 13-3，结果表明盐胁迫显著降低了根系 AM 真菌侵染率和孢子密度。盐胁迫条件下，与未添加外源 AM 真菌菌剂的处理相比，接种外源 AM 真菌显著增加了青杨雌株和雄株根系 AM 真菌侵染率（62.57% 和 66.90%）、根际 AM 真菌孢子密度（100.20% 和 196.42%）。AM 真菌对青杨雄株根际土壤上述指标增加的百分比含量高于雌株，从 AM 真菌侵染率和根际 AM 真菌孢子密度来看，也有同样的趋势。

表13-3 不同盐分条件下 AM 真菌对青杨雌株和雄株根系侵染率和根际土壤球囊霉素含量的影响

性别	接菌	盐(mmol/L)	侵染率 (%)	孢子密度 (10个/g)	总球囊霉素 TG (g/kg)	易提取球囊霉素 EEG (g/kg)	总球囊霉素/有机碳 TG/SOC (%)	易提取球囊霉素/有机碳 EEG/SOC (%)
雄株	AM	0	96.25 ± 2.38a	47.02 ± 7.95a	3.10 ± 0.70ab	0.59 ± 0.08ab	29.05 ± 4.82b	5.53 ± 0.94a
	AM	75	92.26 ± 3.84a	33.11 ± 2.64b	2.67 ± 0.81b	0.49 ± 0.07bc	21.51 ± 2.56c	3.95 ± 0.71b
	NM	0	61.32 ± 2.08b	21.47 ± 1.51c	2.90 ± 0.57ab	0.24 ± 0.07d	31.49 ± 1.59a	2.61 ± 0.31bc
	NM	75	55.28 ± 3.36b	11.17 ± 3.89d	1.72 ± 0.63c	0.12 ± 0.01e	16.65 ± 2.50d	1.16 ± 0.24d
P_{salt}			**	**	**	**	**	**
$P_{AM真菌}$			**	**	**	**	NS	**
$P_{salt×AM真菌}$			NS	**	*	**	*	**
雌株	AM	0	95.68 ± 2.07a	43.14 ± 3.39a	3.48 ± 0.44a	0.61 ± 0.06a	31.04 ± 1.09a	5.44 ± 0.68a
	AM	75	91.59 ± 3.09a	30.21 ± 2.73b	2.58 ± 0.50b	0.41 ± 0.04c	20.57 ± 1.52c	3.27 ± 0.34b
	NM	0	60.57 ± 1.39b	24.35 ± 4.27c	2.61 ± 0.46b	0.21 ± 0.05de	26.05 ± 2.94b	2.10 ± 0.80c
	NM	75	6.34 ± 3.23b	15.09 ± 2.88d	1.75 ± 0.55c	0.14 ± 0.01e	20.42 ± 1.71c	1.63 ± 0.25d
P_{salt}			**	**	**	**	**	**
$P_{AM真菌}$			**	**	**	**	NS	**
$P_{salt×AM真菌}$			**	**	**	**	*	**
P_{sex}			NS	NS	NS	NS	NS	NS
$P_{salt×sex}$			NS	NS	NS	NS	NS	NS
$P_{AM真菌×sex}$			NS	**	NS	**	NS	**
$P_{salt×sex×AM真菌}$			NS	NS	NS	NS	NS	NS

注：AM：接种外源 AM 真菌；NM：未接种外源 AM 真菌；0 mmol/L：没有盐胁迫；75 mmol/L：存在盐胁迫。每列中不同小写字母代表不同处理间差异显著（$p \leq 0.05$），数值为（均值 ± 标准差）（$n = 6$）。差异显著 $0.01 \leq p \leq 0.05$；NS：差异不显著 $p > 0.05$。**：差异极显著 $p \leq 0.01$；*：差异显著 $0.01 \leq p \leq 0.05$。

2. AM 真菌对青杨根系球囊霉素含量的影响

AM 真菌分泌的糖蛋白——球囊霉素，其含量与 AM 真菌息息相关。如表 3-3 所示，盐胁迫显著降低了根际土壤球囊霉素含量及其对有机碳库的贡献率。盐胁迫条件下，与未添加外源菌剂的处理相比，接种外源 AM 真菌显著增加了青杨雌株和雄株根际土壤总球囊霉素含量（TG）（47.43% 和 55.23%）、易提取球囊霉素含量（EEG）（192.86% 和 308.33%）及其对有机碳库的贡献率（EEG/SOC）（100.61% 和 240.52%）。

双因素方差分析表明，除 TG/SOC 比率外，其余指标均受接种外源菌剂处理的显著影响；所有指标均受盐分胁迫的显著影响。三因素方差分析表明，除雄株根系 AM 真菌侵染率外，其余指标均受盐分 × 接菌交互作用的显著影响；AM 真菌孢子密度、EEG 和 EEG/SOC 受性别 × 接菌交互作用的显著影响。

二、AM 真菌对青杨根际土壤因子的影响

1. AM 真菌对青杨根际土壤养分的影响

不同盐分条件下 AM 真菌对青杨雌株和雄株根际土壤养分含量影响不同（表 13-4）。盆栽条件下，盐胁迫显著增加了青杨根际土壤的电导率（EC），显著降低了雌株和雄株根际土壤的速效氮（31.36% 和 22.38%）、速效磷（15.41% 和 18.99%）和速效钾（10.66% 和 14.73%）含量。盐胁迫条件下，与未接种外源菌剂的青杨相比，接种外源 *R. irregularis* 增加了青杨雌株和雄株根际土壤的有机碳（31.66% 和 16.76%）、速效氮（16.06% 和 14.73%）、速效磷（24.37% 和 25.02%）和速效钾（7.43% 和 4.51%）含量。不同处理间根际土壤 pH 存在一定差异，但总体偏碱性。

由上述数据可知，AM 真菌对青杨根际土壤理化性质的影响无显著性别差异性。双因素方差分析表明，土壤基本理化性质均受盐分胁迫的显著影响；根际土壤养分含量受盐分胁迫和接种 AM 真菌处理的显著影响。三因素方差分析表明，土壤有机碳、速效氮、速效磷及速效钾含量受到盐分 × 接菌交互作用的显著影响，但并未受性别、盐分 × 性别、接菌 × 性别、盐分 × 接菌 × 性别交互作用的显著影响。

2. AM 真菌对青杨根际土壤酶活性的影响

作为土壤中比较活跃的组分，土壤酶活可以用来衡量土壤健康度。不同盐

表 13-4 不同盐分条件下 AM 真菌对青杨雌株和雄株根际土壤基本理化性质的影响

性别	接菌	盐 (mmol/L)	土壤酸碱值 pH	电导率 EC (μs/cm)	土壤含水量 (%)	有机碳 (g/kg)	速效氮 (mg/kg)	速效磷 (mg/kg)	速效钾 (mg/kg)
雄株	AM	0	8.06±0.24ab	6.19±5.75b	18.94±2.91cd	10.67±1.77b	41.24±3.34ab	14.58±1.49ab	158.56±11.68a
	AM	75	7.93±0.46bc	36.77±6.26a	21.67±3.72bc	12.41±1.86a	32.17±2.56d	12.23±1.12cd	135.20±8.31bc
	NM	0	7.25±0.11d	9.12±6.17b	21.76±3.48bc	9.21±0.99c	35.34±2.96c	11.32±1.63d	141.96±12.46b
	NM	75	7.64±0.18c	31.59±4.89a	23.32±3.84ab	10.33±1.82b	27.43±1.54e	9.17±0.87e	129.37±9.56cd
P_{salt}			*	**	*	**	**	**	**
$P_{AM真菌}$			NS	NS	NS	**	**	**	**
$P_{salt×AM真菌}$			NS	NS	NS	*	*	*	*
雌株	AM	0	7.10±0.14d	8.58±3.89b	22.61±3.68ab	11.21±1.39a	42.84±2.32a	15.24±1.98a	159.68±10.32a
		75	8.37±0.11a	31.34±2.87a	16.58±1.70d	12.54±1.51a	30.45±2.73d	13.79±1.87bc	137.44±13.23bc
		0	8.07±0.24ab	8.75±2.24b	19.61±1.38cd	10.02±0.72b	37.24±3.78c	12.33±1.29cd	143.20±10.58b
		75	7.96±0.22bc	33.46±4.45a	25.75±1.96a	8.57±0.74d	25.56±1.58e	10.43±1.06de	127.93±7.08cd
P_{salt}			*	**	*	**	**	**	**
$P_{AM真菌}$			NS	NS	NS	**	**	**	**
$P_{salt×AM真菌}$			NS	NS	NS	*	*	*	*
P_{sex}			NS	NS	NS	NS	NS	NS	NS
$P_{salt×sex}$			NS	NS	NS	NS	NS	NS	NS
$P_{AM真菌×sex}$			NS	NS	NS	NS	NS	NS	NS
$P_{salt×sex×AM真菌}$			NS	NS	NS	NS	NS	NS	NS

注: AM: 接种外源 AM 真菌; NM: 未接种外源 AM 真菌; 0 mmol/L: 没有盐胁迫; 75 mmol/L: 存在盐胁迫。 *: 差异显著 $0.01 \leqslant p \leqslant 0.05$; **: 差异极显著 $p \leqslant 0.01$; NS: 差异不显著 $p > 0.05$。 每列中不同小写字母代表不同处理间差异显著 ($p \leqslant 0.05$), 数值为 (均值 ± 标准差) ($n = 6$)。

分条件下 AM 真菌对青杨雌株和雄株根际土壤酶活的影响如表 13-5 所示，盆栽条件下，盐胁迫降低了青杨根际土壤脲酶、过氧化氢酶、脱氢酶、蔗糖酶和碱性磷酸酶活性。盐胁迫条件下，与未接种外源菌剂的处理相比，接种外源 AM 真菌增加了青杨雌株和雄株根际脲酶（36.59% 和 34.21%）、过氧化氢酶（26.83% 和 33.70%）、脱氢酶（17.97% 和 27.19%）、蔗糖酶（15.93% 和 21.97%）和碱性磷酸酶（29.17% 和 26.23%）活性。

表 13-5　不同盐分条件下 AM 真菌对青杨雌株和雄株根际土壤酶活的影响

性别	接菌	盐 (mmol/L)	脲酶 $(mg \cdot g^{-1} \cdot h^{-1})$	过氧化氢酶 $(ml \cdot g^{-1} \cdot (20\,min)^{-1})$	脱氢酶 $(mg \cdot g^{-1} \cdot h^{-1})$	蔗糖酶 $(mg \cdot g^{-1} \cdot h^{-1})$	碱性磷酸酶 $(mg \cdot g^{-1} \cdot h^{-1})$
雄株	AM	0	0.78 ± 0.09a	2.98 ± 0.18a	30.94 ± 4.04a	2.26 ± 0.28b	1.31 ± 0.19a
			0.51 ± 0.05d	1.23 ± 0.14b	15.67 ± 1.68cd	1.61 ± 0.04bc	0.77 ± 0.10b
			0.53 ± 0.05d	2.51 ± 0.07b	24.76 ± 3.31b	1.83 ± 0.29c	0.82 ± 0.05b
		75	0.38 ± 0.04f	0.92 ± 0.03c	12.32 ± 1.24f	1.32 ± 0.22e	0.61 ± 0.06c
p_{salt}	NM	0	**	**	**	**	**
$p_{AM\,真菌}$		75	**	**	**	**	**
$p_{salt \times AM\,真菌}$			**	**	**	**	**
雌株	AM	0	0.68 ± 0.05b	3.15 ± 0.09a	29.48 ± 2.74a	2.61 ± 0.11a	1.18 ± 0.09a
		75	0.56 ± 0.03c	1.04 ± 0.27b	18.58 ± 1.48de	1.31 ± 0.07d	0.62 ± 0.10c
	NM	0	0.46 ± 0.07d	1.74 ± 0.06b	22.61 ± 3.02bc	1.71 ± 0.03c	0.94 ± 0.06b
		75	0.41 ± 0.03e	0.82 ± 0.19c	15.75 ± 1.00e	1.13 ± 0.05de	0.48 ± 0.05d
p_{salt}			**	**	**	**	**
$p_{AM\,真菌}$			**	**	**	**	**
$p_{salt \times AM\,真菌}$			**	**	**	**	**
p_{sex}			NS	NS	NS	NS	NS
$p_{salt \times sex}$			NS	NS	NS	NS	NS
$p_{AM\,真菌 \times sex}$			NS	NS	NS	NS	NS
$p_{salt \times sex \times AM\,真菌}$			NS	NS	NS	NS	NS

注：AM：接种外源 AM 真菌；NM：未接种外源 AM 真菌；0 mmol/L：没有盐胁迫；75 mmol/L：存在盐胁迫。**：差异极显著 $p \leqslant 0.01$；*：差异显著 $0.01 \leqslant p \leqslant 0.05$；NS：差异不显著 $p > 0.05$。每列中不同字母代表不同处理间差异显著（$p \leqslant 0.05$），数值为（均值 ± 标准差）（$n = 6$）。

　　由上述数据可知，AM 真菌对青杨根际土壤酶活的影响无显著性别差异。双因素方差分析表明，青杨根际土壤酶活性受到盐胁迫和接种外源菌剂处理的显著影响。三因素方差分析表明，土壤脲酶、过氧化氢酶、脱氢酶、蔗糖酶和碱性磷酸酶活性均受盐分 × 接菌交互作用的影响显著，但并未受性别、盐分 × 性别、接菌 × 性别、盐分 × 接菌 × 性别交互作用的影响。

第三节　AM 真菌对青杨根际微生物群落的影响

一、青杨根际优势细菌和真菌群落分析

1. 青杨根际优势细菌和真菌群落

由真菌和细菌群落 DGGE 图谱（图 13-1）可以看出，由于 PCR-DGGE 技术敏感度较低，只能分析 500 个碱基对以下的 DNA 片段，因此可得到的系统进化信息较少。条带亮度代表物种丰度，条带数量代表微生物种类（Casamayor et al., 2000）。通常只有占总微生物群落 1% 以上的种群才能被检测到，所以 DGGE 图谱反映的是群落中的优势菌群。通过试验发现，分离真菌的胶浓度适宜范围是 30% ~ 60%，而细菌分离胶的适宜浓度范围是 40% ~ 70%，上述条件均能得到清晰且分离的条带（图 13-1）。

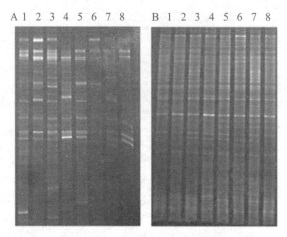

图 13-1　真菌（A）和细菌（B）群落 DGGE 图谱

注：A：为真菌群落 DGGE 图谱；B：为细菌群落 DGGE 图谱。1：接种外源 AM 真菌 雄株 无盐；2：接种外源 AM 真菌 雄株 盐胁迫；3：接种外源 AM 真菌 雌株 无盐；4：接种外源 AM 真菌 雌株 盐胁迫；5：未接种外源 AM 真菌 雄株 无盐；6：未接种外源 AM 真菌 雄株 盐胁迫；7：未接种外源 AM 真菌 雌株 无盐；8：未接种外源 AM 真菌 雌株 盐胁迫。

土壤微生物大量聚集在植物根际，相互作用形成完整的功能生态系统，进而对植物生存和生长产生影响。在长期的进化过程中，微生物之间、微生物与植物根系之间演化出多种多样的动态平衡，而外源 AM 真菌的加入会破坏原有平衡，形成新的微生态系统，对植物生长产生影响，直接或间接的影响根

际微生物群落（Marschner and Baumann, 2003）。林木植物根际细菌和真菌间的动态平衡变化，同样会对宿主植物的生理和生化功能产生影响。林木根系分泌物可增强林木自身对盐渍化环境的适应能力，同时影响其根际微生物群落（Marschner and Baumann, 2003）。同样，外源 AM 真菌的介入可改变宿主植物根系形态和分泌物的组成，影响宿主植物根际土著微生物的群落组成（Tiunov and Scheu, 2005）。

2. 基于细菌和真菌产生的聚类分析

（1）基于细菌产生的聚类分析

用 PCR 扩增 8 个处理（每个处理包含三个重复样品的混合样）细菌的 16S rRNA，处理间关系如图 13-2 所示。不同的接种 AM 真菌处理内部，未施加盐胁迫间（处理 1 和 3，处理 5 和 7）关系最近，说明在没有盐胁迫的条件下，无论是否接种外源 AM 真菌，青杨雌株和雄株根际的目标细菌相似度均较高。盐胁迫下，不同接种 AM 真菌处理的雌株之间（处理 4 和 8）关系较远，说明盐胁迫条件下，接种外源 AM 真菌引起了青杨雌株根际目标细菌群落的显著变化，但对雄株的影响并不明显（处理 2 和 6）。

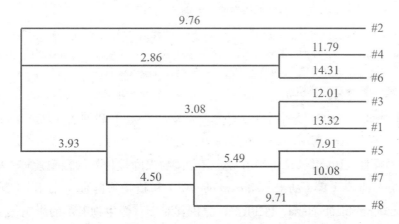

图 13-2　基于细菌产生的聚类分析

注：1：接种外源 AM 真菌 雄株 无盐；2：接种外源 AM 真菌 雄株 盐胁迫；3：接种外源 AM 真菌 雌株 无盐；4：接种外源 AM 真菌 雌株 盐胁迫；5：未接种外源 AM 真菌 雄株 无盐；6：未接种外源 AM 真菌 雄株 盐胁迫；7：未接种外源 AM 真菌 雌株 无盐；8：未接种外源 AM 真菌 雌株 盐胁迫。

（2）基于真菌产生的聚类分析

用 PCR 扩增 8 个处理（每个处理包含三个重复样品的混合样）真菌的 18S

rRNA，处理间关系如图 13-3 所示。在盐胁迫下，不同接种 AM 真菌处理的雄株间（处理 2 和 6）关系较近，表明盐胁迫条件下，无论是否接种外源 AM 真菌，青杨雄株根际的目标真菌相似度均较高。这可能是由雄株较强的环境适应能力所致。而在非盐胁迫条件下，不同接种 AM 真菌处理的雄株间（处理 1 和 5）关系较远，表明了接种外源 AM 真菌对雄株根际目标真菌群落的影响较大。未接种外源菌剂雌株的根际目标真菌在不同盐处理间（处理 7 和 8）亲缘关系较近，说明盐胁迫并未引起未接种外源菌剂青杨雌株根际目标真菌的显著变化。

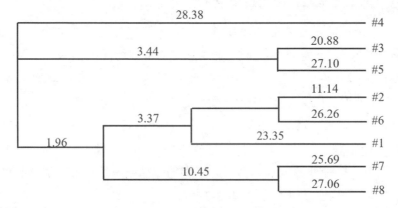

图 13-3 基于真菌产生的聚类分析

注：1：接种外源 AM 真菌 雄株 无盐；2：接种外源 AM 真菌 雄株 盐胁迫；3：接种外源 AM 真菌 雌株 无盐；4：接种外源 AM 真菌 雌株 盐胁迫；5：未接种外源 AM 真菌 雄株 无盐；6：未接种外源 AM 真菌 雄株 盐胁迫；7：未接种外源 AM 真菌 雌株 无盐；8：未接种外源 AM 真菌 雌株 盐胁迫。

Zhang et al.（2010）分析柠条（*Caragana korshinskii*）和沙棘（*Hippophae rhamnoides*）根际 AM 真菌和细菌群落间的关系发现，外源 AM 真菌可增加细菌群落的多样性。Bharti et al.（2016）对宿主植物根际接种异形根孢囊霉（*R. irregularis*）、迪茨氏菌（*Dietzia natronolimnaea*）和植物根际促生细菌（Plant growth promoting rhizobacteria，PGPR），分析其对土著微生物群落的影响，发现外源 AM 真菌对宿主植物的根际微生物群落表现出促进作用，且联合接种效果最佳。Vestergard et al.（2008）利用同位素 C^{13} 对植物进行标记，发现 AM 真菌并未影响宿主植物 C13 的富集，但减少了根际碳输入；同时通过 PCR-DGGE 研究发现，AM 真菌改变了细菌的 DGGE 图谱，说明 AM 真菌可以抑制部分细菌类群的增殖而促进另一部分细菌类群的生长。RDA 分析结果表明，多种环境因子会影响青杨根际微生物的群落结构，很难将盐渍化程度的影响单独分离出来，评价其对微生物群落结构的作用。

AM 真菌对青杨雌株和雄株根际微生物群落的影响程度不同，这可能是由于雌株和雄株根系细胞组成成分比例、根系分泌物（Micallef et al., 2009）、根系环境（Merbach et al., 1999）及根系 AM 真菌侵染率（Marschner et al., 1997）等的差异所致。此外，性别二态性可增加土壤环境的异质性（Sánchez Vilas and Pannell, 2010）。不同性别青杨对盐胁迫响应机制的差异，可导致不同性别的不同根际状况（Zhang et al., 2016），这与本研究结果相符。反之，土壤微生物群落可能通过影响土壤环境间接诱发土壤异质性。

二、AM 真菌对青杨根际微生物群落多样性指数分析

1. 盐胁迫和接种 AM 真菌青杨根际微生物群落多样性

（1）盐胁迫和接种 AM 真菌青杨根际细菌群落多样性

通过细菌 DGGE 图谱中条带亮度及位置的数字化结果，计算得到细菌群落结构的多样性、丰富度指数。盐胁迫和接种 AM 真菌对青杨根际细菌群落多样性的影响如图 13-4。结果表明，盐胁迫显著降低了青杨根际细菌群落的多样性，主要表现为降低青杨雌株和雄株根际细菌群落的香侬指数 H′、均匀度指数 Eh、丰富度指数 S 和增加辛普森指数 D。盐胁迫条件下，与未接种外源菌剂的处理相比，接种外源 *R. irregularis* 改变了青杨雌株和雄株根际土壤细菌群落的 H′（ –3.21% 和 –2.94% ）、Eh（ –3.22% 和 2.15% ）、S（ –7.14% 和 –13.89% ）和 D（ 20.41% 和 3.36% ）。

双因素方差分析表明，青杨根际细菌群落的多样性指数受盐分胁迫和接种 AM 真菌处理的影响显著。三因素方差分析表明，除青杨雌株根际细菌香侬指数外，其余多样性指数均受盐分 × 接菌交互作用的影响显著；除青杨根际细菌辛普森指数外，其余指数均受性别的影响显著；所有青杨根际细菌群落多样性指数受盐分 × 性别、接菌 × 性别、盐分 × 接菌 × 性别交互作用的影响显著。

（2）盐胁迫和接种 AM 真菌青杨根际真菌群落多样性

通过真菌 DGGE 图谱中条带亮度及位置的数字化结果，计算得到真菌群落结构的多样性和丰富度指数（如图 13-5）。盐胁迫影响了青杨根际真菌群落的多样性，主要表现在降低了青杨雌株和雄株根际真菌群落的香侬指数 H′、均匀度指数 Eh、丰富度指数 S，但增加了辛普森指数 D。盐胁迫条件下，与未接种外源菌剂的青杨相比，接种外源 *R. irregularis* 增加了青杨根际真菌群

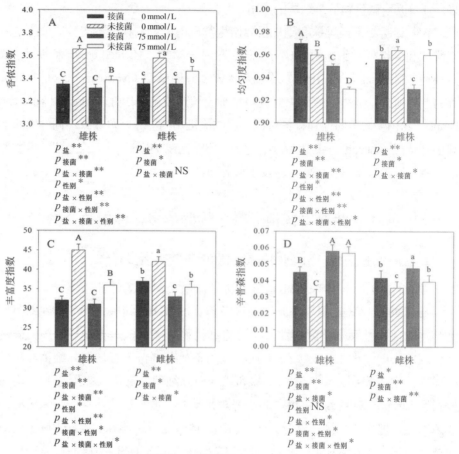

图 13-4 盐胁迫和接种 AM 真菌对青杨根际细菌群落多样性的影响

注：0 mmol/L：没有盐胁迫；75 mmol/L：存在盐胁迫；**：差异极显著 $p \leqslant 0.01$；*：差异显著 $0.01 \leqslant p \leqslant 0.05$；NS：差异不显著 $p > 0.05$。不同字母（雄株大写字母，雌株小写字母）代表不同处理间差异显著（$p \leqslant 0.05$），数值为（均值 ± 标准差）（$n = 6$）。

落的多样性，具体表现在增加了雌株和雄株根际真菌群落的 H′（23.07% 和 11.71%）、Eh（6.17% 和 1.15%）、S（29.19% 和 35.76%），但降低了 D（38.89% 和 35.40%）。

双因素方差分析表明，除青杨雄株根际真菌群落的均匀度指数 Eh，其余多样性指数均受盐分胁迫和接种 AM 真菌处理的影响显著。三因素方差分析表明，青杨根际真菌群落多样性指数均受盐分 × 接菌交互作用的影响显著；青杨根际真菌群落的多样性指数均受性别、盐分 × 性别、接菌 × 性别、盐分 × 接菌 × 性别交互作用的影响显著。

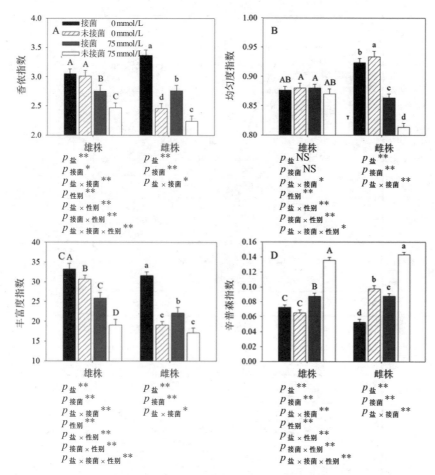

图 13-5 盐胁迫和接种 AM 真菌对青杨根际真菌群落多样性的影响

注：0 mmol/L：没有盐胁迫；75 mmol/L：存在盐胁迫；**：差异极显著 $p \leq 0.01$；*：差异显著 $0.01 \leq p \leq 0.05$；NS: 差异不显著 $p > 0.05$。不同字母（雄株大写字母，雌株小写字母）代表不同处理间差异显著（$p \leq 0.05$），数值为（均值 ± 标准差）（$n = 6$）。

2. 环境因子与微生物 DGGE 图谱的冗余分析

从青杨根际环境因子与细菌群落关系的 RDA 排序图可知（图 13-6A），环境因子对细菌群落影响程度不同。前选结果显示，土壤酶活、电导率、铵态氮和性别对细菌群落结构的影响较大，但土壤酶活与细菌群落的相关性不显著。

从青杨根际环境因子与真菌群落关系的 RDA 排序图可知（图 13-6B），环境因子对真菌群落影响程度不同。前选结果显示，土壤酶活、速效钾含量和电导率对真菌群落结构的影响较大，但土壤酶活与真菌群落的相关性不显著。

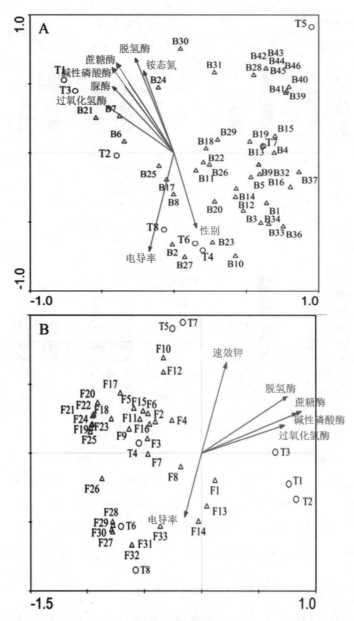

图 13-6 青杨根际环境因子和微生物群落的 RDA 分析（A 细菌；B 真菌）

注：实线箭头代表环境因子，三角形代表根际微生物种类，圆形代表处理。

3. 盐渍化—青杨—AM 真菌互作

植物自身能通过改变形态和调整内部生理生化过程适应环境胁迫（Liu et al., 2014）。宿主植物根际的有益微生物群落也可通过直接或者间接的方式，提高植物对逆境的耐受能力（Li et al., 2014a）。AM 真菌在植物（地上系统）—土壤（地下系统）的连接中发挥着巨大作用（Smith and Read, 2008），其自身所具备的巨大菌丝网络能延伸至周围土壤，扩大宿主植物根系吸收营养的范围（Kaiser et al., 2015）；其根外菌丝所分泌的球囊霉素可改善土壤理化性质（Miller and Jastrow, 2000）。众所周知，陆地生态系统中土壤是有机碳的重要储藏库，而 AM 真菌对土壤有机碳的贡献率主要通过自身分泌球囊霉素产生。以这种方式所存在的碳素刺激作用，可在不同程度上影响不同性别青杨根际微生物的活性，这可能是由于不同性别青杨在与 AM 真菌形成共生过程中不同的互作机制所致（Jansa et al., 2013）。本研究尝试把植物群落资源竞争理论和盐渍化 – 青杨 –AM 真菌互作理论结合在一起（Bever et al., 2010），更好地探讨盐渍化生境下 AM 真菌通过地下系统对雌雄异株植物性别比例失调发挥的潜在作用。此外，通过合理评估接种 AM 真菌对宿主植物根际微生物群落的影响，既为发展 AM 真菌成为商业微生物肥料提供理论依据，也可挖掘 AM 真菌在生态系统恢复中存在的重要价值。

　　AM 真菌是宿主植物根际微生态系统中的重要成员，在植物和土壤之间扮演着交通枢纽的作用。前一章的研究表明性别和盐分胁迫均会影响青杨根际土壤微生物的群落组成，因此该部分试图探究在类似环境下，接种 AM 真菌对青杨根际微生物群落结构的影响。结果表明，盐—AM 真菌—性别—微生物群落结构间存在复杂的交互作用。微生物群落对环境胁迫的响应机制不尽相同，微生物物种的增加可补偿扰动带来的负面后果（Itoh et al., 2014）。本研究发现 AM 真菌能显著改变青杨根际真菌的群落结构、增加土壤碳储备、改良土壤性质，表明 AM 真菌在微生态系统中对青杨根际微生物群落具有重要影响。另外，接种 AM 真菌对雌株根际微生物群落的影响大于雄株，这在揭示缓解性比例失调和维持生态稳定方面具有重要意义。

第十四章　AM真菌对盐胁迫下青杨光合效应和水分状况的影响

土壤盐渍化是全球森林生态系统面临的严重问题（Ghosh and Mishra, 2017）。青杨属于典型的雌雄异株植物，广泛分布于盐碱化严重的青海高原地区，对盐渍化生态系统的恢复具有重要意义。盐胁迫通过影响宿主植物体内水分状况诱发生理干旱，抑制光合作用，导致植物死亡（Li et al., 2014b）。植物物种的死亡和消失会破坏盐渍化生态系统中生产者—消费者—分解者关系的平衡链，缩减基因和物种多样性，引发生态危机（Tester and Davenport, 2003）。

作为植物体内极为重要的代谢过程，光合作用的强弱对植物抗逆性具有十分重要的影响。因此，很多学者认为可将光合作用作为衡量植物抗逆性大小的指标之一（Wu et al., 2017a）。光合作用主要包括光能的吸收、传递和转化等过程，其中叶绿素吸收光能的过程在植物光合作用过程中发挥了关键性的作用。植物光合作用的改变可通过叶绿素荧光动力学参数无损伤、快速地反映出来（Wu et al., 2016）。有研究表明，盐胁迫可降低青杨光系统 II（PSII）的光化学活性及能量转化率，损害 PSII 系统，进而影响青杨光合作用，抑制青杨生长（Yang et al., 2009）。此外，植物叶片结构如气孔和保卫细胞则可通过影响内外环境的感受、信号传导及离子跨膜转运等系列活动，直接影响植物光合作用（刘婷，2014）。

雌雄异株植物在维持陆地生态系统稳定过程中发挥了重要作用（Renner and Ricklefs, 1995）。不同的生殖成本决定了雌雄异株植物性别比例失调的现状，随着达尔文（1877）提出的生殖分化和性别特异性资源需求理论，有关植物性二态的研究尤其是不同性别在形态、生理、生化和分子水平方面的差异一直是研究热点（Yamamoto et al., 2014; Onodera et al., 2011）。AM 真菌与宿主植物形成的互惠共生体系广泛存在于盐渍化生境中，能通过增加宿主植物根系的水分吸收和叶片水势，改善蒸腾速率和光合效率，提高光化学能力，增强宿主植物自身对于盐胁迫的耐受性（Gong et al., 2013; Huang et al., 2011）。Zuccarini and Okurowska（2008）发现在盐胁迫条件下，异形根孢囊霉（*Rhizophagus irregularis*）会影响罗勒（*Ocimum basilicum*）叶片的叶绿素荧光参数并显著提高了叶片的最大光化学效率。

　　然而，盐渍化生态系统中有关 AM 真菌和雌雄异株林木间相互作用的研究仍然较少。本章通过研究盐胁迫条件下，接种 AM 真菌对青杨雌株和雄株生长指标、根系形态、叶片特性、相对含水量、水分利用效率、气体交换参数和叶绿素荧光参数的影响，探讨 AM 真菌对青杨雌株和雄株光合效应和水分状况的作用，揭示植物性别对菌根共生体的响应。

第一节　青杨光合效应和水分状况指标测定

一、试验材料和试验设计

1. 试验材料

供试植物：同第十章。

供试菌种：同第十章。

培养基质：采自陕西杨凌杨树人工林场表层土壤（0 ～ 20 cm）。土壤的理化性质为：pH 7.6（土：水 =1：5），土壤速效氮含量 37.31 mg/kg，速效磷含量 12.30 mg/kg，速效钾含量 132.21 mg/kg，有机质含量 18.74 g/kg，过 2 mm 筛，0.11 mPa、121℃灭菌 2 h 后，冷却备用。

2. 试验设计

试验设计同上一章。接种 AM 真菌后 30 d 维持水分正常供应（扦插条在春夏季节达到生长状态良好且基本一致所需的时间为 30 d），每周浇灌 200 mL Hoagland 营养液确保营养元素供应。之后，每两天灌浓度 15 mmol/L NaCl，5 次达最终浓度。盐胁迫持续 1 个月后，青杨根系长满塑料盆，青杨生长达到平台期，进行收获。

二、指标测定

1. 菌根侵染率、生长指标、根系特性的测定

（1）菌根真菌侵染率测定

同第十三章。

（2）生长指标测定

生长指标的测定分别在盐胁迫开始和结束阶段进行。随机选取 6 盆植株，用卷尺（0.1 cm）测株高，用游标卡尺（0.01 mm）测地径，用 1 cm² 的坐标纸测量叶面积，用 SPAD 仪（SPAD–502, Minolta, Tokyo, Japan）测叶绿素含量（顶端第五叶片）。

（3）根系特性的测定

随机选取 6 盆植株，用蒸馏水将完整新鲜的根系仔细清洗干净。随后利用 RhizoScan 原位根系扫描仪（J221A, Seiko Epson Corporation, Indonesia）扫描不同性别青杨根部系统获取根系扫描参数，主要包括：根表面积（RSA）、根长度（RL）、根体积（RV）及根尖数（RTN）。

2. 气孔及保卫细胞特征、气体交换参数及水分利用效率测定

（1）气孔及保卫细胞特征测定

气孔及保卫细胞特征采用印迹法。随机选 6 盆植株，将每盆植株从顶端第四或第五叶片上下表皮距叶脉 1 cm 处轻刷透明指甲油，静置数分钟，用镊子取下薄膜，置于载玻片，加水，盖盖玻片。每叶上下表皮取 3 块薄膜，显微镜拍照，图像处理软件 Image J 测定保卫细胞及气孔的长度和密度。

（2）气体交换参数及水分利用效率测定

测定在盐胁迫结束阶段前一周进行，时间上午 8：30 ～ 11：30。随机选 6 盆植株，Li–6400 便携式光合仪（LiCor, Lincoln, NE, USA）在每盆植株顶端第五片完全展开叶，测定气体交换参数：净光合速率（Pn）、气孔导度（gs）、胞间 CO_2 浓度（Ci）和蒸腾速率（E）。测量参数设置如下：相对湿度为 50%；光强度为 1 400 mmol·m^{-2}·s^{-1}；叶–气水气压差为（1.5 ± 0.5）kPa；样室 CO_2 浓度为 350 ± 5 mmol / mol；叶片温度为 25℃。

水分利用效率 = 净光合速率（Pn）/ 蒸腾速率（E）

3. 叶绿素荧光参数、叶片相对含水量测定

（1）叶绿素荧光参数测定

测定时间在盐胁迫结束阶段前进行。测定方法同第四章。

由公式计算下述荧光参数：非光化学荧光淬灭系数（qN）、光化学荧光淬灭系数（qP）、PSII 最大量子产量（Fv/Fm）和 PSII 实际光化学量子产量（$\Phi PSII$）：

$$qN = (Fm'-Fo') / (Fm-Fo)；$$
$$qP = (Fs-Fo') / (Fm'-Fo')；$$
$$Fv/Fm = (Fm-Fo) / Fm；$$
$$\Phi PSII = (Fm'-Fs) / Fm'。$$

（2）叶片相对含水量测定

测定时间在盐胁迫结束阶段（Borghi, et al., 2008）。测定方法同第十章。

4. 数据处理

利用生物统计软件 SPSS（V17.0）（SPSS Inc., Chicago, IL, USA）分析统计数据。数据采用 Duncan 测试（$p \leq 0.05$）、双因素分析和三因素分析（ANOVAs）进行处理，并用 SigmaPlot 10.0 软件绘图。

双因素方差分析用于分析盐分胁迫、接种 AM 真菌处理对青杨不同性别影响的显著水平；三因素方差分析用于分析性别、盐分 × 性别、接种 AM 真菌 × 性别、盐分 × 接种 AM 真菌，以及三因素间交互作用对青杨不同指标影响的显著水平。

第二节　AM 真菌对盐胁迫下青杨生长特性的影响

一、AM 真菌对青杨生长指标的影响

1. 青杨雌株和雄株根系菌根结构和 AM 真菌侵染率

如图 14-1 所示，青杨雌株和雄株根系均能形成泡囊和丛枝，为典型的 AM 结构。在不同性别和盐分条件下，雄株泡囊侵染率盐胁迫有所降低，雌株丛枝侵染率高于雄株，菌丝侵染率和总侵染率均无显著差异。在对照和盐胁迫

处理中雄株根系总侵染率分别为 89.09% 和 88.03%，雌株根系总侵染率分别为 88.11% 和 90.94%（表 14-1）。

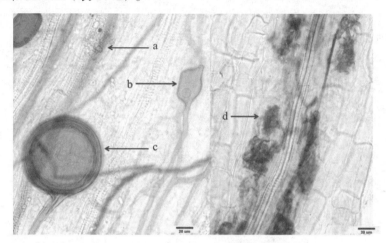

图 14-1　青杨根系 AM 真菌的典型结构

注：a. 菌丝；b. 泡囊；c. 孢子；d. 丛枝。

表 14-1　不同盐分条件下青杨根系侵染率

接种　　盐浓度	侵染率（%）			
	泡囊	丛枝	菌丝	总侵染率
AM　M　0 mmol / L	31.40 ± 8.22	27.59 ± 8.67	88.87 ± 6.75	89.09 ± 5.22
AM　M　75 mmol / L	24.20 ± 6.03	32.43 ± 4.22	86.12 ± 3.07	88.03 ± 5.11
AM　F　0 mmol / L	25.93 ± 6.73	43.00 ± 8.65	87.28 ± 3.98	88.11 ± 6.73
AM　F　75 mmol / L	24.52 ± 5.92	46.92 ± 9.88	87.66 ± 4.12	90.94 ± 4.87

注：AM：接种 AM 真菌；M：雄株；F：雌株。

2. AM 真菌对青杨雌株和雄株生长指标的影响

盆栽条件下，盐分胁迫显著降低了青杨雌株和雄株的生长指标，且该影响存在性别差异（表 14-2）。盐分胁迫对青杨雌株生长指标的降低程度显著大于雄株。盐胁迫条件下，与未接种 AM 真菌处理相比，接种 AM 真菌改变了青杨雌株和雄株的株高（-14.29% 和 39.85%）、地径（-7.38% 和 44.06%）、叶绿素含量（4.32% 和 6.72%）和叶面积（19.02% 和 20.83%）。由此可见，AM 真菌对不同性别青杨株高和地径的影响不尽相同。

双因素方差分析表明，青杨雄株的生长指标受到盐分胁迫和接种 AM 真菌处理的显著影响；青杨雌株的生长指标受到盐分胁迫的显著影响；青杨雌株的株高、地径和叶面积受到接种AM真菌处理的显著影响。三因素方差分析表明，青杨雄株株高受到盐分 × 接菌交互作用的影响；青杨生长指标受到性别显著影响；株高和地径参数受到性别 × 接菌交互作用的显著影响；株高受三因素交互作用的显著影响。

表 14-2 不同盐分条件下 AM 真菌对青杨雌株和雄株生长指标的影响

处理		盐 (mmol/L)	株高 （cm · d^{-1}）	地径 （10^{-2} mm · d^{-1}）	叶绿素含量	叶面积（cm$_2$）
雌株	+M	0 mmol/L	0.9522 ± 0.2065a	4.2424 ± 0.9213a	50.4365 ± 1.8342a	25.3454 ± 5.3453a
		75 mmol/L	0.3268±0.1622c	1.7464±0.8204c	45.6574±2.9768b	19.3243±2.4311b
	−M	0 mmol/L	1.1114±0.2118a	4.3589±0.2548a	49.4637±1.9209a	23.3242±4.5022ab
		75 mmol/L	0.3813±0.1532c	1.8855±0.4203c	43.7668±1.7345bc	16.2355±3.9001bc
p_{salt}			**	**	**	**
$p_{AM 真菌}$			**	**	NS	**
$p_{salt × AM 真菌}$			NS	NS	NS	NS
雄株	+M	0 mmol/L	1.1497±0.2340a	4.9629±0.7363a	51.5465±1.0755a	21.0351±2.1706ab
		75 mmol/L	0.4524±0.1126c	3.0854±0.8123b	49.6548±0.8643a	16.9790±1.2226bc
	−M	0 mmol/L	0.7905±0.1645b	4.3632±1.0731a	50.4453±1.2957a	18.9301±2.1343b
		75 mmol/L	0.3235±0.1852c	2.1418±0.0965c	46.5268±0.9866b	14.0516±3.8431c
p_{salt}			**	**	**	*
$p_{AM 真菌}$			*	**	*	**
$p_{salt × AM 真菌}$			**	NS	NS	NS
p_{sex}			*	*	**	*
$p_{salt × sex}$			NS	NS	NS	*
$p_{AM 真菌 × sex}$			**	*	NS	NS
$p_{salt × sex × AM 真菌}$			*	NS	NS	NS

注：+M：接种AM真菌；−M：未接种AM真菌；0 mmol/L：没有盐胁迫；75 mmol/L：存在盐胁迫；**: 差异极显著 $p \leq 0.01$；*: 差异显著 $0.01 \leq p \leq 0.05$；NS: 差异不显著 $p > 0.05$。每列中不同字母代表不同处理间差异显著（$p \leq 0.05$），数值为（均值 ± 标准差）（$n = 6$）。

二、AM真菌对青杨根系和叶片特性的影响

1. AM真菌对青杨雌株和雄株根系特性的影响

不同盐分条件下AM真菌对青杨雌株和雄株根系结构的影响如图14-2，

盆栽条件下，与对照植株相比，盐胁迫显著降低了青杨根系系统的根长（Root length，RL）、根体积（Root volume，RV）、根表面积（Root surface area，RSA）及根尖数（Root tips number，RTN）。盐胁迫条件下，与未菌根化青杨相比，菌根化青杨雄株的 RL（28.62%）、RSA（9.03%）、RV（11.76%）及 RTN（49.34%）均有所提高，而菌根化青杨雌株的 RL（23.51%）和 RSA（12.06%）升高，但 RV（14.90%）和 RTN（41.15%）却有所降低。

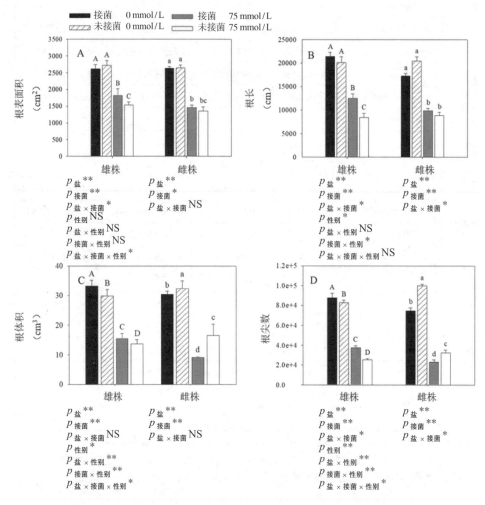

图 14-2　不同盐分条件下 AM 真菌对青杨雌株和雄株根系结构的影响

注：**：差异极显著 $p \leqslant 0.01$；*：差异显著 $0.01 \leqslant p \leqslant 0.05$；NS：差异不显著 $p > 0.05$。柱上方不同字母（雄株大写字母雌株小写字母）代表不同处理间差异显著（$p \leqslant 0.05$），数值为（均值 ± 标准差）（$n = 6$）。

双因素方差分析表明，青杨根系参数受到盐分胁迫和接种 AM 真菌处理的显著影响。三因素方差分析表明，青杨雄株的 RSA、RL 和 RTN，青杨雌株的 RL 和 RTN 受到盐分和接菌交互作用的影响，除 RSA 外，RL、RV 及 RTN 受到性别、接菌 × 性别交互作用的显著影响，RV 和 RTN 受到盐分 × 性别交互作用的显著影响，RSA、RTN 和 RV 受到盐分 × 接菌 × 性别交互作用的显著影响。

植物对盐胁迫的初始响应机制为调节自身生长速率，主要表现在植物株高、地径和叶面积减少等方面（Lin et al., 2017）。本研究发现青杨根系 AM 真菌侵染率较高，说明青杨是 AM 真菌较为合适的宿主植物（Liu et al., 2014）。盐胁迫下菌根化青杨雄株的高生长高于雌株，说明 AM 真菌对不同性别的影响不同（Li et al., 2015）。不同性别生长参数对 AM 真菌和盐胁迫的响应不同，可能是由雌株和雄株自身生活史及繁殖成本不同所致（Melnikova et al., 2017）。植物根系受盐渍化和 AM 真菌侵染的显著影响（Chatzistathis et al., 2013），本研究发现盐胁迫显著降低了宿主植物的根长、根体积、根表面积和根尖数，表明植物根系受到了一定程度的盐胁迫损害。植物自身可通过调整根长和根表面积提高整个根系系统的吸收和生存能力，更好地适应盐渍化生境（Contreras–Cornejo et al., 2014；Ashraf et al., 2005）。

本研究还发现在无盐胁迫条件下，雌株根系系统的根长、根体积、根表面积和根尖数高于雄株，这可能是雌株的生长和代谢速率显著高于雄株致使雌株根系结构优于雄株。在盐胁迫条件下，AM 真菌显著增加了宿主植物根系系统的根长、根表面积和根体积，这与 Tian et al.（2013）的研究相一致。盐渍化生境下，菌根化的雄株具有更为发达的根系系统，能更好地从土壤中吸收水分，这也是 AM 真菌提高宿主植物耐盐性的机制之一（Wang et al., 2011）。

2. AM 真菌对青杨雌株和雄株叶片特性的影响

（1）AM 真菌对青杨雌株和雄株气孔特征的影响

不同盐分条件下 AM 真菌对青杨雌株和雄株气孔特征的影响如表 14–3，盆栽条件下，盐胁迫显著降低了青杨雌株和雄株叶片的气孔密度和下表皮气孔长度。盐胁迫条件下，与未接种 AM 真菌处理相比，接种 AM 真菌降低了青杨雌株和雄株上表皮气孔密度（20.07% 和 18.54%）和下表皮气孔密度（16.98% 和 18.38%），显著增加了雄株上表皮气孔长度（21.58%）。菌根化青杨雄株叶片气孔长度长于菌根化青杨雌株，菌根化青杨雌株叶片气孔密度大于菌根化青杨雄株。

双因素方差分析表明，气孔密度受到盐分胁迫的显著影响；雌株的上表皮气孔密度受到接种 AM 真菌处理的显著影响；雄株的上表皮气孔密度和上表皮气孔长度受到接种 AM 真菌处理的显著影响。三因素方差分析表明，盐分 × 接菌的交互效应对上表皮气孔密度影响极显著；盐分 × 性别、盐分 × 接菌 × 性别的交互效应对气孔密度的影响极显著；接菌 × 性别的交互效应对上表皮气孔密度影响极显著。

表 14-3　不同盐分条件下 AM 真菌对青杨雌株和雄株气孔特征的影响

处理		盐浓度	上表皮气孔密度（cm^{-2}）	下表皮气孔密度（cm^{-2}）	上表皮气孔长度（μm）	下表皮气孔长度（μm）
雌株	+M	0 mmol/L	9159 ± 782b	24218 ± 2094a	20.05 ± 3.96abc	21.04 ± 1.71ab
		75 mmol/L	7032±1053e	15737±995c	20.14±2.67abc	18.94±2.40bc
	−M	0 mmol/L	9478±1121bc	22494±801a	19.26±2.36bc	20.41±1.58abc
		75 mmol/L	8798±588cd	18957±1602b	20.17±2.55abc	19.71±1.38abc
p_{salt}			0.000**	0.000**	0.128^{NS}	0.032**
$p_{AM 真菌}$			0.000**	0.398^{NS}	0.321^{NS}	0.679^{NS}
$p_{salt × AM 真菌}$			0.000**	0.756^{NS}	0.186^{NS}	0.870^{NS}
雄株	+M	0 mmol/L	6906±1202ef	23220±2568a	22.97±1.73a	21.84±1.56a
		75 mmol/L	6354±310f	15510±1387c	21.35±1.78ab	19.39±1.48bc
	−M	0 mmol/L	8381±1125a	20544±821b	20.86±2.60abc	19.39±2.33bc
		75 mmol/L	7800±330d	19002±1609b	19.56±2.40c	18.63±1.49c
p_{salt}			0.000**	0.024*	0.198 NS	0.006**
$p_{AM 真菌}$			0.000**	0.217^{NS}	0.031*	0.144^{NS}
$p_{salt × AM 真菌}$			0.000**	0.003**	0.775^{NS}	0.140^{NS}
p_{sex}			0.254^{NS}	0.097^{NS}	0.302^{NS}	0.682^{NS}
$p_{salt × sex}$			0.000**	0.714^{NS}	0.094^{NS}	0.110^{NS}
$p_{AM 真菌 × sex}$			0.000**	0.000**	0.055^{NS}	0.841^{NS}
$p_{salt × sex × AM 真菌}$			0.047*	0.000**	0.410^{NS}	0.892^{NS}

注：+M：接种 AM 真菌；−M：未接种 AM 真菌；**：差异极显著 $p \leqslant 0.01$；*：差异显著 $0.01 \leqslant p \leqslant 0.05$；NS：差异不显著 $p > 0.05$。每列中不同小学字母代表不同处理间差异显著（$p \leqslant 0.05$），数值为（均值 ± 标准差）（$n = 6$）。

（2）AM 真菌对青杨雌株和雄株保卫细胞特性的影响

不同盐分条件下 AM 真菌对青杨雌株和雄株保卫细胞特性的影响如表14-4，盆栽条件下，盐胁迫显著缩小了青杨叶片保卫细胞的长度和面积。盐胁迫条件下，与未接种 AM 真菌处理相比，接种 AM 真菌增加了青杨雌株和雄株上表皮保卫细胞面积（8.16% 和 20.46%）、下表皮保卫细胞面积（5.19% 和 8.64%）和上表皮保卫细胞长度（9.88% 和 9.15%）。无论是否接种 AM 真菌，青杨雄株叶片保卫细胞面积均大于雌株。

表14-4　不同盐分条件下AM真菌对青杨雌株和雄株保卫细胞特性的影响

处理		盐浓度	上表皮气孔密度（cm⁻²）	下表皮气孔密度（cm⁻²）	上表皮气孔长度（μm）	下表皮气孔长度（μm）
雌株	+M	0 mmol/L	66.60 ± 4.34bc	74.32 ± 3.33e	28.21 ± 3.46a	29.31 ± 3.18a
		75 mmol/L	67.49 ± 8.60bc	85.74 ± 6.37cd	29.47 ± 1.00a	24.11 ± 2.02c
	−M	0 mmol/L	69.73 ± 12.06bc	94.15 ± 8.24b	26.50 ± 1.32ab	27.15 ± 3.76abc
		75 mmol/L	62.40 ± 6.32c	81.51 ± 9.20de	26.82 ± 2.26ab	26.53 ± 2.62abc
p_{salt}			0.044*	0.032*	0.152 NS	0.034*
$p_{AM真菌}$			0.356 NS	0.391 NS	0.020*	0.193 NS
$p_{salt \times AM真菌}$			0.000**	0.000**	0.097*	0.316 NS
雄株	+M	0 mmol/L	81.99 ± 5.93a	103.28 ± 6.57a	28.30 ± 2.42a	28.07 ± 2.18ab
		75 mmol/L	82.94 ± 2.49a	93.22 ± 2.71bc	27.35 ± 3.13ab	28.32 ± 3.88ab
	−M	0 mmol/L	73.15 ± 2.60b	103.36 ± 5.94a	29.06 ± 1.59a	26.63 ± 0.84abc
		75 mmol/L	68.85 ± 2.60d	85.81 ± 8.43e	24.60 ± 1.82b	25.42 ± 1.09bc
p_{salt}			0.006**	0.000**	0.152 NS	0.034*
$p_{AM真菌}$			0.000**	0.391 NS	0.020*	0.193 NS
$p_{salt \times AM真菌}$			0.000**	0.000**	0.097*	0.316 NS
p_{sex}			0.158 NS	0.000**	0.525 NS	0.665 NS
$p_{salt \times sex}$			0.000**	0.000**	0.372 NS	0.143 NS
$p_{AM真菌 \times sex}$			0.001**	0.000**	0.011*	0.122 NS
$p_{salt \times sex \times AM真菌}$			0.000**	0.810 NS	0.333 NS	0.056 NS

注：+M：接种AM真菌；−M：未接种AM真菌；**：差异极显著$p \leqslant 0.01$；*：差异显著$0.01 \leqslant p \leqslant 0.05$；NS：差异不显著$p > 0.05$。每列中不同小写字母代表不同处理间差异显著（$p \leqslant 0.05$），数值为（均值 ± 标准差）（$n = 6$）。

　　双因素方差分析表明，青杨保卫细胞面积和下表皮保卫细胞长度受到盐分胁迫的显著影响；青杨上表皮保卫细胞长度受到接种AM真菌处理的显著影响；雄株的上表皮保卫细胞面积受到接种AM真菌处理的显著影响。三因素方差分析表明，盐分 × 接菌的交互效应对保卫细胞面积的影响极显著；接菌 × 性别、盐分 × 性别的交互效应对保卫细胞面积的影响极显著；盐分 × 性别 × 接菌的交互效应对上表皮保卫细胞面积的影响极显著。

　　植物叶片属于对环境变化敏感且可塑性较大的器官（李芳兰和包维楷，2005），叶片气孔和保卫细胞可通过诸多变化调控植物光合和蒸腾作用，提高植物抗逆性（Daloso et al., 2017）。De Souza et al.（2013）发现耐旱植株气孔密度和气孔导度显著高于干旱敏感植株。Hajiboland et al.（2010）发现盐胁迫条件下，接种 *R. irregularis* 显著提高了番茄（*Lycopersicon esculentum*）叶片的气孔导度。本研究结果表明非盐胁迫条件下，接种AM真菌显著增加了青杨上表皮气孔密度和雄株保卫细胞面积，降低了下表皮气孔密度，说明AM真菌在一定程度上改变了不同性别青杨叶片上气体与水分的交换通道且改变程度不同。盐胁迫条件下，接种 AM 真菌显著降低了植株上表皮气孔密度和雄株的下表皮气孔密度，显著增加了雌株气孔下表皮密度、雄株上表皮气孔长度和保卫细胞面积，说明菌根化植株可通过调节宿主植物叶片气孔密度、长度和保卫细胞面积控制其水分蒸腾作用，提高其对盐渍化生境的适应能力，且对不同性别的调节能力不同。

水分利用效率能反映植物能量转换效率，且和气孔导度相关（Aroca et al.，2012）。非生物逆境的存在可增加植物的水分利用效率（Sheng et al., 2008），这也是植物适应环境的必要策略。Chen et al.（2010）发现，雄株水分利用效率显著高于雌株，说明盐胁迫条件下雄株的适应能力较强。Zhang et al.（2013）发现，接种 AM 真菌能显著增加宿主植物的水分利用效率并对雄株的增加效果更明显。AM 真菌对净光合速率的增加幅度显著高于气孔导度，表明盐胁迫条件下气孔可能受到限制。气孔导度的降低可有效控制水分流失和增加水分利用效率，说明 AM 真菌能通过有效改善内部水分状况提高青杨对盐胁迫的耐受性，其中对雄株的改善效应较为明显。细胞水分缺乏可引发系列生理后果，相对含水量能较好衡量植物内部水分状况（Hou et al., 2018）。盐胁迫可显著降低植物维持体内水分状况的能力，这与 Ali et al.（2014）的研究结果类似。与此同时，不同性别植株叶片相对含水量降低程度的不同，说明不同性别植株维持体内水分状况的能力不同（Chen et al., 2010）。本研究发现 AM 真菌显著增加了宿主植物叶片的相对含水量，这可能是 AM 真菌亲水性菌丝的存在使其能有效协助植株将水分从土壤转移至根系（Hao et al., 2018）。通过 AM 真菌菌丝吸收并向植物根系运输水分的方式属于质外体运输途径，由于质外体途径具有移动阻力小、速度快的特性，加快了宿主植物吸收水分的速率（Bárzana et al., 2012）。

第三节　AM 真菌对青杨光合效应和水分状况的影响

一、AM 真菌对青杨光合效应的影响

1. AM 真菌对青杨雌株和雄株气体交换参数的影响

不同盐分条件下 AM 真菌对青杨雌株和雄株气体交换参数的影响如图 14-3，青杨雌株和雄株对于盐分胁迫的响应相似，盐分胁迫降低青杨雌株和雄

株的净光合速率（Pn）、气孔导度（Gs）、胞间二氧化碳浓度（Ci）和蒸腾速率（E）。盐胁迫条件下，与未接种 AM 真菌处理相比，接种 *R. irregularis* 显著提高了青杨雄株的 Pn（12.51%）并降低了 E（42.86%），但对雌株的影响不显著（图 14-3）。可见 AM 真菌对青杨雌株和雄株的气体交换参数的影响不同。此外，盐胁迫条件下，青杨雄株的 Pn，Gs 和 Ci 显著高于雌株。

双因素方差分析结果表明，青杨雌株 Ci、雄株 Ci 和雌株 Pn 并未受到接种 AM 真菌处理的显著影响；青杨气体交换参数受到盐分胁迫的显著影响。三因素方差分析表明，青杨雄株 Gs 受到盐分 × 接菌交互作用的影响；青杨的气体交换参数受到性别显著影响；青杨的 Pn，Gs 和 Ci 受到盐分 × 性别交互作用的影响；青杨 Pn 和 E 受到接菌 × 性别交互作用的影响。

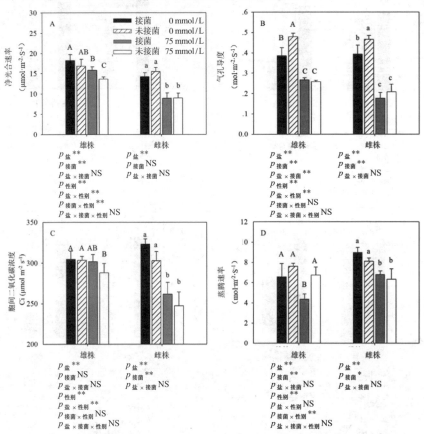

图 14-3　不同盐分条件下 AM 真菌对青杨雌株和雄株气体交换参数的影响

注：0 mmol/L：没有盐胁迫；75 mmol/L：存在盐胁迫；**：差异极显著 $p \leqslant 0.01$；*：差异显著 $0.01 \leqslant p \leqslant 0.05$；NS：差异不显著 $p > 0.05$。柱上方不同字母（雄株大写字母，雌株小写字母）代表不同处理间差异显著（$p \leqslant 0.05$），数值为（均值 ± 标准差）（n = 6）。

2. AM 真菌对青杨雌株和雄株叶绿素荧光参数的影响

不同盐分条件下 AM 真菌对青杨雌株和雄株叶绿素荧光参数的影响如图 14-4 所示，盐分胁迫显著降低青杨的非光化学荧光淬灭系数（qN）和光化学荧光淬灭系数（qP），尤其是未菌根化青杨雌株。盐胁迫条件下，和雌株相比，雄株呈现较高 qP，最大量子产量（Fv/Fm）和实际光化学量子产量（ΦPSII）；与未接种 AM 真菌处理相比，接种 *R. irregularis* 分别提高了青杨雌株和雄株叶

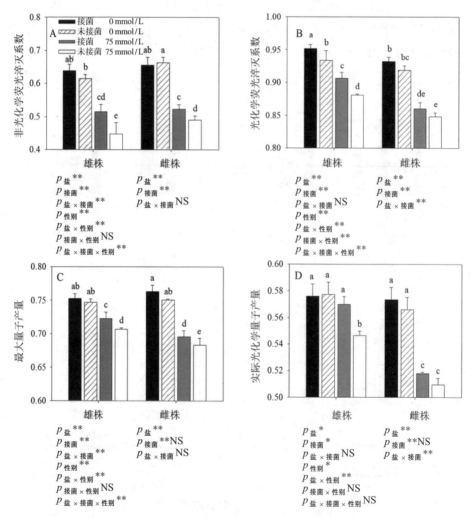

图 14-4　不同盐分条件下 AM 真菌对青杨雌株和雄株叶绿素荧光参数的影响

注：**：差异极显著 $p \leqslant 0.01$；*：差异显著 $0.01 \leqslant p \leqslant 0.05$；NS：差异不显著 $p > 0.05$。柱上方不同小写字母代表不同处理间差异显著（$p \leqslant 0.05$），数值为（均值 ± 标准差）（$n = 6$）。

片 qN（6.75% 和 15.19%）、qP（1.37% 和 2.87%）、Fv/Fm（1.83% 和 2.25%）和 ΦPSII（1.65% 和 4.30%）。由此可知，盐胁迫条件下，接种 AM 真菌对青杨雌株和雄株均具有一定的促进作用。和雌株相比，AM 真菌对青杨雄株叶绿素荧光参数的促进效果更为明显。

双因素方差分析表明，青杨雌株的 Fv/Fm 和 ΦPSII 并未受到接种 AM 真菌处理的显著影响；青杨叶绿素荧光参数受到盐分胁迫的显著影响。三因素方差分析表明，雄株 qN、雄株 Fv/Fm、雌株 qP 和雌株 ΦPSII 受到盐分 × 接菌交互效应的显著影响；青杨的叶绿素荧光参数受到性别、盐分 × 性别交互效应的显著影响；qP 受到接菌 × 性别交互效应的显著影响；qN、qP、Fv/Fm 和 ΦPSII 受到接菌 × 盐分 × 性别交互效应的显著影响。

盐胁迫已成为限制植物生长和产量的非生物逆境之一，会引起植物生长减缓、水分状况紊乱和光合作用降低（Evelin et al., 2009）。植物可通过改变根系结构、调整叶片气孔和保卫细胞状态、改善水分状况和降低光合作用等方式适应盐渍化生境。盐胁迫对不同性别青杨生理代谢过程的影响不同，其中对雌株的影响尤为显著（Bárzana et al., 2012），这与本研究结果一致。不同性别青杨对盐胁迫耐受性的不同会诱发性别比例失衡，扰乱生态系统的组成和结构（Song et al., 2014）。接种 AM 真菌可显著提高宿主植物耐盐性并缓解盐胁迫给植物带来的伤害，其中，不同性别对 AM 真菌的响应机制不同。

光合作用可反映植物在非生物逆境下的生理敏感度（Chaves et al., 2009）。盐胁迫显著降低了青杨的光合作用能力，这可能是由于盐离子对光合过程中相关酶类的毒害效应所致（Shelke et al., 2017）。本研究结果表明，盐胁迫显著降低了青杨非光化学淬灭系数（qN）、光化学淬灭系数（qP）、PS II 的最大量子产量（Fv/Fm）和 PS II 的实际量子产量（ΦPS II），说明盐离子对植物的光化学活性具有毒害效应（Habibi, 2017）。非生物逆境中，不同性别青杨的 Pn、E、Ci 和 Gs 存在显著差异（Yang et al., 2009），与本研究的结果相符。

Chen et al.（2010b）发现雌株的 E、Gs 和 Ci 显著高于雄株，而 Pn 显著低于雄株。不同性别青杨间的显著差异只存在于盐渍化生境，且盐渍化生境下雄株的 Fv/Fm 和 ΦPS II 显著高于雌株，说明雌株 PS II 电子传递链在逆境胁迫下较易紊乱。Pn 是逆境生境下植物自身生理敏感度的重要指征（Xu et al., 2008b）。AM 真菌对雄株 Pn 的影响是正面的，但对雌株 Pn 的影响是负面的。相反，AM 真菌对雄株 E 的影响是负面的，而对雌株 E 的影响是正面的，表明 AM 真菌对不同性别青杨的影响不同。AM 真菌对青杨 Ci 具有积极效应，但 Yang et al.（2014）发现接种 AM 真菌显著降低了刺槐（*Robinia pseudoacacia*）的 *Ci*，增加了 *E*。盐胁迫耐受性和光合能力维持正相关（Hajiboland et al., 2010），接菌处理的 PS Ⅱ 系统较为稳定，说明菌根化植株的光保护能力较强，光合状况受伤害程度较轻，对盐胁迫的耐受性较强。由此可见，AM 真菌的有益效应主要发挥于非生物逆境中。

二、AM 真菌对青杨水分状况的影响

1. AM 真菌对青杨雌株和雄株水分利用效率的影响

不同盐分条件下 AM 真菌对青杨雌株和雄株水分利用效率的影响如图 14-5A，接种 AM 真菌、盐分胁迫和性别处理均显著影响青杨体内的水分利用效率（WUEi）。对于接种 AM 真菌处理和盐分处理，雌株和雄株呈现相似变化规律，盐分胁迫和接种 AM 真菌处理显著增加了青杨的水分利用效率。所有处理中，雄株的水分利用效率均高于雌株。盐分胁迫下，与未接种 AM 真菌处理相比，接种 AM 真菌对青杨雌株和雄株水分利用效率增加的百分比分别为 22.58% 和 14.70%（图 14-5A）。

2. AM 真菌对青杨雌株和雄株相对含水量的影响

不同盐分条件下 AM 真菌对青杨雌株和雄株相对含水量的影响如图 14-5B，接种 AM 真菌、盐分胁迫和性别处理均显著影响青杨叶片相对含水量（RWC）。盐胁迫条件下，青杨雌株和雄株叶片的 RWC 均显著降低，然而接种 *R. irregularis* 能够增加青杨雌株和雄株叶片的 RWC，尤其是在盐胁迫条件下效果更为明显。所有处理中，雄株叶片 RWC 均高于雌株。盐分胁迫下，与未接种 AM 真菌处理相比，AM 真菌对青杨雌株和雄株叶片 RWC 增加的百分比分别为 19.31% 和 12.27%（图 14-5B）。

双因素方差分析表明，青杨水分利用效率（WUEi）和 RWC 受到盐分胁迫和接种 AM 真菌处理的显著影响。三因素方差分析表明，青杨 WUEi 和 RWC 受到盐分 × 接菌交互作用的显著影响；青杨 WUEi 受到性别、接菌 × 性别、盐分 × 接菌 × 性别交互作用的显著影响；青杨叶片 RWC 受到性别、接菌 × 性别交互作用的显著影响。

接种 AM 真菌、盐分胁迫和性别处理均显著影响青杨叶片相对含水量（RWC）（图 14-5B）。盐胁迫条件下，青杨雌株和雄株叶片的 RWC 均显著降低，然而接种 *R. irregularis* 能够增加青杨雌株和雄株叶片的 RWC，尤其是在盐胁迫条件

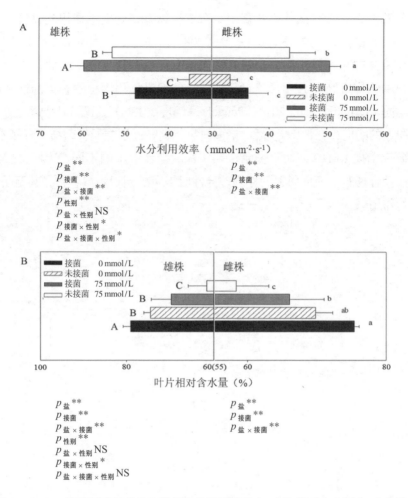

图 14-5　AM 真菌对青杨雌株和雄株水分利用效率（A）和相对含水量（B）的影响

注：0 mmol/L：没有盐胁迫；75 mmol/L：存在盐胁迫；**：差异极显著 $p \leq 0.01$；*：差异显著 $0.01 \leq p \leq 0.05$；NS：差异不显著 $p > 0.05$。柱上方不同字母（雄株大写字母，雌株小写字母）代表不同处理间差异显著（$p \leq 0.05$），数值为（均值 ± 标准差）（$n = 6$）。

下效果更为明显。所有处理中，雄株叶片 RWC 均高于雌株。盐分胁迫下，与未接种 AM 真菌处理相比，AM 真菌对青杨雌株和雄株叶片 RWC 增加的百分比分别为 19.31% 和 12.27%。双因素方差分析表明，青杨 WUEi 和 RWC 受到盐分胁迫和接种 AM 真菌处理的显著影响。三因素方差分析表明，青杨 WUEi 和 RWC 受到盐分 × 接菌交互作用的显著影响，青杨 WUEi 受到性别、接菌 × 性别、盐分 × 接菌 × 性别交互作用的显著影响，青杨叶片 RWC 受到性别、接菌 × 性别交互作用的显著影响。

　　盐胁迫条件下，接种 AM 真菌对宿主植物直接的促进作用是改善宿主植物水分吸收和利用能力（Kapoor et al., 2008）。随着植物体内水分状况的改善，菌根化植株的光合作用能力也随之增强（Aroca et al., 2012）。此外，植物对盐胁迫的响应机制和 AM 真菌对宿主植物的促进作用因植物种类和性别的不同而不同（Grigulis et al., 2013；Peñuelas et al., 2013b）。青杨对盐渍化等多种环境胁迫的响应存在性别差异性，诸多研究将这种性别差异性归结于青杨本身，而本研究发现 AM 真菌对青杨雌株和雄株耐盐性的影响不同。为此，后续研究在涉及青杨对于环境胁迫的性别差异性时需考虑到根际微生物，甚至是 AM 真菌的作用。

第十五章　AM 真菌对盐胁迫下青杨渗透调节和抗氧化能力的影响

　　盐胁迫在诱发植物细胞失水迫使植物出现生理干旱的同时，还会引起渗透胁迫（Li et al., 2017）。为维持正常生理代谢，植物细胞可通过渗透调节降低胞内水势，常见机制为增加胞内溶质积累维持渗透压平衡（Assaha et al., 2016）。这些相溶性物质主要包括可溶性糖、可溶性蛋白、甘氨酸甜菜碱和脯氨酸等。其中，甘氨酸甜菜碱和脯氨酸的积累会引起植物体内蛋白质组成及基因表达水平的改变（Rajaeian et al., 2017），如脯氨酸代谢过程中，所涉及的吡咯啉 –5– 羧酸还原酶（P5CR）、吡咯啉 –5– 羧酸氧化酶（P5CS）和甘氨酸甜菜碱代谢过程中所涉及的胆碱单氧化酶（GMO）、甜菜碱醛脱氢酶（BADH）等活性调节，会引起相应分子机制调控的变化（Mishra and Tanna, 2017）。

　　盐胁迫引起的次级胁迫—氧化胁迫会加剧植物细胞膜质过氧化。正常条件下，活性氧（ROS）的形成和清除间保持一种动态平衡（Battaglia et al., 2017），但盐胁迫会破坏该动态平衡，引起植物体内大量 ROS 的累积，造成细胞生理生化代谢紊乱，包括植物细胞膜、蛋白质和核苷酸的过氧化损伤（Ahanger et al., 2017）。植物体内抗氧化酶类超氧化物歧化酶（Superoxide Dismutase, SOD）、过氧化物酶（Peroxidase, POD）和过氧化氢酶（Catalase, CAT）属于 ROS 清除系统中的酶促抗氧化剂（Shahbaz et al., 2017）。SOD 能催化 O_2^- 的歧化反应，清除 O_2^-；CAT 能将 SOD 歧化产物 H_2O_2 分解成水，消除过量 H_2O_2 对组织的损伤；CAT 作为补充成员，可与 SOD 偶联，彻底清除植物体内多余的 ROS（Wang et al., 2017b）。三者协同完成植物体内 ROS 的清除，减缓其对细胞膜结构和功能造成的损害。

　　盐渍化生境中，AM 真菌与宿主植物形成的共生体系，能增加宿主植物体内亲水性溶质的含量，激活抗氧化酶系统，清除 ROS，降低脂质过氧化，缓解氧化损伤，改变根冠比，增加生物量积累，协助宿主植物形成更好的盐渍化防御体系（Wu et al., 2016; porcel et al., 2012; Latef and He, 2011）。Evelin et al.（2013）发现盐胁迫条件下，接种异形根孢囊霉（*Rhizophagus irregularis*）可通过增加宿主植物胡卢巴（*Trigonella foenum-graecum*）内甘氨酸甜菜碱的含量提高细胞渗透压，使细胞在面临生理干旱时仍能保持水分，提高宿主植物对盐胁迫的耐受性。

本章从盐胁迫诱导产生的次级胁迫—渗透胁迫和氧化胁迫两个方面来研究雌株和雄株对 AM 真菌和盐胁迫的响应机制，试图阐明盐胁迫下 AM 真菌对青杨雌株和雄株渗透调节和抗氧化损伤方面作用机制的差异性。通过接种 *R. irregularis* 对青杨雌株和雄株生物量、渗透调节物质含量、ROS 清除系统、脂质过氧化作用及抗氧化酶活性的影响，深入了解 AM 真菌对雌雄异株植物耐盐性的影响。

第一节　渗透调节和抗氧化能力指标测定

一、菌根依赖度和渗透调节物质测定

1. 菌根依赖度和青杨生物量测定

供试植物、供试菌种、培养基质，试验设计。同前。

盐胁迫结束后，随机选取 6 盆植株，把各样品按根、茎、叶分开，测鲜重，之后置于烘箱 70℃烘干至恒重，通过地下部分与地上部分干重的比率计算出根冠比。

统计接种 AM 真菌（菌根化）和未接种 AM 真菌（对照）青杨干重，按下列公式计算菌根依赖度（Graham and Syvertsen, 1985）：

菌根依赖度（%）=（菌根化青杨干重 / 对照青杨干重）× 100

2. 可溶性糖、可溶性蛋白、脯氨酸和甜菜碱含量测定

（1）可溶性糖含量测定

青杨可溶性糖含量的测定采用改进版的蒽酮硫酸法。分别按表 15-1 往 6 支具塞刻度试管中加入试剂。在添加蒽酮 –H_2SO_4 试剂时，将试管置于冰水浴并沿

管壁缓缓加入，待全部添加完后摇匀。100℃水浴 10 min，冷却至室温，使用紫外分光光度计（UV mini 1240, Shimadzu, Kyoto, Japan）测 620 nm 波长处的吸光度值。以吸光度为纵坐标，糖溶液为横坐标，绘制标准曲线。

取上述还原糖剩余样品溶液稀释 20 倍，取 2 mL 与标准管同步操作，记录 620 nm 波长处的吸光度值，计算得出结果。

表 15-1　可溶性糖标准曲线制作过程中不同试剂添加量

试剂	试管编号					
	1	2	3	4	5	6
100 μg/mL 葡萄糖标准液	0.0	0.2	0.4	0.6	0.8	1.0
蒸馏水（mL）	2.0	1.8	1.6	1.4	1.2	1.0
蒽酮 –H_2SO_4（mL）	5.0	5.0	5.0	5.0	5.0	5.0
葡萄糖含量（μg）	0	20	40	60	80	100

（2）可溶性蛋白含量测定

可溶性蛋白质含量测定采用改进版的考马斯亮蓝 G-250 染色法（高俊凤，2006）。取 6 支 15 mL 具塞刻度试管编号，按表 15-2 添加试剂。盖上玻璃塞，将溶液混匀，放置 3 min，使用紫外分光光度计（UV mini 1240, Shimadzu, yoto, Japan）测定 595 nm 波长处的吸光度值（1 h 内完成比色）。以吸光度为纵坐标，牛血清蛋白含量为横坐标，绘制标准曲线。

称取青杨组织样品 0.2 g 放入研钵，添加少许石英砂和蒸馏水，研磨成匀浆，转入 10 mL 容量瓶。用蒸馏水反复冲洗研钵 3 次，合并清洗液至容量瓶，将匀浆液吸取 3 mL 于离心管内，5 000 rpm 离心 10 min，上清液即为所需蛋白质提取液。将 0.1 mL 蛋白质提取液、0.9 mL 蒸馏水、5 mL 考马斯亮蓝 G-250 混匀，放置 2 min，于 595 nm 波长比色读取吸光值，计算得出结果。

表 15-2　可溶性蛋白标准曲线制作过程中不同试剂添加量

试剂	试管编号					
	1	2	3	4	5	6
牛血清蛋白标准液（mL）	0.0	0.2	0.4	0.6	0.8	1.0
蒸馏水（mL）	1.0	0.8	0.6	0.4	0.2	0.0
考马斯亮蓝 G-250（mL）	5.0	5.0	5.0	5.0	5.0	5.0
蛋白质含量（μg）	0	20	40	60	80	100

（3）脯氨酸含量测定

青杨脯氨酸含量测定采用改进版茚三酮比色法。分别按表 15-3 往 7 支具塞刻度试管中加入试剂。沸水浴 30 min，冷却，加 5 mL 甲苯摇匀萃取，避光静置 4 h 分层，吸甲苯层，以 1 号管为空白对照，使用紫外分光光度计（UV mini

1240, Shimadzu, Kyoto, Japan）测 520 nm 波长处的吸光度值。以吸光度值为纵坐标，脯氨酸含量为横坐标，绘制标准曲线。

取 0.2 g 待测青杨叶片或根系置于具塞试管中，加 5 mL 3% 的磺基水杨酸溶液，加盖沸水浴 15 min，冷却，用定性滤纸过滤。吸取 2 mL 滤液测定脯氨酸含量，计算得出结果。

表 15-3 脯氨酸标准曲线制作过程中不同试剂添加量

试剂	试管编号						
	1	2	3	4	5	6	7
100 μg/mL 葡萄糖标准液	0.0	0.2	0.4	0.8	1.2	1.6	2.0
蒸馏水（（mL）	2.0	1.8	1.6	1.2	0.8	0.4	0.0
冰醋酸（mL）	2.0	2.0	2.0	2.0	2.0	2.0	2.0
2.5% 酸性茚三酮（mL）	2.0	2.0	2.0	2.0	2.0	2.0	2.0
脯氨酸含量（μg）	0	2	4	8	12	16	20

（4）甜菜碱含量测定

青杨甜菜碱含量测定采用改进版的雷式盐比色法。精确称取甜菜碱对照品 0.1 g，用蒸馏水溶解至 10 ml 容量瓶定容，即为 10.0 g/L 甜菜碱标准液。分别精确移取甜菜碱标准液 0.4、0.6、0.8、1.0，1.2 ml 至 10 ml 比色管，冷水浴 10 min。之后分别加入 6 ml 新配制 2.5% 的雷式盐溶液，冷水浴放置 3 h。漏斗过滤后，用少量冰水洗涤沉淀，抽干，残渣用 70% 丙酮溶解并转至 10 ml 容量瓶定容。以 70% 丙酮作空白对照，测 525 nm 处的吸光度值。以浓度（C）为纵坐标，吸光度值（A）为横坐标，绘制标准曲线。

精确称取过 40 目筛的干燥青杨组织粉末 2.0 g，加 80% 甲醇 50ml，70~75℃回流提取 1 h，放冷过滤; 用 80% 甲醇 30 ml 分次洗涤合并滤液和洗液，浓缩至 10 ml; 用盐酸调节 pH 值至 1，加入活性炭 1.0 g，加热煮沸，放冷，过滤; 用 15 ml 水分次洗涤合并滤液，加 2.5% 雷式盐溶液 20 ml，搅匀，10℃ 以下 3 h; 用漏斗过滤，并用少量冰水洗涤沉淀，抽干后，残渣用 70% 丙酮溶解，并转移至 25 ml 容量瓶中，加 70% 丙酮至刻度，摇匀，作为青杨甜菜碱供试品。青杨叶片和根系中甜菜碱含量的计算公式:

$$样品甜菜碱含量（\%）= C \times V / W \times 100$$

式中：C：标准曲线上查到的样品浓度

V：样品溶液的体积

W：样品质量

二、渗透调节和抗氧化酶测定

1. 脂质过氧化、电解质渗透率和活性氧含量测定

（1）脂质过氧化测定

青杨MDA含量的测定采用改进版的硫代巴比妥酸法。随机选取6盆植株，取青杨植株上一定量的叶片和根系，洗净擦干，剪成0.5 cm长的小段，混匀；称取叶片或根系0.3 g置于冰浴后的研钵中。之后向其中加入2 mL 0.05 mmol / L磷酸缓冲液和少许石英砂，快速充分研磨成匀浆。将匀浆转移至新离心管，再用3 mL上述磷酸缓冲液冲洗研钵（每次1.5 mL）两次，合并提取液。向上述提取液中加入5 mL 0.5%的硫代巴比妥酸溶液，混匀沸水浴10 min，之后放入冷水浴；3 000 rpm离心15 min，取上清液量其体积。以0.5%的硫代巴比妥酸溶液为空白，测提取液于532 nm、600 nm和450 nm波长处的吸光度值，计算得出结果。

（2）电解质渗透率测定

电解质渗透率用电导仪测定。用NaCl配制浓度为0、10、20、40、60、80、100 μg / mL标准液，测电导率。以NaCl浓度为横坐标，以电导率为纵坐标，绘制标准曲线。

随机选取6盆植株，将每盆植株从顶端的第四、五、六、七叶片完全展开叶剪下，用纱布拭净，称取两份于水杯，重量为2 g。一份放在40℃恒温箱萎蔫0.5～1 h，另一份放在室温下作为对照。之后分别用蒸馏水冲洗并用洁净滤纸吸干；使用打孔器将叶片打N个直径1 cm小圆片放入烧杯，用玻璃棒将其压住，向杯中注入20 mL蒸馏水浸没叶片；用真空干燥器抽气8 min；将抽气后小烧杯取出，静置20 min，之后用玻璃棒缓缓搅动，用电导仪测定电导率（25℃）；之后沸水浴15 min，冷却10 min，电导仪测定电导率，计算得出结果。

（3）活性氧含量测定

① H_2O_2 含量测定

H_2O_2 含量的测定采用改进版的丙酮法。取7支20 mL具塞刻度试管编号，按表5–4添加试剂。待沉淀溶解充分，转入10 mL容量瓶，之后用蒸馏水少量多次冲洗。合并洗涤液定容10 mL容量瓶内，使用紫外分光光度计（UV mini 1240，Shimadzu，Kyoto，Japan）测415 nm波长处吸光度值。以 H_2O_2 浓度为横坐标，吸光度值为纵坐标，绘制标准曲线。

称取青杨叶片或根系4 g放入研钵，按提取剂与样品1∶1加少许石英砂和

预冷丙酮研磨成浆置于离心管，3 000 r/min 离心 10 min，取上清液；吸取样品提取液 1 mL，按照表 15-5 进行操作。用丙酮将沉淀反复洗涤 5 次，彻底去除植物色素。之后加入硫酸溶解，比色，计算得出结果。

表 15-4 H_2O_2 标准曲线制作过程中不同试剂添加量

试剂	试管编号						
	1	2	3	4	5	6	7
100 μmol·L^{-1} H_2O_2	0.0	0.1	0.2	0.4	0.6	0.8	1.0
4℃下预冷丙酮	1.0	0.9	0.8	0.6	0.4	0.2	0.0
5% 硫酸钛	0.1	0.1	0.1	0.1	0.1	0.1	0.1
浓氨水	0.2	0.2	0.2	0.2	0.2	0.2	0.2
3000 r·min^{-1} 离心 10 min，弃上清液，留沉淀							
2 mol·L^{-1} 硫酸	5.0	5.0	5.0	5.0	5.0	5.0	5.0

②O_2^- 含量测定

O_2^- 含量的测定采用改进版的对氨基苯磺酸法。取 7 支 20 mL 具塞刻度试管编号，按表 15-5 添加试剂。加盖混匀，30℃水浴 30 min，使用紫外分光光度计（UV mini 1240, Shimadzu, Kyoto, Japan）测 530 nm 波长处的吸光度值。以吸光度值为纵坐标，NO_2^- 含量为横坐标，绘制标准曲线。

称取青杨叶片或根系 3 g 放入研钵，添加 pH 7.8、浓度 65 mmol/L 磷酸缓冲液研磨，定容 10 mL 容量瓶，纱布过滤，滤液 10 000 r/min 离心 10 min，取上清液。3 支试管中加入 2 mL 上清液、1.5 mL 磷酸缓冲液及 0.5 mL 盐酸羟胺，混匀 25℃水浴 20 min。从中各取反应液 2 mL，加入另外 3 支试管并向其中添加 2 mL 17 mmol/L 对氨基苯磺酸和 2 mL 7 mmol/L α-萘胺，混匀 30℃水浴 30 min，530 nm 波长比色读取吸光值。

表 15-5 O_2^- 标准曲线制作过程中不同试剂添加量

试剂	试管编号						
	1	2	3	4	5	6	7
$NaNO_3$ 标准液（mL）	0.0	0.2	0.4	0.8	1.2	1.6	2.0
蒸馏水（mL）	2.0	1.8	1.6	1.2	0.8	0.4	0.0
对氨基苯磺酸（mL）	2.0	2.0	2.0	2.0	2.0	2.0	2.0
α-萘胺试剂（mL）	2.0	2.0	2.0	2.0	2.0	2.0	2.0
单管 NO_2^- 含量（μg）	0	1	2	4	6	8	10

2. 抗氧化酶活性测定

（1）SOD 活性测定

SOD 活性的测定采用改进版的 NBT 光还原法。称取青杨叶片或者根系

0.5 g放入预冷研钵，添加2 mL预冷磷酸缓冲液（内含PVP）研磨，转移至10 mL容量瓶。之后用其冲洗研钵3次（每次1.5 mL），合并提取液，定容。取5 mL提取液4℃ 10 000 r/min离心15 min，取上清液。测定3支、光下处理3支、暗中处理1支，按照表15-6加入试剂。暗处理试管需用黑色硬纸套来遮光。反应结束用黑布罩遮盖终止反应。以暗处理试管为对照，测定560 nm波长下其余试管吸光度值，计算得出结果。

表15-6　SOD测定过程中不同试剂添加量

试剂（mL）	试管编号						
	测定管			光对照			暗对照
	1	2	3	4	5	6	7
50 mmol/L磷酸缓冲液	1.5	1.5	1.5	1.5	1.5	1.5	1.5
130 mmol/L甲硫氨酸溶液	0.3	0.3	0.3	0.3	0.3	0.3	0.3
750 μmol/L氮蓝四唑溶液	0.3	0.3	0.3	0.3	0.3	0.3	0.3
100 μmol/L乙二胺四乙酸钠溶液	0.3	0.3	0.3	0.3	0.3	0.3	0.3
20 μmol/L核黄素溶液	0.3	0.3	0.3	0.3	0.3	0.3	0.3
粗酶液	0.1	0.1	0.1	0.00	0.00	0.00	0.00
蒸馏水	0.5	0.5	0.5	0.6	0.6	0.6	0.6

（2）POD活性测定

POD活性的测定采用愈创木酚法。取6支20 mL具塞刻度试管编号，按表15-7添加试剂。加盖混匀，使用紫外分光光度计（UV mini 1240, Shimadzu, Kyoto, Japan）测470 nm波长处的吸光度值。以吸光度值为纵坐标，标准液浓度为横坐标，绘制标准曲线。

称取青杨叶片或根系1 g放入预冷研钵，添加碳酸钙、蒸馏水及少许石英砂进行研磨，定容50 mL容量瓶内，离心，取上清液；3支试管加入1 mL酶液、1 mL 0.1%愈创木酚、6.9 mL蒸馏水及1 mL 0.18% H_2O_2摇匀（另外三支类似但不添加0.18% H_2O_2），摇匀，25℃反应10 min，以0.2 mL 5%偏磷酸终止反应。

表15-7　POD测定过程中不同试剂添加量

试剂	试管编号					
	1	2	3	4	5	6
标准母液（mL）	0.00	1.25	2.50	5.00	7.50	10.00
蒸馏水（mL）	10.00	8.75	7.50	5.00	2.50	0.00
标准系列含量（μg）	0.0	8.4	16.9	33.8	50.6	67.0

（3）CAT活性测定

CAT活性的测定采用改进版的紫外吸收法。称取青杨叶片或者根系1 g放入预冷研钵，添加磷酸缓冲液和少许石英砂研磨入10 mL容量瓶，用磷酸缓冲液冲洗研钵 3 次，合并提取液，定容。取 5 mL 提取液置于离心管，4℃ 15 000 rpm 离心 15 min，上清液即为过氧化氢酶粗提液，4℃备用。取 5 支 20 mL 具塞刻度试管编号，1 支试管中加入 2 mL 煮死酶提取液冷却备用，4 支试管中按照表 15-8 添加试剂；将 4 支试管 25℃水浴 3 min，之后添加 0.2 mL 200 mmol/L H_2O_2 溶液。加入立即测定 A240，每 30 s 处进行读数，历时 3 min，记录吸光度值并计算。

表 15-8 CAT 测定过程中的试剂添加量

试剂（mL）	试管编号			
	1	2	3	4（对照）
Tris-HCl pH 7.0 缓冲液	1.0	1.0	1.0	1.0
酶提取液	0.1	0.1	0.1	0.1（失活）
蒸馏水	1.7	1.7	1.7	1.7

3. 数据处理

利用生物统计软件 SPSS（V17.0）（SPSS Inc., Chicago, IL, USA）分析统计数据。数据采用 Duncan 测试（$p \leq 0.05$）、双因素分析和三因素分析（ANOVAs）进行处理，并用 SigmaPlot 10.0 软件绘图。

双因素方差分析用于分析盐分胁迫、接种 AM 真菌处理对青杨不同性别影响的显著水平；三因素方差分析用于分析性别、盐分 × 性别、接种 AM 真菌 × 性别、盐分 × 接种 AM 真菌，以及三因素间交互作用对青杨不同指标影响的显著水平。

第二节 AM 真菌对青杨菌根依赖度和渗透调节物质的影响

一、AM 真菌对青杨菌根依赖度和生物量的影响

1. AM 真菌对青杨菌根依赖度的影响

不同盐分条件下青杨雌株和雄株菌根依赖度不同，由图 15-1 可知，在没有盐胁迫的条件下，青杨雄株的菌根依赖度为 105.80%，青杨雌株的菌根依赖度为 84.76%；盐胁迫条件下，青杨雄株的菌根依赖度为 119.71%，青杨雌株的菌根依赖度为 78.35%。青杨雄株根际菌根依赖度高于雌株根际。

双因素方差分析表明，青杨菌根依赖度受到盐分胁迫的显著影响。三因素方差分析表明，青杨菌根依赖度受到性别、性别 × 盐分交互作用的显著影响。

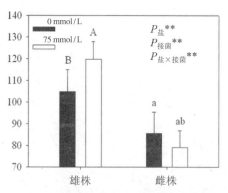

图 15-1 不同盐分条件下青杨雌株和雄株菌根依赖度的差异

注： **：差异极显著 $p \leq 0.01$。柱上方不同字母（雄株大写字母，雌株小写字母）代表不同处理间差异显著（$p \leq 0.05$），数值为（均值 ± 标准差）（$n = 6$）。

2. AM 真菌对青杨雌株和雄株生物量的影响

不同盐分条件下 AM 真菌对青杨雌株和雄株生物量的影响不同，盆栽条件下，盐胁迫显著降低了青杨雌株和雄株地上、地下和总生物量积累，并且雌株生物量的降低程度大于雄株。盐胁迫条件下，与未接种 AM 真菌处理相比，接种 *R. irregularis* 改变了青杨雌株和雄株的地上（-3.17% 和 41.18%）、地下（-17.02% 和 15.01%）和总生物量（-18.18% 和 33.33%）积累。由此可见，和雌株相比，AM 真菌对青杨雄株生物量的促进效果更为明显。由图 15-2 可知，盐胁迫显著增加了青杨根冠比，且对雌株的增加程度大于雄株。盐胁迫条件下，和未接种 AM 真菌处理相比，接种 *R. irregularis* 降低了青杨雌株和雄株的根冠比（12.73% 和 16.28%）。

双因素方差分析表明，青杨雌株的根冠比、地上、地下和总生物量受到盐分胁迫的显著影响；青杨雄株的生物量受到盐分胁迫的显著影响；雄株的地上和总生物量、雌株的根冠比和地下部分生物量受到接种 AM 真菌处理的显著影响。三因素方差分析表明，青杨雌株的地上部分生物量受到盐分 × 接菌交互作用的显著影响，青杨地上部分生物量和总生物量受到性别显著影响，地上部分生物量、地下部分生物量和根冠比受到盐分 × 性别交互作用的影响，地下、地上和总生物量积累受到性别 × 接菌交互作用的显著影响，地上部分生物量受到盐分 × 性别 × 接菌交互作用的显著影响（表 15-9）。

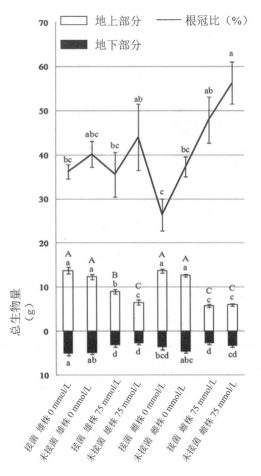

图 15-2 不同盐分条件下 AM 真菌对青杨雌株和雄株生物量的影响

注：柱上方不同字母（大写字母代表总生物量，小写字母代表地上和地下生物量）代表不同处理间差异显著（$p \leq 0.05$），数值为（均值 ± 标准差）（$n = 6$）。

表 15-9 青杨雌株和雄株生物量的三因素方差分析

		地上生物量	地下生物量	总生物量	根 / 冠
雄株	p_{salt}	**	**	**	NS
	$p_{AM 真菌}$	**	NS	**	NS
	$p_{salt \times AM 真菌}$	NS	NS	NS	NS
雌株	p_{salt}	**	**	**	**
	$p_{AM 真菌}$	NS	*	NS	**
	$p_{salt \times AM 真菌}$	*	NS	NS	NS
	p_{sex}	**	NS	**	NS
	$p_{salt \times sex}$	**	*	NS	**
	$p_{AM 真菌 \times sex}$	**	*	**	NS
	$p_{AM 真菌 \times salt \times sex}$	*	NS	NS	NS

二、AM 真菌对青杨渗透调节物质含量的影响

1. AM 真菌对青杨雌株和雄株可溶性糖和可溶性蛋白的影响

不同盐分条件下 AM 真菌对青杨雌株和雄株可溶性蛋白和糖含量的影响如图 15-3，盆栽条件下，盐胁迫显著增加青杨体内可溶性糖和可溶性蛋白含量。盐胁迫条件下，青杨雄株的可溶性糖和可溶性蛋白含量高于雌株；与未接种 AM 真菌处理相比，接种 *R. irregularis* 可改变青杨雌株和雄株根系（-14.29% 和 17.39%）和叶片（-8.79% 和 11.76%）可溶性糖含量、根系（-1.69% 和

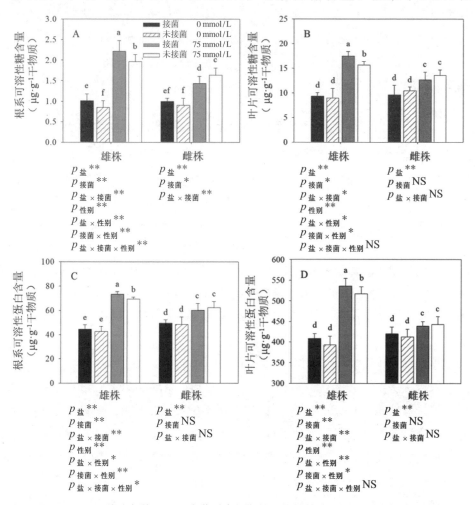

图 15-3　不同盐分条件下 AM 真菌对青杨雌株和雄株可溶性蛋白和糖含量的影响

注：**：差异极显著 $p \leqslant 0.01$；*：差异显著 $0.01 \leqslant p \leqslant 0.05$；NS：差异不显著 $p > 0.05$。柱上方不同小写字母代表不同处理间差异显著（$p \leqslant 0.05$），数值为（均值 ± 标准差）（$n = 6$）。

7.14%）和叶片（-1.28% 和 1.91%）可溶性蛋白含量（图 15-3）。由此可见，*R. irregularis* 增加了青杨雄株可溶性糖和可溶性蛋白的含量，但却降低了青杨雌株可溶性糖和可溶性蛋白的含量。青杨叶片可溶性糖和可溶性蛋白含量高于根部，说明上述渗透调节物质主要积累于叶片中。

双因素方差分析表明，青杨雄株体内可溶性糖和可溶性蛋白含量受到盐分胁迫和接种 AM 真菌处理的显著影响；青杨雌株根部可溶性糖含量受到接种 AM 真菌处理的显著影响；青杨雌株体内可溶性糖和蛋白含量受到盐分胁迫的显著影响。三因素方差分析表明，青杨雌株根部可溶性糖、雄株根部、叶片可溶性糖、可溶性蛋白含量受到盐分 × 接菌交互作用的显著影响；青杨叶片中的可溶性糖和可溶性蛋白含量受到性别、盐分 × 性别、接菌 × 性别交互作用的显著影响；青杨根部可溶性糖和可溶性蛋白含量受到盐分 × 接菌 × 性别交互作用的显著影响。

2. AM 真菌对青杨雌株和雄株脯氨酸和甘氨酸甜菜碱含量的影响

不同盐分条件下 AM 真菌对青杨雌株和雄株脯氨酸和甘氨酸甜菜碱含量的影响如图 15-4，盆栽条件下，盐胁迫显著增加了青杨体内脯氨酸和甘氨酸甜菜碱含量。盐胁迫条件下，青杨雄株根部和叶片脯氨酸含量显著高于雌株；与未接种 AM 真菌处理相比，接种 *R. irregularis* 显著增加青杨雌株和雄株叶片脯氨酸含量（44.49% 和 11.94%）、根部脯氨酸含量（18.91% 和 26.77%）、叶片甘氨酸甜菜碱含量（-1.90% 和 6.25%）和根部甘氨酸甜菜碱含量（4.82% 和 18.52%）（图 15-4）。由此可见，盐胁迫条件下，和未接种 AM 真菌处理相比，接种 *R. irregularis* 增加了青杨体内甘氨酸甜菜碱含量（雌株叶片的甘氨酸甜菜碱含量除外）。青杨叶片脯氨酸和甘氨酸甜菜碱含量高于根部，说明二者主要积累于叶片中。

双因素方差分析表明，青杨体内脯氨酸和甘氨酸甜菜碱含量受到盐分胁迫和接种 AM 真菌处理的显著影响。三因素方差分析表明，除青杨雌株叶片脯氨酸含量外，其余指标受到盐分 × 接菌交互作用的显著影响；除青杨雌株叶片脯氨酸含量外，其余指标受到性别显著影响；除青杨根部脯氨酸含量外，其余指标受到盐分 × 性别、接菌 × 性别、盐分 × 接菌 × 性别交互作用的显著影响。

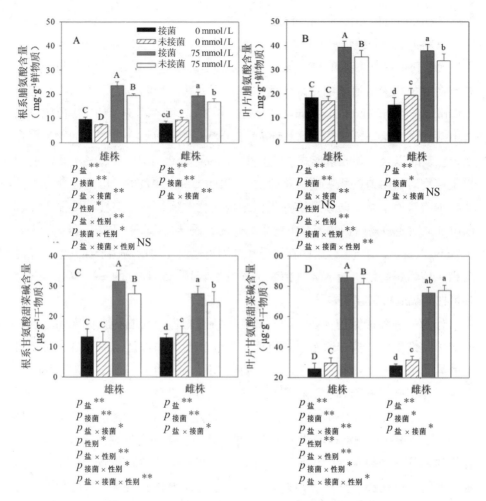

图 15-4 不同盐分条件下 AM 真菌对青杨雌株和雄株脯氨酸和甘氨酸甜菜碱含量的影响

注：0 mmol/L：没有盐胁迫；75 mmol/L：存在盐胁迫；**：差异极显著 $p \leqslant 0.01$；*：差异显著 $0.01 \leqslant p \leqslant 0.05$；NS：差异不显著 $p > 0.05$。柱上方不同字母（雄株大写字母，雌株小写字母）代表不同处理间差异显著（$p \leqslant 0.05$），数值为（均值 ± 标准差）（$n = 6$）。

　　盐胁迫条件下，接种 AM 真菌可增加青杨内渗透调节物质的积累，提高内源抗氧化酶活性，有效降低细胞膜脂过氧化水平，保护青杨细胞免受过氧化损伤（Jain et al., 2001），增加青杨对盐渍化环境的耐受性。其中，对雄株的保护效应较好。盐胁迫条件下，青杨呈现出较高的菌根依赖度，且和非菌根化植株相比，菌根化植株具备较高的生物量，这与前人研究一致（Sgrott et al., 2012; Ramos-Zapata et al., 2009）。盐胁迫环境中 AM 真菌对宿主植物生物量的积极效应较为显著，可通过改变生物量分配影响宿主植物地上部分至地下部分的运输过程（Zhang et al., 2011; Sheng et al., 2009）。

　　盐胁迫能减弱植物水分吸收能力，增加植物细胞渗透势，降低植物生物量，引发次级胁迫—渗透胁迫（Bárzana et al., 2012）。作为渗透调节物质，可溶性糖和蛋白对植物渗透潜能的贡献率达50%，可为有机物的合成提供物质和能量（Farhangi-Abriz and Ghassemi-Golezani, 2018），并在渗透保护、碳库储存和自由基清除过程中起主要作用（Abdel-Latef and He, 2014）。二者的增加可在胁迫恢复时以氮或碳元素形式贮藏利用（Wang et al., 2017b），该类物质的积累是植物对盐胁迫的积极响应策略之一（Liu et al., 2011）。可溶性糖可维持植物细胞渗透平衡，防止可溶性蛋白结构变化并保护膜完整性。接种AM真菌可加强宿主植物内糖和蛋白类物质的合成，诱导某些新物质产生和基因表达（Velivelli et al., 2015），这些新物质和基因可通过参与渗透调节或其他途径提高宿主植物耐盐性；而AM真菌对不同性别青杨诱导程度的不同使可溶性糖和蛋白的响应机制存在差异。

　　作为一种渗透保护物质，脯氨酸在维持细胞蛋白功能和膜稳定性过程中扮演了关键角色，植株通常会通过增加自身脯氨酸的含量以提高自身对盐胁迫的耐受性（Moin et al., 2017）。本研究发现，菌根化植株脯氨酸的积累多于非菌根化植株，表明脯氨酸积累是植物响应AM真菌的策略之一（Wu et al., 2017b）。不同性别青杨内部脯氨酸含量对盐胁迫和AM真菌的响应不同。甘氨酸甜菜碱也在植物渗透调节中发挥着重要作用。本研究发现盐胁迫条件下，青杨体内甘氨酸甜菜碱的含量迅速升高，且菌根化青杨甜菜碱含量高于未菌根化青杨，说明接种AM真菌有利于宿主植物体内甘氨酸甜菜碱的积累，可将较多无机渗透调节剂挤向液泡，维持细胞内外环境的渗透平衡（Hidri et al., 2016）。胆碱单氧化酶（GMO）和甜菜碱醛脱氢酶（BADH）是甘氨酸甜菜碱代谢过程中的两类重要酶类，可解除高浓度盐对酶活性的毒害，保护细胞内转录机制的完整性，维持叶绿体的有氧呼吸链和能量代谢途径（Talaat and Shawky, 2014a），还能稳定PSII外周多肽，跨越叶绿体被膜、细胞膜和类囊体膜，维持细胞光合作用（Kouril et al., 2012）。Hashem et al.（2015）发现，盐胁迫条件下，AM真菌可通过显著增加黍属植物（*Panicum turgidum*）甘氨酸甜菜碱的含量提高其对盐渍化环境的耐受性。

　　盐胁迫会损伤植株细胞质膜的结构和功能，导致细胞膜透性增大和电解质外渗（Dutta and Fliegel, 2018）。电解质渗透率越高，表明植物叶片受损越严重（Zakery-Asl et al., 2014）。盐胁迫条件下，青杨体内电解质渗透率显著升高，而接种AM真菌使电解质渗透率降低，且对雄株的影响显著高于雌株，与Agami et al.（2014）的研究结果一致，这可能是由于接种AM真菌能提高青杨体内可溶性蛋白的含量，增加细胞质膜的稳定性，降低电解质渗透率（Chu et al., 2016）。脂质过氧化是盐胁迫环境中衡量植物质膜和渗透损伤的指标（Sheikh–Mohamadi et al., 2017）。盐胁迫会增加植株体内的MDA浓度，在未菌根化植株中尤为明显（Swapnil et al., 2018）。盐胁迫条件下，和雄株相比，雌株MDA浓度较高，说明雌株的响应机制较为灵敏且承受了更多的氧化损伤。AM真菌能显著降低青杨叶片MDA浓度，说明菌根化植株的耐盐性显著高于未菌根化植株。

第三节　AM真菌对青杨渗透调节能力和抗氧化酶活性的影响

一、AM真菌对青杨MDA含量和电解质渗透率的影响

1. AM真菌对青杨雌株和雄株MDA含量的影响

不同盐分条件下AM真菌对青杨雌株和雄株MDA含量的影响如表15–10，盆栽条件下，盐胁迫显著增加了青杨雌株和雄株体内的MDA含量。盐胁迫条件下，青杨雌株叶片MDA含量显著高于雄株叶片；与未接种AM真菌处理相比，接种 R. irregularis 显著降低了青杨雌株和雄株根部MDA含量（13.38%和31.69%），雌株叶片MDA含量（7.61%），增加了雄株叶片MDA含量（15.21%）。此外，青杨叶片的MDA含量高于根部。双因素方差分析表明，除青杨雌株叶片MDA含量外，其余指标受到接种AM真菌处理的显著影响，青杨体内MDA含量受到盐分胁迫的显著影响。三因素方差分析显示，青杨雄株叶片和雌株根部MDA含量受到盐分 × 接菌交互作用的显著影响；叶片和根部MDA含量受到盐分 × 性别和接菌 × 性别交互作用的影响；青杨根部MDA含量受到盐分 × 接菌 × 性别交互效应的影响。

表 15-10 不同盐分条件下 AM 真菌对青杨雌株和雄株 MDA 含量的影响

处理			丙二醛浓度（μmol / mg/Fw）	
			根	叶
雌株	+M	0 mmol / L	1.4183±0.2838e	3.0891±0.1055d
		75 mmol / L	3.0700 ± 0.8099b	5.5067 ± 0.1498ab
	−M	0 mmol / L	1.5592±0.1138e	3.0444±0.1197d
		75 mmol / L	3.5442 ± 0.1224a	5.9602 ± 0.1183a
p_{salt}			**	**
$p_{AM 真菌}$			*	NS
$p_{salt \times AM 真菌}$			**	NS
雄株	+M	0 mmol / L	1.6301±0.1704e	2.4600±0.5607e
		75 mmol / L	2.1764±0.1758d	5.1083±0.1170b
	−M	0 mmol / L	2.0441±0.1215d	2.0150±0.6819e
		75 mmol / L	2.8661±0.1599c	4.4338±0.1456c
p_{salt}			**	**
$p_{AM 真菌}$			**	**
$p_{salt \times AM 真菌}$			NS	*
p_{sex}			**	**
$p_{salt \times sex}$			**	**
$p_{AM 真菌 \times sex}$			**	**
$p_{salt \times sex \times AM 真菌}$			**	NS

注：+M：接种 AM 真菌；– M：未接种 AM 真菌；**：差异极显著 $p \leqslant 0.01$；*：差异显著 $0.01 \leqslant p \leqslant 0.05$；NS：差异不显著 $p > 0.05$。每列中不同小写字母代表不同处理间差异显著（$p \leqslant 0.05$），数值为（均值 ± 标准差）（$n = 6$）。

2. AM 真菌对青杨雌株和雄株电解质渗透率的影响

不同盐分条件下 AM 真菌对青杨雌株和雄株电解质渗透率的影响如图15-5，盆栽条件下，盐分胁迫显著增加了青杨雌株和雄株叶片的电解质渗透率（REL），且对雌株叶片电解质渗透率的增加程度显著高于雄株，说明雌株的受损伤程度大于雄株。盐胁迫条件下，青杨雄株叶片电解质渗透率显著低于雌株；与未接种 AM 真菌处理相比，接种 *R. irregularis* 显著降低青杨雄株叶片的电解质渗透率（图 15-5）。

双因素方差分析表明，除青杨雌株叶片的电解质渗透率外，其余指标受到接种 AM 真菌处理的显著影响，青杨叶片电解质渗透率受到盐分胁迫的显著影响。三因素方差分析显示，青杨雄株叶片电解质渗透率受到盐分 × 接菌交互效应的显著影响；叶片电解质渗透率受到性别，盐分 × 性别、接菌 × 性别交互作用的显著影响。

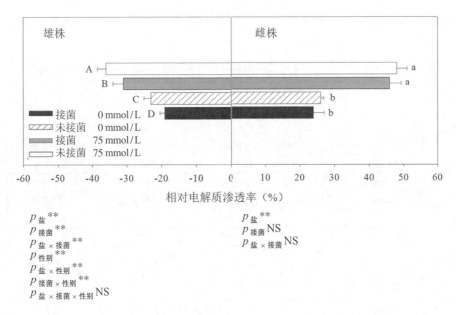

图 15–5 不同盐分条件下 AM 真菌对青杨雌株和雄株电解质渗透率的影响

注：0 mmol／L：没有盐胁迫；75 mmol／L：存在盐胁迫；**：差异极显著 $p \leq 0.01$；*：差异显著 $0.01 \leq p \leq 0.05$；NS：差异不显著 $p > 0.05$。柱上方不同字母（雄株大写字母，雌株小写字母）代表不同处理间差异显著（$p \leq 0.05$），数值为（均值 ± 标准差）（$n = 6$）。

二、AM 真菌对青杨活性氧含量和抗氧化酶活性的影响

1. AM 真菌对青杨雌株和雄株活性氧（ROS）含量的影响

不同盐分条件下 AM 真菌对青杨雌株和雄株 H_2O_2 和 O_2^- 含量的影响如表 15–11，盆栽条件下，盐胁迫显著增加青杨雌株和雄株体内 H_2O_2 和 O_2^- 含量。盐胁迫条件下，与未接种 AM 真菌处理相比，接种 *R. irregularis* 改变了青杨雌株和雄株根部 H_2O_2（–6.22% 和 –10.28%）和 O_2^-（–7.97% 和 –9.63%）含量、叶片 H_2O_2（–7.74% 和 9.74%）和 O_2^-（–5.70% 和 10.53%）含量。在所有处理中，青杨雄株根部和叶片 H_2O_2 含量高于雌株，雌株叶片 O_2^- 含量低于雄株。青杨叶片中 H_2O_2 和 O_2^- 含量高于根部（表 15–11）。

双因素方差分析表明，青杨体内 H_2O_2 和 O_2^- 含量受到接种 AM 真菌处理和盐分胁迫的显著影响。三因素方差分析表明，除青杨雄株根部 H_2O_2 含量外，其余指标受到盐分 × 接菌交互作用的显著影响；所有指标均受到性别，接菌 × 性别交互作用的显著影响；根部 H_2O_2 和 O_2^- 含量受到盐分 × 性别交互作用的

显著影响。除叶片 O_2^- 含量外，其余三个指标受到盐分 × 性别 × 接菌交互作用的显著影响。

表 15-11 不同盐分条件下 AM 真菌对青杨雌株和雄株 H_2O_2 和 O_2^- 含量的影响

处理			过氧化氢含量 $(\mu mol \cdot g^{-1} \cdot Fw)$		超氧阴离子自由基 $(\mu mol \cdot min^{-1} \cdot mg^{-1} \cdot Fw)$	
			根	叶	根	叶
雌株	+M	0 mmol/L	338.69±9.44d	344.29±11.67d	59.67±1.65f	68.60±3.95f
		75 mmol/L	444.92±10.86b	573.96±14.34b	91.79±1.39b	98.73±2.07c
	-M	0 mmol/L	307.83±7.01c	313.83±15.94e	63.97±2.15e	76.42±2.42e
		75 mmol/L	474.43±8.84a	622.10±12.12a	99.74±3.21a	104.36±2.44c
p_{salt}			**	**	**	**
$p_{AM 真菌}$			**	**	**	*
$p_{salt \times AM 真菌}$			**	**	**	**
雄株	+M	0 mmol/L	265.96±6.28f	314.46±15.86e	70.13±2.21d	97.44±3.78c
		75 mmol/L	325.81±8.36e	562.68±14.24b	81.21±1.46c	125.29±15.93a
	-M	0 mmol/L	276.93±8.05f	295.56±15.03f	65.90±1.87e	87.07±1.61d
		75 mmol/L	363.17±10.30d	512.76±13.10c	89.86±1.80b	113.36±2.65b
p_{salt}			**	**	**	**
$p_{AM 真菌}$			*	**	**	**
$p_{salt \times AM 真菌}$			NS	*	**	*
p_{sex}			**	**	**	**
$p_{salt \times sex}$			**	NS	**	NS
$p_{AM 真菌 \times sex}$			**	**	**	**
$p_{salt \times sex \times AM 真菌}$			**	**	**	NS

注：+M：接种 AM 真菌；– M：未接种 AM 真菌；**：差异极显著 $p \leqslant 0.01$；*：差异显著 $0.01 \leqslant p \leqslant 0.05$；NS：差异不显著 $p > 0.05$。每列中不同小写字母代表不同处理间差异显著（$p \leqslant 0.05$），数值为（均值 ± 标准差）（$n = 6$）。

2. AM 真菌对青杨雌株和雄株抗氧化酶活性的影响

不同盐分条件下 AM 真菌对青杨雌株和雄株 SOD，POD 和 CAT 活性的影响如图 15-6，盆栽条件下，盐胁迫显著增加了青杨雌株和雄株体内的超氧化物歧化酶（SOD）、过氧化物酶（POD）和过氧化氢酶（CAT）活性。盐胁迫条件下，青杨雄株叶片 SOD、POD 和 CAT 活性显著高于雌株；与未接种 AM 真菌处理相比，接种 *R. irregularis* 改变了青杨雌株和雄株的根部 SOD（–11.17% 和 49.20%）、POD（4.38% 和 40.87%）、CAT（13.13% 和 12.91%）和叶片 SOD（2.32% 和 18.50%）、POD（13.25% 和 16.57%）和 CAT（–10.51% 和 –4.76%）活性（图 15-6）。由此可见，AM 真菌对青杨根部和叶片 SOD、POD 和 CAT

的影响存在性别差异。

双因素方差分析表明，除青杨雌株根部 POD 活性外，其余指标受到接种 AM 真菌处理的显著影响，青杨体内抗氧化酶活性受到盐分胁迫的影响显著。三因素方差分析表明，青杨根部 SOD、根部 CAT、叶片 SOD、雄株叶片 POD 和雌株叶片 CAT 活性受到盐分 × 接菌交互作用的显著影响；青杨根部 POD 活性和叶片中三类抗氧化酶活性受到盐分 × 性别交互作用的显著影响；除青杨根部 SOD 活性外，其余指标受到接菌 × 性别交互作用的显著影响；除青杨根部 POD 和叶片 SOD 活性外，其余指标受到盐分 × 接菌 × 性别交互作用影响。

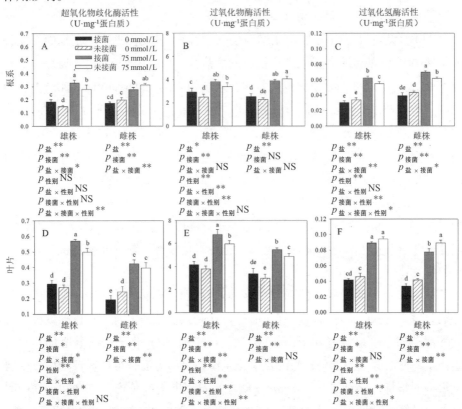

图 15-6　不同盐分条件下 AM 真菌对青杨雌株和雄株 SOD，POD 和 CAT 活性的影响

注：**：差异极显著 $p \leq 0.01$；*：差异显著 $0.01 \leq p \leq 0.05$；NS：差异不显著 $p > 0.05$。柱上方不同小写字母代表不同处理间差异显著（$p \leq 0.05$），数值为（均值 ± 标准差）（n = 6）。

盐胁迫会限制植物生物量、刺激细胞抗氧化酶活性、破坏 ROS 清除系统平衡及损坏细胞膜结构和功能（Gao et al., 2017）。盐胁迫诱导了青杨 O_2^- 和 H_2O_2 含量的积累，扰乱了 O_2^- 和 H_2O_2 的动态平衡，对细胞膜合成过程中的生物小分子造成后续氧化损伤（Kapoor et al., 2013）。植物通过各种方式设置某种屏障避开或减少逆境对植物组织造成的损伤，即为逃避效应（Niu et al., 2018）。不同性别青杨体内 ROS 代谢的过程不尽相同，雄株的逃避效应更为有效，能更好地缓解离子对敏感器官造成的毒害（Niu et al., 2018）。AM 真菌的丛枝和根内菌丝可阻碍植株部分 H_2O_2 的产生，菌根共生体的形成可影响 ROS 在植物不同器官中的积累程度（Talaat and Shawky, 2014b）。AM 真菌的菌丝可从根系和根际两方面调节宿主植物体内的 H_2O_2 含量，但 AM 真菌对 O_2^- 和 H_2O_2 分泌过程的具体调节机制尚需研究（Bothe, 2012）。众所周知，ROS 系统中的成员可作为防御响应及其他生理过程的信号分子，但盐胁迫条件下 AM 真菌是否可以激活根系中 H_2O_2 信号还未可知。

AM 真菌可以增强宿主植物内部的抗氧化酶活性，协助宿主植物应对盐胁迫条件中 ROS 的毒害，增强宿主植物的耐盐性（Li et al., 2017）。反之，信号分子 ROS 的增加可诱导植物内抗氧化酶系统的表达（Fan and Liu, 2011）。为更好了解盐胁迫条件下细胞对渗透损伤的应对程度，本章测定了 ROS 清除酶类 SOD、POD 和 CAT（Wang et al., 2017b）。菌根化植物体内 SOD（O_2^- 的清除）和 CAT 活性（H_2O_2 的清除）显著高于未菌根化植物，说明 AM 真菌能激活抗氧化酶系统，阻止 ROS 的过量积累，增强宿主植物自身的保护机制（Pandey and Garg, 2017）。尽管有 AM 真菌协助，雌株体内仍然出现 O_2^- 和 H_2O_2 大量积累的现象，使叶片较早出现伤害症状。尽管雄株也存在 O_2^- 和 H_2O_2 积累现象，但通过及时调整抗氧化酶活性，可有效避免氧化损伤，维持细胞膜稳定（Latef and He, 2011）。

诸多研究表明青杨雌株和雄株在面对盐渍化等环境胁迫时表现出显著的性别差异，雄株的适应性往往强于雌株。在受到盐分胁迫时，青杨脯氨酸、甘氨酸甜菜碱、可溶性糖和蛋白、丙二醛、O_2^- 和 H_2O_2 等含量都会增加，而这些物质一方面会激活青杨自身的抗氧化系统，另一方面也可作为评判植物受胁迫水平的指标。接种 *R. intraradices* 能在一定程度上改善青杨雌株和雄株的耐盐性，缓解氧化损伤。同时，本研究还发现这种改善效果对雄株的帮助强于雌株，且主要发挥于地下系统中，这与 AM 真菌自身特性密不可分。在生物逆境中，通过接种 AM 真菌改善青杨野外种群的延续存在一定可能性，同时如何利用微生物改善植物生态应成为关注重点。

第十六章　AM 真菌对青杨耐盐能力和盐超敏感基因表达的影响

　　植物细胞内的营养元素平衡对细胞发挥正常生理功能较为重要（Zhang et al., 2018b），破坏营养元素平衡关系不利于植物生理生化过程的进行（Wu and Zou, 2009）。钾离子（K^+）、钙离子（Ca^{2+}）和钠离子（Na^+）的相互关系是植株耐盐性生理机制的关键环节。土壤中过量盐离子的存在会引发植物根系膜内静电变化，减少阳离子的吸收，造成细胞离子平衡失调（Liu et al., 2017）。由于 Na^+ 活性高，结合在质膜上的 Ca^{2+} 和 K^+ 受影响较大，导致 Na^+ 从质膜上置换 Ca^{2+} 和 K^+，因此质膜 Ca^{2+}/Na^+ 和 K^+/Na^+ 比值在一定程度上可表征细胞膜生理功能的变化（Rahman et al., 2017）。由此可见，调控离子进出和营养元素分配对维持细胞低离子毒害，提高植物耐盐性尤为关键。

　　AM 真菌具有丰富和细小的菌丝，可扩大植物根系吸收面积，协助宿主植物吸收营养，加强植物、土壤和 AM 真菌间的物质交换。Ashrafi et al.（2014）发现盐胁迫条件下，接种异形根孢囊霉（*Rhizophagus irregularis*）可增加紫苜蓿（*Medicago sativa*）根部 Ca^{2+} 含量和 K^+/Na^+ 比率，提高耐盐性；Watts–Williams and Cavagnaro（2014）发现盐胁迫条件下，接种 *R. irregularis* 显著增加了番茄（*Lycopersicon esculentum*）对土壤中大量和微量元素的吸收，增强番茄对盐渍化环境的耐受性。可见，AM 真菌可通过调控宿主植物营养吸收提高植物耐盐性。

　　随着基因工程的快速发展和毛果杨（*Populus trichocarpa*）基因组序列的公布（Tuskan et al., 2006），杨树已成为多年生木本植物研究的模式树种（Jansson and Douglas, 2007）。诸多学者开始采用基因手段，研究木本植物耐盐胁迫的分子机制（Chen et al., 2014）。然而，大多数研究主要关注单个基因的生物学功能,而林木植物盐胁迫适应过程中涉及的信号途径的研究较少。盐超敏感(Salt overly sensitive, SOS)途径负责在盐胁迫条件下对植物内部进行离子稳态调节和提高耐盐性。本研究主要涉及 3 个盐超敏感蛋白,SOS1 蛋白与 Na^+ 区隔化有关(Olías et al., 2009),SOS2 蛋白功能主要体现在 K^+/Na^+ 和 Ca^{2+}/Na^+ 平衡方面,SOS3 蛋白与感受 Ca^{2+} 信号有关(Ye et al., 2013),上述 3 个蛋白协同作用增强了宿主植物的耐盐性。

目前对 SOS 信号转导途径的研究,主要集中在 SOS 信号转导基因的鉴定和蛋白质互作网络的分析两个方面(Chen et al., 2014)。然而,盐渍化生态系统中,有关 AM 真菌对雌雄异株林木体内盐超敏感基因相对表达量影响的研究较少。本研究通过研究 AM 真菌对青杨雌株和雄株耐盐系数、盐离子含量、营养分配、离子比率和盐超敏感基因(*PcSOS1*、*PcSOS2* 和 *PcSOS3*)相对表达水平的影响,初步了解菌根化林木耐盐性的分子机制,为 AM 真菌维持盐渍化生态系统平衡的应用提供了理论基础。

第一节 试验材料和试验方法

一、耐盐系数、离子和营养元素含量测定

供试植物、供试菌种、培养基质同第十四章。试验设计同第十四章。基因表达的取样时间为:盐胁迫后的 6 h、12 h、18 h、24 h 和 30 h。

1. 耐盐系数和 Cl^- 含量测定

盐胁迫期间,每天观察扦插条出现黄叶的盐害症状,盐害症状出现前在 75 mmol/L NaCl 条件下生长的天数乘以百分比浓度即为耐盐系数(阮松林和薛庆中,2002)。

以铬酸钾溶液(K_2CrO_4)作指示剂,用硝酸银溶液($AgNO_3$)测植物 Cl^- 含量。称取 8.5 g $AgNO_3$,用蒸馏水溶解稀释至 1 L;称取 0.3 g NaCl 于小烧杯中,用蒸馏水溶解完全转移至 100 mL 容量瓶定容(Chen et al., 2001)。

移液管移取 20 mL NaCl 溶液于 250 mL 锥形瓶,加 20 mL 蒸馏水和 1 mL 5% K_2CrO_4 溶液,用上述配制的 $AgNO_3$ 溶液滴定至溶液呈现微红色为终点。平行 6 份,计算 $AgNO_3$ 溶液的准确浓度并绘制标准曲线。植物组织经过研磨粉碎

后，利用上述方法测出所消耗的 AgNO₃ 溶液体积，并根据标准曲线计算出样品中 Cl⁻ 的含量。

2. K⁺、Ca²⁺、Mg²⁺ 和 Na⁺ 含量测定

植物组织预处理：将植物组织烘干至恒重，粉碎机粉碎后过 0.15 mm 尼龙筛，称取 0.2 g 植物粉末至 50 mL 锥形瓶，加 10 mL 浓 HNO₃，盖小漏斗并低温加热 30 min；冷却后再加 2 mL 60% HClO₄ 溶液，低温加热使瓶内白烟消失，待溶液无色透明时停止加热，冷却定容 25 mL，0.45 μm 滤膜过滤。平行重复 6 次后，使用火焰原子吸收光谱法测定上述离子的含量（Wilde et al., 1985）。

3. C、N 和 P 含量测定

将植物样品置于 85℃烘干至恒重，粉碎机粉碎后测定 C、N 和 P 含量。

植物根系和叶片中的 C 含量用重铬酸钾 – 外加热法测定；用浓 H₂SO₄–H₂O₂ 消煮法测植物根系和叶片中的 N 和 P 含量，用凯氏定氮仪（Kjeltec TM 8400）测（Mitchell, 1998；Nelson and Sommers, 1982）N 含量消煮液，用高氯酸 – 硫酸消化 – 钼锑抗比色法测 P 含量消煮液。

二、盐超敏感基因表达量测定

1. RNA 提取和质量检测

RNA 提取采用植物 RNA 提取试剂盒（R6827–01, OmegaBio-Tek, 美国），按照说明书中 RNA 提取方法进行，具体操作如下：

（1）将 100 mg 植物组织样品置于冷冻研钵（无 RNase）内，加液氮迅速研磨并转至 1.5 mL EP 管；加入缓冲液 RCL 500 μL 和 2- 巯基乙醇 20 μL，振荡器振荡混匀；

（2）将混匀后的 EP 管置于 55℃水浴中 3 min 后，25℃、14 000 rpm 离心 5 min；将上清液转移至 2 mL 事先套在收集管内的 DNA 过滤柱中，25℃、14 000 rpm 离心 2 min；

（3）向滤出液中加入等体积的缓冲液 RCB，用移液枪吹打 5 ～ 10 次；将 1/2 体积的上述液体转移至 2 mL 事先套在收集管内的 RNA 吸附柱中，25℃、10 000 rpm 离心 1 min，弃废液，吸附柱重新套回收集管中；

（4）将剩下 1/2 体积的液体转移至吸附柱中，25℃、10 000 rpm 离

心 1 min，弃废液，吸附柱重新套回收集管中；加漂洗液 RWC 400 μL，25℃、10 000 rpm 离心 1 min，弃废液和收集管；

（5）将吸附柱套在新的收集管内，加 RNA 漂洗液 RWB Ⅱ 500 μL，25℃、10 000 rpm 离心 1 min，弃废液，吸附柱重新套回收集管；再次添加 RNA 漂洗液 RWB Ⅱ 500 μL，25℃、10 000 rpm 离心 1 min，弃废液，将吸附柱重新套回收集管中，25℃、20 000 rpm 离心 1 min，弃废液和收集管；

（6）将吸附柱套在新的 1.5 mL EP（无 RNase）管中，将预先在 65℃水浴中孵育的 DEPC 水 50 μL 添加至吸附膜中间部位，室温静置 2 min，10 000 rpm 离心 1 min，弃吸附柱。EP 管内液体即为所需 RNA，−80℃保存。

总 RNA 质量检测：RNA 浓度和纯度的检测使用核酸蛋白检测仪 ND−1000，RNA 完整性的检测用 1% 琼脂糖凝胶电泳（85 V，30 min）。

2. cDNA 第一条链合成

采用北京天根生化科技有限公司 FastQuant RT Kit with gDNase 第一链 cDNA 合成试剂盒合成 cDNA 第一条链，具体操作如下：

（1）将下列反应液添至冰浴 PCR 管，如表 16−1 所示。

表 16−1 反应体系

试剂	添加量（μL）
总 RNA	2
5 × g DNA Buffer	2
RNase free ddH₂O	6

（2）轻轻混匀，42℃孵育 3 min，置于冰上；添加下述反应液到 PCR 管，如表 16−2 所示。

表 16−2 反应体系

试剂	添加量（μL）
10 × Fast RT Buffer	2
RT Enzyme Mix	1
FQ-RT Primer Mix	2
RNase free ddH₂O	5

（3）轻轻混匀，42℃孵育 15 min、95℃孵育 3 min 后置于冰上，得到的 cDNA 用于后续试验。

3. qRT-PCR 分析

（1）*PcSOS* 基因的特异性引物

本试验所采用的 *PcSOS1*，*PcSOS2*，*PcSOS3* 和内参基因的特异性引物序列如表 16–3。

表 16–3 *PcSOS1*，*PcSOS2*，*PcSOS3* 和内参基因的特异性引物序列

引物名称	引物序列
PcSOS1	5'–GGTGGTCTTATGAGTTGGCCTGAA–3'
	5'–GCAGTTGGGGAGCAGGAGTTTTTC–3'
PcSOS2	5'–ACGACATGTGGAACCCCGAATT–3'
	5'–ACGAGTTTTAGGATTGGGATTGAGT–3'
PcSOS3	5'–GTTCGATCTTTGGGTGTCTTTCAT–3'
	5'–GGGTTCTTCGACACAAATTCCT–3'
内参基因 *β-actin*	5'–TGGAGAAGATTTGGCATCACAC–3'
	5'–ATAGCGACATACATTGCAGGAG–3'
内参基因 *Ubiquitin*	5'-CAGCTTGAAGATGGGAGGAC–3'
	5'–CAATGGTGTCTGAGCTCTCG–3'
内参基因 *CUL*	5'–TGCTGAATGTGTTGAGCAGC–3'
	5'–TTGTCGCGCTCCAAGTAGTC–3'

（2）引物特异性检测

引物特异性检测利用普通 PCR 仪进行。PCR 产物回收，克隆测序，验证条带序列，产物回收采用琼脂糖凝胶 DNA 回收试剂盒（D2500–01, OmegaBio–Tek, 美国）进行，具体操作如下：

① 紫外灯照射下，将回收 DNA 条带切出，置于 1.5 mL 的离心管称重；称重得到的质量对应一定的体积（如 0.3 g 即为 300 μL），加入等体积的结合液 XP2，60℃水浴溶胶 7 min，其间每隔 2 ～ 3 min 振荡摇匀；

② 将新 HiBind 结合柱装在 2 mL 收集管中，待胶块完全溶解后，将不超过 700 μL 体积的溶液转移至 HiBind 结合柱中，25℃、10 000 rpm 离心 1 min，弃废液，吸附柱重新放回收集管中；

③ 将剩余体积的溶液转移至 HiBind 结合柱中，25℃、10 000 rpm 离心 1 min，弃废液，吸附柱重新放回收集管中，加入 300 μL 结合液 XP2，25℃、13 000 rpm 离心 1 min；加漂洗液 SPW 700 μL，12 000 rpm 离心 1 min，25℃、13 000 rpm 离心 1 min，弃废液，25℃、13 000 rpm 离心 2 min；

④ 将 HiBind 结合柱置于新 1.5 mL 的离心管，用移液枪吸取 65℃预热 EB 30 μL 加至吸附膜中间，25℃静置 2 min，13 000 rpm 离心 1 min，弃掉结合柱，

即为所回收的 DNA 样品。

（3）载体连接

载体连接用 pMDTM 18-T Vector Cloning Kit，具体操作如下：

① 在 PCR 管中配制体系，如表 16-4 所示。

表 16-4 反应体系

试剂	添加量（μL）
pMDTM 18-T Vector 1	0.5
Insert DNA	5.0
Solution I	4.5

② 16℃ 2 h，10 μL 连接产物加 25 μL Trans 5α 感受态细胞，冰浴 30 min，42℃热激 45 s，冰浴 1 min，加 960 μL SOC 液体培养基，37℃培养 1 h；在固体平板（含有 X-Gal、IPTG、Amp SOC 培养基）培养 12 h，蓝白斑筛选；

③ 挑白色菌落于 1 mL 含 Amp 的 SOC 液体培养基，每个处理 10 个单克隆，震荡 1 h；电泳检测，PCR 反应体系如表 16-5 所示。

表 16-5 反应体系

试剂	添加量（μL）
M13F	0.25
M13R	0.25
模板	0.50
ddH$_2$O	4.00
Taq Master Mix	5.00

使用 S1000™ Thermal cycler(Bio-Rad, 美国)进行 PCR 扩增: 预变性(95℃、3 min)，26 次循环（95℃、30 s，60℃、30 s，72℃、30 s），最后 72℃、10 min。

④ 检测后，阳性克隆送至金斯瑞公司进行测序。

（4）qRT-PCR 分析

使用 Bio-Rad CFX96 real-time PCR 仪进行 qRT-PCR 分析。反应体系如表 16-6。

表 16-6 反应体系

试剂	添加量（μL）
TransStart Tip Green qPCR SuperMix	12.5
上游引物（10 mmol/L）	0.5
下游引物（10 mmol/L）	0.5
cDNA	1.0
ddH$_2$O	10.5

使用 S1000™ Thermal cycler（Bio-Rad, 美国）进行 PCR 扩增：预变性（95℃、5 min），36 次循环（94℃、1min，60℃、50s，72℃、1min），最后 72℃、5min。

4. 数据处理

利用生物统计软件 SPSS（V17.0）（SPSS Inc., Chicago, IL, USA）分析统计数据。数据采用 Duncan 测试（$p \leqslant 0.05$）、双因素分析和三因素分析（ANOVAs）进行处理，并用 SigmaPlot 10.0 软件绘图。

双因素方差分析用于分析盐分胁迫、接种 AM 真菌处理对青杨不同性别影响的显著水平；三因素方差分析用于分析性别、盐分 × 性别、接种 AM 真菌 × 性别、盐分 × 接种 AM 真菌，以及三因素间交互作用对青杨不同指标影响的显著水平。

克隆得到的 *PcSOS* 基因片段序列用 Mega 5.0 构建系统发育树。青杨 *PcSOS* 基因的相对表达量采用 RStudio（V1.0.136）软件作图。

第二节　AM 真菌对青杨耐盐系数和营养元素含量的影响

一、AM 真菌对青杨耐盐系数、钠离子和氯离子含量的影响

1. AM 真菌对青杨雌株和雄株耐盐系数的影响

盐胁迫条件下，青杨叶片出现黄化和萎蔫，由此作为青杨自身的盐害症状。本研究发现，AM 真菌可影响青杨雌株和雄株耐盐系数，接种 AM 真菌的青杨叶片出现黄化和萎蔫的时间延缓，雄株尤为明显。未接种 AM 真菌的处理中，青杨黄叶的出现时间在 20 d 左右，而接种 AM 真菌至少将盐害症状推迟了 5 d（表 16-7）。同时，AM 真菌显著提高了青杨耐盐系数且在性别间无显著差异。

表 16-7　AM 真菌对青杨雌株和雄株耐盐系数的影响

处理	盐胁迫天数（d）		耐盐系数
	黄叶出现时间	萎蔫出现时间	
NM M 75 mmol/L	20	22～23	0.09
NM F 75 mmol/L	19	21～22	0.08
AM M 75 mmol/L	29	31～32	0.13
AM F 75 mmol/L	26	29～30	0.11

注：AM：接种 AM 真菌；NM：未接种 AM 真菌；M：雄株；F：雌株。

2. AM 真菌对青杨雌株和雄株钠离子和氯离子含量的影响

由图 16–1 可知，盆栽条件下，盐胁迫显著增加了青杨根茎叶中的钠离子（Na^+）和氯离子（Cl^-）含量，雌株根部 Cl^- 含量除外。盐胁迫条件下，青杨雄株根部 Na^+ 含量显著高于雌株根部；与未接种 AM 真菌青杨相比，接种 *R. irregularis* 降低了青杨雌株和雄株根系 Na^+（6.67% 和 7.89%）和 Cl^- 含量（3.33% 和 11.47%）、茎部 Na^+（0.85% 和 1.02%）和 Cl^- 含量（1.25% 和 13.22%）、叶片 Na^+（15.29% 和 19.32%）和 Cl^- 含量（8.67% 和 28.41%）。由此可见，AM 真菌可通过将盐离子富集于菌丝内降低宿主植株体内的盐离子浓度，减缓离子毒害效应。Na^+ 主要聚集在青杨根部，而 Cl^- 主要在青杨叶片中积累。

双因素方差分析表明，除青杨雌株叶片和茎部 Cl^- 含量、青杨茎部 Na^+ 含量和雄株根部 Cl^- 含量外，其余指标受到接种 AM 真菌处理的显著影响，并且所有指标受到盐分胁迫的显著影响。三因素方差分析表明，青杨叶片 Na^+ 和 Cl^- 含量、茎部 Cl^- 含量、雌株根部 Na^+ 和雄株根部 Cl^- 含量受到盐分 × 接菌交互作用的显著影响；根茎叶中的 Na^+ 和 Cl^- 含量受到性别、性别 × 盐分交互作用的影响；只有茎和根中的 Cl^- 含量受到性别 × 接菌交互作用的影响；除茎部 Na^+ 含量外，其余指标受到三因素交互作用的显著影响。

二、AM 真菌对青杨雌株和雄株营养元素含量的影响

1. AM 真菌对青杨雌株和雄株碳、氮和磷含量的影响

盆栽条件下，盐胁迫降低了青杨根部和叶片的碳、氮和磷含量（图 16–2）。盐胁迫条件下，土壤溶液中过量的 Na^+ 和 Cl^- 对雄株营养离子吸收的抑制效果弱于雌株，这可能是由雄株的盐胁迫敏感度较低所致；与未接种 AM 真菌青杨相比，接种 *R. irregularis* 增加了青杨雌株和雄株根系碳（15.82% 和 7.69%）氮（1.72% 和 1.89%）、磷（14.29% 和 6.91%）和叶片碳（3.33% 和 5.88%）、氮（2.94% 和 5.25%）、磷（4.55% 和 6.25%）含量（图 16–2）。这可能是由于 AM 真菌自身菌丝扩大了宿主植物根系和土壤溶液的接触面积，增加了宿主植物对 C、N 和 P 元素的吸收。

双因素方差分析表明，青杨体内碳、氮和磷含量受到盐分胁迫和接种 AM 真菌处理的显著影响。三因素方差表明，青杨体内磷含量、雄株叶片氮含量、雌株根部氮含量，雄株叶片碳含量、青杨根部碳含量受到盐分 × 接菌交互作用的显著影响；除青杨根部氮含量外，其余指标受到性别显著影响；叶片碳、氮和磷含量、根部碳含量受到盐分 × 性别交互作用的显著影响；青杨碳和磷含量受到接菌 ×

性别交互作用的显著影响；根部碳和磷含量受到接菌 × 性别 × 盐分交互作用的显著影响。

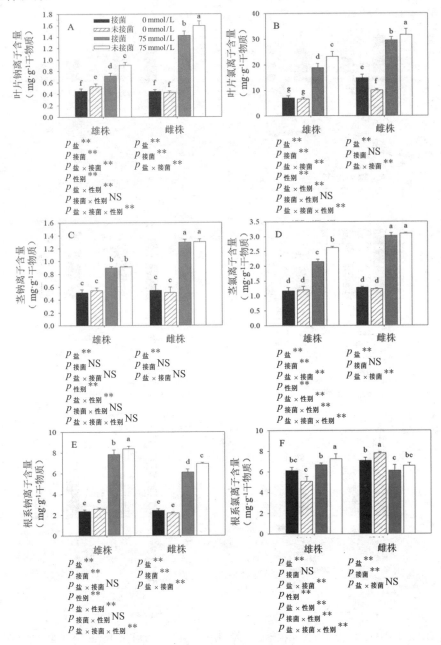

图 16-1 AM 真菌对青杨钠离子（A，C，E）和氯离子（B，D，F）含量的影响

注：**：差异极显著 $p \leqslant 0.01$；*：差异显著 $0.01 \leqslant p \leqslant 0.05$；NS：差异不显著 $p > 0.05$。柱上方不同小写字母代表不同处理间差异显著（$p \leqslant 0.05$），数值为（均值 ± 标准差）（$n = 6$）。

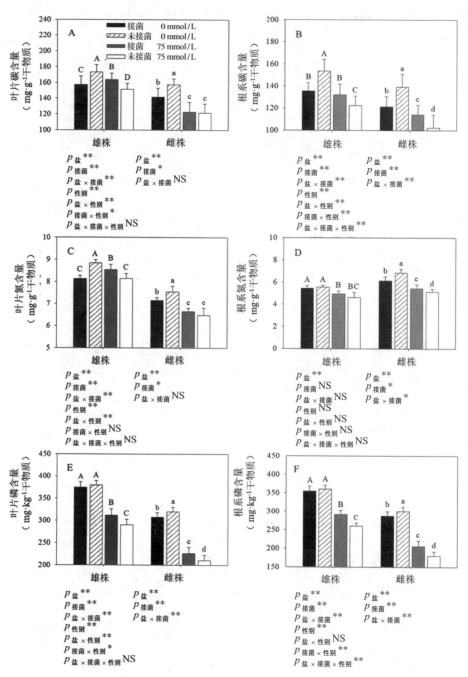

图 16-2 AM 真菌对青杨叶片和根部碳（A，B），氮（C，D）和 P（E，F）含量的影响

注：**：差异极显著 $p \leq 0.01$；*：差异显著 $0.01 \leq p \leq 0.05$；NS：差异不显著 $p > 0.05$。
柱上方不同字母（雄株大写字母，雌株小写字母）代表不同处理间差异显著（$p \leq 0.05$），
数值为（均值 ± 标准差）（$n = 6$）。

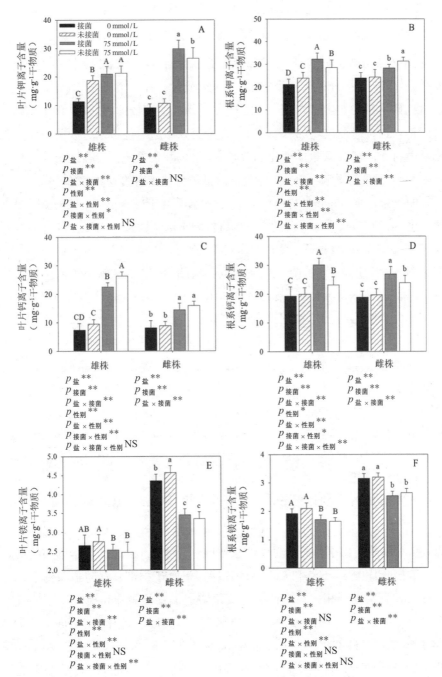

图 16-3 AM 真菌对青杨叶片和根部 K^+（A，B），Ca^{2+}（C，D）和 Mg^{2+}（E，F）含量的影响

注：**：差异极显著 $p \leqslant 0.01$；*：差异显著 $0.01 \leqslant p \leqslant 0.05$；NS：差异不显著 $p > 0.05$。柱上方不同字母（雄株大写字母，雌株小写字母）代表不同处理间差异显著（$p \leqslant 0.05$），数值为（均值 ± 标准差）（$n = 6$）。

2. AM 真菌对青杨雌株和雄株钾离子、钙离子和镁离子含量的影响

由图 16-3 可知，青杨叶片和根部钾离子（K^+）、钙离子（Ca^{2+}）和镁离子（Mg^{2+}）含量在盐分胁迫、接种 AM 真菌处理和不同性别间存在一定规律。盆栽条件下，和碳、氮、磷含量的变化趋势不同，盐胁迫显著增加了青杨体内的 K^+ 和 Ca^{2+} 含量，这可能是青杨自身通过增加 K^+ 和 Ca^{2+} 含量提高渗透势促进水分吸收以应对盐渍化环境所致；Mg^{2+} 含量的变化趋势与 K^+ 和 Ca^{2+} 含量不同，盐胁迫对青杨雄株体内 Mg^{2+} 含量的影响不显著，却显著降低了雌株体内的 Mg^{2+} 含量。

盐胁迫条件下，青杨雌株体内 Mg^{2+} 含量显著高于雄株；与未接种 AM 真菌处理相比，接种 *R. irregularis* 改变了青杨雌株和雄株叶片 K^+（11.03% 和 –1.11%）、根部 K^+（–6.82% 和 7.14%）、叶片 Ca^{2+}（–1.79% 和 –11.11%）、根部 Ca^{2+}（9.02% 和 29.86%）、叶片 Mg^{2+}（2.57% 和 1.82%）和根部 Mg^{2+}（–1.32% 和 2.24%）含量。通过上述数据可知，接种 AM 真菌对青杨体内 Mg^{2+} 含量无显著影响，且对根部 Ca^{2+} 含量的促进效果比 K^+ 和 Mg^{2+} 含量明显。

双因素方差分析表明，青杨体内 K^+、Ca^{2+} 和 Mg^{2+} 含量受到盐分胁迫和接种 AM 真菌处理的显著影响。三因素方差表明，除了青杨雄株根部 Mg^{2+} 含量外，其余指标受到盐分 × 接菌交互作用的显著影响；除青杨根部 K^+ 含量，其余指标受到性别显著影响；青杨 K^+、Ca^{2+} 和 Mg^{2+} 含量受到盐分 × 性别交互作用的显著影响；青杨 Ca^{2+} 含量受到接菌 × 性别交互作用的显著影响；青杨 K^+ 含量、根部 Ca^{2+} 含量、叶片 Mg^{2+} 含量受到接菌 × 盐分 × 性别交互作用的显著影响。

3. AM 真菌对青杨雌株和雄株 K^+/Na^+ 和 Ca^{2+}/Na^+ 比率的影响

由图 16-4 可知，盐胁迫降低了青杨根部的 K^+/Na^+ 和 Ca^{2+}/Na^+ 比率，这可能是由盐胁迫条件下 Na^+ 含量的增加幅度远高于 K^+ 和 Ca^{2+} 含量增加的幅度所致。青杨叶片中 K^+/Na^+ 和 Ca^{2+}/Na^+ 比率显著高于根部。盐胁迫条件下，与未接种 AM 真菌处理相比，接种 AM 真菌增加了青杨雌株和雄株叶片 K^+/Na^+（24.27% 和 27.26%）、根部 K^+/Na^+（6.99% 和 11.43%）、叶片 Ca^{2+}/Na^+（13.94% 和 14.15%）和根部 Ca^{2+}/Na^+（25.08% 和 36.79%）比率，这是由于 AM 真菌降低了青杨体内 Na^+ 含量，且该降低程度远高于对 K^+ 和 Ca^{2+} 含量的影响程度，最终引起青杨根部 K^+/Na^+ 和 Ca^{2+}/Na^+ 比率的增加。本研究发现，接种 *R. irregularis* 对根部 Ca^{2+}/Na^+ 比率的增加程度高于根部 K^+/Na^+ 比率，而对叶片 Ca^{2+}/Na^+ 比率的增加程度低于叶片 K^+/Na^+ 比率。

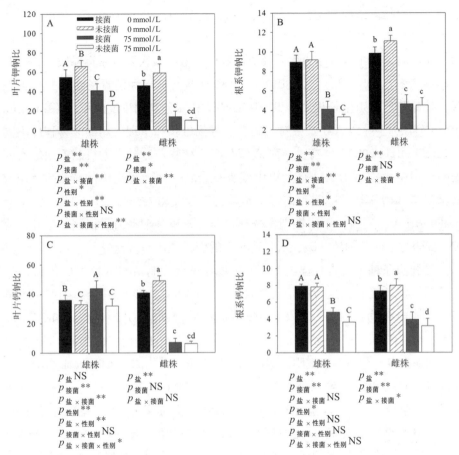

图 16-4　AM 真菌对青杨叶片和根部 K^+/Na^+（A、B）和 Ca^{2+}/Na^+（C、D）的影响

注：**：差异极显著 $p \leqslant 0.01$；*：差异显著 $0.01 \leqslant p \leqslant 0.05$；NS：差异不显著 $p > 0.05$。柱上方不同字母（雄株大写字母，雌株小写字母）代表不同处理间差异显著（$p \leqslant 0.05$），数值为均值 ± 标准差（n = 6）。

双因素方差分析表明，青杨体内 K^+/Na^+ 和 Ca^{2+}/Na^+ 比率受到盐分胁迫和接种 AM 真菌处理的显著影响。三因素方差分析表明，除了雌株叶片和雄株根部 Ca^{2+}/Na^+ 比率外，其余指标受到盐分 × 接菌交互作用的显著影响；青杨 K^+/Na^+ 和 Ca^{2+}/Na^+ 比率受性别显著影响；除了青杨根部 Ca^{2+}/Na^+ 比率外，其余指标受到盐分 × 性别交互作用的显著影响；雄株根部 K^+/Na^+ 受到接菌 × 性别交互作用的显著影响；叶片 K^+/Na^+ 和 Ca^{2+}/Na^+ 比率受到性别 × 盐分 × 接菌交互作用的显著影响。

盐胁迫条件下，青杨叶片出现黄化和萎蔫，而 AM 真菌延缓了青杨叶片出现黄化和萎蔫的时间，这可能是由于 AM 真菌能更好将盐离子阻隔在青杨根部，阻碍盐离子向地上部分转运，降低青杨叶片中的 Na^+ 和 Cl^- 浓度，减缓盐离子对叶片的损伤，将盐害症状推迟（Chen et al., 2017a）。由于 AM 真菌的菌丝无横隔，磷元素可随原生质环流向根内运输，极大降低了运输阻力，提升了运输速率（Gabriella et al., 2017）。AM 真菌与不同性别青杨建立共生关系后，外延菌丝增殖生长程度、根系吸收范围和养分利用程度的不同（Boukcim et al., 2001），导致 AM 真菌对不同性别青杨生长和生理代谢的改善程度不同（Torelli et al., 2000）。有关 AM 真菌与宿主植物养分动力学机制方面的研究表明，宿主植物可为 AM 真菌提供碳水化合物，而青杨供应的碳激发了 AM 真菌对氮和磷元素的吸收和向宿主植物的转运（Rezacova et al., 2017；Spohn et al., 2016）。同时，不同性别青杨存在养分资源分配动力学机制的差异，使 AM 真菌对不同性别植株碳、氮和磷元素的促进作用呈现差异。

盐胁迫条件下，青杨体内 Na^+ 的过量积累会影响植物对 K^+、Ca^{2+} 和 Mg^{2+} 等营养元素的吸收，这可能是由于青杨多余的 Na^+、Cl^- 与其余离子产生竞争关系，影响生物膜对 K^+、Ca^{2+} 和 Mg^{2+} 的选择性吸收，引起 K^+/Na^+ 和 Ca^{2+}/Na^+ 比率失衡（Hashem et al., 2016）。K^+、Ca^{2+} 和 Mg^{2+} 不仅是构成植物细胞器的组成成分，而且参与调节植物细胞渗透压和维持细胞正常代谢（Balliu et al., 2015）。雌株 K^+、Ca^{2+} 和 Mg^{2+} 离子的缺乏和失衡状况比雄株严重。此外，雌株 Mg^{2+} 含量显著高于雄株，这可能是由于 Mg^{2+} 自身特性或性别差异所致。盐胁迫条件下，接种 AM 真菌可通过提高宿主植物根系，液泡膜质子泵 H–ATPase、H–PPIase 和 Na^+/H^+ 逆向转运蛋白的活性来保持液泡膜的完整性，调控 K^+、Ca^{2+} 和 Mg^{2+} 的吸收、转运和分配过程（Ouziad et al., 2006）。青杨体内 K^+/Na^+ 和 Ca^{2+}/Na^+ 比率的降低，主要源于组织中 Na^+ 的净增加和 K^+、Ca^{2+} 水平的降低，而接种 AM 真菌可以促进青杨根系对 K^+、Ca^{2+} 和 Mg^{2+} 的选择性吸收，降低 Na^+ 选择性运输，改善青杨 K^+/Na^+ 和 Ca^{2+}/Na^+ 比率失衡状况（Wu et al., 2010）。

第三节　AM 真菌对青杨盐超敏感基因表达的调控

一、*PcSOS* 家族基因的表达分析

1. 目的基因的克隆验证

扩增克隆得到的基因片段 *SOS1*、*SOS2*、*SOS3* 在 255~277 bp 间（表 16–

8）。对克隆得到的基因片段序列构建的系统发育树（图 16-5），通过 NCBI 比对，*SOS1*、*SOS2*、*SOS3* 片段均为杨树 *SOS* 蛋白家族的基因片段，说明所克隆的基因序列是目的基因序列。

表 16-8 克隆得到的基因片段序列

基因	序列
PcSOS1	CAGAACTGTGTAGGGACATTGTCGACTCATGCAAAATAGCTTGTCTGCT AGAGAAGCAATGCAGCTGAAGCATATTTGGCAGCATGGTTGACATGCGG AGGCATGCCCACAGCTTTTCCGGTAGCCAAGTCAAGCGATCACACAGCT TGTCAGTTTTAAGAACCGCATCGTACCATCAAGTTCGTGTCCCATCAGAA CAAGCTACTTATGCTAGGAAGAGTCTTGAAATGAGAAAGTTGATTGGAA AAACTCCTGCTCCCCAACTGCAACAACTGCA
PcSOS2	TACGACATGTGGAACCCCGAATTATGTTGCACCTGAGGTGCTTGGTCAC CAAGGTTATGATGGGGCTGCTGCTGATGTGTGGTCATGTGGAGTCATCC TCTTTGTTCTAATGGCTGGATATCTTCCATTTGAGGAGACAGACCTTCCA ACCTTGTACCGAAAGATAAATGCTGCGGAATATTCTTGTCCATTTTGGTT TCCCCTGGGCGAAAGCATTGATAGATAAGTACTCAATCCCAATCCTAAA ACTCGTA
PcSOS3	GTTCGATCTTTGGGTGTCTTTCATCCAAATGCACCAGTTGAAGACAAGA TCCATTTTGCTTTCAGATTATATGATTTACGGCAAACTGGTTTCATTGAAC GAGAAGAGTTGAAGGAGATGGTAATGGCACTTCTGCATGAATCGGATC TACCGCTGTCCGATGACTGTGTTGAAACAATTGTGGACAAGACATTTCG TGATGCAGATTTGAAAGGTGATGGAAAAATCGATCCTGACGAGTGGAAG GAATTTGTGTCGAAGAACCCAAAGAAGATCG

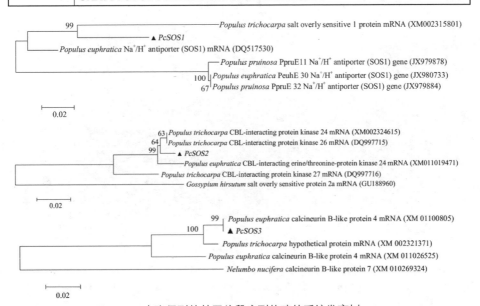

图 16-5 克隆得到的基因片段序列构建的系统发育树

2. *PcSOS* 家族基因的表达分析

AM 真菌对青杨 *PcSOS* 相对表达量的影响如图 16-6，盐胁迫诱导了 *PcSOS* 家族基因的表达且使 *PcSOS1*、*PcSOS2* 和 *PcSOS3* 的基因表达模式呈现出差异。随着盐胁迫时间的延长，青杨叶片和根系中 *PcSOS1*、*PcSOS2* 及 *PcSOS3* 基因的表达呈先增加后降低的趋势，其中 *PcSOS1* 和 *PcSOS2* 基因的上调效应较为明显。和叶片相比，根系 *PcSOS1* 和 *PcSOS2* 对盐胁迫的瞬间响应效应明显。与 *PcSOS1* 和 *PcSOS2* 的表达相比，*PcSOS3* 在根系和叶片中对盐胁迫的响应效应并不明显，且较为稳定，表明青杨对盐胁迫的响应可随时间变化逐步调整到适应盐渍化生境的状态。

盐胁迫结束的第十二个小时，青杨雄株根系 *PcSOS1* 基因的相对表达量明显高于雌株；青杨雌株根系 *PcSOS3* 基因的相对表达量高于雄株。盐胁迫结束的第十八个小时，青杨雄株根系 *PcSOS3* 基因的相对表达量高于雌株，说明青杨雄株 *PcSOS3* 的响应具有一定的滞后性，且不同性别对盐胁迫差异响应机制的出现会随时间变化（表 16-9）。*SOS* 基因家族重要的生理功能是离子稳态调节，不同的离子稳态调节机制可能是不同性别青杨对营养元素需求差别的来源。同时，相同时间段内 AM 真菌对青杨根部 *PcSOS1* 和 *PcSOS3* 基因的作用效应显著。本研究认为 AM 真菌可通过影响 *SOS* 基因家族的表达量和干扰 *SOS* 信号传导体系，调控整个植株的生长。

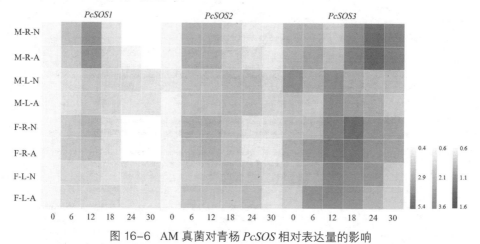

图 16-6　AM 真菌对青杨 *PcSOS* 相对表达量的影响

注：M：雄株；F：雌株；R：根；L：叶；A：接种 AM 真菌；N：未接种 AM 真菌；0，6，12，18，24，30：盐胁迫开始，盐胁迫 6 h，12 h，18 h，24 h，30 h 时 *PcSOS* 家族 3 个基因的相对表达量。

表 16-9　*PcSOS* 的三因素方差分析

处理		p 值	PcSOS1		PcSOS2		PcSOS3	
			根	叶	根	叶	根	叶
12h	雄株	p_{salt}	**	**	**	**	**	**
		$p_{AM 真菌}$	NS	NS	NS	NS	NS	NS
		$p_{salt \times AM 真菌}$	NS	NS	NS	NS	NS	NS
	雌株	p_{salt}	**	**	**	**	**	**
		$p_{AM 真菌}$	NS	NS	NS	NS	NS	NS
		$p_{salt \times AM 真菌}$	*	NS	NS	NS	NS	NS
		p^{sex}	**	**	NS	NS	**	NS
		$p_{salt \times sex}$	**	*	*	NS	**	*
		$p_{AM 真菌 \times sex}$	**	NS	NS	NS	NS	NS
		$p_{AM 真菌 \times salt \times sex}$	**	NS	NS	NS	NS	NS
18h	雄株	p_{salt}	**	**	**	**	**	*
		$p_{AM 真菌}$	*	NS	NS	NS	*	NS
		$p_{salt \times AM 真菌}$	**	*	*	NS	NS	**
	雌株	p_{salt}	**	**	**	**	**	**
		$p_{AM 真菌}$	*	NS	NS	NS	*	NS
		$p_{salt \times AM 真菌}$	**	NS	NS	NS	*	NS
		p_{sex}	NS	*	NS	NS	**	*
		$p_{salt \times sex}$	**	NS	**	NS	*	*
		$p_{AM 真菌 \times sex}$	**	NS	NS	NS	NS	*
		$p_{AM 真菌 \times salt \times sex}$	**	NS	NS	NS	*	**
24h	雄株	p_{salt}	**	**	**	**	**	NS
		$p_{AM 真菌}$	NS	NS	NS	NS	NS	NS
		$p_{salt \times AM 真菌}$	NS	NS	NS	NS	NS	NS
	雌株	p_{salt}	**	**	**	**	**	**
		$p_{AM 真菌}$	NS	NS	NS	NS	NS	NS
		$p_{salt \times AM 真菌}$	*	NS	NS	NS	NS	NS
		p_{sex}	*	NS	**	*	**	NS
		$p_{salt \times sex}$	**	NS	NS	NS	**	**
		$p_{AM 真菌 \times sex}$	NS	NS	NS	NS	NS	NS
		$p_{AM 真菌 \times salt \times sex}$	NS	NS	NS	NS	NS	NS
30h	雄株	p_{salt}	**	**	NS	**	**	**
		$p_{AM 真菌}$	NS	NS	NS	NS	NS	NS
		$p_{salt \times AM 真菌}$	NS	NS	NS	NS	NS	NS
	雌株	p_{salt}	**	**	**	**	**	NS
		$p_{AM 真菌}$	NS	NS	NS	NS	NS	NS
		$p_{salt \times AM 真菌}$	NS	NS	NS	NS	NS	NS
		p_{sex}	**	NS	*	*	**	NS
		$p_{salt \times sex}$	*	*	**	NS	NS	**
		$p_{AM 真菌 \times sex}$	NS	NS	NS	NS	NS	NS
		$p_{AM 真菌 \times salt \times sex}$	NS	NS	NS	**	NS	NS

注：NS：差异不显著 $p > 0.05$；*：差异显著 $0.01 \leqslant p \leqslant 0.05$；**：差异极显著 $p \leqslant 0.01$。

二、AM 真菌对青杨营养吸收和 *PcSOS* 相对表达量的调控分析

1. AM 真菌对青杨营养吸收和 *PcSOS* 表达量的影响

盐超敏感基因作为盐超敏感（Salt overly sensitive，SOS）信号途径中的关键性效应分子，*SOS1* 可通过编码 Na^+/H^+ 逆向转运蛋白调控植株内 Na^+ 转运和区隔化；*PcSOS3* 基因对 Ca^{2+} 信号具有一定的敏感性；*PcSOS2* 负责维持植物体内 K^+、Na^+ 和 Ca^{2+} 正常转运过程中的 K^+/Na^+ 和 Ca^{2+}/Na^+ 平衡。盐胁迫条件下，接种 *R. irregularis* 增加了青杨根部 Na^+、K^+ 和 Ca^{2+} 含量，降低了根系 Na^+ 含量，最终引起根部 K^+/Na^+ 和 Ca^{2+}/Na^+ 比率的增加。

在盐胁迫结束的第十八个小时，接种 *R. irregularis* 对青杨根部 *PcSOS1* 和 *PcSOS3* 基因的作用效应显著（表 16-9）。其中，接种 *R. irregularis* 显著增加了雄株根系 *PcSOS1* 的相对表达量，降低了雌株根系 *PcSOS1* 的相对表达量；显著增加了青杨根系 *PcSOS3* 的相对表达量。研究表明 AM 真菌可通过影响青杨根部 *PcSOS* 基因的相对表达量，调节根系细胞的 Na^+/H^+ 逆向转运蛋白活性和内部离子流稳态，促进青杨根系对 K^+ 和 Ca^{2+} 的选择性吸收和运输，降低 Na^+ 选择性吸收和运输，改善青杨内 K^+/Na^+ 和 Ca^{2+}/Na^+ 比率的失衡状况，保持细胞膜完整性，提高青杨耐盐性。

2. AM 真菌对青杨 *PcSOS* 表达的调控分析

SOS（Salt Overly Sensitive）途径是多年生木本植物进行离子稳态调节的重要途径之一，主要包含 SOS1、SOS2 和 SOS3 信号蛋白，可较好感知和响应盐信号，将盐信号传递至细胞内，维持植株离子平衡和调控植株生长（Lang et al., 2017）。植物体内 Na^+、K^+/Na^+ 和 Ca^{2+}/Na^+ 比率受 *SOS* 家族成员调控，作为 SOS 信号途径中关键性的效应分子，*SOS1* 基因主要编码 Na^+/H^+ 逆向转运蛋白，负责拟南芥（*Arabidopsis thaliana*）（Qiu et al., 2003）、水稻（*Oryza sativa*）（Martinez–Atienza et al., 2007）和小麦（*T. aestivum*）（Xu et al., 2008a）等植物中过量 Na^+ 的排出并阻止细胞质中 Na^+ 的积累。Ding et al.（2010）发现，和群众杨（*P. popularis*）相比，胡杨（*P. euphratica*）Na^+/H^+ 逆向转运蛋白的基因丰度较高，Na^+ 的积累量更少，因而胡杨更耐盐；Sun et al.（2009）采用扫描离子选择性电极技术发现，胡杨（*P. euphratica*）根部 Na^+ 排出主要由质膜上的 Na^+/H^+ 逆向转运蛋白介导。

SOS1 通过控制植株内部长距离的 Na⁺ 转运（Shi et al., 2002）和影响 Na⁺ 区隔化（Olías et al., 2009）增加宿主植物耐盐性，而本研究发现，NaCl 胁迫可激活 *PcSOS1* 基因的表达，且青杨自身通过该类方式抵御盐胁迫。*SOS2* 主要影响 K⁺/Na⁺ 和 Ca²⁺/Na⁺ 平衡，而 *SOS3* 可受 Ca²⁺ 调控，具有特殊的钙结合特性，其与 *SOS2* 相互作用可影响植物钙信号的传导机制。有学者利用酵母双杂交技术（Y2H）、免疫共沉淀技术（Co-IP）及 GST-pull down 技术探究 SOS1、SOS2 和 SOS3 蛋白间的相互作用，发现盐胁迫使植物体内产生 Ca²⁺ 流的强紊乱信号，诱发细胞内 SOS2-SOS3 蛋白间的相互作用，进一步激活 SOS1 蛋白（Yang et al., 2009; Tang et al., 2010; Ye et al., 2013）。Sun et al.（2010）发现，H₂O₂ 和 Ca²⁺ 信号介导胡杨（*P. euphratica*）细胞内的 K⁺/Na⁺ 离子平衡。*SOS3* 基因对 Ca²⁺ 信号具有一定的敏感度（Ye et al., 2013），本研究中 *PcSOS3* 基因对盐胁迫的响应具有一定的滞后性，可能因为信号最初在转录水平，需要一定时间才可传递至蛋白质修饰水平。

Elhindi et al.（2017）发现盐胁迫条件下，菌根化罗勒（*Ocimum basilicum*）内部 K⁺/Na⁺ 和 Ca²⁺/Na⁺ 平衡状况得以改善，表明摩西斗管囊霉（*Funneliformis mosseae*）可通过调节宿主植物内部离子比率提高其耐盐性。*SOS* 基因参与调控植物内部的 K⁺/Na⁺ 和 Ca²⁺/Na⁺ 平衡。Chen et al.（2017b）发现盐胁迫条件下，异形根孢囊霉（*R. irregularis*）通过增加刺槐（*Robinia pseudoacacia*）*RpSOS1* 基因的相对表达量和 K⁺/Na⁺ 比率提高其耐盐性；Porcel et al.（2016）发现盐胁迫条件下，幼套球囊霉（*Glomus etunicatum*）通过上调水稻（*O. sativa*）*OsSOS1* 基因的相对表达量促进 Na⁺ 胞浆外排和液泡区隔化，改善体内 K⁺/Na⁺ 比率提高水稻耐盐性。本研究发现盐胁迫条件下，接种 *R. irregularis* 显著增加了青杨根部和叶片的 K⁺/Na⁺ 和 Ca²⁺/Na⁺ 比率和青杨根部 *PcSOS1* 和 *PcSOS3* 基因的相对表达量。*SOS* 基因在液泡膜的完整性、离子跨膜运输和 pH 平衡等方面发挥着重要作用（Oh et al., 2010），因此，AM 真菌可通过影响盐胁迫下 *PcSOS* 家族基因的相对表达量，维持植株体内离子平衡，调控整个植株的生长。此外，AM 真菌菌丝对不同离子的亲和力不同，可能也在宿主植物选择性吸收离子的过程中发挥了重要作用（Chung et al., 2008）。不同性别青杨在营养吸收和 *PcSOS* 家族基因表达水平上存在差异，这可能是由于不同性别植株细胞内外离子平衡的信号传导途径敏感度不同所致。未来可通过转录组测序技术得到基因表达谱，精确分析转录组测序数据中的 cSNP，深入了解 AM 真菌调控不同性别青杨耐盐性的分子机制。

综上所述。盐胁迫条件下，盐离子与各种营养离子相互竞争阻止植物的营养吸收，造成植物体内营养亏缺。然而，AM 真菌的丰富和细小菌丝可扩大植物根系吸收面积，协助宿主植物吸收营养，加强植物、土壤和 AM 真菌间的物质交换。盐胁迫诱导了 *PcSOS* 家族基因的表达，且在特定时间下，AM 真菌显著影响了 *PcSOS1* 和 *PcSOS3* 基因的相对表达量，调节宿主植物转运蛋白活性和离子流稳态，提高青杨耐盐性。

附　录

附录一

附表 1–1　不同程度盐渍化地区青杨根际菌根真菌分布和球囊霉素含量

样地	性别	侵染率（%）			孢子密度 （ 10 个 $\cdot$ g $^{-1}$ ）	易提取球囊霉素 （ g $\cdot$ kg $^{-1}$ ）	总球囊霉素 （ g $\cdot$ kg $^{-1}$ ）
		AM 真菌	ECMF	DSE			
S1	雄株	78.79 ± 6.20b	42.43 ± 3.06b	2.16 ± 1.21d	131.32 ± 10.05a	4.72 ± 0.02b	13.24 ± 0.11c
	雌株	82.97 ± 5.73a	45.86 ± 5.49b	2.38 ± 0.98d	107.27 ± 8.99b	4.53 ± 0.01b	11.98 ± 0.15c
S2	雄株	80.23 ± 8.72a	36.84 ± 2.78c	22.12 ± 1.33c	43.94 ± 3.24c	4.94 ± 0.03ab	17.81 ± 0.22b
	雌株	69.91 ± 4.23c	62.55 ± 7.81a	2.18 ± 0.95d	38.23 ± 1.87d	5.02 ± 0.02a	22.34 ± 4.58a
S3	雄株	56.27 ± 3.20d	36.84 ± 9.02c	40.62 ± 10.03b	38.02 ± 2.11d	2.13 ± 0.01d	9.84 ± 0.25d
	雌株	42.43 ± 5.06e	22.54 ± 4.11de	48.37 ± 7.56a	36.23 ± 3.65d	3.94 ± 0.01c	10.02 ± 0.04d
S4	雄株	45.43 ± 3.11e	18.93 ± 3.20e	2.14 ± 0.77d	29.73 ± 4.11e	1.93 ± 0.00e	7.02 ± 0.06e
	雌株	42.61 ± 4.12e	27.49 ± 2.09d	0.07 ± 0.00e	12.13 ± 3.03f	2.56 ± 0.02d	9.84 ± 0.46d
F_{Site}		106.21	83.77	13.48	665.53	451.64	230.81
p_{Site}		0.00**	0.00**	0.00**	0.00**	0.00**	0.00**
F_{Sex}		5.05	70.13	7.74	215.89	35.07	62.57
p_{Sex}		0.04*	0.00**	0.00**	0.00**	0.00**	0.00**
$F_{\text{Site} \times \text{Sex}}$		1.01	5.82	1.77	31.86	20.92	6.83
$p_{\text{Site} \times \text{Sex}}$		0.06NS	0.04*	0.75NS	0.00**	0.00**	0.00**

注：**：差异极显著 $p \leq 0.01$ ；*：差异显著 $0.01 \leq p \leq 0.05$ ；NS：差异不显著 $p > 0.05$ 。每列中不同小写字母代表不同处理间差异显著（ $p \leq 0.05$ ），数值为（均值±标准差（ $n = 6$ ）。ECMF：外生菌根真菌，DSE：深色有隔内生真菌

附表 1-2 不同程度盐渍化地区青杨根际土壤理化性质

样地	性别	电导率 EC ($\mu m \cdot cm^{-1}$)	钠离子 Na⁺ ($mg \cdot kg^{-1}$)	氯离子 Cl⁻ ($mg \cdot kg^{-1}$)	酸碱值 pH	速效磷 ($g \cdot kg^{-1}$)	速效钾 ($g \cdot kg^{-1}$)	硝态氮 ($g \cdot kg^{-1}$)	铵态氮 ($g \cdot kg^{-1}$)	有机碳 ($g \cdot kg^{-1}$)
S1	雄株	388.67 ± 10.12g	196.74 ± 9.21d	201.54 ± 11.05d	8.06 ± 0.05b	0.31 ± 0.01a	481.96 ± 18.05b	5.65 ± 0.20c	17.71 ± 0.11a	73.26 ± 3.65b
	雌株	254.67 ± 12.33h	187.98 ± 8.37d	199.89 ± 13.22d	8.38 ± 0.04b	0.33 ± 0.02a	530.37 ± 12.08a	6.83 ± 0.15a	18.17 ± 0.21a	74.91 ± 6.03b
S2	雄株	527.12 ± 18.72e	467.65 ± 11.22c	487.56 ± 15.63c	8.35 ± 0.03b	0.27 ± 0.02b	319.14 ± 13.54e	6.14 ± 0.17b	15.09 ± 0.20b	71.73 ± 4.52b
	雌株	480.97 ± 11.36f	458.98 ± 12.57c	469.86 ± 12.44c	7.08 ± 0.13c	0.29 ± 0.01b	425.20 ± 12.57d	6.25 ± 0.14b	16.41 ± 0.25b	86.02 ± 7.55a
S3	雄株	797.33 ± 14.83d	502.33 ± 14.58b	523.90 ± 16.35b	8.43 ± 0.05b	0.23 ± 0.03c	478.31 ± 14.22c	3.25 ± 0.34d	9.04 ± 0.17c	72.79 ± 4.51b
	雌株	820.45 ± 21.65c	498.65 ± 13.22b	508.67 ± 12.45b	8.06 ± 0.05a	0.26 ± 0.02b	529.46 ± 15.20a	5.33 ± 0.22c	9.10 ± 0.23c	68.53 ± 5.21c
S4	雄株	2916.67 ± 17.19a	1879.65 ± 15.34a	2108.65 ± 21.45a	8.26 ± 0.03b	0.21 ± 0.03c	115.67 ± 11.21f	2.24 ± 0.05e	7.07 ± 0.12d	81.21 ± 4.12a
	雌株	2458.67 ± 24.73b	1903.55 ± 14.59a	2001.87 ± 24.58a	9.42 ± 0.09a	0.24 ± 0.00c	113.75 ± 13.09f	2.57 ± 0.08e	8.59 ± 0.33cd	89.98 ± 3.77a
F_{Site}		12621.24	7519.33	9782.94	19.15	29.04	22.73	390.06	490.57	309.04
p_{Site}		0.00**	0.00**	0.00**	0.02*	0.00**	0.00**	0.00**	0.00**	0.00**
F_{Sex}		6.03	19.54	35.04	10.69	86.92	1.85	16.06	1.76	3.57
p_{Sex}		0.00**	0.00NS	0.00**	0.21NS	0.00**	0.04*	0.00**	0.18NS	0.00**
$F_{Site \times Sex}$		15.75	22.72	48.11	46.80	5.45	7.29	12.62	48.75	1.38
$p_{Site \times Sex}$		0.01*	0.00**	0.00**	0.00**	0.01**	0.00**	0.00**	0.00**	0.08NS

注：**：差异极显著 $p \leq 0.01$；*：差异显著 $0.01 \leq p \leq 0.05$；NS：差异不显著 $p > 0.05$。每列中不同小写字母代表不同处理间差异显著（$p \leq 0.05$），数值为（均值 ± 标准差）（$n = 6$）。

附表 1-3　不同程度盐渍化地区青杨杨根际土壤酶活

样地	性别	碱性磷酸酶 $(10^{-2}\text{mg}\cdot\text{g}^{-1}\cdot\text{h}^{-1})$	过氧化氢酶 $(\text{mg}\cdot\text{g}^{-1}\cdot\text{h}^{-1})$	蔗糖酶 $(\text{mg}\cdot\text{g}^{-1}\cdot\text{h}^{-1})$	脱氢酶 $(\mu\text{g}\cdot\text{g}^{-1}\cdot\text{h}^{-1})$	脲酶 $(10^{-2}\text{mg}\cdot\text{g}^{-1}\cdot\text{h}^{-1})$
S1	雄株	1.48 ± 0.03b	10.11 ± 0.54b	2.69 ± 0.17b	71.79 ± 5.02a	1.64 ± 0.27a
	雌株	1.72 ± 0.05a	14.16 ± 1.59a	3.50 ± 0.45a	73.19 ± 6.13a	1.98 ± 0.40a
S2	雄株	0.74 ± 0.06c	10.07 ± 0.54b	0.92 ± 0.07c	16.78 ± 3.27b	1.21 ± 0.08b
	雌株	0.61 ± 0.05c	9.00 ± 0.43b	0.33 ± 0.08d	5.70 ± 1.22c	1.15 ± 0.21b
S3	雄株	0.45 ± 0.02d	3.72 ± 0.12c	0.41 ± 0.02d	21.97 ± 3.32b	0.69 ± 0.11c
	雌株	0.43 ± 0.14d	3.27 ± 0.15c	0.37 ± 0.05d	2.49 ± 0.31d	0.66 ± 0.10c
S4	雄株	0.34 ± 0.03e	3.19 ± 0.70c	0.30 ± 0.03d	18.79 ± 3.12b	0.64 ± 0.05c
	雌株	0.24 ± 0.02e	2.92 ± 0.08c	0.37 ± 0.05d	1.26 ± 0.02e	0.61 ± 0.05c
F_{Site}		227.41	160.85	574.39	141.30	96.96
p_{Site}		0.00**	0.00**	0.00**	0.00**	0.00**
F_{Sex}		6.14	8.32	9.25	5.46	4.41
p_{Sex}		0.29NS	0.12NS	0.00**	0.00**	0.00**
$F_{\text{Site}\times\text{Sex}}$		12.68	29.18	4.15	5.04	1.73
$p_{\text{Site}\times\text{Sex}}$		0.00**	0.00**	0.00**	0.00**	0.00**

注：**：差异极显著 $p \leq 0.01$；*：差异显著 $0.01 \leq p \leq 0.05$；NS：差异不显著 $p > 0.05$。每列中不同小写字母代表不同处理间差异显著（$p \leq 0.05$），数值为（均值 ± 标准差）（$n = 6$）。

附录二

菁杨雌株和雄株根际真菌检测到的种类

门 Phylum	纲 Class	目 Order	科 Family	属 Genus	S 1		S 2		S 3		S 4	
					F	M	F	M	F	M	F	M
Ascomycota	Dothideomycetes	Botryosphaeriales	Botryosphaeriaceae	Lasiodiplodia	2	1	14	2	4	2	0	3
		Capnodiales	Davidiellaceae	Cladosporium	4	4	8	9	8	12	8	15
			Mycosphaerellaceae	Dissoconium	232	1 395	532	809	1 612	2 699	269	93
				Mycosphaerella	0	0	1	1	0	26	1	0
				Pseudocercospora	6	13	23	14	15	16	12	14
		Dothideales	Dothioraceae	Aureobasidium	2	2	3	1	4	1	1	2
				Hormonema	15	13	18	14	20	15	17	16
		Incertae sedis	Incertae sedis	Celosporium	0	5	12	13	7	11	6	7
			Incertae sedis	Monodictys	7	1	7	18	1	2	1	0
			Myxotrichaceae	Myxotrichum	48	28	13	10	1	5	2	1
				Oidiodendron	1	11	52	17	10	6	1	7
			Pseudeurotiaceae	Pseudeurotium	20	14	2	16	56	24	82	33
				Pseudogymnoascus	9	55	2	3	3	5	2	3
		Pleosporales	Incertae sedis	Leptosphaerulina	4	0	5	10	0	1	2	2
				Letendraea	7	6	4	3	9	4	40	11
				Periconia	10	10	26	8	12	17	5	17
				Phoma	1 418	10 946	8 717	947	1 473	3 108	1 004	4 362
				Pyrenochaeta	3	10	3	0	2	1	3	2
				Setomelanomma	1 028	409	404	141	1 077	230	185	58

续表

门 Phylum	纲 Class	目 Order	科 Family	属 Genus	S 1 F	S 1 M	S 2 F	S 2 M	S 3 F	S 3 M	S 4 F	S 4 M
				Shiraia	0	0	54	1	2	1	5	2
				Stagonosporopsis	14	3	23	14	20	20	11	19
			Leptosphaeriaceae	*Coniothyrium*	845	170	285	147	763	13 857	211	362
				Leptosphaeria	42	246	404	15	18	10	7	13
			Massarinaceae	*Helminthosporium*	1	4	0	0	0	0	3	0
				Massarina	0	0	0	0	0	1	0	11
				Pseudodictyosporium	684	158	224	38	44	53	26	38
			Phaeosphaeriaceae	*Ophiosphaerella*	3	1	158	1	0	1	1	0
				Phaeosphaeria	8	5	17	3	5	5	3	4
				Stagonospora	0	1	0	0	2	2	0	3
			Pleosporaceae	*Alternaria*	3	5	3	92	4	3	3	4
				Curvularia	44	6	1 676	11	14	19	11	19
				Embellisia	19	2	103	2	14	21	3	1
				Pleospora	7	4	8	2	77	133	10	4
				Stemphylium	19	1	0	0	0	0	3	0
			Sporormiaceae	*Preussia*	140	4	5	1	3	7	5	4
				Sporormia	1 367	4 247	386	353	1 146	1 669	340	235
				Sporormiella		0	0	10	0	1	0	0
			Tetraplosphaeriaceae	*Tetraplosphaeria*	32	4	0	2	0	0	0	0
	Eurotiomycetes	Chaetothyriales	Herpotrichiellaceae	*Phialophora*	2	49	0	0	0	1	1	0
				Rhinocladiella	3	1	8	4	195	2	1	3

续表

门 Phylum	纲 Class	目 Order	科 Family	属 Genus	S 1		S 2		S 3		S 4	
					F	M	F	M	F	M	F	M
			Incertae sedis	Coniosporium	48	88	455	499	373	82	111	46
		Eurotiales	Thermoascaceae	Thermoascus	0	1	1	1	7	1	1	2
				Aspergillus	14	2	47	0	1	4	1	2
				Emericella	1	0	2	0	2	2	12	0
				Merimbla	10	58	20	25	41	103	34	57
				Paecilomyces	371	1 672	1 150	1 284	331	2 191	112	115
				Penicillium	9	16	131	4	32	28	5	14
				Sagenomella	0	0	0	8	1	0	1	0
				Talaromyces	1	1	2	11	2	1	0	1
		Mycocaliciales	Mycocaliciaceae	Chaenothecopsis	0	0	7	0	0	0	1	0
		Onygenales	Incertae sedis	Myceliophthora	16	12	87	21	26	20	11	28
			Onygenaceae	Chrysosporium	0	3	1	0	1	1	0	1
	Incertaesedis	Incertae sedis	Incertae sedis	Chalara	0	0	0	0	0	5	5	0
				Leptodiscella	72	77	157	246	278	3692	214	168
				Phaeoisaria	0	2	1	3	2	1	0	1
				Polyscytalum	1	0	3	2	1	3	3	3
				Pseudoclathrosphaerina	0	0	1	8	17	0	3	1
				Remersonia	287	897	7 014	278	565	640	238	324
				Retroconis	0	1	0	29	2	0	1	0
				Sterigmatobotrys	0	1	1	7	0	0	0	0
				Thelonectria	6	5	17	2	13	8	19	12

门 Phylum	纲 Class	目 Order	科 Family	属 Genus	S 1 F	S 1 M	S 2 F	S 2 M	S 3 F	S 3 M	S 4 F	S 4 M
	Lecanoromycetes	Acarosporales	Acarosporaceae	Acarospora	3	93	9	1	3	4	2	5
		Lecanorales	Cladoniaceae	Cladonia	0	9	8	0	1	1	1	0
			Lecanoraceae	Circinaria	0	7	9	1	2	23	26	7
			Parmeliaceae	Karoowia	9	8	9	39	13	4	5	2
		Teloschistales	Teloschistaceae	Caloplaca	29	262	35	20	1 442	166	68	43
		Helotiales	Dermateaceae	Cryptosporiopsis	4	31	10	3	2	3	2	6
			Helotiaceae	Articulospora	67	46	105	43	8 435	134	55	84
				Tricladium	5	0	31	3	2	39	2	16
			Hyaloscyphaceae	Lachnum	0	1	15	0	0	0	0	1
			Incertae sedis	Cadophora	6	5	3	4	8	4	6	0
				Dactylaria	1	0	2	0	2	2	3	2
				Scytalidium	1	1	1	0	1	2	0	3
				Tetracladium	18	18	32	18	21	19	27	29
				Xylogone	1	5	8	0	1	2	48	344
		Incertae sedis	Incertae sedis	Geomyces	0	0	0	12	0	0	0	0
				Sarea	0	0	0	0	45	0	1	15
		Thelebolales	Thelebolaceae	Thelebolus	0	1	1	0	2	2	1	2
	Pezizomycetes	Pezizales	Incertae sedis	Cephaliophora	4	3	5	3	4	5	4	4
			Pezizaceae	Hydnobolites	0	0	9	0	0	0	0	0
			Pyronemataceae	Geopora	2	0	10	4	3	53	0	13
				Pustularia	1	3	0	0	3	1	0	0

续表

门 Phylum	纲 Class	目 Order	科 Family	属 Genus	S 1 F	S 1 M	S 2 F	S 2 M	S 3 F	S 3 M	S 4 F	S 4 M
	Saccharomycetes	Saccharomycetales	Debaryomycetaceae	*Meyerozyma*	5	4	11	5	17	5	706	290
			Incertae sedis	*Candida*	14	5	54	6	38	3	70	11
	Sordariomycetes	Chaetosphaeriales	Chaetosphaeriaceae	*Chaetosphaeria*	7	8	10	7	139	43	10	21
				Chloridium	191	45	2 200	44	160	97	207	63
		Coniochaetales	Coniochaetaceae	*Coniochaeta*	2	2	4	1	24	291	3	2
		Diaporthales	Diaporthaceae	*Phomopsis*	3	3	3	1	4	6	6	3
			Melanconidaceae	*Melanconiella*	4	1	1	1	77	7	1	43
		Hypocreales	Bionectriaceae	*Bionectria*	3	3	6	2	1	4	2	3
				Clonostachys	13	15	3	15	4	28	7	13
				Hydropisphaera	52	22	44	29	36	30	33	99
			Clavicipitaceae	*Claviceps*	0	7	0	3	2	3	1	15
				Pochonia	772	175	2 632	191	562	1 576	259	304
			Cordycipitaceae	*Beauveria*	4	11	5	9	676	30	6	8
				Cordyceps	8	2	5	2	3	4	3	5
				Lecanicillium	1 510	88	237	102	135	172	78	224
				Torrubiella	91	57	117	52	144	115	58	109
			Hypocreaceae	*Acrostalagmus*	0	0	0	23	0	2	8	5
				Hypomyces	0	0	0	0	0	0	0	7
				Trichoderma	0	0	8	0	0	0	0	0
			Incertae sedis	*Acremonium*	5	10	36	8	5	368	628	15
				Calcarisporium	102	175	495	734	764	625	4 352	499

门 Phylum	纲 Class	目 Order	科 Family	属 Genus	S 1 F	S 1 M	S 2 F	S 2 M	S 3 F	S 3 M	S 4 F	S 4 M
				Emericellopsis	2	1	5	3	2	3	1	4
				Gliomastix	5 327	62	1 718	50	82	100	57	84
				Ilyonectria	0	0	0	11	1	0	0	3
				Myrothecium	1	2	4	6	0	114	1	1
				Sarocladium	6	5	10	7	9	2	11	12
				Stachybotrys	10	9	15	4	15	7	5	10
				Trichothecium	2	2	2	19	1	1	0	4
			Nectriaceae	Cosmospora	2	5	3	5	9	1	293	30
				Cylindrium	0	0	3	3	27	84	1	1
				Cylindrocarpon	0	2	1	7	0	0	0	0
				Fusarium	0	0	1	0	0	0	15	1
				Gliocladiopsis	1	0	4	10	9	1	1	0
				Nectria	41	3	8	1	6	8	5	6
				Neonectria	20	10	22	17	12	19	13	14
				Viridispora	5	2	5	199	2	4	2	1
				Volutella	3	1	3	7	1	38	2	5
			Ophiocordycipitaceae	Haptocillium	0	0	0	7	12	0	0	0
				Hirsutella	1	2	7	3	21	2	1	8
				Ophiocordyceps	5	13	8	2	2	6	5	8
				Polycephalomyces	1 169	386	134	69	1 371	86	47	53
				Tolypocladium	50	7	218	2	5	49	7	5

续表

门 Phylum	纲 Class	目 Order	科 Family	属 Genus	S 1		S 2		S 3		S 4	
					F	M	F	M	F	M	F	M
		Incertae sedis	Glomerellaceae	*Glomerella*	3	0	3	1	2	0	1	2
			Incertae sedis	*Eucasphaeria*	32	6	13	218	10	18	2	3
			Magnaporthaceae	*Gaeumannomyces*	16	34	1 278	22	32	9	16	14
			Plectosphaerellaceae	*Lectera*	0	1	0	1	4	1	1	1
				Plectosphaerella	30	71	73	123	37	50	53	76
		Melanosporales	Ceratostomataceae	*Verticillium*	35	47	230	167	239	590	46	104
				Harzia	3	4	20	25	3	2	1	5
		Microascales	Microascaceae	*Cephalotrichum*	347	255	670	11 584	341	814	353	286
				Microascus	45	32	67	22	3 978	63	34	38
				Petriella	23	10	27	12	12	8	10	7
				Pseudallescheria	45	11	10	34	41	5	2	8
				Scedosporium	0	0	0	0	7	0	0	0
				Scopulariopsis	8	7	615	13	15	8	13	7
				Wardomyces	0	0	6	0	11	0	0	0
		Ophiostomatales	Ophiostomataceae	*Ophiostoma*	59	85	303	274	66	255	68	139
		Sordariales	Cephalothecaceae	*Phialemonium*	0	3	1	0	2	3	0	0
			Chaetomiaceae	*Chaetomium*	4	5	8	1	2	3	3	5
				Humicola	22 364	6 326	32 754	2 117	3 513	4 844	1 283	1 948
				Thielavia	4	2	7	2	3	10	2	0
			Incertae sedis	*Madurella*	23	10	133	70	65	24	23	42
				Pleurothecium	4 505	146	409	137	142	232	145	154

续表

门 Phylum	纲 Class	目 Order	科 Family	属 Genus	S 1 F	S 1 M	S 2 F	S 2 M	S 3 F	S 3 M	S 4 F	S 4 M
			Lasiosphaeriaceae	*Apodus*	0	1	2	1	1	14	0	4
				Cercophora	26	57	47	20	31	1115	82	59
				Podospora	0	0	0	7	0	0	0	0
				Schizothecium	24	13	87	119	25	6	5	3
				Zopfiella	2	0	3	1	0	9	0	4
		Trichosphaeriales	Incertae sedis	*Khuskia*	0	0	0	0	0	9	0	0
		Xylariales	Amphisphaeriaceae	*Pestalotiopsis*	0	0	0	0	0	0	8	0
				Truncatella	373	16 048	1 444	1 519	2 853	571	526	413
			Incertae sedis	*Microdochium*	0	3	3	28	1	0	3	1
				Monographella	41	30	66	28	153	30	39	35
			Xylariaceae	*Discoxylaria*	2	0	0	0	10	0	1	0
				Hypoxylon	0	0	4	0	29	0	1	10
				Podosordaria	1	16	6	17	2	309	6	3
Basidiomycota	Agaricomycetes	Agaricales	Amanitaceae	*Amanita*	161	84	1 320	19	66	85	34	62
			Bolbitiaceae	*Bolbitius*	24	48	88	29	55	49	18	73
			Cortinariaceae	*Cortinarius*	0	1	0	0	23	13	1	1
			Entolomataceae	*Entoloma*	3	14	5	3	2	3	10	0
			Hygrophoraceae	*Hygrocybe*	0	1	5	29	4	13	2	10
			Incertae sedis	*Panaeolus*	0	3	0	0	6	13	0	2
			Inocybaceae	*Inocybe*	4	2	36	8	53	506	13	6
			Marasmiaceae	*Clitocybula*	41	39	9	34	71	249	46	8

续表

门 Phylum	纲 Class	目 Order	科 Family	属 Genus	S 1 F	S 1 M	S 2 F	S 2 M	S 3 F	S 3 M	S 4 F	S 4 M
				Henningsomyces	2	1	1	2	2	1	1	4
			Schizophyllaceae	Schizophyllum	14	40	29	49	22	23	14	21
			Tricholomataceae	Clitocybe	64	87	91	56	60	67	56	66
				Resupinatus	5	53	2	18	9	6	6	0
			Atheliaceae	Piloderma	1	3	1	27	1	1	0	1
		Auriculariales	Incertae sedis	Heteroacanthella	0	2	2	0	6	13	1	0
		Boletales	Boletaceae	Strobilomyces	0	0	0	0	0	0	0	8
			Gastrosporiaceae	Gastrosporium	43	39	68	70	134	43	65	56
			Sclerodermataceae	Scleroderma	100	124	184	155	334	744	164	163
		Cantharellales	Clavulinaceae	Clavulina	4	14	16	30	12	16	16	7
			Hydnaceae	Sistotrema	0	1	0	2	4	0	12	3
		Geastrales	Geastraceae	Geastrum	8	2	2	21	0	7	27	88
		Hymenochaetales	Hymenochaetaceae	Coltricia	0	1	1	0	4	1	1	2
				Tubulicrinis	23	11	61	9	10	26	3	9
			Repetobasidiaceae	Repetobasidium	311	280	840	583	1 123	570	415	418
		Phallales	Phallaceae	Dictyophora	50	44	91	155	65	27	94	2 505
				Phallus	1	2	8	3	8	0	3	7
		Polyporales	Meripilaceae	Rigidoporus	4	5	0	1	3	0	4	0
		Russulales	Russulaceae	Lactarius	88	145	165	119	1 474	155	143	215
		Sebacinales	Sebacinaceae	Efibulobasidium	20	23	105	118	20	115	26	68
				Sebacina	0	0	2	1	0	0	3	1
		Thelephorales	Thelephoraceae	Thelephora	2	0	1	2	0	4	0	2
		Agaricostilbales	Agaricostilbaceae	Bensingtonia	111	2	7	4	6	11	3	4

门 Phylum	纲 Class	目 Order	科 Family	属 Genus	S 1 F	S 1 M	S 2 F	S 2 M	S 3 F	S 3 M	S 4 F	S 4 M
	Cystobasidiomycetes	Erythrobasidiales	Chionosphaeraceae	Kurtzmanomyces	8	15	41	57	11	72	16	33
		Incertae sedis	Incertae sedis	Bannoa	0	4	0	1	0	0	5	0
		Incertae sedis	Incertae sedis	Sakaguchia	0	0	0	0	1	0	7	0
	Exobasidiomycetes	Exobasidiales	Exobasidiaceae	Exobasidium	1	0	2	0	1	1	1	1
		Incertae sedis	Incertae sedis	Tilletiopsis	0	0	0	0	0	20	0	0
	Microbotryomycetes	Sporidiobolales	Incertae sedis	Rhodosporidium	539	828	481	297	139	251	145	186
				Rhodotorula	2 928	1 267	4 069	1 750	8 240	4 221	1 109	19 579
				Sporobolomyces	2	0	2	2	3	0	0	8
	Tremellomycetes	Cystofilobasidiales	Cystofilobasidiaceae	Cystofilobasidium	1	0	51	19	3	9	3	14
				Mrakia	8	9	17	3	25	11	10	15
		Filobasidiales	Filobasidiaceae	Cryptococcus	471	423	743	416	839	858	844	35 862
		Tremellales	Incertae sedis	Cryptococcus	8	4	20	5	10	8	32	11
				Derxomyces	10	13	41	2	7	39	4	5
				Dioszegia	0	0	0	0	2	0	4	30
	Ustilaginomycetes	Urocystidales	Urocystidaceae	Urocystis	0	0	31	0	0	0	0	0
	Wallemiomycetes	Geminibasidiales	Geminibasidiaceae	Geminibasidium	2	0	1	0	1	122	3	1
Chytridiomycota	Blastocladiomycetes	Blastocladiales	Physodermataceae	Physoderma	9	3	15	8	3	16	0	1
	Chytridiomycetes	Incertae sedis	Incertae sedis	Hyaloraphidium	3	2	3	2	4	6	2	2
		Rhizophlyctidales	Rhizophlyctidaceae	Rhizophlyctis	0	0	0	0	27	1	0	0
		Rhizophydiales	Rhizophydiaceae	Rhizophydium	1 035	1 355	1 035	789	1 812	1 681	710	954
Glomeromycota	Glomeromycetes	Glomerales	Claroideoglomeraceae	Claroideoglomus	44	23	24	24	56	61	28	45
Zygomycota	Incertae sedis	Mortierellales	Mortierellaceae	Mortierella	16	13	19	20	156	24	41	32

附录三

青杨雌株和雄株根际细菌检测到的种类

门 Phylum	纲 Class	目 Order	科 Family	属 Genus	S 1		S 2		S 3		S 4	
					F	M	F	M	F	M	F	M
Euryarchaeota	Halobacteria	Halobacteriales	Halobacteriaceae	Halobacteriaceae	0	0	1	5	0	1	0	0
				Haloquadratum	3	0	7	0	0	2	2	2
				Haloterrigena	0	0	0	15	0	0	0	0
	Methanobacteria	Methanobacteriales	MSBL1	SAGMEG1	3	0	0	0	0	3	2	3
Acidobacteria	Acidobacteria	Acidobacteriales	Koribacteraceae	Candidatus Koribacter	2	3	0	0	2	14	3	208
		Acidimicrobiales	Iamiaceae	Iamia	169	107	108	60	178	246	136	142
	Actinobacteria	Actinomycetales	Actinosynnemataceae	Lentzea	16	24	26	0	4	1	4	1
				Saccharothrix	2	3	0	0	0	0	0	0
			Beutenbergiaceae	Beutenbergia	34	26	17	120	41	55	48	2
			Bogoriellaceae	Georgenia	2	12	9	81	4	3	3	0
			Cellulomonadaceae	Actinotalea	67	44	70	352	97	222	12	5
				Cellulomonas	119	81	138	175	98	100	19	9
				Demequina	5	1	0	19	3	0	1	0
				Sediminihabitans	3	1	15	1	10	4	4	1
			Dermabacteraceae	Brachybacterium	2	4	3	1	1	5	0	0
			Dermacoccaceae	Dermacoccus	0	2	1	17	1	0	0	0
			Dietziaceae	Dietzia	1	1	1	7	5	7	0	0
			Geodermatophilaceae	Blastococcus	24	29	145	47	29	9	15	1

续表

门 Phylum	纲 Class	目 Order	科 Family	属 Genus	S 1 F	S 1 M	S 2 F	S 2 M	S 3 F	S 3 M	S 4 F	S 4 M
				Geodermatophilus	12	30	46	13	6	2	1	77
				Modestobacter	11	34	125	83	22	15	4	22
			Glycomycetaceae	Glycomyces	31	45	3	89	0	3	1	0
			Intrasporangiaceae	Knoellia	7	5	11	0	6	14	4	3
				Phycicoccus	42	11	60	3	23	83	34	18
				Terracoccus	4	1	1	0	0	0	2	18
			Microbacteriaceae	Agrococcus	9	8	28	3	16	13	2	2
				Agromyces	10	9	223	2	66	27	13	4
				Cryobacterium	8	2	7	1	10	22	3	3
				Cryocola	49	17	219	18	105	84	55	16
				Microbacterium	4	7	23	0	18	21	5	2
				Rathayibacter	1	1	3	1	0	3	0	1
			Micrococcaceae	Arthrobacter	1	1	3	7	0	0	2	0
				Microbispora	193	270	758	1 157	186	291	28	80
				Sinomonas	1	0	0	0	0	0	0	15
			Micromonosporaceae	Actinoplanes	0	1	0	0	2	0	2	6
				Catellatospora	55	26	0	15	4	1	1	35
				Catenuloplanes	0	0	0	0	6	0	0	0
				Dactylosporangium	4	1	4	1	6	13	29	20
				Pilimelia	1	2	2	1	7	6	54	10
				Solwaraspora	5	1	4	1	1	3	1	3

续表

门 Phylum	纲 Class	目 Order	科 Family	属 Genus	S 1 F	S 1 M	S 2 F	S 2 M	S 3 F	S 3 M	S 4 F	S 4 M
				Virgisporangium	2	3	22	4	0	0	0	34
			Mycobacteriaceae	*Mycobacterium*	44	23	100	17	106	93	32	108
			Nocardiaceae	*Nocardia*	5	6	3	3	14	3	0	5
				Rhodococcus	21	10	30	6	32	71	30	30
			Nocardioidaceae	*Actinopolymorpha*	4	6	1	0	0	0	0	0
				Aeromicrobium	311	98	189	26	478	372	57	71
				Friedmanniella	19	3	5	0	11	1	0	0
				Kribbella	262	113	260	12	13	8	6	15
				Nocardioides	421	155	387	77	381	318	127	78
				Pimelobacter	17	18	10	12	5	6	2	1
			Nocardiopsaceae	*Prauseria*	0	1	1	12	0	1	0	0
			Propionibacteriaceae	*Microlunatus*	8	3	11	2	39	22	18	2
			Pseudonocardiaceae	*Actinomycetospora*	9	10	26	36	52	9	2	4
				Amycolatopsis	3	0	4	1	0	0	0	2
				Jiangella	18	34	44	98	33	1	2	4
				Pseudonocardia	92	74	99	19	82	37	25	9
				Saccharopolyspora	13	17	0	3	1	0	0	6
			Sporichthyaceae	*Sporichthya*	4	22	18	4	26	2	1	10
			Streptomycetaceae	*Streptacidiphilus*	3	4	1	11	0	0	0	14
				Streptomyces	156	162	495	31	48	57	157	116
			Streptosporangiaceae	*Streptosporangium*	3	1	2	0	7	6	46	4

续表

门 Phylum	纲 Class	目 Order	科 Family	属 Genus	S 1		S 2		S 3		S 4	
					F	M	F	M	F	M	F	M
				Actinocorallia	4	4	2	0	17	4	0	0
				Actinomadura	2	2	1	35	3	6	0	10
		Actinomycetales	Williamsiaceae	Williamsia	0	1	0	0	4	2	0	0
		Bifidobacteriales	Bifidobacteriaceae	Bifidobacterium	2	2	1	0	0	3	0	0
	Nitriliruptoria	Euzebyales	Euzebyaceae	Euzebya	483	576	214	1 302	31	191	22	10
		Nitriliruptorales	Nitriliruptoraceae	Nitriliruptor	2	14	5	306	4	0	0	1
	Rubrobacteria	Rubrobacterales	Rubrobacteraceae	Rubrobacter	32	37	42	225	2	59	1	5
	Thermoleophilia	Solirubrobacterales	Conexibacteraceae	Conexibacter	10	8	17	1	14	4	18	18
			Patulibacteraceae	Patulibacter	5	6	2	0	1	0	0	0
			Solirubrobacteraceae	Solirubrobacter	97	118	340	15	111	67	21	29
Amatimonadetes	Fimbriimonadia	Fimbriimonadales	Fimbriimonadaceae	Fimbriimonas	2	0	15	0	0	0	4	17
Bacteroidetes	Bacteroidia	Bacteroidales	Bacteroidaceae	Bacteroides	0	0	0	0	6	0	0	0
			Porphyromonadaceae	Parabacteroides	0	0	0	0	60	1	0	0
	Cytophagia	Cytophagales	Cyclobacteriaceae	Algoriphagus	3	12	9	32	85	30	3	1
			Cytophagaceae	Adhaeribacter	266	99	58	15	34	19	2	11
				Dyadobacter	104	5	50	0	2	20	104	38
				Hymenobacter	119	10	2	1	3	25	6	1
				Pontibacter	139	156	83	329	88	22	3	3
				Rhodocytophaga	31	6	102	4	16	2	2	2
				Sporocytophaga	17	3	45	1	25	1	6	89
			Flammeovirgaceae	Fulvivirga	0	10	5	70	33	3	0	0

续表

门 Phylum	纲 Class	目 Order	科 Family	属 Genus	S 1		S 2		S 3		S 4	
					F	M	F	M	F	M	F	M
	Flavobacteriia	Flavobacteriales	Blattabacteriaceae	Sulcia	0	0	0	0	0	12	0	0
			Cryomorphaceae	Brumimicrobium	0	0	0	0	23	0	0	0
				Crociniitomix	0	1	0	2	125	32	3	40
				Cryomorpha	0	0	0	1	57	6	0	0
				Fluviicola	1	3	2	0	43	28	8	3
				Owenweeksia	0	0	1	11	46	8	0	0
			Flavobacteriaceae	Aequorivita	0	8	5	22	481	168	0	0
				Arenibacter	0	0	0	16	100	15	0	0
				Cellulophaga	1	14	0	35	0	0	1	0
				Coralibacter	0	0	0	6	0	0	0	0
				Flavobacterium	29	370	70	5	140	200	63	161
				Gillisia	11	76	4	1 280	915	505	1	2
				Gramella	13	60	0	192	5	4	0	0
				Mesonia	1	7	0	100	45	4	0	0
				Muricauda	0	1	0	44	0	0	0	0
				Psychroserpens	0	0	0	0	7	9	0	0
				Salinimicrobium	2	25	0	712	128	27	1	0
				Sediminibacter	2	8	2	94	3 833	1 410	0	2
				Sufflavibacter	0	0	0	7	0	0	0	0
				Ulvibacter	1	7	0	2	1 142	4	1	1
			Weeksellaceae	Chryseobacterium	5	0	0	0	1	0	0	0

门 Phylum	纲 Class	目 Order	科 Family	属 Genus	S 1 F	S 1 M	S 2 F	S 2 M	S 3 F	S 3 M	S 4 F	S 4 M
	Sphingobacteriia	Sphingobacteriales	Sphingobacteriaceae	*Olivibacter*	478	33	29	1	2	0	0	0
				Pedobacter	95	123	210	1	33	19	63	10
				Sphingobacterium	1	1	0	0	0	2	0	1
	Rhodothermi	Rhodothermales	Rhodothermaceae	*Rubricoccus*	10	15	2	230	133	30	1	1
				Salisaeta	2	14	0	80	0	0	0	0
			Balneolaceae	*Balneola*	1	1	0	22	1	0	0	0
				KSA1	10	34	1	757	0	0	0	0
	Saprospirae	Saprospirales	Chitinophagaceae	*Flavisolibacter*	206	58	68	6	5	25	27	48
				Lacibacter	1	0	0	0	5	1	0	1
				Sediminibacterium	2	2	1	0	0	0	0	0
				Segetibacter	34	2	24	0	25	31	4	0
			Saprospiraceae	*Lewinella*	1	1	0	19	39	0	1	2
Chlamydiae	Chlamydiia	Chlamydiales	Parachlamydiaceae	*Candidatus Protomydia*	0	0	1	3	13	9	1	3
				Parachlamydia	1	0	2	0	40	4	1	1
			Rhabdochlamydiaceae	*CandidaRhabdochla*	1	0	0	1	1	15	23	5
			Waddliaceae	*Waddlia*	0	1	0	19	0	0	0	0
Chloroflexi	Anaerolineae	Anaerolineales	Anaerolinaceae	SHD 231	0	0	0	0	0	0	0	5
		Ardenscatenales	Ardenscatenaceae	*Ardenscatena*	20	26	9	64	58	6	8	1
		Caldilineales	Caldilineaceae	*Litorilinea*	0	1	0	0	1	0	2	1
	Chloroflexi	Chloroflexales	Chloroflexaceae	*Chloronema*	5	1	1	0	27	4	7	1

续表

门 Phylum	纲 Class	目 Order	科 Family	属 Genus	S 1		S 2		S 3		S 4	
					F	M	F	M	F	M	F	M
Cyanobacteria			Oscillochloridaceae	Oscillochloris	4	0	0	1	6	1	42	3
	Chloroplast	Chlorophyta	Trebouxiophyceae	Coccomyxa	0	0	0	0	0	0	0	15
Firmicutes	Bacilli	Bacillales	Alicyclobacillaceae	Alicyclobacillus	0	1	0	8	0	0	0	7
			Bacillaceae	Anoxybacillus	2	4	4	0	2	18	2	3
				Bacillus	153	207	83	16	27	252	45	100
				Halobacillus	2	4	2	5	0	2	0	0
				Marinibacillus	2	3	1	0	2	0	0	0
				Marinococcus	0	0	0	9	0	0	0	0
			Paenibacillaceae	Ammoniphilus	0	1	1	0	0	3	0	1
				Brevibacillus	0	0	0	0	0	12	0	1
				Paenibacillus	15	14	41	10	17	38	13	23
			Planococcaceae	Lysinibacillus	3	0	0	0	0	1	1	2
				Paenisporosarcina	8	12	11	2	5	5	28	18
				Planomicrobium	45	20	7	178	27	50	7	20
				Solibacillus	2	0	2	0	3	1	2	2
				Sporosarcina	0	0	1	0	10	2	24	3
			Staphylococcaceae	Staphylococcus	0	0	0	2	0	5	0	1
			Exiguobacteraceae	Exiguobacterium	1	2	2	0	0	0	0	0
		Lactobacillales	Aerococcaceae	Aerococcus	0	0	0	0	6	2	0	0
				Marinilactibacillus	0	0	0	5	0	0	0	0
			Lactobacillaceae	Lactobacillus	0	0	1	2	224	9	2	0

续表

门 Phylum	纲 Class	目 Order	科 Family	属 Genus	S 1		S 2		S 3		S 4	
					F	M	F	M	F	M	F	M
			Streptococcaceae	*Lactococcus*	0	0	1	0	5	0	6	7
				Streptococcus	1	2	1	0	4	8	3	9
		Turicibacterales	Turicibacteraceae	*Turicibacter*	0	1	4	3	40	12	3	1
	Clostridia	Clostridiales	Clostridiaceae	*Alkaliphilus*	1	1	0	0	10	0	1	1
				Clostridium	0	2	4	0	54	68	4	2
			Eubacteriaceae	*Acetobacterium*	0	0	0	0	10	17	0	0
			Lachnospiraceae	*Coprococcus*	0	0	0	0	12	0	1	4
			Peptococcaceae	*Desulfosporosinus*	0	0	1	0	288	105	3	1
				Desulfotomaculum	5	0	0	0	3	0	49	2
			Peptostreptococcaceae	*Clostridium*	0	1	2	0	16	7	1	2
			Ruminococcaceae	*Oscillospira*	0	1	0	1	593	5	2	5
				Ruminococcus	0	0	0	0	65	0	0	0
			Symbiobacteriaceae	*Symbiobacterium*	0	1	7	0	0	1	0	0
			Veillonellaceae	*Pelosinus*	0	0	0	0	1	21	0	1
Nitrospirae	Nitrospira	Nitrospirales	Nitrospiraceae	*Nitrospira*	2	1	0	0	1	2	33	5
Planctomycetes	Planctomycetia	Gemmatales	Gemmataceae	*Gemmata*	139	60	75	7	50	49	67	128
				Pirellula	29	10	44	0	15	26	127	32
				planctomycete	0	1	0	12	1	0	0	0
		Planctomycetales	Planctomycetaceae	*Planctomyces*	384	561	715	1 408	654	261	192	140
	Brocadiae	Brocadiales	Brocadiaceae	*Candidatus Scalindua*	4	0	0	2	1	7	2	1

续表

门 Phylum	纲 Class	目 Order	科 Family	属 Genus	S 1 F	S 1 M	S 2 F	S 2 M	S 3 F	S 3 M	S 4 F	S 4 M
Proteobacteria	Alphaproteobacteria	Caulobacterales	Caulobacteraceae	Arthrospira	4	2	7	2	2	0	5	12
				Asticcacaulis	0	0	7	0	0	3	1	0
				Brevundimonas	2	1	1	1	0	6	0	0
				Caulobacter	6	12	20	5	4	13	22	23
				Mycoplana	163	41	69	2	82	67	8	13
				Phenylobacterium	117	33	109	9	93	35	72	51
		Kiloniellales	Kiloniellaceae	Thalassospira	0	0	0	7	0	0	0	0
		Rhizobiales	Aurantimonadaceae	Aurantimonas	0	3	0	15	6	4	1	0
			Beijerinckiaceae	Beijerinckia	0	2	2	8	2	0	1	3
			Bradyrhizobiaceae	Balneimonas	42	14	46	3	74	23	11	20
				Bradyrhizobium	92	46	107	5	144	51	173	424
			Hyphomicrobiaceae	Devosia	155	103	207	143	217	107	65	53
				Hyphomicrobium	23	12	3	4	163	35	103	45
				Pedomicrobium	8	1	6	7	58	14	143	46
				Rhodobium	13	14	0	19	0	2	0	0
				Rhodoplanes	55	48	82	24	217	111	142	160
			Methylobacteriaceae	Methylobacterium	4	3	11	6	8	4	4	16
				Methylopila	1	6	4	0	0	0	0	0
			Methylocystaceae	Pleomorphomonas	6	8	48	12	161	46	3	0
			Phyllobacteriaceae	Aminobacter	42	14	154	12	83	102	29	6
				Aquamicrobium	1	1	0	0	0	4	0	0

续表

门 Phylum	纲 Class	目 Order	科 Family	属 Genus	S 1		S 2		S 3		S 4	
					F	M	F	M	F	M	F	M
				Mesorhizobium	12	3	34	66	36	34	23	15
				Nitratireductor	4	4	0	16	1	1	0	0
			Rhizobiaceae	Phyllobacterium	73	53	16	32	39	23	55	0
				Agrobacterium	21	6	35	3	13	11	19	2
				Kaistia	0	0	0	0	6	3	1	2
				Rhizobium	1	0	0	0	1	1	12	0
				Shinella	0	0	0	1	4	0	0	0
			Rhodobiaceae	Afifella	26	24	161	28	52	11	41	38
			Xanthobacteraceae	Blastochloris	1	2	0	0	1	0	0	2
				Labrys	0	0	1	0	0	0	5	6
		Rhodobacterales	Hyphomonadaceae	Hyphomonas	0	0	0	0	13	2	0	0
			Rhodobacteraceae	Amaricoccus	14	5	23	7	110	54	11	3
				Loktanella	3	0	2	1	18	10	7	1
				Paracoccus	61	24	59	15	4	15	4	1
				Pseudoroseobacter	0	1	1	7	9	7	0	0
				Rhodobacter	7	2	2	1	59	47	26	40
				Rhodovulum	2	2	4	3	47	26	3	2
				Rubellimicrobium	49	23	27	44	20	11	10	1
				Wenxinia	0	0	0	5	0	0	0	0
			Acetobacteraceae	Craurococcus	1	0	3	0	2	0	0	1
				Rhodopila	0	0	0	1	0	0	0	5

续表

门 Phylum	纲 Class	目 Order	科 Family	属 Genus	S 1		S 2		S 3		S 4	
					F	M	F	M	F	M	F	M
				Roseococcus	2	0	0	0	2	3	2	0
			Rhodospirillaceae	*Roseomonas*	41	35	65	64	61	4	3	2
				Azospirillum	0	0	0	0	10	2	0	0
				Constrictibacter	1	1	0	10	0	0	0	0
				Inquilinus	0	0	0	1	10	11	20	14
				Oleomonas	0	0	0	0	0	0	1	25
				Skermanella	711	442	1 614	69	1 180	402	218	66
		Rickettsiales	Mitochondria	*Acanthamoeba*	0	0	2	0	6	1	0	0
				Oenothera	0	0	1	0	2	0	3	3
				Polysphondylium	2	0	7	0	0	0	0	0
				Vermamoeba	0	0	5	0	0	0	0	0
				Zea	3	2	0	2	0	3	4	2
		Sphingomonadales	Erythrobacteraceae	*Lutibacterium*	1	2	0	3	2	0	0	0
			Sphingomonadaceae	*Kaistobacter*	394	191	468	114	245	578	123	843
				Novosphingobium	38	4	8	1	28	42	11	13
				Sphingobium	7	11	0	8	4	9	3	0
				Sphingomonas	30	15	120	2	16	8	42	14
				Sphingopyxis	12	4	27	2	2	3	6	1
Betaproteobacteria		Burkholderiales	Alcaligenaceae	*Achromobacter*	2	1	0	0	0	1	0	0
				Sutterella	0	0	2	0	53	2	0	2
			Burkholderiaceae	*Burkholderia*	1	0	0	0	2	8	2	401

续表

门 Phylum	纲 Class	目 Order	科 Family	属 Genus	S 1		S 2		S 3		S 4	
					F	M	F	M	F	M	F	M
				Salinispora	0	0	0	1	0	27	0	15
			Comamonadaceae	*Acidovorax*	14	3	0	6	2	1	10	3
				Comamonas	3	3	3	2	4	3	2	2
				Hydrogenophaga	21	11	9	2	48	45	7	4
				Leptothrix	4	1	0	0	0	1	1	2
				Methylibium	3	0	1	0	1	0	0	0
				Polaromonas	97	17	10	3	41	543	61	18
				Ramlibacter	54	14	25	0	3	5	7	0
				Rhodoferax	1	0	0	0	8	5	2	4
				Rubrivivax	6	1	1	0	0	7	33	18
				Variovorax	52	23	3	2	21	17	10	0
			Oxalobacteraceae	*Cupriavidus*	0	0	0	0	0	15	0	3
				Janthinobacterium	7	2	0	0	0	2	2	0
		Hydrogenophilales	Hydrogenophilaceae	*Thiobacillus*	0	2	0	0	6	3	11	18
		Methylophilales	Methylophilaceae	*Methylotenera*	10	153	4	0	506	5	7	0
		Neisseriales	Neisseriaceae	*Neisseria*	4	1	0	0	0	3	2	0
		Rhodocyclales	Rhodocyclaceae	*Azoarcus*	32	5	0	36	14	5	140	3
				Georgfuchsia	1	1	0	0	1	4	3	1
				Propionivibrio	0	0	0	0	0	0	10	5
				Thauera	0	0	0	0	1	0	6	0
				Uliginosibacterium	2	0	0	1	1	1	235	4

续表

门 Phylum	纲 Class	目 Order	科 Family	属 Genus	S 1 F	S 1 M	S 2 F	S 2 M	S 3 F	S 3 M	S 4 F	S 4 M
	Deltaproteobacteria	Bdellovibrionales	Bacteriovoracaceae	*Bacteriovorax*	0	0	0	0	75	0	0	0
			Bdellovibrionaceae	*Bdellovibrio*	4	4	11	0	60	5	4	30
		Desulfobacterales	Desulfobulbaceae	*Desulfobulbus*	1	2	0	0	1	0	249	2
		Desulfuromonadales	Geobacteraceae	*Geobacter*	3	4	6	5	5	16	229	106
		Myxococcales	Haliangiaceae	*Haliangium*	1	0	11	9	12	4	0	0
			Myxococcaceae	*Anaeromyxobacter*	0	0	0	0	1	0	56	29
				Corallococcus	30	18	20	31	1	7	3	12
				Myxococcus	0	10	1	11	8	4	0	2
			Nannocystaceae	*Nannocystis*	6	3	1	11	10	3	5	10
				Plesiocystis	3	14	6	167	70	15	3	5
			Polyangiaceae	*Chondromyces*	0	0	2	0	0	1	1	2
				Phaselicystis	1	2	14	0	2	1	0	0
				Sorangium	0	0	0	0	1	4	2	7
	Gammaproteobacteria	Alteromonadales	Alteromonadaceae	*Cellvibrio*	13	7	17	1	253	118	2	14
				Gilvimarinus	0	2	0	4	0	0	0	0
				Glaciecola	0	0	0	5	0	0	0	0
				Marinimicrobium	0	2	0	37	0	0	0	0
				Marinobacter	13	26	1	781	59	17	1	0
				Microbulbifer	1	2	0	2	0	1	0	0
		Chromatiales	Chromatiaceae	*Nitrosococcus*	2	3	0	25	0	0	0	0
				Halorhodospira	1	4	1	8	1	0	0	0

门 Phylum	纲 Class	目 Order	科 Family	属 Genus	S 1		S 2		S 3		S 4	
					F	M	F	M	F	M	F	M
		Legionellales	Coxiellaceae	*Aquicella*	16	15	10	12	111	124	52	14
				Rickettsiella	0	1	0	12	0	0	0	0
			Legionellaceae	*Legionella*	8	4	8	16	250	62	7	4
				Tatlockia	0	0	0	35	4	7	0	0
		Oceanospirillales	Alcanivoracaceae	*Alcanivorax*	0	0	0	9	0	0	0	0
			Hahellaceae	*Hahella*	0	1	0	4	0	1	0	0
			Halomonadaceae	*Halomonas*	11	104	7	1 555	9	10	9	4
			Saccharospirillaceae	*Saccharospirillum*	2	1	0	137	1	3	0	2
		Pasteurellales	Pasteurellaceae	*Actinobacillus*	0	2	1	0	3	4	1	0
				Aggregatibacter	0	0	0	0	4	1	0	0
		Pseudomonadales	Moraxellaceae	*Acinetobacter*	10	12	14	1	9	489	3	3
				Psychrobacter	1	1	0	0	0	35	0	0
			Pseudomonadaceae	*Azomonas*	0	0	119	0	0	1	0	1
				Pseudomonas	214	61	57	24	444	574	993	50
		Thiotrichales	Piscirickettsiaceae	*Methylophaga*	0	1	0	18	16	0	0	0
		Xanthomonadales	Sinobacteraceae	*Hydrocarboniphaga*	0	0	0	0	0	0	18	0
			Xanthomonadaceae	*Steroidobacter*	15	28	34	5	29	19	16	11
				Arenimonas	37	9	15	0	1	7	7	4
				Dokdonella	9	1	2	0	22	15	5	15
				Dyella	0	0	0	0	0	1	0	40
				Luteimonas	44	15	15	31	8	7	3	4

续表

门 Phylum	纲 Class	目 Order	科 Family	属 Genus	S 1		S 2		S 3		S 4	
					F	M	F	M	F	M	F	M
				Lysobacter	11	6	2	1	11	12	4	19
				Pseudofulvimonas	0	0	1	0	0	4	0	0
				Pseudoxanthomonas	0	0	0	0	0	4	1	0
				Thermomonas	104	40	6	1	222	42	4	34
Tenericutes	Mollicutes	Anaeroplasmatales	Anaeroplasmataceae	Anaeroplasma	0	0	0	0	12	0	0	0
				Asteroleplasma	0	0	5	0	0	0	0	0
Verrucomicrobia	Opitutae	Opitutales	Opitutaceae	Opitutus	596	496	177	43	170	149	82	119
		Pelagicoccales	Pelagicoccaceae	Pelagicoccus	3	29	0	82	3	2	0	0
	Verrucomicrobiae	Verrucomicrobiales	Verrucomicrobiaceae	Akkermansia	0	0	1	0	8	2	0	0
				Haloferula	2	3	1	25	0	3	0	0
				Luteolibacter	70	67	44	27	258	205	8	7
				Prosthecobacter	24	28	5	0	0	3	1	6
				Verrucomicrobium	0	0	2	0	3	3	0	1
	Pedosphaerae	Pedosphaerales	Pedosphaeraceae	Pedosphaera	1	7	0	2	0	0	0	10
	Spartobacteria	Chthoniobacterales	Chthoniobacteraceae	Chthoniobacter	71	24	13	1	17	14	149	90
				DA101	45	18	8	1	1	4	18	200
				Ellin506	29	2	3	0	0	0	16	0
				Hetero C45	42	29	3	9	4	6	0	2
Thermi	Deinococci	Deinococcales	Trueperaceae	B 42	54	60	17	1 106	50	10	3	5
				Truepera	8	13	11	66	3	4	0	0
		Thermales	Thermaceae	Thermus	0	1	0	0	1	42	0	8

参考文献

[1] Aasamaa K, Heinsoo K, Holm B. Biomass production, water use and photosynthesis of *Salix* clones grown in a wastewater purification system[J].Biomass and Bioenergy, 2010,34 (6): 897-905

[2] Abbaspour H, Saeidi-Sar S, Afshari H, et al. Tolerance of mycorrhiza infected pistachio (*Pistacia vera* L.) seedling to drought stress under glasshouse conditions[J]. Journal of Plant Physiology, 2012, 169(7): 704-709

[3] Abdel Latef AA, He CX. Effect of arbuscular mycorrhizal fungi on growth, mineral nutrition,antioxidant enzymes activity and fruit yield of tomato grown under salinity stress[J]. Sci Hortic, 2011,127(3): 228-233

[4] Abdel Latef AA, He CX. Does the inoculation with *Glomus mosseae* improves salt tolerance in pepper plants[J]? J Plant Growth Regul, 2014,33(3): 644-653

[5] Agami RA. Application of ascorbic acid or proline increase resistance to salt stress in barley seedlings[J]. Biol Plant, 2014,58(2): 341-347

[6] Ahanger MA, Tomar NS, Tittal M, et al. Plant growth under water/salt stress: ROS production: antioxidants and significance of added potassium under such conditions[J]. Physiol Mol Biol Pla, 2017,23(4): 731-744

[7] Ahmed CB, Rouina BB, Sensoy S, et al. Changes in gas exchange, proline accumulation and antioxidative enzyme activities in three olive cultivars under contrasting water availability regimes[J]. Environmental and Experimental Botany, 2009,67 (2): 345-352

[8] Ai J, Tschirner U. Fiber length and pulping characteristics of switchgrass, alfalfa stems, hybrid poplar and willow biomasses[J]. Bioresource Technology, 2010, 101 (1): 215-221

[9] Albert KR, Boesgaard K, Ro-Poulsen H, et al. Antagonism between elevated CO_2, nighttime warming, and summer drought reduces the robustness of PSII performance to freezing events[J]. Environ Exp Bot, 2013,93: 1-12

[10] Alef K, Nannipieri P. Methods in Applied Soil Microbiology and Biochemistry[M]. New

York: Academic Press. 1995,

［11］Alexander LV, Tapper N, Zhang X, et al. Climate extremes: progress and future directions［J］. Int J Climatol, 2009, 29: 317-319

［12］Al-Karaki G, McMichael B, Zak J. Field response of wheat to arbuscular mycorrhizal fungi and drought stress［J］. Mycorrhiza, 2004, 14: 263-269

［13］Al-Karaki GN. Growth of mycorrhizal tomato and mineral acquisition under salt stress［J］. Mycorrhiza, 2000,10: 51-54

［14］Al-Karaki GN. Nursery inoculation of tomato with arbuscular mycorrhizal fungi and subsequent performance under irrigation with saline water［J］. Sci Hortic, 2006,109: 1-7

［15］Allen MF. The Ecology of Mycorrhizae［M］. New York: Cambridge University Press: 1991,184

［16］Almeida-Rodriguez AM, Cooke JE, Yeh F. Functional characterization of drought-responsive aquaporins in *Populus balsamifera* and *Populus simonii × balsamifera* clones with different drought resistance strategies［J］. Physiologia Plantarum, 2010,140 (4): 321-333

［17］Alvarez M, Huygens D, Fernandez C, et al. Effect of ectomycorrhizal colonization and drought on reactive oxygen species metabolism of *Nothofagus dombeyi* roots［J］. Tree Physiology, 2009,29 (8): 1047-1057

［18］Amiri R, Nikbakht A, Etemadi N, et al. Nutritional status, essential oil changes and water-use efficiency of rose geranium in response to arbuscular mycorrhizal fungi and water deficiency stress［J］. Symbiosis, 2017,73(1): 15-25

［19］Anderson IC, Campbell CD, Prosser JI. Diversity of fungi in organic soils under a moorland-Scots pine (*Pinus sylvestris*) gradient［J］. Env Microbiol, 2003,5(11): 1121-1132

［20］Andrade G, Mihara K, Linderman R, Bethlenfalvay G. Bacteria from rhizosphere and hyphosphere soils of different arbuscular-mycorrhizal fungi［J］. Plant and Soil, 1997,192 (1): 71-79

［21］Anjum SA, Xie XY, Wang LC, et al. Morphological, physiological and biochemical responses of plants to drought stress［J］. Afr J Agr Res, 2011,6: 2026-2032

［22］Aravanopoulos FA. Breeding of fast growing forest tree species for biomass production in Greece［J］. Biomass and Bioenergy, 2010,34 (11): 1531-1537

［23］Aref I M, Ahmed AI, Khan PR, et al. Drought-induced adaptive changes in the seedling anatomy of *Acacia ehrenbergiana* and *Acacia tortilis subsp* ［J］. raddiana. Trees, 2013,27: 959-971

［24］Armada E, Barea JM, Castillo P, et al. Characterization and management of autochthonous bacterial strains from semiarid soils of Spain and their interactions with fermented agrowastes to improve drought tolerance in native shrub species［J］. Appl Soil Ecol, 2015,96: 306-318

[25] Aroca R, Porcel R, Ruiz-Lozano JM. How does arbuscular mycorrhizal symbiosis regulate root hydraulic properties and plasma membrane aquaporins in *Phaseolus vulgaris* under drought, cold or salinity stresses[J]? New Phytologist , 2007,173(4): 808-816

[26] Aroca R, Porcel R, Ruiz-Lozano JM. Regulation of root water uptake under abiotic stress conditions[J]. J Exp Bot, 2012,63(1): 43-57

[27] Aroca R, Vernieri P, Ruiz-Lozano JM. Mycorrhizal and non-mycorrhizal *Lactuca sativa* plants exhibit contrasting responses to exogenous ABA during drought stress and recovery[J]. Journal of Experimental Botany, 2008, 59 (8): 2029-2041

[28] Asensio D, Rapparini F, Peñuelas J. AM fungi root colonization increases the production of essential isoprenoids vs. nonessential isoprenoids especially under drought stress conditions or after jasmonic acid application[J]. Phytochemistry, 2012,77: 149-161

[29] Ashraf M, Foolad MR. Roles of glycine betaine and proline in improving plant abiotic stress resistance[J]. Environ Exp Bot, 2007,59(2): 206-216

[30] Ashraf MA, Akbar A, Parveen A, et al. Phenological application of selenium differentially improves growth, oxidative defense and ion homeostasis in maize under salinity stress[J]. Plant Physiol Bioch, 2017,123: 268-280

[31] Ashraf MY, Akhtar K, Satwar G, et al. Role of the rooting system in salt tolerance potential of different guar accessions[J]. Agron Sustain Dev, 2005,25(2): 243-249

[32] Ashrafi E, Zahedi M, Razmjoo J. Co-inoculation of arbuscular mycorrhizal fungi and rhizobia under salinity in alfalfa[J]. Soil Sci Plant Nutri, 2014,60(5): 619-629

[33] Asrar A, Abdel-Fattah G, Elhindi K. Improving growth, flower yield, and water relations of snapdragon (*Antirhinum majus* L.) plants grown under well-watered and water-stress conditions using arbuscular mycorrhizal fungi[J]. Photosynthetica, 2012,50 (2): 305-316

[34] Assaha DVM, Liu LY, Ueda A, et al. Effects of drought stress on growth, solute accumulation and membrane stability of leafy vegetable, huckleberry (*Solanum scabrum* Mill.) [J]. J Environ Biol, 2016,37(1): 107-114

[35] Augé R M, Schekel KA, Wample R L. Greater leaf conductance of well-watered VA mycorrhizal rose plants is not related to phosphorus nutrition[J]. New Phytologist, 1986, 103 (1): 107-116

[36] Augé R M, Stodola AJ, Tims JE, et al. Moisture retention properties of a mycorrhizal soil[J]. Plant and Soil, 2001,230 (1): 87-97

[37] Augé RM. Water relations, drought and vesicular-arbuscular mycorrhizal symbiosis[J]. Mycorrhiza, 2001,11 (1): 3-42

[38] Augé R, Moore J. Arbuscular mycorrhizal symbiosis and plant drought resistance[J]. In: Mehrotra VS (ed) Mycorrhiza: role and applications. New Delhi: Allied Publishers Limited:

2005,136-157

[39] Augé RM, Sylvia DM, Park S, et al. Partitioning mycorrhizal in fluence on water relations of *Phaseolus vulgaris* into soil and root components[J]. Can J Bot, 2004, 82: 503-514

[40] Augé RM, Toler HD, Saxton AM. Arbuscular mycorrhizal symbiosis alters stomatal conductance of host plants more under drought than under amply watered conditions: a meta-analysis[J]. Mycorrhiza, 2015,25: 13-24

[41] Augé RM. Stomatal behavior of arbuscular mycorrhizal plants. In: Kapulnik Y, Douds DD (eds) Arbuscular mycorrhizas: physiology and function[M]. Kluwer, Dordrecht, The Netherlands: 2000,201-237

[42] Augé RM. Arbuscular mycorrhizae and soil/plant water relations[J]. Can J Soil Sci, 2004,84: 373-381

[43] Azcón R, Barea JM. Mycorrhizosphere interactions for legume improvement[J]. In: Microbes for Legume Improvement. Springer: 2010,237-271

[44] Azcón R, Gomez M, Tobar R. Physiological and nutritional responses by *Lactuca sativa* L. to nitrogen sources and mycorrhizal fungi under drought conditions[M]. Biology and Fertility of soils, 1996,22 (1-2): 156-161

[45] Bagheri V, Shamshiri M, Shirani H, et al. Nutrient uptake and distribution in mycorrhizal *Pistachio* seedlings under drought stress[J]. Journal of Agricultural Science and Technology, 14 (Supplementary Issue): 2012,1591-1604

[46] Baker NR. Chlorophyll fluorescence, a probe of photosynthesis in vivo[J]. Annu Rev Plant Biol, 2008,59(1): 89-113

[47] Bakonyi G, Posta K, Kiss I, et al. Density-dependent regulation of arbuscular mycorrhiza by collembola[J]. Soil Biology and Biochemistry, 2002,34 (5): 661-664

[48] Balaji B, Paulin MJ, Vierheilig H, et al. Responses of an arbuscular mycorrhizal fungus, *Gigaspora margarita*, to exudates and volatiles from Ri T-DNA-transformed roots of nonmycorrhizal and mycorrhizal mutants of *Pisum sativum* L[J]. sparkle. Exp Mycol, 1995,19: 275-283

[49] Balestrini R, Lumini E, Borriello R, et al. Plant-soil biota interactions. In: Soil microbiology. Ecology and Biochemistry[M]. London: Academic/Elsevier Press: 2015,311–338

[50] Balliu A, Sallaku G, Rewald B. AMF inoculation enhances growth and improves the nutrient uptake rates of transplanted, salt-stressed tomato seedlings[J]. Sustainability, 2015, 7(12): 15967-15981

[51] Ban Y, Tang M, Chen H, et al. The response of dark septate endophytes (DSE) to heavy metals in pure culture[J]. PLoS One, 2012,7(10): e47968

[52] Barea JM, Azcón R, Azcón-Aguilar C. Interactions between mycorrhizal fungi and bacteria

to improve plant nutrient cycling and soil structure. In: Microorganisms in soils: roles in genesis and functions[M]. Springer: 2005, 195-212

[53] Barea J, Azcon-Aguilar C, Azcon R. Interactions between mycorrhizal fungi and rhizosphere micro-organisms within the context of sustainable soil-plant systems. In: Multitrophic interactions in terrestrial systems[M]. Cambridge: Cambridge University Press: 2002, 65-68

[54] Barea J, Jeffries P. Arbuscular mycorrhizas in sustainable soil-plant systems. In: Mycorrhiza[M]. Springer: 1995,521-560

[55] Barea J, Pozo M, Azcon R, et al. Microbial co-operation in the rhizosphere[J]. J Exp Bot, 2005,56: 1761-1767

[56] Barea JM, Palenzuela J, Cornejo P,et al. Ecological and functional roles of mycorrhizas in semi-arid ecosystems of Southeast Spain[J]. J Arid Environ, 2011,75(12): 1292-1301.

[57] Barrett SCH, Thomson JD. Spatial pattern, floral sex-ratios, and fecundity in dioecious *Aralia nudicaulis* (Araliaceae) [J]. Can J Bot, 1982, 60: 1662-1670

[58] Bárzana G, Aroca R, Paz JA, et al. Arbuscular mycorrhizal symbiosis increases relative apoplastic water flow in roots of the host plant under both well-watered and drought stress conditions[J]. Annals of Botany, 2012,109 (5): 1009-1017

[59] Baslam M, Goicoechea N. Water deficit improved the capacity of arbuscular mycorrhizal fungi (AMF) for inducing the accumulation of antioxidant compounds in lettuce leaves[J]. Mycorrhiza, 2012,22: 347-359

[60] Bastias E, Alcaraz-Lopez C, Bonilla I, et al. Interactions between salinity and boron toxicity in tomato plants involve apoplastic calcium[J]. J Plant Physiol, 2010, 167: 54-60

[61] Bates LS, Waldren RP, Teare ID. Rapid determination of free proline for water-stress studies[J]. Plant Soil, 1973, 39: 205-207

[62] Battaglia ME, Martin MV, Lechner L, et al. The riddle of mitochondrial alkaline/neutral invertases: A novel Arabidopsis isoform mainly present in reproductive tissues and involved in root ROS production[J]. PLoS One, 2017,12(9): e0185286

[63] Bawa K S, Keegan CR, Voss RH. Sexual dimorphism in *Aralia nudicaulis* L. (Araliaceae) [J]. Evolution, 1982,36: 371-378

[64] Bedini S, Pellegrino E, Avio L, P et al. Changes in soil aggregation and glomalin-related soil protein content as affected by the arbuscular mycorrhizal fungal species *Glomus mosseae* and *Glomus intraradices*[J]. Soil Biology and Biochemistry, 2009,41 (7): 1491-1496.

[65] Benjamin JG, Nielsen DC. Water deficit effects on root distribution of soybean, field pea and chickpea[J]. Field Crops Res, 2006,97: 248-253

[66] Bennett AE, Bever JD. Mycorrhizal species differentially alter plant growth and response to herbivory[J]. Ecology, 2007,88: 210-218

［67］ Berendsen RL, Pieterse CM, Bakker PA. The rhizosphere microbiome and plant health［J］. Trends in Plant Science, 2012, 17 (8): 478-486

［68］ Bever JD, Dickie IA, Facelli E, et al. Rooting theories of plant community ecology in microbial interactions［J］. Trends Ecol Evol, 2010,25(8): 468-478

［69］ Bezemer TM, van Dam NM. Linking aboveground and belowground interactions via induced plant defenses［J］. Trends in Ecology and Evolution, 2005,20 (11): 617-624

［70］ Bhargava S, Paranjpe S. Genotypic variation in the photosynthetic competence of *Sorghum bicolor* seedlings subjected to polyethylene glycol-mediated drought stress［J］. J Plant Physiol, 2004,161(1): 125-129

［71］ Bharti N, Barnawal D, Wasnik K, et al. Co-inoculation of *Dietzia natronolimnaea* and *Glomus intraradices* with vermicompost positively influences *Ocimum basilicum* growth and resident microbial communtiy structure in salt affected low fertility soils［J］. Appl Soil Ecol, 2016, 100: 211-225

［72］ Bhuiyan MKA, Qureshi S, Kamal AHM, et al. Proximate chemical composition of sea grapes caulerpa racemose collected from a sub-tropical coast［J］. Virol Mycol, 2016, 5: 2

［73］ Birhane E, Sterck FJ, Fetene M, et al. Arbuscular mycorrhizal fungi enhance photosynthesis, water use efficiency, and growth of frankincense seedlings under pulsed water availability conditions［J］. Oecologia, 2012,169 (4): 895-904

［74］ Bless AE, Colin F, Crabit A, et al. Landscape evolution and agricultural land salinization in coastal area: A conceptual model［J］. Sci Total Environ, 2018,625: 647-656

［75］ Blilou I, Ocampo JA, García-Garrido JM. Induction of *Ltp* (lipid transfer protein) and *Pal* (phenylalanine ammonia-lyase) gene expression in rice roots colonized by the arbuscular mycorrhizal fungus *Glomus mosseae*［J］. Journal of Experimental Botany, 2000,51 (353): 1969-1977

［76］ Bonfante P, Genre A. Mechanisms underlying beneficial plant-fungus interactions in mycorrhizal symbiosis［J］. Nat Commun, 2010,1: 1-11

［77］ Boomsma CR, Vyn TJ. Maize drought tolerance: Potential improvements through arbuscular mycorrhizal symbiosis［J］? Field Crops Res, 2008,108: 14-31

［78］ Borde M, Dudhane M, Jite P. Growth photosynthetic activity and antioxidant responses of mycorrhizal and non-mycorrhizal bajra (*Pennisetum glauca*) crop under salinity stress condition［J］. Crop Prot, 2011,30(3): 265-271

［79］ Borghi M, Tognetti R, Monteforti G, et al. Responses of two poplar species (*Populus alba* and *Populus × canadensis*) to high copper concentrations［J］. Environ Exp Bot, 2008, 62: 290-299

［80］ Bothe H. Arbuscular mycorrhiza and salt tolerance of plants［J］. Symbiosis, 2012,58(1-3): 7-16

［81］ Boukcim H, Pages L, Plassard C, et al. Root system architecture and receptivity to mycorrhizal infection in seedlings of *Cedrus atlantica* as affected by nitrogen source and concentration[J]. Tree Physiol, 2001,21(2-3): 109-115

[82] Bowers MD, Stamp NE. Effects of plant age, genotype and herbivory on *Plantago performance* and chemistry[J]. Ecology, 1993,74: 1778-1791

[83] Boyer JS. Plant productivity and environment[J]. Science, 1982,218: 443-448

[84] Bray EA. Plant responses to water deficit[J]. Trends in Plant Science, 1997,2 (2): 48-54

[85] Bray RJ, Curtis JT. An ordination of the upland forest communities of southern Wisconsin[J]. Ecol Monogr, 1957,27(4): 325-349

[86] Breuillin-Sessoms F, Floss DS, Gomez SK. Suppression of arbuscule degeneration in *Medicago truncatula phosphate transporter 4* mutants is dependent on the ammonium transporter 2 family protein AMT2; 3[J]. Plant Cell, 2015,27: 1352-1366

[87] Brundrett MC. Mycorrhizal associations and other means of nutrition of vascular plants: understanding the global diversity of host plants by resolving conflicting information and developing reliable means of diagnosis[J]. Plant Soil, 2009,320: 37-77

[88] Bulgarelli D, Rott M, Schlaeppi K, et al. Revealing structure and assembly cues for *Arabidopsis* root-inhabiting bacterial microbiota[J]. Nature, 2012,488 (7409): 91-95

[89] Bulmer MG, Taylor PD. Dispersal and the sex ratio[J]. Nature, 1980,284: 448-449

[90] Burke DJ, Weintraub MN, Hewins CR, et al. Relationship between soil enzyme activities, nutrient cycling and soil fungal communities in a northern hardwood forest[J]. Soil Biol Biochem, 2011,43(4): 795-803

[91] Callaway RM, Brooker RW, Choler P,et al. Positive interactions among alpine plants increase with stress[J]. Nature, 2002, 417(6891): 844

[92] Calvo-Polanco M, Sanchez-Romera B, Aroca R, et al. Exploring the use of recombinant inbred lines in combination with beneficial microbial inoculants (AM fungus and PGPR) to improve drought stress tolerance in tomato[J]. Environ Exp Bot, 2016,131: 47-57

[93] Cao X, Jia JB, Li H, et al. Photosynthesis, water use efficiency and stable carbon isotope composition are associated with anatomical properties of leaf and xylem in six poplar species[J]. Plant Biology, 2012,14 (4): 612-620

[94] Caravaca F, Alguacil MM, Azcón R, et al. Formation of stable aggregates in rhizosphere soil of *Juniperus oxycedrus*: Effect of AM fungi and organic amendments[J]. Appl Soil Ecol, 2006, 33(1): 30-38

[95] Caravaca F, Ruess L. Arbuscular mycorrhizal fungi and their associated microbial community modulated by *Collembola grazers* in host plant free substrate[J]. Soil Biol Biochem, 2014,69(1): 25-33

[96] Cardoso IM, Kuyper TW. Mycorrhizas and tropical soil fertility[J]. Agric Ecosyst Environ,

2006, 116: 72-84

[97] Casamayor EO, Schafer H, Baneras L, et al. Identification of and spatio-tem-poral differences between microbial assemblages from two neighboring sulfurous lakes: comparison by microscopy and denaturing gradient gel electrophoresis[J]. Appl Environ Microbiol, 2000,66: 499-508

[98] Cataldo DA, McFadden KM, Garland TR, et al. Organic constituents and complexation of nickel (II), iron (III), cadmium (II), and plutonium (IV) in soybean xylem exudates[J]. Plant Physiol, 1988,86: 734-739

[99] Cavagnaro TR, Dickson S, Smith FA. Arbuscular mycorrhizas modify plant responses to soil zinc addition[J]. Plant Soil, 2010,329: 307-313

[100] Cavagnaro TR. The role of arbuscular mycorrhizas in improving plant zinc nutrition under low soil zinc concentrations: a review[J]. Plant Soil, 2008, 304: 315-325

[101] Cavusoglu D, Tabur S, Cavusoglu K. The effects of *Aloe vera* L. leaf extract on some physiological and cytogenetical parameters in *Allium cepa* L. seeds germinated under salt stress[J]. Cytologia, 2016, 81(1): 103-110

[102] Chander K, Brookes PC. Is the dehydrogenase assay invalid as a method to estimate microbial activity in copper-contaminated soils[J]? Soil Biol Biochem, 1991,23(10): 909-915

[103] Charnov EL. Alternative life-histories in protogynous fishes: a general evolutionary theory[J]. Mar Ecol Prog Ser, 1982,305-307

[104] Chatzistathis T, Orfanoudakis M, Alifragis D, et al. Colonization of Greek olive cultivars' root system by arbuscular mycorrhiza fungus: root morphology, growth, and mineral nutrition of olive plants[J]. Sci Agr, 2013,70(3): 185-194

[105] Chaudhary DR, Kim JH, Kang H. Influences of different halophyte vegetation on soil microbial community at temperate salt marsh[J]. Microb Ecol, 2017, 75(11): 1-10.

[106] Chaves MM, Maroco JP, Pereira JS. Understanding plant responses to drought-from genes to the whole plant[J]. Functional Plant Biology, 2003,30 (3): 239-264

[107] Chaves MM, Flexas J, Pinheiro C. Photosynthesis under drought and salt stress: regulation mechanisms from whole plant to cell[J]. Ann Bot, 2009,103(4): 551-560

[108] Chen FG, Chen LH, Zhao HX, et al. Sex-specific responses and tolerance of *Populus cathayana* to salinity[J]. Physiol Plant, 2010,140(2): 163-173

[109] Chen J, Zhang HQ, Zhang XL, et al. Arbuscular mycorrhizal symbiosis mitigates oxidative injury in black locust under salt stress through modulating antioxidant defence of the plant[J]. Environmental and Experimental Botany, 2020,175: (2020) 104034

[110] Chen J, Zhang HQ, Zhang XL, et al. Arbuscular mycorrhizal symbiosis alleviates salt stress

in Black Locust through improved photosynthesis, water status, and K+/Na+ homeostasis[J]. Front Plant Sci, 2017a, 8(8): 1739

[111] Chen LH, Wang L, Chen FG, et al. The effects of exogenous putrescine on sex-specific responses of *Populus cathayana* to copper stress[J]. Ecotox Environ Safe, 2013, 97(11): 94-102

[112] Chen SC, Zhao HJ, Zou CC, et al. Combined inoculation with multiple arbuscular mycorrhizal fungi improves growth, nutrient uptake and photosynthesis in cucumber seedlings[J]. Front Microbiol, 2017b,8

[113] Chen SL, Hawighorst P, Sun J, et al. Salt tolerance in *Populus*: Significance of stress signaling networks, mycorrhization, and soil amendments for cellular and whole-plant nutrition[J]. Environ Exp Bot, 2014,107(6): 113-124

[114] Chen SL, Li JK, Wang SS, et al. Salt, nutrient uptake and transport, and ABA of *Populus euphratica*: a hybrid in response to increasing soil NaCl[J]. Trees, 2001,15(3): 186-194

[115] Chiu CH, Choi J, Paszkowski U. Independent signaling cues underpin arbuscular mycorrhizal symbiosis and large lateral root induction in rice[J]. New Phytol, 2018,217(2): 552-557

[116] Chrispeels MJ, Morillon R, Maurel C, et al. Aquaporins of plants: structure, function, regulation, and role in plant water relations[J]. Current Topics in Membranes, 2001, 51: 277-334

[117] Chu XT, Fu JJ, Sun YF, et al. Effect of arbuscular mycorrhizal fungi inoculation on cold stress-induced oxidative damage in leaves of *Elymus nutans* Griseb[J]. S Afr J Bot, 2016,104: 21-29

[118] Chung JS, Zhu JK, Bressan RA, et al. Reactive oxygen species mediate Na+-induced *SOS1* mRNA stability in *Arabidopsis*[J]. Plant J, 2008,53(3): 554-565

[119] Cicatelli A, Lingua G, Todeschini V, et al. Arbuscular mycorrhizal fungi restore normal growth in a white poplar clone grown on heavy metal-contaminated soil, and this is associated with upregulation of foliar metallothionein and polyamine biosynthetic gene expression[J]. Annals of Botany 2010,106:791-802

[120] Cipollini ML, Whigham DF. Sexual dimorphism and cost of reproduction in the dioecious shrub *Lindera benzoin* (Lauraceae) [J]. Am J Bot, 1994,65-75

[121] Colla G, Rouphael Y, Cardarelli M, et al. Alleviation of salt stress by arbuscular mycorrhizal in zucchini plants grown at low and high phosphorus concentration[J]. Biology and Fertility of Soils, 2008, 44 (3): 501-509

[122] Conner AC, Bill RM, Conner MT. An emerging consensus on aquaporin translocation as a regulatory mechanism[J]. Molecular Membrane Biology, 2013, 30 (1): 101-112

［123］Contreras-Cornejo HA, Macias-Rodriguez L, Alfaro-Cuevas R, et al. Improve growth of *Arabidopsis* seedings under salt stress through enhanced root development, osmolite production, and Na$^+$ elimination through root exudates[J]. Mol Plant Microbe In, 2014, 27: 503-514

［124］Cook BI, Miller RL, Seager R. Amplification of the North American "Dust Bowl" drought through human-induced land degradation[J]. Proc Natl Acad Sci, 2009, 106: 4997-5001

［125］Copley J. Ecology goes underground[J]. Nature, 2000,406: 452-454

［126］Cornejo P, Perez-Tienda J, Meier S. Copper compartmentalization in spores as a survival strategy of arbuscular mycorrhizal fungi in Cu-polluted environments[J]. Soil Biol Biochem, 2013, 57: 925-928

［127］Correia O, Barradas MCD. Ecophysiological differences between male and female plants of *Pistacia lentiscus* L[J]. Plant Ecol, 2000,149(2): 131-142

［128］Dai A. Drought under global warming: a review[J]. Wiley Interdisciplinary Reviews: Climate Change, 2011,2: 45-65

［129］Dai A. Increasing drought under global warming in observations and models[J]. Nat Clim Change, 2013,3: 52-58

［130］Dalmastri C, Chiarini L, Cantale C, et al. Soil type and maize cultivar affect the genetic diversity of maize root–associated *Burkholderia cepacia* populations[J]. Microb Ecol, 1999,38: 273-284

［131］Daloso DM, Medeiros DB, dos Anjos L, et al. Metabolism within the specialized guard cells of plants[J]. New Phytol, 2017,216(4): 1018-1033

［132］Danielson JAH, Johanson U. Unexpected complexity of the aquaporin gene family in the moss *Physcomitrella patens*[J]. BMC Plant Biol, 2008, 8: 45

［133］Davies FT, Potter JR, Linderman RG. Mycorrhiza and repeated drought exposure affect drought resistance and extraradical hyphae development of pepper plants independent of plant size and nutrient content[J]. J Plant Physiol, 1992,139: 289-294

［134］Davies FT, Potter JR, Linderman RG. Drought resistance of mycorrhizal pepper plants independent of leaf P concentration response in gas exchange and water relations[J]. Physiol Plant, 1993,87: 45-53

［135］De Deyn GB, Quirk H, Oakley S, et al. Rapid transfer of photosynthetic carbon through the plant-soil system in differently managed species-rich grasslands[J]. Biogeosciences, 2011, 8 (5): 1131-1139

［136］De Santiago JH, Lucas-Borja ME, Wic-Baena C, et al. Effects of thinning and induced drought on microbiological soil properties and plant species diversity at dry and semiarid locations[J]. Land Degrad Dev, 2016,27(4): 1151-1162

[137] De Souza TC, de Castro EM, Magalhães PC, et al. Morphophysiology, morphoanatomy, and grain yield under field conditions for two maize hybrids with contrasting response to drought stress[J]. Acta Physiologiae Plantarum, 2013,35 (11): 3201-3211

[138] De Vries BJM, van Vuuren DP, Hoogwijk MM. Renewable energy sources: their global potential for the first-half of the 21st century at a global level: an integrated approach[J]. Energy Policy 2007,35 (4): 2590-2610

[139] Declerck S, Strullu D, Plenchette C. In vitro mass-production of the arbuscular mycorrhizal fungus, *Glomus versiforme*, associated with Ri T-DNA transformed carrot roots[J]. Mycol Res, 1996,100: 1237-1242

[140] Dehariya K, Shukla A, Ganaie M, et al. Individual and interactive role of *Trichoderma* and mycorrhizae in controlling wilt disease and growth reduction in *Cajanus cajan* caused by *Fusarium udum*[J]. Archives of Phytopathology and Plant Protection, DOI: 10.1080/03235408.2014.882119

[141] Del Val C, Barea JM, Azcon-Aguilar C. Diversity of arbuscular mycorrhizal fungus populations in heavy metal contaminated soils[J]. Appl Environ Microbiol, 1999, 99: 718-723

[142] Delph LF. Sexual dimorphism in life history. In: Gender and sexual dimorphism in flowering plants[M]. Springer Berlin Heidelberg: 1999,149-173

[143] Demirevska K, Zasheva D, Dimitrov R. Drought stress effects on Rubisco in wheat: changes in the Rubisco large subunit[J]. Acta Physiol Plant, 2009,31: 1129-1138

[144] Demmig-Adams B, Adams WW. Photoprotection in an ecological context: the remarkable complexity of thermal energy dissipation[J]. New Phytologist, 2006,172 (1): 11-21

[145] Ding M, Hou P, Shen X, et al. Salt-induced expression of genes related to Na+/K+ and ROS homeostasis in leaves of salt-resistant and salt-sensitive poplar species[J]. Plant Mol Biol, 2010,73(3): 251-269

[146] Ding T, Schloss PD. Dynamics and associations of microbial community types across the human body[J]. Nature, 2014,509: 357-360

[147] Dini-Andreote F, Pylro VS, Baldrian P, et al. Ecological succession reveals potential signatures of marine-terrestrial transition in salt marsh fungal communities[J]. ISME Journal, 2016,10(8): 1984-1997

[148] Djomo SN, Kasmioui OE, Ceulemans R. Energy and greenhouse gas balance of bioenergy production from poplar and willow: a review[J]. Global Change Biology Bioenergy, 2011,3 (3): 181-197

[149] Domanski G, Kuzyakov Y, Siniakina S, et al. Carbon flows in the rhizosphere of ryegrass (*Lolium perenne*) [J]. Journal of plant nutrition and soil science, 2001,164 (4): 381-387

［150］Doubková P, Vlasáková E, Sudová R. Arbuscular mycorrhizal symbiosis alleviates drought stress imposed on *Knautia arvensis* plants in serpentine soil［J］. Plant and soil, 2013,370 (1-2): 149-161

［151］Driver JD, Holben WE, Rillig MC. Characterization of glomalin as a hyphal wall component of arbuscular mycorrhizal fungi［J］. Soil Biology and Biochemistry, 2005,37 (1): 101-106

［152］Duan B, Xuan Z, Zhang X, et al. Interactions between drought, ABA application and supplemental UV-B in *Populus yunnanensis*［J］. Physiol plantarum, 2008, 134: 257-269

［153］Duan B, Yang Y, Lu Y, et al. Interactions between drought stress, ABA and genotypes in *Picea asperata*［J］. J Exp Bot, 2007,58: 3025-3036

［154］Dutta D, Fliegel L. Structure and function of yeast and fungal Na+/H+ antiporters［J］. IUBMB Life, 2018,70(1): 23-31

［155］Egberongbe HO, Akintokun AK, Babalola OO, et al. The effect of *Glomus mosseae* and *Trichoderma harzianum* on proximate analysis of soybean (*Glycine max* (L.) Merrill.) seed grown in sterilized and unsterilized soil［J］. J Agri Ext Rural Dev, 2010,2(4): 54-58

［156］Elhindi KM, El-Din AS, Elgorban AM. The impact of arbuscular mycorrhizal fungi mitigating salt-induced adverse effects in sweet basil (*Ocimum basilicum* L.) ［J］. Saudi J Biol Sci, 2017,24(1): 170-179

［157］El-Nashar YI. Response of snapdragon (*Antirrhinum majus* L.) to blended water irrigation and arbuscular mycorrrhizal fungi inoculation: uptake of minerals and leaf water relations［J］. Photosynthetica, 2017,55(2): 201-209

［158］Emden H, Bashford MA. The performance of *Brevicoryne brassicae* and *Myzus persicae* in relation to plant age and leaf amino acids［J］. Entomol Exp Appl, 1971,14: 349-360

［159］Eppley SM, Stanton ML, Grosberg RK. Intrapopulation sex ratio variation in the salt marsh grass *Distichlis spicata*［J］. Am Nat, 1998, 152: 659-670

［160］Evans DM, Zipper CE, Burger JA, et al. Reforestation practice for enhancement of ecosystem service on a compacted surface mine: path toward ecosystem recovery［J］. Ecol Eng, 2013,51: 16-23

［161］Evelin H, Giri B, Kapoor R. Contribution of *Glomus intraradices* inoculation to nutrient acquisition and mitigation of ionic imbalance in NaCl-stressed Trigonella foenum-graecum［J］. Mycorrhiza, 2012, 22: 203-217

［162］Evelin H, Giri B, Kapoor R. Ultrastructural evidence for AMF mediated salt stress mitigation in *Trigonella foenum-graecum*［J］. Mycorrhiza, 2013,23(1): 71-86

［163］Evelin H, Kapoor R, Giri B. Arbuscular mycorrhizal fungi in alleviation of salt stress: a review［J］. Ann Bot, 2009,104(7): 1263-1280

[164] Fan QJ, Liu JH. Colonization with arbuscular mycorrhizal fungus affects growth, drought tolerance and expression of stress-responsive genes in *Poncirus trifoliate*[J]. Acta Physiol Plant, 2011,33: 1533-1542

[165] Fan XN, Che XR, Lai WZ, et al. The auxin-inducible phosphate transporter AsPT5 mediates phosphate transport and is indispensable for arbuscule formation in *Chinese milk vetch* at moderately high phosphate supply[J]. Environmental Microbiology, 2020, 22(6): 2053-2079

[166] Fang FR, Wang CY, Wu F, et al. Arbuscular mycorrhizal fungi mitigate nitrogen leaching under poplar seedlings[J]. Forests, 2020, 11: 325

[167] Fang S, Zhai X, Wan J, et al. Clonal variation in growth, chemistry and calorific value of new poplar hybrids at nursery stage[J]. Biomass and Bioenergy, 2013,54: 303-311

[168] Farhangi-Abriz S, Ghassemi-Golezani K. How can salicyclic acid and jasmonic acid mitigate salt toxicity in soybean plants[J]? Ecotox Environ Safe, 2018,147: 1010-1016

[169] Farooq M, Gogoi N, Hussain M, et al. Effects, tolerance mechanisms and management of salt stress in grain legumes[J]. Plant Physiol Bioch, 2017, 118: 199-217

[170] Farrant JM. A comparison of mechanisms of desiccation tolerance among three angiosperm resurrection plant species[J]. Plant Ecol, 2000,151: 29-39

[171] Feng L, Jiang H, Zhang YB, et al. Sexual differences in defensive and protective mechanisms of *Populus cathayana* exposed to high UV-B radiation and low soil nutrient status[J]. Physiol Plantarum, 2014,151: 434-445

[172] Feng S, Guo L, Cai J, et al. Geo-Informatics in Resource Management and Sustainable Ecosystem[M]. Springer Press: 2015, 206-212

[173] Fernández-Marín B, Balaguer L, Esteban R, et al. Dark induction of the photoprotective xanthophyll cycle in response to dehydration[J]. Journal of plant physiology, 2009, 166 (16): 1734-1744

[174] Fichot R, Laurans F, Monclus R, et al. Xylem anatomy correlates with gas exchange, water-use efficiency and growth performance under contrasting water regimes: evidence from *Populus deltoides* × *Populus nigra* hybrids[J]. Tree Physiology, 2009,29 (12): 1537-1549

[175] Field DL, Pickup M, Barrett SC. Comparative analyses of sex-ration variation in dioecious flowering plants[J]. Evolution, 2013,67(3): 661-672

[176] Fileccia V, Ruisi P, Ingraffia R, et al. Arbuscular mycorrrhizal symbiosis mitigates the negative effects of salinity on durum wheat[J]. PLoS ONE, 2017, 12(9): e0184158

[177] Flavel RJ, Guppy CN, Tighe M, et al. Non-destructive quantification of cereal roots in soil using high-resolution X-ray tomography[J]. J Exp Bot, 2012,63: 2503-2511

[178] Flexas J, Briantais JM, Cerovic Z,et al. Steady-state and maximum chlorophyll fluorescence

341

responses to water stress in grapevine leaves: a new remote sensing system[J]. Remote Sensing of Environment, 2000,73 (3): 283-297

[179] Frechilla S, Lasa B, Ibarretxe L, et al. Pea responses to saline stress is affected by the source of nitrogen nutrition (ammonium or nitrate) [J]. Plant Growth Regul, 2001,35: 171-179

[180] Fujii H, Verslues PE, Zhu JK. Arabidopsis decuple mutant reveals the importance of SnRK2 kinases in osmotic stress responses in vivo[J]. Proc Natl Acad Sci, 108(4): 2011,1717-1722

[181] Fukai S, Cooper M. Development of drought-resistant cultivars using physio-morphological traits in rice[J]. Field Crop Res, 1995,40(2): 67-87

[182] Gabriella F, Vanessa A, Marciel Teixeira O,et al. Arbuscular mycorrhizal fungi and foliar phosphorus inorganic supply alleviate salt stress effects in physiological attributes, but only arbuscular mycorrhizal fungi increas biomass in woody species of a semiarid environment[J]. Tree Physiol, 2018,38(1): 25-36

[183] Gadkar V, Rillig MC. The arbuscular mycorrhizal fungal protein glomalin is a putative homolog of heat shock protein 60[J]. FEMS Microbiol Lett, 2006,263(1): 93-101

[184] Gamalero E, Trotta A, Massa N, et al. Impact of two fluorescent pseudomonads and an arbuscular mycorrhizal fungus on tomato plant growth, root architecture and P acquisition[J]. Mycorrhiza, 2004,14(3): 185-192

[185] Gao S, Li CJ, Chen L, et al. Actions and mechanisms of reactive oxygen species and antioxidative system in semen[J]. Mol Cell Toxicol, 2017,13(2): 143-154

[186] Garces-Ruiz M, Calonne-Salmon M, Plouznikoff K, et al.Dynamics of short-term phosphorus uptake by intact mycorrhizal and non-mycorrhizal maize plants grown in a circulatory semi-hydroponic cultivation system[J]. Front Plant Sci, 2017,8: 1471

[187] Garcia K, Zimmermann SD. The role of mycorrhizal associations in plant potassium nutrition[J]. Front Plant Sci, 2014,5: 337

[188] Gardes M, Bruns TD. ITS primers with enhanced specificity for basidiomycetes-application to the identification of mycorrhizae and rusts[J]. Mol Ecol, 1993,2(2): 113-118.

[189] Garg N, Aggarwal N. Effect of mycorrhizal inoculations on heavy metal uptake and stress alleviation of *Cajanus cajan* (L.) Millsp. genotypes grown in cadmium and lead contaminated soils[J]. Plant Growth Regulation, 2012,66 (1): 9-26

[190] Gaur A, Adholeya A. Prospects of arbuscular mycorrhizal fungi in phytoremediation of heavy metal contaminated soils[J]. Curr Sci, 2004,86: 528-534

[191] Gething MJ, Sambrook J. Protein folding in the cell. Nature, 1992,355: 33-45

[192] Ghosh S, Mishra DR. Analyzing the long-term phenoloigcal trends of salt marsh ecosystem across coastal *Louisiana*[J]. Remote Sens, 2017,9(12)

[193] Gianinazzi S, Gollotte A, Binet MN, et al. Agroecology: the key role of arbuscular

mycorrhizas in ecosystem services[J]. Mycorrhiza, 2010,20 (8): 519-530

[194] Giannini A, Saravanan R, Chang P. Oceanic forcing of Sahel rainfall on interannual to interdecadal time scales[J]. Science, 2003,302: 1027-1030

[195] Giasson P, Karam A, Jaouich A. Arbuscular mycorrhizae and alleviation of soil stresses on plant growth. In: Mycorrhizae: Sustainable agriculture and forestry[M]. Springer: 2008,99-134

[196] Gil-Cardeza ML, Calonne-Salmon M, Gomez E, et al. Short-term chromium (VI) exposure increases phosphorus uptake by the extraradical mycelium of the arbuscular mycorrhizal fungus *Rhizophagus irregularis* MUCL 41833[J]. Chemosphere, 2017,187: 27-34

[197] Giovannetti M, Tolosano M, Volpe V, et al. Identification and functional characterization of a sulfate transporter induced by both sulfur starvation and mycorrhiza formation in *Lotus japonicus*[J]. New Phytol, 2014,204: 609-619

[198] Giri B, Kapoor R, Mukerji KG. Improved tolerance of Acacia nilotica to salt stress by arbuscular mycorrhiza, *Glomus fasciculatum*, may be partly related to elevated K+/Na+ ratios in root and shoot tissues[J]. Microb Ecol, 2007,54(4): 753-760

[199] Giri B, Mukerji K. Mycorrhizal inoculant alleviates salt stress in *Sesbania aegyptiaca* and *Sesbania grandiflora* under filed conditions: evidence for reduced sodium and improved magnesium uptake[J]. Mycorrhiza, 2004,14(5): 307-312

[200] Glassman SI, Casper BB. Biotic contexts alter metal sequestration and AMF effects on plant growth in soils polluted with heavy metals[J]. Ecology, 2012,93 (7): 1550-1559

[201] Glick BR. Plant growth-promoting bacteria: mechanisms and applications[J]. Scientifica: 2012

[202] Goicoechea N, Merino S, Sánchez-Díaz M. Arbuscular mycorrhizal fungi can contribute to maintain antioxidant and carbon metabolism in nodules of *Anthyllis cytisoides* L. subjected to drought[J]. J Plant Physiol, 2005,162: 27-35

[203] Goicoechea N, Szalai G, Antolín M, et al. Influence of arbuscular mycorrhizae and *Rhizobium* on free polyamines and proline levels in water-stressed alfalfa[J]. Journal of Plant Physiology, 1998,153 (5): 706-711

[204] Gong MG, Tang M, Chen H, et al. Effects of two *Glomus* species on the growth and physiological performance of *Sophora davidii* seedlings under water stress[J]. New Forests, 2013,44 (3): 399-408

[205] Gong M, Li Y, Chen S. Abscisic acid-induced thermo tolerance in maize seedlings is mediated by calcium and associated with antioxidant systems[J]. J Plant Physiol, 1998,153: 488-496

[206] Gopal S, Shagol CC, Kang YY, et al. Arbuscular mycorrhizal fungi spore propagation using

single spore as starter inoculum and a plant host[J]. J Appl Microbiol, 2018,124(6): 1556-1565

[207] Grayston SJ, Wang S, Campbell CD, et al. Selective influence of plant species on microbial diversity in the rhizosphere[J]. Soil Biol Biochem, 1998,30: 369-378

[208] Griffioen WAJ, Iestwaart JH, Ernst WHO. Mycorrhizal infection of *Agrostis capillaris* population on a copper contaminated soil[J]. Plant Soil, 1994,158: 83-89

[209] Grigulis K, Lavorel S, Krainer U, et al. Relative contributions of plant traits and soil microbial properties to mountain grassland ecosystem services[J]. Journal of Ecology, 2013,101 (1): 47-57

[210] Groszmann M, Osborn HL, Evans JR. Carbon dioxide and water transport through plant aquaporins[J]. Plant Cell Environ, 2017,40(6): 938-961

[211] Grümberg BC, Urcelay C, Shroeder MA, et al. The role of inoculum identity in drought stress mitigation by arbuscular mycorrhizal fungi in soybean[J]. Biol Fert Soils, 2015,51(1): 1-10

[212] Guether M, Neuhäuser B, Balestrini R, et al. A mycorrhizal-specific ammonium transporter from *Lotus japonicus* acquires nitrogen released by arbuscular mycorrhizal fungi[J]. Plant Physiol, 2009,150: 73-83

[213] Gui H, Purahong W, Hyde KD, et al. The arbuscular mycorrhizal fungus funneliformis mosseae alters bacterial commnuties in subtropical forest soils during litter decomposition[J]. Front Microbiol, 2017,8

[214] Guo H, Liu D, Gelbard H, et al. Activated protein C prevents neuronal apoptosis via protease activated receptors 1 and 3[J]. Neuron, 2004,41(4): 563-572

[215] Guo P, Jia JL, Han TW, et al. Nonlinear responses of forest soil microbial communities and activities after short-and long-term gradient nitrogen additions[J]. Appl Soil Ecol, 2017,121: 60-64

[216] Guo Q, Li H, Luo D, et al. Comparative drought tolerance of six native deciduous and broad-leaved woody plant species seedlings in the Qinghai–Tibet Plateau[J]. Acta Physiol Plant, 2016,38: 14

[217] Guo XY, Zhang XS. Performance of 14 hybrid poplar clones grown in Beijing, China[J]. Biomass and Bioenergy, 2010,34 (6): 906-911

[218] Guo XH, Gong J. Differential effects of abiotic factors and host plant traits on diversity and community composition of root-colonizing arbuscular mycorrhizal fungi in a salt-stressed ecosystem[J]. Mycorrhiza, 2014,24(2): 79-94

[219] Habibi G. Physiological, photochemical and ionic responses of sunflower seedlings to exogenous selenium supply under salt stress[J]. Acta Physiol Plant, 2017,39(10): 213

[220] Haines A, Kovats RS, Campbell-Lendrum D, et al. Climate change and human health: impacts, vulnerability and public health[J]. Public Health, 2006,120: 585-596

[221] Hajiboland R, Aliasgharzadeh N, Laiegh SF, et al. Colonization with arbuscular mycorrhizal fungi improves salinity tolerance of tomato (*Solanum Lycopersicum* L.) plants[J]. Plant Soil, 2010,331(1-2): 313-327

[222] Hajlaoui H, Mighri H, Noumi E, et al. Chemical composition and biological activities of Tunisian *Cuminum cyminum* L. essential oil: A high effectiveness against *Vibrio* spp. Strains[J]. Food Chem Toxicol, 2010,48(8-9): 2186-2192

[223] Halliwell B, Gutteridge JMC. Free Radicals in Biology and Medicine[M]. Oxford: Clarendon Press,1989.

[224] Hammer EC, Rillig MC. The influence of different stresses on glomalin levels in an arbuscular mycorrhizal fungus-salinity increases glomain content[J]. PLoS One, 2011,6(12): e28426

[225] Han Y, Wang Y, Jiang H, et al. Reciprocal grafting separates the roles of the root and shoot in sex-related drought responses in *Populus cathayana* males and females[J]. Plant Cell Environ, 2013,36(2): 356-364

[226] Hannachi S, Van Labeke MC. Salt stress affects germination, seedling growth and physiological responses differentially in eggplant cultivars (*Solanum melongena* L.) [J]. Sci Hortic, 2018, 228: 56-65

[227] Hao JN, Huang YJ, He C, et al. Bio-templated fabrication of three-dimensional network activated carbons derived from mycelium pellets for supercapacitor applications[J]. Sci Rep, 2018,8(1): 562

[228] Harris MS, Pannell JR. Roots, shoots and reproduction: sexual dimorphism in size and costs of reproductive allocation in an annual herb[J]. P Roy Soc Lond B: Bio, 2008,275(1651): 2595-2602

[229] Harrison MJ, van Buuren ML. From the mycorrhizal fungus *Glomus versiforme*[J]. Nature, 1995,378

[230] Hashem A, Abd Allah EF, Alqarawi AA, et al. The interaction between arbuscular mycorrhizal fungi and endophytic bacteria enhances plant growth of *Acacia gerrardii* under salt stress[J]. Front Microbiol, 2016,7(868)

[231] Hashem A, Abd Allah EF, Alqarawi AA, et al. Arbuscular mycorrhizal fungi enhanced salinity tolerance of *Panicum turgidum* Forssk by altering photosynthetic and antioxidant pathways[J]. J Plant Interact, 2015,10(1): 230-242

[232] Hassine AB, Ghanem MES, Bouzid Lutts S. An inland and a coastal population of the Mediterranean xero-halophyte species *Atriplex halimus* L. differ in their ability to

accumulate proline and glycinebetaine in response to salinity and water stress[J]. J Exp Bot, 2008,59: 1315-1326

[233] He CY, Zhang JG, Duan AG, ET AL. Proteins responding to drought and high-temperature stress in *Populus × euramericana* cv. '74/76'[J]. Trees, 2008, 22 (6): 803-813

[234] He F, Chen H, Tang M. Arbuscular mycorrhizal fungal community associated with five dominant tree species in the Loess Plateau, northwest China[J]. Forests, 2019,10, 930

[235] He F, Sheng M, Tang M. Effects of *Rhizophagus irregularis* on photosynthesis and antioxidative enzymatic system in *Robinia pseudoacacia* L. under drought stress[J]. Frontier in Plant Science, 2017, 8:183

[236] He F, Zhang HQ, Tang M. Aquaporin gene expression and physiological responses of *Robinia pseudoacacia* L. To arbuscular mycorrhizal fungus *Rhizophagus irregularis* and drought stress[J]. Mycorrhiza, 2016, 26(4): 311-323

[237] He X, Mouratov S, Steinberger Y. Spatial distribution and colonization of arbuscular mycorrhizal fungi under the canopies of desert halophytes[J]. Arid Land Res Manag, 2002,16: 149-160

[238] Heckman DS, Geiser DM, Eidell BR, et al. Molecular evidence for the early colonization of land by fungi and plants[J]. Science, 2001,293 (5532): 1129-1133

[239] Heinisch J, Rodicio R. Protein kinase C in fungi-more than just cell wall integrity[J]. FEMS microbiol rev, 2018,42(1)

[240] Henderson DE, Jose S. Biomass production potential of three short rotation woody crop species under varying nitrogen and water availability[J]. Agroforestry systems, 2010,80 (2): 259-273

[241] Hessini K, Martínez JP, Gandour M, et al. Effect of water stress on growth, osmotic adjustment, cell wall elasticity and water-use efficiency in *Spartina alterniflora*[J]. Environmental and Experimental Botany, 2009,67 (2): 312-319

[242] Hidri R, Barea JM, Metoui-Ben Mahmoud O, et al. Impact of microbial inoculation on biomass accumulation by *Sulla carnosa* provenances, and in regulating nutrition, physiological and antioxidant activities of this species under non-saline and saline conditions[J]. J Plant Physiol, 2016,201: 28-41

[243] Hisano H, Nandakumar R, Wang ZY. Genetic modification of lignin biosynthesis for improved biofuel production[J]. In Vitro Cellular and Developmental Biology-Plant, 2009,45 (3): 306-313

[244] Hou K, Bao DG, Shan CJ. Cerium improves the vase life of *Lilium longiflorum* cut flowers through ascorbate-glutathione cycle and osmoregulation in the petals[J]. Sci Hortic, 2018,227: 142-145

［245］Houghton JT, Ding Y, Griggs DJ, et al. Climate change 2001: the scientific basis［M］. Cambridge: Cambridge university press .2001.

［246］Housman D, Powers H, Collins A, et al. Carbon and nitrogen fixation differ between successional stages of biological soil crusts in the Colorado Plateau and Chihuahuan Desert［J］. Journal of Arid Environments, 2006,66 (4): 620-634

［247］Hu J, Lin X, Wang J, et al. Arbuscular mycorrhizal fungus enhances P acquisition of wheat (*Triticum aestivum* L.) in a sandy loam soil with long-term inorganic fertilization regime［J］. Appl Microbiol Biot, 2010,88(3): 781-787

［248］Hu W, Murate K, Horikawa Y, et al. Bacterial community composition in rainwater associated with synoptic weather in an area downwind of the Asian continent［J］. Sci Total Environ, 2017a,601-602: 1775-1784

［249］Hu WT, Zhang HQ, Chen H, et al. Arbuscular mycorrhizas influence *Lycium barbarum* tolerance of water stress in a hot environment［J］. Mycorrhiza, 2017b,27(5): 451-463

［250］Hu WT, Zhang HQ, Zhang XY, et al. Characterization of six PHT1 members in *Lycium barbarum* and their response to arbuscular mycorrhiza and water stress［J］. Tree Physiology, 2017c,37(3): 351–366

［251］Huang KC, Lin WC, Cheng WH. Salt hypersensitive mutant 9, a nucleolar APUM23 protein, is essential for salt sensitivity in association with the ABA signaling pathway in *Arabidopsis*［J］. BMC Plant Biol, 2018,18(40)

［252］Huang Z, Zou Z, He C, et al. Physiological and photosynthetic responses of melon (*Cucumis melo* L.) seedlings to three *Glomus* species under water deficit［J］. Plant and Soil, 2011,339 (1): 391-399

［253］Hura T, Hura K, Grzesiak M, et al. Effect of long term drought stress on leaf gas exchange and fluorescence parameters in C3 and C4 plants［J］. Acta Physiol Plant, 2007,29: 103-113

［254］Igiehon NO, Babalola OO. Biofertilizers and sustainable agriculture: exploring arbuscular mycorrhizal fungi［J］. Appl Microbiol Biot, 2017, 101(12): 4871-4881

［255］Iiangumaran G, Smith DL. Plant growth promoting rhizobacteria in amelioration of salinity stress: A systems biology perspective［J］. Front Plant Sci, 2017,8: 1768

［256］Ishitani M, Liu J, Halfter U, et al. SOS3 function in plant salt tolerance requires N-myristoylation and calcium binding［J］. Plant Cell, 2000,12(9): 1667-1677

［257］Itoh HM, Navarro R, Takeshita KT, et al. Bacterial population succession and adaptation affected by insecticide application and soil spraying history［J］. Front Microbiol, 2014,5(457): 457

［258］Jäerlund L, Arthurson V, Granhall U, et al. Specific interactions between arbuscular mycorrhizal fungi and plant growth-promoting bacteria: as revealed by different combinations[J]. FEMS Microbiol Lett, 2008,287: 174-180

[259] Jahromi F, Aroca R, Porcel R, et al. Influence of salinity on the in vitro development of *Glomus intraradices* and on the in vivo physiological and molecular responses of mycorrhizal lettuce plants[J]. Microb Ecol, 2008,55(1): 45-53

[260] Jain M, Mathur G, Koul S, et al. Ameliorative effects of proline on salt stress-induced lipid peroxidation in cell lines of groundnut (*Arachis hypogaea* L.) [J]. Plant Cell Rep, 2001,20(5): 463-468

[261] Jansa J, Bukovská P, Gryndler M. Mycorrhizal hyphae as ecological niche for highly specialized hypersymbionts-or just soil free-riders[J]? Front Plant Sci, 2013,4(134): 134

[262] Jansson S, Douglas CJ. Populus: a model system for plant biology[J]. Annu Rev Plant Biol, 2007,58(1): 435-458

[263] Jastrow JD, Miller RM, Lussenhop J. Contributions of interacting biological mechanisms to soil aggregate stabilization in restored prairie[J]. Soil Biol Biochem, 1998,30: 905-916

[264] Javaid A. Arbuscular mycorrhizal mediated nutrition in plants[J]. J Plant Nutr, 2009, 32(10): 1595-1618

[265] Javot H, Penmetsa RV, Terzaghi N, et al. A *Medicago truncatula* phosphate transporter indispensable for the arbuscular mycorrhizal symbiosis[J]. Proc Natl Acad Sci, 2007,104: 1720-1725

[266] Jeffries P, Gianinazzi S, Perotto S, et al. The contribution of arbuscular mycorrhizal fungi in sustainable maintenance of plant health and soil fertility[J]. Biology and Fertility of Soils, 2003, 37 (1): 1-16

[267] Jeong MJ, Choi BS, Bae DW, et al. Differential expression of kenaf phenylalanine ammonia-lyase (PAL) ortholog during developmental stages and in response to abiotic stresses [J]. Plant Omics, 2012,5 (4): 392-399

[268] Johansson JF, Paul LR, Finlay RD. Microbial interactions in the mycorrhizosphere and their significance for sustainable agriculture[J]. Fems Microbiology Ecology, 2006,48 (1): 1-13

[269] Johnson DR, Lee TK, Park J, et al. The functional and taxonomic richness of wastewater treatment plant microbial communities are associated with each other and with ambient nitrogen and carbon availability[J]. Environ Microbiol, 2015,17(12): 4851-4860

[270] Johnson NC, Angelard C, Sanders IR, et al. Predicting community and ecosystem outcomes of mycorrhizal responses to global change[J]. Ecol Lett, 2013,16: 140-153

[271] Johnson NC, Wilson GWT, Bowker MA, et al. Resource limitation is a driver of local adaptation in mycorrhizal symbioses[J]. Proc Natl Acad Sci, 2010,107: 2093-2098

[272] Kaiser C, Kilburn MR, Clode PL, et al. Exploring the transfer of recent plant photosynthates

to soil microbes: mycorrhizal pathway vs direct root exudation[J]. New Phytol, 2015, 205(4): 1537-1551

[273] Kallis G. Droughts[J]. Annu Rev Env Resour, 2008,33: 85-118

[274] Kapoor R, Evelin H, Mathur P, et al. Arbuscular mycorrhiza: approaches for abiotic stress tolerance in crop plants for sustainable agriculture. In: Plant acclimation to environmental stress[M]. New York: Springer Press: 2013,359-401

[275] Kapoor R, Sharma D, Bhatnagar AK. Arbuscular mycorrhizae in micropropagation systems and their potential applications[J]. Sci Hortic, 2008, 116(3): 227-239

[276] Karti PDMH, Astuti D, Nofyangtri S. The role of arbuscular mycorrhizal fungi in enhancing productivity, nutritional quality, and drought tolerance mechanism of stylosanthes seabrana[J]. Media Peternakan, 2012,35 (1): 67-72

[277] Kavi PBK, Sangam S, Amrutha RN, et al. Regulation of proline biosynthesis, degradation. uptake and transport in higher plants: its implications in plant growth and abiotic stress tolerance[J]. Curr Sci India, 2005,88: 424-438

[278] Kaya C, Higgs D, Kirnak H, et al. Mycorrhizal colonisation improves fruit yield and water use efficiency in watermelon (*Citrullus lanatus* Thunb.) grown under well-watered and water-stressed conditions[J]. Plant and Soil, 2003,253 (2): 287-292

[279] Keddy PA, Weiher E. Ecological assembly rules: perspectives, advances, retreats[M]. Cambridge: Cambridge University Press,1999.

[280] Kersten B, Pakull B, Groppe K, et al. The sex-linked region in *Populus tremuloides* Turesson 141 corresponds to a pericentromeric region of about two million base pairs on *P. trichocarpa* chromosome 19[J]. Plant Biol, 2014,16(2): 411-418

[281] Kessler B. Nucleic acids as factors in drought resistance of higher plants [J]. Recent Advan Bot, 1961, 1153-1159

[282] Khalilzadeh R, Sharifi RS, Jalilian J. Growth, physiological status, and yield of salt-stressed wheat (*Triticum aestivum* L.) plants affected by biofertilizer and cycocel applications[J]. Arid Land Res Manag, 2018, 32(1):71-90

[283] Khalvati M, Hu Y, Mozafar A, et al. Quantification of water uptake by arbuscular mycorrhizal hyphae and its significance for leaf growth, water relations, and gas exchange of barley subjected to drought stress[J]. Plant Biology, 2005, 7 (6): 706-712

[284] Khasa PD, Chakravarty P, Robertson A, et al. The mycorrhizal status of selected poplar clones introduced in Alberta[J]. Biomass and Bioenergy, 2002,22: 99-104

[285] King J, Gay A, Sylvester-Bradley R, et al. Modelling cereal root systems for water and nitrogen capture: towards an economic optimum[J]. Ann Bot, 2003, 91: 383-390

[286] Kishor PK, Sangam S, Amrutha R,et al. Regulation of proline biosynthesis, degradation,

uptake and transport in higher plants: its implications in plant growth and abiotic stress tolerance[J]. Current Science, 2005,88 (3): 424-438

[287] Kistner C, Parniske M. Evolution of signal transduction in intracellular symbiosis[J]. Trends Plant Sci, 2002,7: 511-518

[288] Kivlin SN, Emery SM, Rudgers JA. Fungal symbionts alter plant responses to global change[J]. American Journal of Botany, 2013, 100 (7): 1445-1457

[289] Klarner B, Winkelmann H, Krashevska V, et al. Trophic niches, diversity and community composition of invertebrate top predators (Chilopoda) as affected by conversion of tropical lowland rainforest in Sumatra (Indonesia) [J]. PLoS One, 2017,12(8): e0180915

[290] Klironomos JN. Feedback with soil biota contributes to plant rarity and invasiveness in communities[J]. Nature, 2002, 417 (6884): 67-70

[291] Kloppholz S, Kuhn H, Requena N. A secreted fungal effector of *Glomus intraradices* promotes symbiotic biotrophy[J]. Curr Biol, 2011, 21(14): 1204-1209

[292] Koch AM, Kuhn G, Fontanillas P, et al. High genetic variability and low local diversity in a population of arbuscular mycorrhizal fungi[J]. Proc Natl Acad Sci, 2004,101: 2369-2374

[293] Kohler J, Caravaca F, Azcon R, et al. Sitability of the microbial community compostition and function in a semiarid mine soil for assessing phytomanagement pratices based on mycorrhizal inoculation and amendment addition[J]. J Environ Manage, 2016,169: 236-246

[294] Kohler J, Hernández JA, Caravaca F, et al. Induction of antioxidant enzymes is involved in the greater effectiveness of a PGPR versus AM fungi with respect to increasing the tolerance of lettuce to severe salt stress[J]. Environ Exp Bot, 2009,65(2): 245-252

[295] Koide RT. Physiology of the mycorrhizal plant[J]. Advances in Botanical Research Incorporating Advances in Plant Pathology, 1993,9: 33-54

[296] Koske R, Gemma J. Fungal reactions to plants prior to mycorrhizal formation. In: Mycorrhizal functioning: an integrative plant-fungal process[M]. NewYork: Chapman and Hall Press: 1992, 3-27

[297] Koske RE, Walker C. *Gigaspora erythropa*, a new species forming arbuscular mycorrhizae[J]. Mycologia, 1984,76(2): 250-255

[298] Kouril R, Dekker JP, Boekema EJ. Supramolecular organization of photosystem II in green plants[J]. BBA-Bioenergetics, 2012,1817(1): 2-12

[299] Kowalchuk G A, Buma D S, de Boer W, et al. Effects of above-ground plant species composition and diversity on the diversity of soil-borne microorganisms[J]. Antonie van Leeuwenhoek, 2002,81 (1-4): 509-520

[300] Kowalski KP, Bacon C, Bickford W, et al. Advancing the science of microbial symbiosis to

support invasive species management: a case study on *Phragmites* in the Great Lakes[J]. Front Microbiol, 2015, 6

[301] Krajinski F, Biela A, Schubert D, et al. Arbuscular mycorrhiza development regulates the mRNA abundance of Mtaqp1 encoding a mercury-insensitive aquaporin of *Medicago truncatula*[J]. Planta, 2000,211 (1): 85-90

[302] Kramer GF, Norman HA, Krizek DT, et al. Influence of UV-B radiation on polyamines, lipid peroxidation and membrane lipids in cucumber[J]. Phytochemistry, 1991,30(7): 2101-2108

[303] Krause SM, Johnson T, Karunaratne YS, et al. Lanthanide-dependent cross-feeding of methane-derived carbon is linked by microbial community interactions[J]. Proc Natl Acad Sci, 2017,114: 358-363

[304] Krishna H, Singh SK, Sharma RR, et al. Biochemical changes in micropropagated grape (*Vitis vinifera* L.) plantlets due to arbuscular mycorrhizal fungi (AMF) inoculation during ex vitro acclimatization[J]. Sci Hortic, 2005,106: 554-567

[305] Kumar K, Amaresan N, Madhuri K. Alleviation of the adverse effect of salinity stress by inoculation of plant growth promoting rhizobacteria isolated from hot humid tropical climate[J]. Ecol Eng, 2017,102: 361-366

[306] Kumar KV, Singh N, Behl HM. Influence of plant growth promoting bacteria and its mutant on heavy metal toxicity in *Brassica juncea* grown in fly ash amended soil[J]. Chemosphere, 2008,72: 678-683

[307] Kwak JM, Nguyen V, Schroeder J I. The role of reactive oxygen species in hormonal responses[J]. Plant Physiology, 2006, 141 (2): 323-329

[308] Lambais MR, Rios-Ruiz WF, Andrade RM. Antioxidant responses in bean (*Phaseolus vulgaris*) roots colonized by arbuscular mycorrhizal fungi[J]. New Phytol, 2003,160(2): 421-428

[309] Landeweert R, Hoffland E, Finlay RD, et al. Linking plants to rocks: ectomycorrhizal fungi mobilize nutrients from minerals[J]. Trends Ecol Evol, 2001,16: 248-254

[310] Lang T, Deng SR, Zhao N, et al. Salt-sensitive signaling networks in the mediation of K+/Na+ homeostasis gene expression in *Glycyrrhiza uralensis* roots[J]. Front Plant Sci, 2017,8

[311] Larson NI, Story MT, Nelson MC. Neighborhood environments: disparities in access to healthy foods in the US[J]. Am J Prev Med, 2009,36(1): 74-81

[312] Latef AAHA, He CX. Effect of arbuscular mycorrhizal fungi on growth, mineral nutrition, antioxidant enzymes activity and fruit yield of tomato grown under salinity stress[J]. Sci Hortic Amsterdam, 2011,127(3): 228-233

[313] Latrach L, Farissi M, Mouradi M, et al. Growth and nodulation of alfalfa-rhizobia symbiosis

under salinity: electrolyte leakage, stomatal conductance and chlorophyll fluorescence[J]. Turk J Agric For, 2014,38: 320-326

[314] Lavorel S. Plant functional effects on ecosystem services[J]. Journal of Ecology, 2013, 101 (1): 4-8

[315] Lazarevic B, Losak T, Manschadi AM. Arbuscular mycorrhizae modify winter wheat root morphology and alleviate phosphorus deficit stress[J]. Plant Soil Environ, 2018,64(1): 47-52

[316] Lee BR, Muneer S, Avice JC, et al. Mycorrhizal colonisation and P-supplement effects on N uptake and N assimilation in perennial ryegrass under well-watered and drought-stressed conditions[J]. Mycorrhiza, 2012,22 (7): 525-534

[317] Lehmann A, Rillig MC. Arbuscular mycorrhizal contribution to copper, manganese and iron nutrient concentrations in crops-A meta-analysis[J]. Soil Biol Biochem, 2015,81: 147-158

[318] Lehmann A, Veresoglou SD, Leifheit EF. Arbuscular mycorrhizal influence on zinc nutrition in crop plants-A meta-analysis[J]. Soil Biol Biochem, 2014,69: 123-131

[319] Lei YB, Yin CY, Li CY. Adaptive responses of *Populus przewalskii* to drought stress and SNP application[J]. Acta Physiol Plant, 2007,29: 519-526

[320] Leifheit EF, Verbruggen E, Rillig MC. Arbuscular mycorrhizal fungi reduce decomposition of woody plant litter while increasing soil aggregation[J]. Soil Biol Biochem, 2015, 81: 323-328

[321] Leifheit EF, Veresoglou SD, Lehmann A. Multiple factors influence the role of arbuscular mycorrhizal fungi in soil aggregation-A meta-analysis[J]. Plant Soil, 2014, 374: 523-537

[322] Leimu R, Fischer M. A meta-analysis of local adaptation in plants[J]. PLoS One, 2008,3: e4010

[323] Lerat S, Lapointe L, Gutjahr S, et al. Carbon partitioning in a split-root system of arbuscular mycorrhizal plants is fungal and plant species dependent[J]. New Phytologist, 2003,157 (3): 589-595

[324] Levitt J. Responses of Plants to Environmental Stresses[M]. New York: Academic Press.1980.

[325] Leyval C, Singh BR, Joner EJ. Occurrence and infectivity of arbuscular mycorrhizal fungi in some Norwegian soils influenced by heavy metals and soil properties[J]. Water Air Soil Pollut, 1995, 84: 203-216

[326] Li BG. Soil salinization[J]. Desertification and its control in China: 2010,263-298

[327] Li J, Bao SQ, Zhang YH, et al. *Paxillus incolutus* strains MAJ and NAU mediate K+/Na+ homeostasis in ectomycorrhizal *Populus canescens* under sodium chloride stress[J]. Plant Physiol, 2012,159(4): 1771-1786

[328] Li JG, Pu LJ, Han MF, et al. Soil salinization research in China: advances and prospects[J].

J Geogr Sci, 2014a,24(5): 943-960

[329] Li T, Hu YJ, Hao ZP, et al. First cloning and characterization of two functional aquaporin genes from an arbuscular mycorrhizal fungus *Glomus intraradices*[J]. New Phytologist, 2013, 197 (2): 617-630

[330] Li XZ, Rui JP, Xiong JB, et al. Functional potential of soil microbial communities in the maize rhizosphere[J]. PLoS One, 2014b,9(11): e112609

[331] Li Z, Peng DD, Zhang XQ, et al. Na+ induces the tolerance to water stress in white clover associated with osmotic adjustment and aquaporins-mediated water transport and balance in root and leaf[J]. Environ Exp Bot, 2017,144: 11-24

[332] Li Z, Wu N, Liu T, et al. Effect of arbuscular mycorrhizal inoculation on water status and photosynthesis of *Populus cathayana* males and females under water stress[J]. Physiol Plantarum, 2015a,155(2): 192-204

[333] Li Z, Wu N, Liu T, et al. Sex-related responses of *Populus cathayana* shoots and roots to AM fungi and drought stress[J]. PloS One, 2015b,10(6): e0128841

[334] Li Z, Wu N, Liu T, et al. Gender-related responses of dioecious plant *Populus cathayana* to AMF, drought and planting pattern[J]. Scientific Reports, 2020,10:11530

[335] Liang CC, Li T, Xiao YP, et al. Effects of inoculation with arbuscular mycorrhizal fungi on maize grown in multi-metal contaminated soils[J]. International Journal of Phytoremediation, 2009,11 (8): 692-703

[336] Liljeroth E, Van Veen J, Miller H. Assimilate translocation to the rhizosphere of two wheat lines and subsequent utilization by rhizosphere microorganisms at two soil nitrogen concentrations[J]. Soil Biol Biochem, 1990, 22: 1015-1021

[337] Lin JX, Wang YN, Sun SN, et al. Effects of arbuscular mycorrhizal fungi on the growth, photosynthesis and photosynthetic pigments of *Leymus chinensis* seedlings under salt-alkali stress and nitrogen deposition[J]. Sci Total Environ, 2017, 576: 234-241

[338] Lindahl BD, Ihrmark K, Boberg J, et al. Spatial separation of litter decomposition and mycorrhizal nitrogen uptake in a boreal forest[J]. New Phytol, 2007,173: 611-620

[339] Liu C, Liu Y, Guo K, et al. Effect of drought on pigments, osmotic adjustment and antioxidant enzymes in six woody plant species in karst habitats of southwestern China[J]. Environmental and Experimental Botany, 2011,71 (2): 174-183

[340] Liu HG, Wang YJ, Chen H, et al. Influence of *Rhizoglomus irregulare* on nutraceutical quality and regeneration of *Lycium barbarum* leaves under salt stress[J]. Canadian Journal of Microbiology, 2017a,63: 365-374

[341] Liu HG, Wang YJ, Hart M, et al. Arbuscular mycorrhizal symbiosis regulates hormone and osmotic equilibrium of *Lycium barbarum* L. under salt stress[J]. Mycosphere,

2016a,7(6):828-843

[342] Liu HG, Wang YJ, Tang M. Arbuscular mycorrhizal fungi diversity associated with two halophytes *Lycium barbarum* and *Elaeagnus angustifolia* in Ningxia, China[J]. Archives of Agronomy and Soil Science, 2017b,63(6): 796–806

[343] Liu J, Guo C, Chen ZL, et al. Mycorrhizal inoculation modulates root morphology and root phytohormone responses in trifoliate orange under drought stress[J]. Emir J Food Agr, 2016b, 28(4): 251-256

[344] Liu J, Ishitani M, Halfter U, et al. The Arabidopsis thaliana SOS2 gene encodes a protein kinase that is required for salt tolerance[J]. Proc Natl Acad Sci USA, 2000, 97(7): 3730-3734

[345] Liu LZ, Gong ZQ, Zhang YL, et al. cadmium accumulation and physiology of marigod (*Tagetes erecta* L.) as affected by arbuscular mycorrhizal fungi[J]. Pedosphere, 2011,21(3): 319-327

[346] Liu SC. Assay and examination of pulp manufacture and papermaking, 3rd edn[M]. Beijing: China Chemistry Industry Press,2003.

[347] Liu T, Li Z, Chen H, et al. Effect of *Rhizophagus irregularis* on osmotic adjustment, antioxidation and aquaporin PIP genes expression of *Populus* × *canadensis* 'Neva' under drought stress[J]. Acta Physiologiae Plantarum, 2016c, 38(8):191

[348] Liu T, Sheng M, Wang CY, et al. Impact of arbuscular mycorrhizal fungi on the growth, water status, and photosynthesis of hybrid poplar under drought stress and recovery[J]. Photosynthetica, 2015,53: 250-258

[349] Liu T, Wang CY, Chen H, et al. Effects of arbuscular mycorhizal colonization on the biomass and bioenergy production of *Populus* × *canadensis* 'Neva' in sterilized and unsterilized soil[J]. Acta Physiol Plant, 2014, 36(4): 871-880

[350] Liu XM, Ma FY, Zhu H, et al.Effects of magnetized water treatment on growth characteristics and ion absorption, transportation, and distribution in *Populus* × *euramericana* 'Neva' under NaCl stress[J]. Can J Forest Res, 2017,47(6): 828-838

[351] Lloyd DG, Webb CJ. Secondary sex characters in plants[J]. Bot Rev, 1977, 43(2): 177-216

[352] Lloyd. Selection of combined versus separate sexes in seed plants[J]. Am Nat, 1982,120: 571-585

[353] Lu Y, Wang G, Meng Q, et al. Growth and physiological responses to arbuscular mycorrhizal fungi and salt stress in dioecious plant *Populus tomentosa*[J]. Can J For Res, 2014,44: 1020-1031

[354] Ludwig-Müller J. Hormonal responses in host plants triggered by arbuscular mycorrhizal fungi. In: Arbuscular mycorrhizas: physiology and function[M]. Springer: 2010, 169-190

[355] Luo Y, Zhao X, Andrén O, et al. Artificial root exudates and soil organic carbon mineralization in a degraded sandy grassland in northern China[J]. J Arid Land, 2014,6: 423-431

[356] Luo ZB, Langenfeld-Heyser R, Calfapietra C, et al. Influence of free air CO_2 enrichment (EUROFACE) and nitrogen fertilisation on the anatomy of juvenile wood of three poplar species after coppicing[J]. Trees, 2005,19 (2): 109-118

[357] Luo ZB, Polle A. Wood composition and energy content in a poplar short rotation plantation on fertilized agricultural land in a future CO_2 atmosphere[J]. Global Change Biology, 2009,15 (1): 38-47

[358] Lupwayi NZ, Larney FJ, Blackshaw RE, et al. Phospholipid fatty acid biomarkers show positive soil microbial community responses to conservation soil management of irrigated crop rotations[J]. Soil Till Res, 2017, 168: 1-10

[359] Magwanga RO, Lu P, Kirungu JN, et al. Characterization of the late embryogenesis abundant (LEA) proteins family and their role in drought stress tolerance in upland cotton[J]. BMC genet, 2018,19(1): 6

[360] Mahajan S, Tuteja N. Cold, salinity and drought stresses: An overview[J]. Arch Biochem Biophy, 2005, 444: 139-157

[361] Maherali H, Klironomos JN. Influence of phylogeny on fungal community assembly and ecosystem functioning[J]. Science, 2007, 316: 1746-1748

[362] Manchanda G, Garg N. Salinity and its effects on the functional biology of legumes[J]. Acta Physiol Plant, 2008,30: 595-618

[363] Manoharan PT, Shanmugaiah V, Balasubramanian N,et al. Influence of AM fungi on the growth and physiological status of *Erythrina variegate* Linn. grown under different water stress conditions[J]. Eur J Soil Biol, 2010,46: 151-156

[364] Mar Vázquez M, César S, Azcón R, et al. Interactions between arbuscular mycorrhizal fungi and other microbial inoculants (*Azospirillum*, *Pseudomonas*, *Trichoderma*) and their effects on microbial population and enzyme activities in the rhizosphere of maize plants[J]. Applied Soil Ecology, 2000,15 (3): 261-272

[365] Marjanović Z, Uwe N, Hampp R. Mycorrhiza formation enhances adaptive response of hybrid poplar to drought[J]. Annals of the New York Academy of Sciences, 2005,1048: 496-499

[366] Marques JM, da Silva TF, Vollu RE, et al. Plant age and genotype affect the bacterial community composition in the tuber rhizosphere of field-grown sweet potato plants[J]. FEMS Microbiol Ecol, 2014,88: 424--435

[367] Marschner P, Baumann K. Changes in bacterial community structure induced by

mycorrhizal colonisation in split-root maize[J]. Plant and Soil, 2003, 251 (2): 279-289

[368] Marschner P, Crowley DE, Higashi RM. Root exudation and physiological status of a root-colonizing fluorescent pseudomonad in mycorrhizal and non-mycorrhizal pepper (*Capsicum annuum* L.) [J]. Plant Soil, 1997,189(1): 11-20

[369] Marschner P, Yang CH, Lieberei R, et al. Soil and plant specific effects on bacterial community composition in the rhizosphere[J]. Soil Biol Biochem, 2001, 33: 1437-1445

[370] Marschner P. Marschner's Mineral Nutrition of Higher Plants (Third Edition) [M].New york: Academic Press, 2012.

[371] Martínez-Atienza J, Jiang X, Garciadeblas B,et al. Conservation of the salt overly sensitive pathway in rice[J]. Plant Physiol, 2007,143(2): 1001-1012

[372] Marulanda A, Porcel R, Barea J, et al. Drought tolerance and antioxidant activities in lavender plants colonized by native drought-tolerant or drought-sensitive *Glomus* species[J]. Microbial Ecology, 2007, 54 (3): 543-552

[373] Mathur N, Vyas A. I. Influence of VA mycorrhizae on net photosynthesis and transpiration of *Ziziphus mauritiana*[J]. Journal of Plant Physiology, 1995,147 (3): 328-330

[374] Mathur S, Agrawal D, Jajoo A. Photosynthesis: response to high temperature stress[J]. J Photochem Photobiol B, 2014,137: 116-126

[375] Matias SR, Pagano MC, Muzzi FC, et al. Effect of rhizobia, mycorrhizal fungi and phosphate-solubilizing microorganisms in the rhizosphere of native plants used to recover an iron ore area in Brazil[J]. Eur J Soil Biol, 2009,45: 259-266

[376] Maurel C, Plassard C. Aquaporins: for more than water at the plant-fungus interface[J]? New Phytologist, 2011, 190 (4): 815-817

[377] Mauritz M, Cleland E, Merkley M, et al. The influence of altered rainfall regimes on early season N partitioning among early phenology annual plants, a late phenology shrub, and microbes in a semi-arid ecosystem[J]. Ecosystems, 2014,17: 1354-1370

[378] McGonigle TP, Miller MH, Evans DG, et al. A new method which gives an objective measure of colonization of roots by vesicular-arbuscular mycorrhizal fungi[J]. New Phytol, 1990,115(3): 495-501.

[379] McKersie BD, Leshem Y. Stress and Stress Coping in Cultivated Plants[M]. Netherlands: Kluwer Academic Publishers,1994.

[380] Meier S, Cornejo P, Cartes P, et al. Interactive effect between Cu-adapted arbuscular mycorrhizal fungi and biotreated agrowaste residue to improve the nutritional status of *Oenothera picensis* growing in Cu-polluted soils[J]. J Plant Nutr Soil Sci, 2015, 178: 126-135

[381] Melnikova NV, Borkhert EV, Snezhkina AV, et al. Sex-specific response to stress in *Populus*[J]. Front Plant Sci, 2017,8

［382］Melo CD, Luna S, Kruger C, et al. Communities of arbuscular mycorrhizal fungi under *Picconia azorica* in native forests of Azores［J］. Symbiosis, 2018, 74(1): 43-54.

［383］Mendez-Alonzo R, Lopez-Portillo J, Moctezuma C, et al. Osmotic and hydraulic adjustment of mangrove saplings to extreme salinity［J］. Tree Physiol, 2016, 36(12): 1562-1572

［384］Menge J, Steirle D, Bagyaraj D, et al. Phosphorus concentrations in plants responsible for inhibition of mycorrhizal infection［J］. New Phytol, 1978, 80: 575-578

［385］Merbach W, Mirus E, Knof G, et al.Release of carbon and nitrogen compounds by plant roots and their possible ecological importance［J］. J Plant Nutr Soil Sci, 1999,162(4): 373-383

［386］Micallef SA, Channer S, Shiaris MP, et al. Plant age and genotype impact the progression of bacterial community succession in the *Arabidopsis* rhizosphere［J］. Plant Signal Behav, 2009,4(8): 777-780

［387］Miethling R, Wieland G, Backhaus H, et al. Variation of microbial rhizosphere communities in response to crop species, soil origin, and inoculation with *Sinorhizobium meliloti* L33［J］. Microb Ecol, 2000, 40: 43-56

［388］Mijiti M, Wang Y. Cloning and identification of the LEA genes from *Betula platphylla* Suk. in response to salt stress［J］. Molecular Plant Breeding, 2017,7

［389］Miller R, Jastrow J. Mycorrhizal fungi influence soil structure. In: Arbuscular mycorrhizas: physiology and function［M］. Springer: 2000,3-18

［390］Miller R, Kling M. The importance of integration and scale in the arbuscular mycorrhizal symbiosis［J］. Plant and Soil, 2000,226 (2): 295-309

［391］Miller RM, Jastrow JD. Mycorrhizal fungi influence soil structure. In: Kapulnik Y, Douds D (eds) Arbuscular mycorrhizas: physiology and function［M］. Kluwer Academic Publishers Dordrecht, 2000,4-18

［392］Miranda MI, Omacini M, Chaneton EJ. Environmental context of endophyte symbioses: interacting effects of water stress and insect herbivory［J］. Int J Plant Sci, 2011,172(4): 499-508

［393］Miransari M, Bahrami HA, Rejali F, et al. Using arbuscular mycorrhiza to reduce the stressful effects of soil compaction on corn (*Zea mays* L.) growth［J］. Soil Biology and Biochemistry, 2007,39 (8): 2014-2026

［394］Miransari M, Bahrami HA, Rejali F, et al. Effects of arbuscular mycorrhiza, soil sterilization, and soil compaction on wheat (*Triticum aestivum* L.) nutrients uptake［J］. Soil and Tillage Research, 2009,104 (1): 48-55

［395］Miransari M. Plant, Mycorrhizal fungi, and bacterial network. In: Plant signaling: Understanding the molecular crosstalk［M］. Springer: 2014, 315-325

［396］Mishra A, Tanna B. Halophytes: Potential resources for salt stress tolerance genes and promoters［J］. Front Plant Sci, 2017,8

[397] Mitchell AK. Acclimation of *Pacific yew* (*Taxus brevifolia*) foliage to sun and shade[J]. Tree Physiol, 1998,18(11): 749-757.

[398] Mittler R. Oxidative stress, antioxidants and stress tolerance[J]. Trends in Plant Science, 2002,7 (9): 405-410

[399] Mohan SV, Velvizhi G, Modestra JA, et al. Microbial fuel cell: critical factors regulating bio-catalyzed electrochemical process and recent advancements[J]. Renew Sustain Energy Rev, 2014, 40(40): 779-797

[400] Moin M, Bakshi A, Madhav MS, et al. Expression profiling of ribosomal protein gene family in dehydration stress responses and characterization of transgenic rice plants overexpressing RPL23A for water-use efficiency and tolerance to drought and salt stresses[J]. Front Chem, 2017,5(97)

[401] Molinari HB, Marur CJ, Daros E, et al. Evaluation of the stress inducible production of proline in transgenic sugarcane (*Saccharum* spp.): osmotic adjustment, chlorophyll fluorescence and oxidative stress[J]. Physiol Plant, 2007,130: 218-229

[402] Mosier SL, Kane ES, Richter DL, et al. Interactive effects of climate change and fungal communities on wood-derived carbon in forest soils[J]. Soil Biol Biochem, 2017,115: 297-309

[403] Muller K, Marhan S, Kandeler E, et al. Carbon flow from litter through soil microorganisms: From incorporation rates to mean residence times in bacteria and fungi[J]. Soil Biol Biochem, 2017, 115: 187-196

[404] Muthukumar T, Udaiyan K. Growth response and nutrient utilization of *Casuarina equisetifolia* seedlings inoculated with bioinoculants under tropical nursery conditions[J]. New Forests, 2010, 40 (1): 101-118

[405] Muyzer G, De Waal EC, Uitterlinden AG. Profiling of complex microbial populations by denaturing gradient gel electrophoresis analysis of polymerase chain reaction-amplified genes coding for 16S rRNA[J]. Applied and Environmental Microbiology, 1993, 59 (3): 695-700

[406] Nagy R, Karandashov V, Chague V, et al. The characterization of novel mycorrhiza-specific phosphate transporters from *Lycopersicon esculentum* and *Solanum tuberosum* uncovers functional redundancy in symbiotic phosphate transport in solanaceous species[J]. Plant J, 2005,42(2): 236-250

[407] Nair MG, Safir GR, Siqueira JO. Isolation and identification of vesicular-arbuscular mycorrhiza-stimulatory compounds from clover (*Trifolium repens*) roots[J]. Appl Environ Microbiol, 1991,57: 434-439

[408] Napoli C, Mello A, Bonfante P. Dissecting the rhizosphere complexity: the truffle-ground study case[J]. Rendiconti Lincei, 2008,19 (3): 241-259

[409] Negrutiu I, Vyskot B, Barbacar N, et al. Dioecious plants. a key to the early events of sex chromosome evolution[J]. Plant Physiology, 2001,127(4): 1418-1424

[410] Nelson DW, Sommers LE. Total carbon, organic carbon and organic matter. In: Methods of soil analysis, Part 2. Chemical and microbiological properties[M]. Madison: American Society of Agronomy: 1982,539-579

[411] Newsham K, Fitter A, Watkinson A. Multi-functionality and biodiversity in arbuscular mycorrhizas[J]. Trends Ecol Evol, 1995,10: 407-411

[412] Nguyen NH, Song Z, Bates ST, et al. FUNGuild: an open annotation tool for parsing fungal community datasets by ecological guild[J]. Fungal Ecol, 2016, 20: 241-248

[413] Niu ML, Huang Y, Sun ST, et al. Root respiratory burst oxidase homologue-dependent H_2O_2 production confers salt tolerance on a grafted cucumber by controlling Na+ exclusion and stomatal closure[J]. J Exp Bot, 2018,69(14): 3465-3476

[414] Norman JR, Atkinson D, Hooker JE. Arbuscular mycorrhizal fungal-induced alteration to root architecture in strawberry and induced resistance to the root pathogen *Phytophthora fragariae*[J]. Plant Soil, 1996,185(2): 191-198

[415] Nottingham AT, Turner BL, Winter K, et al. Root and arbuscular mycorrhizal mycelial interactions with soil microorganisms in lowland tropical forest[J]. FEMS Microbiol Ecol, 2013,85(1): 37-50

[416] Nuccio EE, Hodge A, Pett-Ridge J, et al. An arbuscular mycorrhizal fungus significantly modifies the soil bacterial community and nitrogen cycling during litter decomposition[J]. Environ Microbiol, 2013, 15(6): 1870-1881

[417] Ogawa A, Yamauchi A. Root osmotic adjustment under osmotic stress in maize seedlings: 1. Transient change of growth and water relations in roots in response to osmotic stress[J]. Plant Prod Sci, 2006a, 9: 27-38

[418] Ogawa A, Yamauchi A. Root osmotic adjustment under osmotic stress in maize seedlings: 2. Mode of accumulation of several solutes for osmotic adjustment in the root[J]. Plant Prod Sci, 2006b,9: 39-46

[419] Oh DH, Lee SY, Bressan RA, et al. Intracellular consequences of SOS1 deficiency during salt stress[J]. J Exp Bot, 2010, 61(4): 1205-1213

[420] Okubo A, Matsusaka M, Sugiyama S. Impact of root symbiotic associations on interspecific variation in sugar exudation rates and rhizosphere microbial communities: a comparison among four plant families[J]. Plant Soil, 2016,399(1-2): 345-356

[421] Olff H, Pegtel D, Van Groenendael J, et al. Germination strategies during grassland succession[J]. J Ecol, 1994,69-77

[422] Olsson PA, Hammer EC, Pallon J, et al. Elemental composition in vesicles of an arbuscular

mycorrhizal fungus, as revealed by PIXE analysis[J]. Fungal Biol, 2011,115: 643-648

[423] Olsson PA, Hammer EC, Wallander H, et al. Phosphorus availability influences elemental uptake in the mycorrhizal fungus *Glomus intraradices*, as revealed by particle-induced X-ray emission analysis[J]. Appl Environ Microbiol, 2008,74: 4144-4148

[424] Omirou M, Ioannides IM, Ehaliotis C. Mycorrhizal inoculation affects arbuscular mycorrhizal diversity in watermelon roots, but leads to improved colonization and plant response under water stress only[J]. Applied Soil Ecology, 2013,63: 112-119

[425] Onodera Y, Yonaha I, Masumo H, et al. Mapping of the genes for dioecism and monoecism in *Spinacia oleracea* L: evidence that both genes are closely linked[J]. Plant Cell Rep, 2011,30(6): 965-971

[426] Ortas I. The effect of mycorrhizal fungal inoculation on plant yield, nutrient uptake and inoculation effectiveness under long-term field conditions[J]. Field Crops Research, 2012,125:35-48

[427] Ouziad F, Wilde P, Schmelzer E, et al. Analysis of expression of aquaporins and Na+/H+ transporters in tomato colonized by arbuscular mycorrhizal fungi and affected by salt stress[J]. Environ Exp Bot, 2006,57(1-2): 177-186

[428] Pacovsky RS, Da Silva P, Carvalho MT, et al. Growth and nutrient allocation in *Phaseolus vulgaris* L. colonized with endomycorrhizae or *Rhizobium*[J]. Plant Soil, 1991, 132(1): 127-137

[429] Pallon J, Wallander H, Hammer E, et al. Symbiotic fungi that are essential for plant nutrient uptake investigated with NMP[J]. Nucl Instrum Methods Phy Res Sec B: Beam Interact Mater At, 2007,260:149-152

[430] Pandey R, Garg N. High effectiveness of *Rhizophagus irregularis* is linked to superior modulation of antioxidant defence mechanisms in *Cajanus cajan* (L.) Millsp genotypes grown under salinity stress[J]. Mycorrhiza, 2017,27(7): 669-682

[431] Passioura JB. Drought and drought tolerance. In: Drought tolerance in higher plants: genetical, physiological and molecular biological analysis[M]. Dordrecht: Springer Press: 1996,1-5

[432] Pearson JN, Schweiger P. *Scutellospora calospora* Walker & Sanders associated with subterranean clover: dynamics of colonization, sporulation and soluble carbohydrates[J]. New Phytol, 1993,124(2): 215-219

[433] Penella C, Nebauer SG, Lopez-Galarza S, et al. Grafting pepper onto tolerant rootstocks: an environmental-friendly technique overcome water and salt stress[J]. Sci Hortic, 2017, 226: 33-41

[434] Peñuelas J, Munné-Bosch S. Isoprenoids: an evolutionary pool for photoprotection[J].

Trends in Plant Science, 2005,10 (4): 166-169

[435] Peñuelas J, Sardans J, Estiarte M, et al. Evidence of current impact of climate change on life: a walk from genes to the biosphere[J]. Glob Chang Biol, 2013a,19(8): 2303-2338

[436] Peñuelas J, Sardans J, Llusia J, et al. Foliar chemistry and standing folivory of early and late-successional species in a Bornean rainforest[J]. Plant Ecol Divers, 2013b,6(2): 245-256

[437] Philippot L, Raaijmakers JM, Lemanceau P, et al. Going back to the roots: the microbial ecology of the rhizosphere[J]. Nature Reviews Microbiology, 2013,11 (11): 789-799

[438] Phillips JM, Hayman DS. Improved procedures for clearing roots and staining parasitic and vesicular-arbuscular mycorrhizal fungi for rapid assessment of infection[J]. Transactions of the British mycological Society, 1970,55 (1): 158-161

[439] Pitman M, Läuchli A. Global impact of salinity and agricultural ecosystems. In: Läuchli A, Lüttge S (eds) Salinity: environment-plants-molecules[M]. Springer, Dordrecht, 2004,3-20

[440] Ploschuk EL, Bado LA, Salinas M, et al. Photosynthesis and fluorescence responses of *Jatropha curcasto* chilling and freezing stress during early vegetative stages[J]. Environ Exp Bot, 2014,102: 18-26

[441] Polle A, Janz D, Teichmann T, et al. Poplar genetic engineering: promoting desirable wood characteristics and pest resistance[J]. Appl Microbiol Blot, 2013, 22: 825-834

[442] Popp JW, Reinartz JA. Sexual dimorphism in biomass allocation and clonal growth of *Xanthoxylum americanum*[J]. Am J Bot, 1988,75: 1732-1741

[443] Porcel R, Aroca R, Azcón R,et al. PIP aquaporin gene expression in arbuscular mycorrhizal *Glycine max* and *Lactuca sativa* plants in relation to drought stress tolerance[J]. Plant Mol Biol, 2006, 60(3): 389-404

[444] Porcel R, Aroca R, Azcón R, et al. Regulation of cation transporter genes by the arbuscular mycorrhizal symbiosis in rice plants subjected to salinity suggests improved salt tolerance due to reduced Na+ root-to-shoot distribution[J]. Mycorrhiza, 2016,26(7): 673-684

[445] Porcel R, Aroca R, Cano C, et al. A gene from the arbuscular mycorrhizal fungus *Glomus intraradices* encoding a binding protein is up-regulated by drought stress in some mycorrhizal plants[J]. Environ Exp Bot, 2007,60: 251-256

[446] Porcel R, Aroca R, Ruiz-Lozano JM. Salinity stress alleviation using arbuscular mycorrhizal fungi[J]. A review. Agron Sustain Dev, 2012,32(1): 181-200

[447] Porcel R, Azcón R, Ruiz-Lozano JM. Evaluation of the role of genes encoding for D-(1)-pyrroline-5-carboxylate synthetase (P5CS) during drought stress in arbuscular mycorrhizal *Glycine max* and *Lactuca sativa* plants[J]. Physiol Mol Plant Pathol, 2004, 65(4): 211-221

[448] Porcel R, Barea JM, Ruiz-Lozano JM. Antioxidant activities in mycorrhizal soybean plants under drought stress and their possible relationship to the process of nodule senescence[J].

New Phytologist, 2003,157 (1): 135-143

[449] Porcel R, Gomez M, Kaldenhoff R, et al. Impairment of NtAQP1 gene expression in tobacco plants does not affect root colonization pattern by arbuscular mycorrhizal fungi but decrease their symbiotic efficiency under drought[J]. Mycorrhiza, 2005,15(6): 417-423

[450] Porcel R, Ruiz-Lozano JM. Arbuscular mycorrhizal in fluence on leaf water potential, solute accumulation and oxidative stress in soybean plants subjected to drought stress[J]. J Exp Bot, 2004,55: 1743-1750

[451] Pottosin I, Dobrovinskaya O. Two-pore cation (TPC) channel: not a shorthanded one[J]. Funct Plant Biol, 2018,45(1-2):83-92

[452] Powles SB. Photoinhibition of photosynthesis induced by visible light[J]. Annual Review of Plant Physiology, 1984,35 (1): 15-44

[453] Praba ML, Cairns J, Babu R, et al. Identification of physiological traits underlying cultivar differences in drought tolerance in rice and wheat[J]. J Agron Crop Sci, 2009, 195: 30-46

[454] Price JR, Ledford SH, Ryan MO, et al. Wastewater treatment plant effluent introduces recoverable shifts in microbial community composition in receiving streams[J]. Sci Total Environ, 2018,613: 1104-1116

[455] Pucholt P, Hallingback HR, Berlin S. Allelic incompatibility can explain female biased sex ratios in dioecious plants[J]. BMC Genomics, 2017,18

[456] Qiu QS, Barkla BJ, Vera-Estrella R, et al. Na+/H+ exchange activity in the plasma membrane of *Arabidopsis*[J]. Plant Physiol, 2003,132(2): 1041-1052

[457] Qiu Z, Wang L, Zhou Q. Effects of bisphenol A on growth, photosynthesis and chlorophyll fluorescence in above-ground organs of soybean seedlings[J]. Chemosphere, 2012, 90 (3): 1274-1280

[458] Querejeta JI, Allen MF, Alguacil MM, et al. Corrigendum to: plant isotopic composition provides insight into mechanisms underlying growth stimulation by AM fungi in a semiarid environment[J]. Functional plant biology, 2007, 34 (9): 860-860

[459] Quintero FJ, Ohta M, Shi HZ, et al. Reconstitution in yeast of the *Arabidopsis* SOS signaling pathway for Na+ homeostasis[J]. Proc Natl Acad Sci USA, 2002,99(13): 9061-9066

[460] Quoreshi AM, Khasa DP. Effectiveness of mycorrhizal inoculation in the nursery on root colonization, growth, and nutrient uptake of aspen and balsam poplar[J]. Biomass and Bioenergy, 2008,32 (5): 381-391

[461] Rahman MM, Rahman MA, Miah MG, et al. Mechanistic insight into salt tolerance of *Acacia auriculiformis*: the importance of ion selectivity, osmoprotection, tissue tolerance, and Na+ exclusion[J]. Front Plant Sci, 2017,8(787): 155

[462] Rajaeian S, Ehsanpour AA, Javadi M,. Ethanolamine induced modification in glycine

betaine and proline metabolism in *Nicotiana rustica* under salt stress[J]. Biol Plantarum, 2017,61(4): 797-800

[463] Ramos-Zapata J, Orellana R, Guadarrama P, et al. Contribution of mycorrhizae to early growth and phosphorus uptake by a neotropical palm[J]. J Plant Nutr, 2009,32(5): 855-866

[464] Rapparini F, Peñuelas J. Mycorrhizal fungi to alleviate drought stress on plant growth. In: Use of microbes for the alleviation of soil stresses, Volume 1[M]. Springer: 2014,21-42

[465] Read D, Duckett J, Francis R, et al. Symbiotic fungal associations in 'lower'land plants[J]. Philosophical Transactions of the Royal Society of London Series B: Biological Sciences, 2000,355 (1398): 815-831

[466] Redecker D, Kodner R, Graham LE. Glomalean fungi from the Ordovician[J]. Science, 2000,289 (5486): 1920-1921

[467] Regier N, Streb S, Cocozza C, et al. Drought tolerance of two black poplar (*Populus nigra* L.) clones: contribution of carbohydrates and oxidative stress defence[J]. Plant, Cell and Environment, 2009,32 (12): 1724-1736

[468] Ren CJ, Zhang W, Zhong ZK, et al. Differential responses of soil microbial biomass, diversity, and compositions to altitudinal gradients depend on plant and soil characteristics[J]. Sci Total Environ, 2018, 610: 750-758

[469] Ren J, Dai W, Xuan Z, et al. The effect of drought and enhanced UV-b radiation on the growth and physiological traits of two contrasting poplar species[J]. Forest Ecol Manag, 2007,239(1): 112-119

[470] Renner SS, Ricklefs RE. Dioecy and its correlates in the flowering plants[J]. Am J Bot, 1995,82(5): 596-606

[471] Reva V, Fonseca L, Lousada JL, et al. Impact of the pinewood nematode, *Bursaphelenchus xylophilus*, on gross calorific value and chemical composition of *Pinus pinaster* woody biomass[J]. Journal of Forest Research, 2012,131 (4): 1025-1033

[472] Reynolds M, Mujeeb-Kazi A, Sawkins M. Prospects for utilising plant-adaptive mechanisms to improve wheat and other crops in drought-and salinity-prone environments[J]. Ann Appl Biol, 2005,146: 239-259

[473] Rezacova V, Siavikova R, Konvalinkova T, et al. Imbalanced carbon-for-phosphorus exchange between European arbuscular mycorrhizal fungi and non-native *Panicum* grasses-A case of dysfunctional symbiosis[J]. Pedobiologia, 2017,62: 48-55

[474] Rho H, Hsieh M, Kandel SL, et al. Do endophytes promote growth of host plants under stress? A meta-analysis on plant stress mitigation by endophytes[J]. Microbial Ecol, 2018,75(2): 407-418

[475] Richet N, Afif D, Huber F, et al. Cellulose and lignin biosynthesis is altered by ozone in

wood of hybrid poplar (*Populus tremula* × *alba*) [J]. Journal of Experimental Botany, 2011, 62 (10): 3575-3586

[476] Rillig MC, Mummey DL. Mycorrhizas and soil structure[J]. New Phytologist, 2006,171 (1): 41-53

[477] Rillig MC, Wright SF, Nichols KA, et al. Large contribution of arbuscular mycorrhizal fungi to soil carbon pools in tropical forest soils[J]. Plant and Soil, 2001,233 (2): 167-77

[478] Rillig MC. Arbuscular mycorrhizae, glomalin, and soil aggregation[J]. Canadian Journal of Soil Science, 2004,84 (4): 355-363

[479] Rillig MC, Aguilar-Trigueros CA, Bergmann J, et al. Plant root and mycorrhizal fungal traits for understanding soil aggregation[J]. New Phytol, 2015,205: 1385-1388

[480] Rodriguez RJ, Henson J, Van Volkenburgh E, et al. Stress tolerance in plants via habitat-adapted symbiosis[J]. ISME J, 2008,2: 404-416

[481] Roháček K. Chlorophyll fluorescence parameters: the definitions, photosynthetic meaning, and mutual relationships[J]. Photosynthetica, 2002,40: 13-29

[482] Roldán A, Díaz-Vivancos P, Hernández JA, et al. Superoxide dismutase and total peroxidase activities in relation to drought recovery performance of mycorrhizal shrub seedlings grown in an amended semiarid soil[J]. Journal of Plant Physiology, 2008,165 (7): 715-722

[483] Rooney DC, Killham K, Bending GD, et al. Mycorrhizas and biomass crops: opportunities for future sustainable development[J]. Trends in Plant Science, 2009,14 (10): 542-549

[484] Rooney DC, Prosser JI, Bending GD, et al. Effect of arbuscular mycorrhizal colonisation on the growth and phosphorus nutrition of *Populus euramericana* c.v. Ghoy[J]. Biomass and Bioenergy, 2011,35 (11): 4605-4612

[485] Rozentsvet O, Kosobryukhov A, Zakhozhiy I, et al. Photosynthetic parameters and redox homeostasis of *Artemisia santonica* L. under conditions of Elton region[J]. Plant Physiol Bioch, 2017,118: 385-393

[486] Ruiz-Lozano J M, Aroca R. Host response to osmotic stresses: stomatal behaviour and water use efficiency of arbuscular mycorrhizal plants. In: Arbuscular Mycorrhizas: Physiology and Function.[M] springer: 2010a,239-256

[487] Ruiz-Lozano JM, Azcón R. Hyphal contribution to water uptake in mycorrhizal plants as affected by the fungal species and water status[J]. Physiologia Plantarum, 1995,95 (3): 472-478

[488] Ruiz-Lozano JM, Azcón R. Mycorrhizal colonization and drought stress as factors affecting nitrate reductase activity in lettuce plants[J]. Agriculture, Ecosystems and Environment, 1996,60 (2-3): 175-181

[489] Ruiz-Lozano JM, del Mar Alguacil M, Bárzana G,et al. Exogenous ABA accentuates the

differences in root hydraulic properties between mycorrhizal and non mycorrhizal maize plants through regulation of PIP aquaporins[J]. Plant Molecular Biology, 2009,70 (5): 565-579

[490] Ruiz-Lozano JM, Gómez M, Azcón R. Influence of different *Glomus* species on the time-course of physiological plant responses of lettuce to progressive drought stress periods[J]. Plant Science, 1995,110 (1): 37-44

[491] Ruiz-Lozano JM, Porcel R, Aroca R. Does the enhanced tolerance of arbuscular mycorrhizal plants to water deficit involve modulation of drought-induced plant genes[J]? New Phytologist, 2006, 117 (4): 693-698

[492] Ruiz-Lozano JM. Arbuscular mycorrhizal symbiosis and alleviation of osmotic stress. New perspectives for molecular studies[J]. Mycorrhiza, 2003,13 (6): 309-317

[493] Ruiz-Lozano JM, Aroca R. Modulation of aquaporin genes by the arbuscular mycorrhizal symbiosis in relation to osmotic stress tolerance. In: Symbioses and Stress: Joint Ventures in Biology, Cellular Origin, Life in Extreme Habitats and Astrobiology[M]. Dordrecht: Springer Science Business Media: 2010b,359-374

[494] Ruiz-Lozano JM, Azcon R, Palma JM. Suiperoxide dismutase activity in arbuscular-my corrhizal *Lactuca sativa* L. plants subjected to drought stress[J]. New Phytol, 1996, 134: 327-333

[495] Ruiz-Lozano JM, Porcel R, Azcon C, et al. Regulation by arbuscular mycorrhizae of the integrated physiological response to salinity in plants: new challenges in physiological and molecular studies[J]. J Exp Bot, 2012, 63(2): 695-709

[496] Ruíz-Sánchez M, Armada E, Muñoz Y, et al. *Azospirillum* and arbuscular mycorrhizal colonization enhance rice growth and physiological traits under well-watered and drought conditions[J]. Journal of Plant Physiology, 2011,168 (10): 1031-1037

[497] Ruiz-Sánchez M, Aroca R, Muñoz Y, et al. The arbuscular mycorrhizal symbiosis enhances the photosynthetic efficiency and the antioxidative response of rice plants subjected to drought stress[J]. Journal of Plant Physiology, 2010, 167 (11): 862-869

[498] Ruth B, Khalvati M, Schmidhalter U. Quantification of mycorrhizal water uptake via high-resolution on-line water content sensors[J]. Plant and Soil, 2011,342 (1-2): 459-468

[499] Sakai AK, Burris TA. Growth in male and female aspen clones: a twenty-five-year longitudinal study[J]. Ecology, 1985,66: 1921-1927

[500] Salisbury FB, Ross CW. Plant Physiology[M]. California: Wadsworth Publishing Co. 1992.

[501] Sambandan K, Kannan K, Raman N. Distribution of vesicular- arbuscular mycorrhizal fungi in heavy metal polluted soils of Tamil Nadu[J]. J Environ Biol, 1992,13: 159-167

[502] Sánchez Vilas J, Pannell JR. Sexual dimorphism in resource acquisition and deployment: both size and timing matter[J]. Ann Bot, 2010,107(1): 119-126

［503］Sánchez-Diaz M, Honrubia M. Water relations and alleviation of drought stress in mycorrhizal plants. In: Impact of arbuscular mycorrhizas on Sustainable Agriculture and Natural Ecosystems［M］. Boston: MA Birkhauser: 1994,167-178

［504］Sannigrahi P, Ragauskas AJ, Tuskan GA. Poplar as a feedstock for biofuels: a review of compositional characteristics［J］. Biofuels, Bioproducts and Biorefining, 2010, 4 (2): 209-226

［505］Santos-González JC, Nallanchakravarthula S, Alström S,et al. Soil, but not cultivar, shapes the structure of arbuscular mycorrhizal fungal assemblages associated with strawberry［J］. Microbial Ecology, 2011,62 (1): 25-35

［506］Sardans J, Penuelas J, Ogaya R. Experimental drought reduced acid and alkaline phosphatase activity and increased organic extractable P in soil in a *Quercus ilex* Mediterranean forest［J］. Eur J Soil Biol, 2008,44: 509-520

［507］Sayyad-Amin P, Borzouei A, Jahansooz MR,et al. The response of wildtype and mutant cultivars of soybean to salt stress-comparing vegetative and reproductive phases on the basis of leaf biochemical contents, RWC and stomatal conductance［J］. Arch Agron Soil Sci, 2018,64(1): 58-69

［508］Schechter SP, Bruns TD. Serpentine and non-serpentine ecotypes of *Collinsia sparsiflora* associate with distinct arbuscular mycorrhizal fungal assemblages［J］. Mol Ecol, 2008,17: 3198-3210

［509］Schindlbacher A, Wunderlich S, Borken W, et al. Soil respiration under climate change: Prolonged summer drought offsets soil warming effects［J］. Global Change Biol, 2012,18: 2270-2279

［510］Schnitzer SA, Klironomos JN, Hillerislambers J, et al. Soil microbes drive the classic plant diversity-productivity pattern［J］. Ecology, 2011,92 (2): 296-303

［511］Schubert SD, Suarez MJ, Pegion PJ,et al. On the cause of the 1930s Dust Bowl［J］. Science, 2004,303: 1855-1859

［512］Schüβler A, Schwarzott D, Walker C. A new fungal phylum, the Glomeromycota: phylogeny and evolution［J］. Mycological Research, 2001,105 (12): 1413-1421

［513］Schwalm C, Anderegg W, Biondi F,et al. Global patterns of drought recovery［J］. Nature, 548(7666): 2015, 202-205

［514］Secchi F, Maciver B, Zeidel ML, et al. Functional analysis of putative genes encoding the PIP2 water channel subfamily in *Populus trichocarpa*［J］. Tree Physiology, 2009,29 (11): 1467-1477

［515］Seppänen SK, Pasonen HL, Vauramo S,et al. Decomposition of the leaf litter and mycorrhiza forming ability of silver birch with a genetically modified lignin biosynthesis pathway［J］. Applied Soil Ecology, 2007,36 (2-3): 100-106

[516] Serraj R, Sinclair T. Osmolyte accumulation: can it really help increase crop yield under drought conditions[J]? Plant, Cell and Environment, 2002,25 (2): 333-341

[517] Sgherry CLM, Pinzino C, Navari-Izzo F. Sunflower seedlings subjected to increasing water stress by water deficit: changes in O_2^- production related to the composition of thylakoid membranes[J]. Physiol Plant, 1996,96: 446-452

[518] Sgrott OL, Costa KK, Noriler D, et al. Geometric optimization of cyclones for combination of nonlinear mathematical programming and computational fluid dynamics techniques (CFD) [J]. Annual Meetinng, American institute of Chemical Engineers (AIChE), 2012.

[519] Shahbaz M, Abid A, Masood A, et al. Foliar-applied trehalose modulates growth, mineral nutrition, photosynthetic abiolity, and oxidative defense system of rice (*Oryza sativa* L.) under saline stress[J]. J Plant Nutr, 2017,40(4): 584-599

[520] Shakya M, Gottel N, Castro H, et al. A multifactor analysis of fungal and bacterial community structure in the root microbiome of mature *Populus deltoides* trees[J]. PLoS One, 8(10): 2013, e76382

[521] Shan ZG, Zhu KX, Peng H. The new antimicrobial peptide Sphyastatin from the mud crab *Scylla paramamosain* with multiple antimicrobial mechanisms and high effect on bacterial infection[J]. Front Microbiol, 2016,7(67)

[522] Shao HB, Chu LY, Jaleel CA, et al. Understanding water deficit stress-induced changes in the basic metabolism of higher plants–biotechnologically and sustainably improving agriculture and the ecoenvironment in arid regions of the globe[J]. Critic Rev Biotech, 2009, 29: 131-151

[523] Sharif M, Claassen N. Action mechanisms of arbuscular mycorrhizal fungi in phosphorus uptake by *Capsicum annuum* L[J]. Pedosphere, 2011, 21: 502-511

[524] Sheikh-Mohamadi MH, Etemadi N, Nikbakht A,et al. Antioxidant denfence system and physiological responses of Iranian crested wheatgrass (*Agropyron cristatum*) to drought and salinity stress[J]. Acta Physiol Plant, 2017,39(11): 245

[525] Shelke DB, Pandey M, Nikalje GC, et al. Salt responsive physiological, photosynthetic and biochemical attributes at early seedling stage for screening soybean genotypes[J]. Plant Physiol Bioch, 2017, 118: 519-528

[526] Sheng M, Tang M, Chen H, et al. Influence of arbuscular mycorrhizae on the root system of maize plants under salt stress[J]. Canadian Journal of Microbiology, 2009,55 (7): 879-886

[527] Sheng M, Tang M, Chen H,et al. Influence of arbuscular mycorrhizae on photosynthesis and water status of maize plants under salt stress[J]. Mycorrhiza, 2008, 18(6-7): 287-296

[528] Sheng M, Tang M, Zhang FF, et al. Influence of arbuscular mycorrhiza on organic solutes in maize leaves under salt stress[J]. Mycorrhiza, 2011,21(5): 423-430

[529] Shi H, Ishitani M, Kim C, et al. The Arabidopsis thaliana salt tolerance gene SOS1 encodes a putative Na+/H+ antiporter[J]. Proc Natl Acad Sci USA, 2000, 97(12): 6896-6901

[530] Shi H, Quintero FJ, Pardo JM, et al. The putative plasma membrane Na+/H+ antiporter SOS1 controls long-distance Na+ transport in plants[J]. Plant Cell, 2002, 14(2): 465-477

[531] Shi J, Wang H, Wu Y, et al. The maize low-phytic acid mutant lpa2 is caused by mutation in an inositol phosphate kinase gene[J]. Plant Physiol, 2003,131(2): 507-515

[532] Shi SM, Chen K, Gao Y, et al. Arbuscular mycorrhizal fungus species dependency governs better plant physiological characteristic and leaf quality of mulberry (*Morus alba* L.) seedlings[J]. Front Microbiol, 2016,7(7): 1030

[533] Shokri S, Maadi B. Effects of arbuscular mycorrhizal fungus on the mineral nutrition and yield of *Trifolium alexandrinum* plants under salinity stress[J]. J Agron, 2009, 8: 79-83

[534] Shukla A, Srivastava S, Suprasanna P. Genomics of meta stress-mediated signaling and plants adaptive responses in reference to phytohormones[J]. Curr Genomics, 2017, 18(6): 512-522

[535] Sinclair G, Charest C, Dalpe Y, et al. Influence of colonization by arbuscular mycorrhizal fungi on three strawberry cultivars under salty conditions[J]. Agric Food Sci, 2014,23: 146-158

[536] Singh A. Molecular basis of plant-symbiotic fungi interaction: an overview[J]. Sci World, 2007,5: 115-131

[537] Singh J, Beg S, Lopez-Olivo M. Tocilizumab for rheumatoid arthritis: a Cochrane systematic review[J]. J Rheumatol, 2011,38: 10-20

[538] Singh LP, Gill SS, Tuteja N. Unraveling the role of fungal symbionts in plant abiotic stress tolerance[J]. Plant Signaing andl Behavior, 2011,6 (2): 175-191

[539] Singh N, Petrinic I, Helix-Nielsen C, et al. Concentrating molasses distillery wastewater using biomimetic forward osmosis (FO) membranes[J]. Water Res, 2018, 130: 271-280

[540] Singh PK, Singh M, Tripathi BN. Glomalin: an arbuscular mycorrhizal fungal soil protein[J]. Protoplasma, 2013,250 (3): 663-669

[541] Sivamani E, Bahieldin A, Wraith JM, et al. Improved biomass productivity and water use efficiency under water deficit conditions in transgenic wheat constitutively expressing the barley HVA1 gene[J]. Plant Sci, 2000,155(1): 1-9

[542] Smirnoff N. Tansley Review No. 52. The role of active oxygen in the response of plants to water deficit and desiccation[J]. New Phytologist, 1993,125: 27-58

[543] Smith SE, Facelli E, Pope S, et al. Plant performance in stressful environments: interpreting new and established knowledge of the roles of arbuscular mycorrhizas[J]. Plant and Soil, 2010,326 (1-2): 3-20

[544] Smith SE, Jakobsen I, Grønlund M, et al. Roles of arbuscular mycorrhizas in plant phosphorus nutrition: interactions between pathways of phosphorus uptake in arbuscular mycorrhizal roots have important implications for understanding and manipulating plant phosphorus acquisition[J]. Plant Physiology, 2011,156 (3): 1050-1057

[545] Smith SE, Read DJ. Mycorrhizal symbiosis, 3rd edn[M]. New York: Academic Press, 2008.

[546] Smith SE, Smith FA. Roles of arbuscular mycorrhizas in plant nutrition and growth: new paradigms from cellular to ecosystem scales[J]. Annual Review of Plant Biology, 2011,62: 227-250

[547] Solis-Dominguez FA, Valentin-Vargas A, Chorover J, et al. Effect of arbuscular mycorrhizal fungi on plant biomass and the rhizosphere microbial community structure of mesquite grown in acidic lead/zinc mine tailings[J]. Sci Total Environ, 2011,409(6): 1009-1016

[548] Solomon S, Qin D, Manning M, et al. IPCC Climate Change: The Physical Science Basis. Contribution of Working Group I to the Fourth Assessment Report of the Intergovernmental Panel on Climate Change[M]. Cambridge: Cambridge University Press ,2007.

[549] Song X, Wang SM, Jiang YW. Genotypic variations in plant growth and nutritional elements of perennial ryegrass accessions under salinity stress[J]. J Am Soc Hortic Sci, 2017,142(6): 476-483

[550] Song YP, Ma KF, Ci D, et al. Biochemical, physiological and gene expression analysis reveals sex-specific differences in *Populus tomentosa* floral development[J]. Physiol Plant, 2014,150(1): 18-31

[551] Sornkom W, Miki S, Takeuchi S, et al. Fluorescent reporter analysis revealed the timing and localization of A*VR-Pia* expression, an avirulence effector of *Magnaporthe oryzae*[J]. Mol Plant Pathol, 2017,18(8): 1138-1149

[553] Sottosanto JB, Gelli A, Blumwald E. DNA array analyses of Arabidopsis thaliana lacking a vacuolar Na+/H+ antiporter: impact of *AtNHX1* on gene expression[J]. Plant J, 2004,40(5): 752-771

[553] Spanu P, Bonfante-Fasolo P. Cell-wall-bound peroxidase activity in roots of mycorrhizal *Allium porrum*[J]. New Phytol, 1988,109(1): 119-124

[554] Sperry J S, Hacke UG, Pittermann J. Size and function in conifer tracheids and angiosperm vessels[J]. American Journal of Botany, 2006,93 (10): 1490-1500

[555] Spohn M, Novak TJ, Incze J, et al. Dynamics of soil carbon, nitrogen, and phosphorus in calcareous soils after land-use abandonment-A chronosequence study[J]. Plant Soil, 2016,401(1-2): 185-196

[556] St-Arnaud M, Vujanovic V. Effects of the arbuscular mycorrhizal symbiosis on plant diseases and pests. In: Mycorrhizae in Crop Production[M]. Binghamton: Haworth Food &

Agricultural Products Press: 2007,67-122

[557] Studer C, Hu Y, Schmidhalter U. Evaluation of the differential osmotic adjustments between roots and leaves of maize seedlings with single or combined NPK-nutrient supply[J]. Funct Plant Biol, 2007,34: 228-236

[558] Studer MH, DeMartini JD, Davis MF, et al. Lignin content in natural *Populus* variants affects sugar release[J]. Proceedings of the National Academy of Sciences of the United States of America, 2011,108 (15): 6300-6305

[559] Stuhlfauth T, Scheuermann R, Fock HP. Light energy dissipation under water stress conditions[J]. Plant Physiol, 1990,92: 1053-1061

[560] Subramanian K, Santhanakrishnan P, Balasubramanian P. Responses of field grown tomato plants to arbuscular mycorrhizal fungal colonization under varying intensities of drought stress[J]. Scientia Horticulturae, 2006, 107 (3): 245-253

[561] Sun GY, Zhang R, Li H, et al. Diversity of fungi causing flyspecklike signs on apple in China[J]. Phytopathology, 2008,98: 153

[562] Sun J, Chen SL, Dai SX, et al. NaCl-included alternations of cellular and tissue ion fluxes in roots of salt-resistant and salt-sensitive poplar species[J]. Plant Physiol, 2009,149(2): 1141-1153

[563] Sun J, Wang MJ, Ding MQ, et al. H_2O_2 and cytosolic Ca^{2+} signals triggered by the PM H^+-coupled transport system mediate K^+/Na^+ homeostasis in NaCl stressed *Populus euphratica* cells[J]. Plant Cell Environ, 2010,33(6): 943-958

[564] Swapnil S, Iti GM, Sharad T. *Klebsiella* sp. confers enhanced tolerance to salinity and plant growth promotion in oat seedlings (*Avena sativa*) [J]. Microbiol Res, 2018,206: 25-32.

[565] Sylvia D, Fuhrmann J, Hartel P, et al. Principles and applications of soil microbiology[M]. Upper Saddle River: Pearson,2005.

[566] Symanczik S, Courty PE, Boller T, et al.Impact of water regimes on an experimental community of four desert arbuscular mycorrhizal fungal (AMF) species, as affected by the introduction of a non-native AMF species[J]. Mycorrhiza, 2015,25(8): 639-647

[567] Székely G, Abraham E, Cselo A, et al. Duplicated *P5CS* genes of Arabidopsis play distinct roles in stress regulation and developmental control of proline biosynthesis[J]. Plant Physiol, 2008,53(1): 11-28

[568] Talaat NB, Shawky BT. Influence of arbuscular mycorrhizae on root colonization, growth and productivity of two wheat cultivars under salt stress[J]. Arch Agron Soil Sci, 2012,58: 85-100

[569] Talaat NB, Shawky BT. Protective effects of arbuscular mycorrhizal fungi on wheat (*Triticum aestivum* L.) plants exposed to salinity[J]. Environ Exp Bot, 2014a, 98(1): 20-31

[570] Talaat NB, Shawky BT. Modulation of the ROS-scavenging system in salt-stressed wheat plants inoculated with arbuscular mycorrhizal fungi[J]. J Plant Nutr Soil Sc, 2014b,177(2): 199-207

[571] Tamayo E, Gomez-Gallego T, Azcón-Aguilar C, et al. Genome-wide analysis of copper, iron and zinc transporters in the arbuscular mycorrhizal fungus *Rhizophagus irregularis*[J]. Plant Traffic Transp, 2014,5: 1-13

[572] Tang M, Chen H. Effects of arbuscular mycorrhizal fungi alkaline phosphatase activities on *Hippophae rhamnoides* drought-resistance under water stress conditions[J]. Trees: Structure and Function, 1999,14(3): 113-115

[573] Tang RJ, Liu H, Bao Y, et al. The woody plant poplar has a functionally conserved salt overly sensitive pathway in response to salinity stress[J]. Plant Mol Biol, 2010,74(4-5): 367-380

[574] Tang RJ, Luan S. Regulation of calcium and magnesium homeostasis in plants: from transporters to signaling network[J]. Curr Opin Plant Biol, 2017,39: 97-105

[575] Techen AK, Helming K. Pressures on soil functions from soil management in Germany[J]. A foresight review. Agron Sustain Dev, 2017,37(6): 64

[576] Tedersoo L, Bahram M, Põlme S, et al. Global diversity and geography of soil fungi[J]. Science, 2014,346: 1256688

[577] Telmo C, Lousada J, Moreira N. Proximate analysis, backwards stepwise regression between gross calorific value, ultimate and chemical analysis of wood[J]. Bioresource Technology, 2010,101 (18): 3808-3815

[578] Terzaghi E, Zanardini E, Morosini C, et al. Rhizoremediation half-lives of PCBs: role of congener composition, organic carbon forms, bioavailability, microbial activity, plant species and soil conditions, on the prediction of fate and persistence in soil[J]. Sci Total Environ, 2018,612: 544-560

[579] Tester M, Davenport R. Na$^+$ tolerance and Na$^+$ transport in higher plants[J]. Ann Bot, 2003,91(5): 503-527

[580] Tian CJ, Kasiborski B, Koul R, et al. Regulation of the nitrogen transfer pathway in the arbuscular mycorrhizal symbiosis: gene characterization and the coordination of expression with nitrogen flux[J]. Plant Physiol, 2010,153: 1175-1187

[581] Tian YH, Lei YB, Zheng YL, et al. Synergistic effect of colonization with arbuscular mycorrhizal fungi improves growth and drought tolerance of *Plukenetia volubilis* cuttinngs[J]. Acta Physiol Plant, 2013,35(3): 687-696

[582] Tisdall J, Oades J. Stabilization of soil aggregates by the root systems of ryegrass[J]. Soil Research, 1979,17 (3): 429-441

371

[583] Tisdall J. Fungal hyphae and structural stability of soil[J]. Soil Research, 1991,29 (6): 729-743

[584] Tisserant E, Malbreil M, Kuo A, et al. Genome of an arbuscular mycorrhizal fungus provides insight into the oldest plant symbiosis[J]. Proc Natl Acad Sci, 2013,110(50): 20117-20122

[585] Tiunov AV, Scheu S. Arbuscular mycorrhiza and Collembola interact in affecting community composition of saprotrophic microfungi[J]. Oecologia, 2005,142 (4): 636-642

[586] Tognetti ES, Oliveira RCLF, Peres PLD. Reduced-order dynamic output feedback control of continuous-time T-S fuzzy systems[J]. Fuzzy Sets Syst, 2012,207: 27-44

[587] Tonin C, Vandenkoornhuyse P, Joner EJ, et al. Assessment of arbuscular mycorrhizal fungi diversity in the rhizosphere of *Viola calaminaria* and effect of these fungi on heavy metal uptake by clover[J]. Mycorrhiza, 2001,10: 161-168

[588] Torelli A, Trotta A, Acerbi L, et al. IAA and ZR content in leek (*Allium porrum*), as influenced by P nutrition and arbuscular mycorrhizae, in relation to plant development[J]. Plant Soil, 2000,226(1): 29-35

[589] Trenberth KE, Branstator GW, Arkin PA. Origins of the 1988 North-American drought[J]. Science, 1988, 242: 1640-1645

[590] Tullus A, Tullus H, Soo T, et al. Above-ground biomass characteristics of young hybrid aspen (*Populus tremula* L. × *P. tremuloides* Michx.) plantations on former agricultural land in Estonia[J]. Biomass and Bioenergy, 2009, 33 (11): 1617-1625

[591] Turnau K, Mesjasz-Przybylowicz J. Arbuscular mycorrhiza of *Berkheya coddii* and other Ni-hyperaccumulating members of Asteraceae from ultramafic soils in South Africa[J]. Mycorrhiza, 2003,13: 185-190

[592] Turnau K, Ryszka P, Gianinazzi-Pearson V, et al. Identification of arbuscular mycorrhizal fungi in soils and roots of plants colonizing zinc wastes in southern Poland[J]. Mycorrhiza, 2001,10: 169-174

[593] Turnau K, Ryszka P, Wojtczak G. Metal tolerant mycorrhizal plants: a review from the perspective on industrial waste in temperate regions. In: Arbuscular Mycorrhizas: Physiology and Function[M]. Springer Netherlands: 2010, 257-276

[594] Turner NC. Further progress in crop water relations[J]. Advances in Agronomy, 1997,58: 293-338

[595] Tuskan GA, DiFazio S, Jansson S, et al. The genome of black cottonwood, *Populus trichocarpa*[J]. Science, 2006,313: 1596-1604

[596] Uehlein N, Fileschi K, Eckert M, et al. Arbuscular mycorrhizal symbiosis and plant aquaporin expression[J]. Phytochemistry, 2007,68 (1): 122-129

[597] Valat L, Deglene-Benbrahim L, Kendel M, et al. Transcriptional induction of two phosphate

transporter 1 genes and enhanced root branching in grape plants inoculated with *Funneliformis mosseae*[J]. Mycorrhiza, 2018,28(2): 179-185

[598] Valavanidis A, Vlachogianni T. Agricultural pesticides: ecotoxicological studies and environmental risk assessment[J]. Science advances on Environment, Toxicology and Ecotoxicology issues http://chem-tox-ecotox org. 2011.

[599] Vallino M, Greppi D, Novero M, et al. Rice root colonisation by mycorrhizal and endophytic fungi in aerobic soil[J]. Ann Appl Biol, 2009,154: 195-204

[600] Van der Putten WH, Bardgett RD, De Ruiter PC, et al. Empirical and theoretical challenges in aboveground–belowground ecology[J]. Oecologia, 2009,161: 1-14

[601] Vélez JM, Tschaplinski TJ, Vilgalys R, et al. Characterization of a novel, ubiquitous fungal endophyte from the rhizosphere and root endosphere of *Populus* trees[J]. Fungal Ecol, 2017,27: 78-86

[602] Velivelli SLS, Lojan P, Cranenbrouck S, et al. The induction of ethylene response factor 3 (ERF3) in potato as a result of co-inoculation with *Pseudomonas* sp. R41805 and *Rhizophagus irregularis* MUCL 41833-a possible role in plant defense[J]. Plant Signal Behav, 2015,10(2): e988076 ·

[603] Verelst W, Bertolini E, De Bodt S, et al. Molecular and physiological analysis of growth-limiting drought stress in *Brachypodium distachyon* leaves[J]. Mol Plant, 2013,6(2): 311-322

[604] Verslues PE, Agarwal M, Katiyar-Agarwal S,et al. Methods and concepts in quantifying resistance to drought, salt and freezing, abiotic stresses that affect plant water status[J]. Plant J, 2006,45: 523-539

[605] Veselov DS, Sharipova GV, Veselov SY, et al. Rapid changes in root *HvPIP2;2* aquaporins abundance and ABA concentration are required to enhance root hydraulic conductivity and maintain leaf water potential in response to increased evaporative demand[J]. Funct Plant Biol, 2018,45(1-2): 143-149

[606] Vestergard M, Henry F, Rangel-Castro JI, et al. Rhizosphere bacterial community compostion responds to arbuscular mycorrhiza, but not to reductions in microbial activity induced by foliar cutting[J]. FEMS Microbiol Ecol, 2008,64(1): 78-89

[607] Vezzani FM, Anderson C, Meenken E,et al. The important of plants to development and maintenance of soil structure, microbial communities and ecosystem functions[J]. Soil Till Res, 2018,175: 139-149

[608] Vicente O, Boscaiu M. Flavonoids: antioxidant compounds for plant defence and for a healthy human diet[J]. Not Bot Horti Agrobo,2018,46(1): 14-21

[609] Vickers CE, Gershenzon J, Lerdau MT, et al. A unified mechanism of action for volatile isoprenoids in plant abiotic stress[J]. Nature Chemical Biology, 2009,5 (5): 283-291

[610] Voets L, de la Providencia IE, Fernandez K, et al. Extraradical mycelium network of arbuscular mycorrhizal fungi allows fast colonization of seedlings under in vitro conditions[J]. Mycorrhiza, 2009, 19: 347-356

[611] Vogt T. Phenylpropanoid biosynthesis[J]. Molecular Plant, 2010,3 (1): 2-20

[612] von der Weid I, Artursson V, Seldin L, et al. Antifungal and root surface colonization properties of GFP-tagged *Paenibacillus brasilensis* PB177[J]. World J Microbiol Biot, 2005, 21(8): 1591-1597

[613] Walder F, Brule D, Koegel S. Plant phosphorus acquisition in a common mycorrhizal network: regulation of phosphate transporter genes of the *Pht1* family in sorghum and flax[J]. New Phytol, 2015,205: 1632-1645

[614] Walter MH, Strack D. Carotenoids and their cleavage products: biosynthesis and functions[J]. Natural Product Reports, 2011,28 (4): 663-692

[615] Wang FY. Occurrence of arbuscular mycorrhizal fungi in mining-impacted sites and their contribution to ecological restoration: mechanisms and applications[J]. Crit Rev Env Sci Tec, 2017,47(20): 1901-1957

[616] Wang GL. Agricultural drought in a future climate: Results from 15 global climate models participating in the IPCC 4th assessment[J]. Clim Dynam, 2005, 25: 739-753

[617] Wang HZ, Xue YX, Chen YJ, et al. Lignin modification improves the biofuel production potential in transgenic *Populus tomentosa*[J]. Industrial Crops and Products, 2012,37 (1): 170-177

[618] Wang J, Huang Y, Jiang XY. Influence of ectomycorrhizal fungi on absorption and balance of essential elements of *Pinus tabulaeformis* seedlings in saline soil[J]. Pedosphere, 2011, 21(3): 400-406

[619] Wang M, Li EQ, Liu C, et al. Functionality of root-associated bacteria along a salt marsh primary succession[J]. Front Microbiol, 2017a, 8: 2102

[620] Wang N, Qiao WQ, Liu XH, et al. Relative contribution of Na+/K+ homeostasis, photochemical efficiency and antioxidant defense system to differential salt tolerance in cotton (*Gossypium hirsutum* L.) cultivars[J]. Plant Physiol Bioch, 2017b,119: 121-131

[621] Wang P, Wu SH, Wen MX, et al. Effects of combined inoculation with *Rhizophagus intraradices* and *Paenibacillus mucilaginosus* on plant growth, root morphology, and physiological status of trifoliate orange (*Poncirus trifoliata* L. Raf.) seedlings under different levels of phosphorus[J]. Sci Hortic, 2016, 205: 97-105

[622] Waring BG, Adams R, Branco S, et al. Scale-dependent variation in nitrogen cycling and soil fungal communities along gradients of forest composition and age in regenerating tropical dry forests[J]. New Phytol, 2016, 209(2): 845-854

[623] Watts-Williams SJ, Cavagnaro TR. Nutrient interactions and arbuscular mycorrhizas: a meta-analysis of a mycorrhiza-defective mutant and wild-type tomato genotype pair[J]. Plant Soil, 2014, 384(1-2): 79-92

[624] Weisburg WG, Barns SM, Pelletier DA, et al. 16S ribosomal DNA amplification forphylogenetic study[J]. Journal of Bacteriology, 1991,173 (2): 697-703

[625] Weissenhorn I, Leyval C, Berthelin J. Cd-tolerant arbuscular mycorrhizal (AM) fungi from heavy-metal polluted soils[J]. Plant Soil, 1993,157: 247-256

[626] Westover KM, Kennedy AC, Kelley SE. Patterns of rhizosphere microbial community structure associated with co-occurring plant species[J]. J Ecol, 1997,863-873

[627] Wheelwright NT, Logan BA. Previous-year reproduction reduces photosynthetic capacity and slows lifetime growth in females of a neotropical tree[J]. Proceedings of the National Academy of Sciences of the United States of America, 2004,101(21): 8051-8055

[628] Whetherley PE. Studies in the water relations of cotton plants[J]. New Phytol, 1950,49: 81-87

[629] White T. Analysis of phylogenetic relationships by amplification and direct seaquencing of ribosomal RNA genes[M]. PCR protocols: a guide to methods and applications.1990.

[630] Wilde SA, Corey RB, Lyer JG, et al. Soil and plant analysis for Tree Culture, 3 edn[M]. New Delhi: Oxford and IBM Pulishing Co. 1985.

[631] Wilhite DA. Drought as a natural hazard: concepts and definitions. In: Droughts: Global Assessment[M]. London: Routledge. 2000,3-18

[632] Wright L. Worldwide commercial development of bioenergy with a focus on energy crop-based projects[J]. Biomass and Bioenergy, 2006,30 (8): 706-714

[633] Wright SF, Franke-Snyder M, Morton JB, et al. Time-course study and partial characterization of a protein on hyphae of arbuscular mycorrhizal fungi during active colonization of roots[J]. Plant Soil, 1996,181(2): 193-203.

[634] Wright SF, Upadhyaya A. A survey of soils for aggregate stability and glomalin, a glycoprotein produced by hyphae of arbuscular mycorrhizal fungi[J]. Plant Soil, 1998, 198(1): 97-107

[635] Wright SF. Management of arbuscular mycorrhizal fungi. In: Roots and Soil Management: Interactions between Roots and the Soil[M]. American Society of Agronomy, Crop Science Society of America, Soil Science Society of America, Madison, WI. 2005,183-197

[636] Wu F, Zhang HQ, Fang FR, et al. Effects of nitrogen and exogenous *Rhizophagus irregularis* on the nutrient status, photosynthesis and leaf anatoy of *Populus × canadensis* 'Neva' [J]. J Plant Growth Regul, 2017a,36(4): 824-835

[637] Wu HH, Zou YN, Rahman MM, et al. Mycorrhizas alter sucrose and proline metabolism in trifoliate orange exposed to drought stress[J]. Sci Rep, 2017b,7: 42389

[638] Wu N, Li Z, Liu H, et al. Influence of arbuscular mycorrhiza on photosynthesis and water status of *Populus cathayana* Rehder males and females under salt stress[J]. Acta Physiol Plant, 2015,37(9): 183

[639] Wu N, Li Z, Wu F, et al. Comparative photochemistry activity and antioxidant responses in male and female *Populus cathayana* cuttings inoculated with arbuscular mycorrhizal fungi under salt stress[J]. Sci Rep, 2016,6: 37663

[640] Wu QS, Srivastava AK, Zou YN, et al. Mycorrhizas in citrus: Beyond soil fertility and plant nutrition[J]. Indian J Agr Sci, 2017c,87(4): 427-443

[641] Wu QS, Xia RX. Arbuscular mycorrhizal fungi influence growth, osmotic adjustment and photosynthesis of citrus under well-watered and water stress conditions[J]. Journal of Plant Physiology, 2006,163 (4): 417-425

[642] Wu QS, Zou Y N. Mycorrhiza has a direct effect on reactive oxygen metabolism of drought-stressed citrus[J]. Plant Soil Environment, 2009,55 (10): 436-442

[643] Wu QS, Zou YN, He XH. Contributions of arbuscular mycorrhizal fungi to growth, photosynthesis, root morphology and ionic balance of citrus seedlings under salt stress[J]. Acta Physiologiae Plantarum, 2010,32 (2): 297-304

[644] Wu QS, Zou YN, Xia RX. Effects of water stress and arbuscular mycorrhizal fungi on reactive oxygen metabolism and antioxidant production by citrus (*Citrus tangerine*) roots[J]. Eur J Soil Biol, 2006,42 (3): 166-172

[645] Wu QS, Zou YN. Arbuscular mycorrhizal symbiosis improves growth and root nutrient status of citrus subjected to salt stress[J]. Scienceasia, 2009,35(4): 388-391

[646] Wu QS. Arbuscular Mycorrhizas and Stress Tolerance of Plants[M]. Springer Nature Singapore: 2017,1-24

[647] Wu SC, Cao ZH, Li ZG,et al. Effects of biofertilizer containing N-fixer, P and K solubilizers and AM fungi on maize growth: a greenhouse trial[J]. Geoderma, 2005, 125 (1-2): 155-166

[648] Xiao X, Yang F, Zhang S, et al. Physiological and proteomic responses of two contrasting *Populus cathayana* populations to drought stress[J]. Physiologia Plantarum, 2009,136 (2): 150-168

[649] Xie X, Huang W, Liu F, et al. Functional analysis of the novel mycorrhiza-specific phosphate transporter *AsPT1* and *PHT1* family from *Astragalus sinicus* during the arbuscular mycorrhizal symbiosis[J]. New Phytol, 2013,198: 836-852

[650] Xu H, Cooke J, Zwiazek J. Phylogenetic analysis of fungal aquaporins provides insight into their possible role in water transport of mycorrhizal associations[J]. Botany, 2013,91: 495-504

[651] Xu X, Yang F, Xiao XW,et al. Sex-specific responses of *Populus cathayana* to drought and

elevated temperatures[J]. Plant Cell Environ, 2008b,31(6): 850-860

[652] Xu ZS, Chen M, Li LC,et al. Functions of the *ERF* transcription factor family in plants[J]. Botany, 2008a,86(9): 969-977

[653] Xun FF, Xie BM, Liu SS, et al. Effect of plant growth promoting bacteria (PGPR) and arbuscular mycorrhizal fungi (AMF) inoculation on oats in saline-alkali soil contaminated by petroleum to enhance phytoremediation[J]. Environ Sci Pollut R, 2015,22(1): 598-608

[654] Yadav R, Courtois B, Huang N, et al. Mapping genes controlling root morphology and root distribution in a doubled-haploid population of rice[J]. Theor Appl Genet, 1997, 94(5): 619-632

[655] Yadav RS, Mahatma MK, Thirumalaisamy PP, et al. Arbuscular mycorrhizal fungi (AMF) for sustainable soil and plant health in salt-affected soils[J]. Bioremediation of Salt Affected Soils: An Indian Perspective: 2017,133-156

[656] Yamamoto K, Suzuki T, Aihara Y, et al. The phototropic response is locally regulated within the topmost light-responsive region of the Arabidopsis thaliana seedling[J]. Plant Cell Physiol, 2014,55(3): 497-506

[657] Yang F, Xiao XW, Zhang S, et al. Salt stress responses in *Populus cathayana* Rehder[J]. Plant Sci, 2009,176(5): 669-677

[658] Yang Y, Jiang H, Wang M, et al. Male poplars have a stronger ability to balance growth and carbohydrate accumulation than do females in response to a short-term potassium deficiency[J]. Physiol Plantarum, 2015, 155: 400-413

[659] Yang YR, He CJ, Huang L, et al. The effects of arbuscular mycorrhizal fungi on glomain-related soil protein distribution, aggregate stability and their relationships with soil properties at different soil depths in lead-zinc contaminated area[J]. PLoS One, 2017, 12(8)

[660] Yang YR, Tang M, Sulpice R, et al. Arbuscular mycorrhizal fungi alter fractal dimension characteristic of *Robinia pseudoacacia* L. seedlings through regulating plant growth, leaf water status, photosynthesis, and nutrient concentration under drought stress[J]. J Plant Growth Regul, 2014,33(3): 612-625

[661] Yang ZF, Wang Y, Shen Z Y, et al. Distribution and speciation of heavy metals in sediments from the mainstream, tributaries, and lakes of the Yangtze River catchment of Wuhan, China[J]. Journal of Hazardous Materials, 2009,166 (2): 1186-1194

[662] Yao Z, Xing J, Gu H, et al. Development of microbial community structure in vegetable-growing soils from open-field to plastic-greenhouse cultivation based on the PLFA analysis[J]. J Soils Sediment, 2016,16(8): 2041-2049

[663] Ye JM, Zhang WH, Guo Y. *Arabidopsis SOS3* plays an important role in salt tolerance by

mediating calcium-dependent microfilament reorganization[J]. Plant Cell Rep, 2013,32(1): 139-148

[664] Yemshanov D, McKenney D. Fast-growing poplar plantations as a bioenergy supply source for Canada[J]. Biomass and Bioenergy. 2008,32 (3): 185-197

[665] Yin CY, Duan BL, Wang X, et al. Morphological and physiological responses of two contrasting poplar species to drought stress and exogenous abscisic acid application[J]. Plant Sci, 2004,167: 1091-1097

[666] Yooyongwech S, Phaukinsang N, Cha-um S, et al. Arbuscular mycorrhiza improved growth performance in *Macadamia tetraphylla* L. grown under water deficit stress involves soluble sugar and proline accumulation[J]. Plant Growth Regulation, 2013,69 (3): 285-293

[667] Yordanov I, Velikova V, Tsonev T. Plant responses to drought, acclimation, and stress tolerance[J]. Photosynthetica, 2000,38: 171-186

[668] Yoshida S, Hasegawa S. The rice root system: its development and function. In: Drought resistance in crops with emphasis on rice[M]. International Rice Research Institute, Los Banos, Laguna, Philippines: 1982,97-114

[669] Yusran Y, Roemheld V, Mueller T. Effects of plant growth- promoting rhizobacteria and *Rhizobium* on mycorrhizal development and growth of *Paraserianthes falcataria* (L.) nielsen seedlings in two types of soils with contrasting levels of pH[M]. Publaciónpresentada en la conferencia: The Proceedings of the XVI International Plant Nutrition Colloquium: Davis, Estados Unidos .2009.

[670] Zai X, Zhu S, Qin P, et al. Effect of *Glomus mosseae* on chlorophyll content, chlorophyll fluorescence parameters, and chloroplast ultrastructure of beach plum (*Prunus maritima*) under NaCl stress[J]. Photosynthetica, 2012,50 (3): 323-328

[671] Zai XM, Qin P, Wan SW, et al. Effects of arbuscular mycorrhizal fungi on the rooting and growth of beach plum (*Prunus maritima*) cuttings[J]. J Horticult Sci Biotechnol, 2007,82(6): 863-866

[672] Zai XM, Zhang HS, Ji YF. Effects of arbuscular mycorrhizal fungus and phosphate-solubilizing fungus on the nutrient uptake and growth of beach plum (*Prunus Maritima*) seedlings under NaCl stress[J]. International conference on computational modeling, simulation and applied mathematics (CMSAM 2016), 2016,462-466

[673] Zakery-Asl MA, Bolandnazar S, Oustan S. Effect of salinity and nitrogen on growth, sodium, potassium accumulation, and osmotic adjustment of halophyte *Suaeda aegyptiaca* (Hasselq) Zoh[J]. Arch Agron Soil Sci, 2014,60(6): 785-792.

[674] Zaman M, Di H, Cameron K, et al. Gross nitrogen mineralization and nitrification rates and their relationships to enzyme activities and the soil microbial biomass in soils treated with

dairy shed effluent and ammonium fertilizer at different water potentials[J]. Biol Fert Soils, 1999,29: 178-186

[675] Zézé A, Brou YC, Meddich A, et al. Molecular identification of MIP genes expressed in the roots of an arbuscular mycorrhizal *Trifolium alexandrium* L. under water stress[J]. African Journal of Agricultural Research, 2008,3 (1): 78-83

[676] Zhang BB, Liu WZ, Chang SX,et al. Phosphorus fertilization and fungal inoculations affected the physiology, phosphorus uptake and growth of spring wheat under rained conditions on the Canadian Prairies[J]. J Agron Crop Sci, 2013,199(2): 85-93

[677] Zhang C, Li HJ, Wang JY, et al. The rice high-affinity K^+ transporter *OsHKT2;4* mediates Mg^{2+} homeostasis under high-Mg^{2+} conditions in transgenic *Arabidopsis*[J]. Front Plant Sci, 2017,8: 1823

[678] Zhang F, He JD, Ni QD, et al. Enhancement of drought tolerance in *Trifoliate orange* by mycorrhiza: changes in root sucrose and proline metabolisms[J]. Not Bot Horti Agrobo, 2018a,46(1): 270-276

[679] Zhang HQ, Tang M, Chen H, et al. Communities of arbuscular mycorrhizal fungi and bacteria in the rhizosphere of *Caragana korshinkii* and *Hippophae rhamnoides* in Zhifanggou watershed[J]. Plant and soil, 2010a,326 (1-2): 415-424

[680] Zhang LL, Han SC, Li ZG,et al. Effects of the infestation by *Actinote thalia pyrrha* (Fabricius) on the physiological indexes of *Mikania micrantha* leaves[J]. Acta Ecol Sin, 2006, 26(5): 1330-1336

[681] Zhang Q, Tang J, Chen X. Plant mortality varies with arbuscular mycorrhizal fungal species identities in a self-thinning population[J]. Biol lett, 2011,7(3): 472-474

[681] Zhang Q, Yang R, Tang J, et al. Positive feedback between mycorrhizal fungi and plants influences plant invasion success and resistance to invasion[J]. PLoS One, 2010a,5(8): e12380

[683] Zhang Q, Zhang L, Weiner J, et al. Arbuscular mycorrhizal fungi alter plant allometry and biomass–density relationships[J]. Ann Bot, 2010b,107(3): 407-413

[684] Zhang S, Chen LH, Duan B, et al. *Populus cathayana* males exhibit more efficient protective mechanisms than females under drought stress[J]. For Ecol Manag, 2012,275(4): 68-78

[685] Zhang S, Jiang H, Peng S, et al. Sex-related differences in morphological, physiological, and ultrastructural responses of *Populus cathayana* to chilling[J]. J Exp Bot, 2011,62(2): 675-686

[686] Zhang S, Jiang H, Zhao HX, et al. Sexually different physiological esponses of *Populus cathayana* to nitrogen and phosphorus deficiencies[J]. Tree Physiol, 2014,34: 343-354

[687] Zhang S, Lu S, Xu X, et al. Changes in antioxidant enzyme activities and isozyme profiles

in leaves of male and female *Populus cathayana* infected with Melampsora larici-populina[J]. Tree physiol, 2010,30: 116-128

[688] Zhang S, Zhang YX, Cao YC, et al. Quantitative proteomic analysis reveals *Populus cathayana* females are more sensitive and respond more sophisticated to iron deficiency than males[J]. J Proteome Res, 2016,15(3): 840-850

[689] Zhang S, Zhou R, Zhao HX, et al. iTRAQ-based quantitative proteomic analysis gives insight into sexually different metabolic processes of poplars under nitrogen and phosphorus deficiencies[J]. Proteomics, 2016, 16: 614-628

[690] Zhang X, Dong FC, Gao JF, et al. Hydrogen peroxide-induced changes in intracellular pH of guard cells precede stomatal closure[J]. Cell Res, 2001,11(1): 37-43

[691] Zhang Y, Wang LJ, Yuan YG, et al. Irrigation and weed control alter soil microbiology and nutrient availability in North Carolina Sandhill peach orchards[J]. Sci Total Environ, 2018b,615: 517-525

[692] Zhang Y, Zhong C, Chen Y,et al. Improving drought tolerance of *Casuarina equisetifolia* seedlings by arbuscular mycorrhizas under glasshouse conditions[J]. New forests, 2010b,40 (3): 261-271

[693] Zhao H, Li XZ, Zhang ZM, et al. Species diversity and drivers of arbuscular mycorrhizal fungal communities in a semi-arid mountain in China[J]. PEERJ, 2017,5: e4155

[694] Zhao HX, Li YP, Zhang XL, et al. Sex-related and stage-dependent source-to-sink transition in *Populus cathayana* grown at elevated CO_2 and elevated temperature[J]. Tree Physiol, 2012,32(11): 1325-1338

[695] Zhu JK. Regulation of ion homeostasis under salt stress[J]. Curr Opin Plant Biol, 2003, 6(5): 441-445

[696] Zhu XC, Song FB, Liu SQ, et al. Arbuscular mycorrhizae improves photosynthesis and water status of *Zea mays* L . under drought stress[J]. Plant, Soil and Environment, 2012,58 (4): 186-191

[697] Zhu XQ, Tang M, Zhang HQ. Arbuscular mycorrhizal fungi enhanced the growth, photosynthesis, and calorific value of black locust under salt stress[J]. Photosynthetica, 2017,55(2): 378-385

[698] Zong YZ, Wang WF, Xue QW, et al. Interactive effects of elevated CO_2 and drought on photosynthetic capacity and PSII performance in maize[J]. Photosynthetica, 2014, 52: 63-70

[699] Zou YN, Chen X, Srivastava AK, et al. Changes in rhizosphere properties of trifoliate orange in response to mycorrhization and sod culture[J]. Appl Soil Ecol, 2016, 107: 307-312

[700] Zuccarini P, Okurowska P. Effects of mycorhizal colonization and fertilization on growth and photosynthesis of sweet basil under salt stress[J]. J Plant Nutr, 2008,31(3): 497-513

[701] 鲍士旦. 土壤农业化学 [M]. 北京：中国农业出版社，2000，22-100

[702] 蔡晓布，彭岳林，盖京苹，等. 藏北高寒草原土壤活性有机碳对 AM 真菌物种多样性的影响 [J]. 农业工程学报，2012，28 (1): 216-223

[703] 陈桂梅，李守萍，张海涵，等. 菌根伴生真菌对外生菌根真菌生长及其中性蛋白酶活性的影响 [J]. 西北农林科技大学学报，2009，37(5): 206-210

[704] 陈辉，唐明，刘贤德，等. 外生菌根真菌对杨树溃疡病的影响 [J]. 植物病理学报，1996，26(4): 370

[705] 陈辉，唐明. 杨树菌根研究进展 [J]. 林业科学，1997，33(2): 183-187

[706] 陈婕，谢靖，唐明. 水分胁迫下丛枝菌根真菌对紫穗槐生长和抗旱性的影响 [J]. 北京林业大学学报，2014，36(6): 142-148

[707] 陈颖，贺学礼，山宝琴，等. 荒漠油蒿根围 AM 真菌与球囊霉素的时空分布 [J]. 生态学报，2009，29 (11): 6010-6016

[708] 杜照奎，何跃军. 光皮树幼苗接种丛枝菌根真菌的光合生理响应 [J]. 贵州农业科学，2011，39 (8): 31-35

[709] 范苏鲁，苑兆和，冯立娟，等. 干旱胁迫对大丽花生理生化指标的影响 [J]. 应用生态学报，2011，22 (3): 651-657

[710] 封晔，唐明，陈辉，等. 黄土高原六道沟流域 8 种植物根际细菌与 AMF 群落多样性研究 [J]. 环境科学，2012，33(1): 314-322

[711] 付瑞，郭素娟，马履一. 菌根化栓皮栎苗木对不同土壤水分条件的形态和生理响应 [J]. 西北林学院学报，2011，26 (002): 101-104

[712] 付士磊，周永斌，何兴元，等. 干旱胁迫对杨树光合生理指标的影响 [J]. 应用生态学报，2006，17 (11): 2016-2019

[713] 付淑清，屈庆秋，唐明，等. 施氮和接种 AM 真菌对刺槐生长及营养代谢的影响 [J]. 林业科学，2011. 47(1): 95-100

[714] 高俊凤. 植物生理学实验指导 [M]. 北京：高等教育出版社，2006，

[715] 弓明钦，陈应龙，仲崇禄. 菌根研究及应用 [J]. 北京：中国林业出版社，1997

[716] 龚明贵. 黄土高原主要树种丛枝菌根真菌群落多样性及提高宿主抗旱性的研究 [博士学位论文]. 杨陵：西北农林科技大学，2012，

[717] 关松荫. 土壤酶及其研究法 [J]. 北京：农业出版社，1986，188-359

[718] 郭良栋，田春杰. 菌根真菌的碳氮循环功能研究进展 [J]. 微生物学通报，2013，40 (1): 158-171

[719] 韩萍，刘利娥，刘洁，等. 野生葛不同部位铜、锌、铁、钙、镁含量测定 [J]. 光谱学与光谱分析，2005，25(9): 1507-1509

[720] 何跃军，钟章成，刘锦春，等. 石灰岩土壤基质上构树幼苗接种丛枝菌根（AM）真菌的光合特征 [J]. 植物研究，2008，28 (4): 452-457

[721] 和文祥,谭向平,王旭东,等.土壤总体酶活性指标的初步研究[J].土壤学报,2010,6:1232–1236

[722] 黄京华,谭钜发,揭红科,等.丛枝菌根真菌对黄花蒿生长及药效成分的影响[J].应用生态学报,2011,22(6):1443–1449

[723] 黄世臣,李熙英.水分胁迫条件下接种菌根菌对山杏实生苗抗旱性的影响[J].东北林业大学学报,2007,35(1):31–32

[724] 黄艺,王东伟,蔡佳亮,等.球囊霉素相关土壤蛋白根际环境功能研究进展[J].植物生态学报,2011,35(2):232–236

[725] 井大炜,邢尚军,杜振宇,等.干旱胁迫对杨树幼苗生长,光合特性及活性氧代谢的影响[J].应用生态学报,2013,24(007):1809–1816

[726] 李芳兰,包维楷.植物叶片形态解剖结构对环境变化的响应与适应[J].植物学通报,2005,22:118–127

[727] 李红梅,万小荣,何生根.植物水孔蛋白最新研究进展[J].生物化学与生物物理进展,2010,37(1):29–35

[728] 李莎,唐明,黄玲玲.接种乳黄粘盖牛肝菌和荧光假单胞杆菌对油松苗生长及猝倒病的影响[J].西北植物学报,2011,31(7):1384–1389

[729] 李善家,苏培玺,张海娜,等.荒漠植物叶片水分和功能性状特征及其相互关系[J].植物生理学报,2013,49(2):153–160

[730] 李少朋,毕银丽,余海洋,等.2013.模拟矿区复垦接种丛枝菌根缓解伤根对玉米生长影响[J].农业工程学报,29(23):211–216

[731] 李守萍,程玉娥,唐明,等.油松菌根促生菌——荧光假单胞菌的分离与鉴定[J].西北植物学报,2009,29(10):2103–2108

[732] 李涛,陈保冬.丛枝菌根真菌通过上调根系及自身水孔蛋白基因表达提高玉米抗旱性[J].植物生态学报,2012,36(9):973–981

[733] 李小涵,王朝辉.两种测定土壤有机碳方法的比较[J].分析仪器,2009,(5):78–80

[734] 李朕,胡文涛,唐明.丛枝菌根真菌对刺槐幼苗机械损伤响应机制的初步研究[J].西北植物学报,2015,35(7):1437–1442

[735] 刘润进,陈应龙.菌根学[M].北京:科学出版社,2007

[736] 刘婷,唐明.丛枝菌根真菌对杨树生长、气孔和木质部微观结构的影响[J].植物生态学报,2014,38(9):1001–1007

[737] 刘婷.丛枝菌根真菌(AMF)调控杨树生长及干旱响应机制的研究[博士学位论文].杨陵:西北农林科技大学,2014

[738] 柳洁,肖斌,王丽霞,等.盐胁迫下丛枝菌根(AM)对茶树生长及茶叶品质的影响[J].茶叶科学,2013,33(2):140–146

[739] 卢彦琦,王东雪,路向丽,等.丛枝菌根真菌对白术生理特性和植株成分的影响[J].

西北植物学报，2011，31 (2): 351–356

[740] 鲁如坤 . 土壤农化分析方法 [M]. 北京 : 中国农业科学技术出版社，2000，

[741] 牛志卿，刘建荣，吴国庆 . TTC– 脱氢酶活性测定法的改进 [J]. 微生物学通报，
       1994，21(1): 59–61

[742] 裴巍 . 区域农业旱灾风险评价及时空变异研究 [博士学位论文]. 哈尔滨 : 东北农业大
       学，2017，

[743] 任艳军，马建军，张立彬，等 . 欧李叶表皮形态气孔指标与叶果矿质元素含量变化的
       关系 [J]. 林业科学，2012，48 (4): 133–137

[744] 阮松林，薛庆中 . 植物的种子引发 [J]. 植物生理学通讯，38(2): 2002，198–201

[745] 沈允钢 . 光合作用 . 中国生物学文摘，2006，20 (2): 1–1

[746] 石伟琦，夏运生，刘晓蕾 . 丛枝菌根在草原生态系统碳固持中的重要作用 [J]. 生态环
       境，2008， 17 (2): 846–850

[747] 唐明，陈辉，郭建林，等 . 杨树外生菌根的形态、解剖特征及分类研究 [J]. 土壤学报，
       1994b（31）: 177–181

[748] 唐明，陈辉，郭建林，等 . 陕西省杨树外生菌根种类的调查研究 [J]. 林业科学，
       1994a，30 (5): 437–441

[749] 唐明，陈辉，王辉 . 杨树 V A 菌根真菌研究 [J]. 西北林学院学报，1996，11 (1): 1 4–18

[750] 唐明，陈辉 . 杨树菌根与溃疡病的关系 [J]. 土壤学报，1994，31: 218–223

[751] 唐明，任嘉红，胡景江，刘建朝 . AMF 提高沙棘抗旱性的研究 [J]. 西北林学院学报，
       2003,18 (4): 29–31

[752] 唐明 . 菌根真菌提高植物耐盐性 [M]. 北京 : 科学出版社，2010.

[753] 唐明 . 菌根真菌提高植物耐重金属机制 [M]. 北京 : 科学出版社，2015.

[754] 田帅，刘振坤，唐明 . 不同水分条件下丛枝菌根真菌对刺槐生长和光合特性的影响 [J].
       西北林学院学报，2013，28 (4): 111–115

[755] 王碧霞，曾永海，王大勇，等 . 叶片气孔分布及生理特征对环境胁迫的响应 [J]. 干旱
       地区农业研究，2010，(002): 122–126

[756] 王如岩，于水强，张金池，等 . 干旱胁迫下接种菌根真菌对滇柏和楸树幼苗根系的影
       响 [J]. 南京林业大学学报 (自然科学版)，2012，36 (6): 23–27

[757] 吴强盛，夏仁学 . 水分胁迫下丛枝菌根真菌对枳实生苗生长和渗透调节物质含量的影
       响 [J]. 植物生理与分子生物学学报，2004，30 (5): 583–588

[758] 西北农业大学植物生理生化教研组 . 植物生理学实验指导 [M]. 西安 : 科学技术出版
       社，1987.

[759] 邢熙，郑风田，崔海兴 . 中国林木生物质能源 : 现状，障碍及前景 [J]. 林业经济，
       2009， (3): 6–12

[760] 徐勃，张仕清 . 同仁地区青杨速生丰产林几种常用造林密度对生长的影响 [J]. 青海大

学学报：自然科学版，2002，20(2): 8–10

[761] 许光辉，李振高. 微生物生态学 [M]. 南京：东南大学出版社：1991，337–338

[762] 姚娟，王茂胜，王通明，等. 接种丛枝菌根真菌对烤烟叶片光合特性的影响 [J]. 中国烟草科学，2013，34 (4): 30–35

[763] 袁丽环，闫桂琴. 2010. 丛枝菌根化翅果油树幼苗根际土壤微环境 [J]. 植物生态学报，34 (6): 678–686

[764] 湛蔚，刘洪光，唐明. 菌根真菌提高杨树抗溃疡病生理生化机制的研究 [J]. 西北植物学报，2010，30(12): 2437–2443

[765] 张茹琴，唐明，张海涵. 四种外生菌根真菌对油松幼苗的抗猝倒病和促生作用 [J]. 菌物学报，2011，30(5): 812–816

[766] 张英利，许安民，尚浩博，等. AA3 型连续流动分析仪测定土壤和植物全氮的方法研究 [J]. 西北农林科技大学学报：自然科学版，2006，34(10): 128–132

[767] 张英利，许安民，尚浩博，等. 连续流动分析仪测定土壤硝态氮和有效磷的试验及改进 [J]. 中国土壤与肥料，2008，2: 77–79

[768] 张钰，唐明. 丛枝菌根真菌对青杨抗溃疡病生物量和抗病酶活性的影响 [J]. 菌物学报，2021，40(5): 1110–1122

[769] 赵晓锋，唐明. 油松菌根根际放线菌的分离与鉴定 [J]. 西北植物学报，2010，30(10): 2103–2109

[770] 朱红惠，龙良坤，羊宋贞，等. AM 真菌对青枯菌和根际细菌群落结构的影响 [J]. 菌物学报，2005，24 (1): 137–142

[771] 朱晓琴，王春燕，盛敏，等. 丛枝菌根真菌对刺槐热值，碳和灰分含量的影响 [J]. 植物生态学报，2013，37 (11): 1028–1034